C

language is very simple

语言其实很简单

◎ 张宁 编著

清华大学出版社
北 京

内 容 简 介

本书是为零基础的 C 语言初学者量身定做的，特别适合非计算机专业的读者自学 C 语言。本书尽量避免使用专业术语，利用大量贴近生活的实例，用通俗易懂的方式讲解 C 语言的基本概念和基本编程方法，并提供许多独特的小窍门、小技巧、小口诀等，使读者在轻松的环境中花费很少的时间就能掌握 C 语言，并应用自如。

本书兼顾了全国计算机等级考试二级 C 语言程序设计考试大纲的相关要求，可以作为等级考试辅导教材和培训班教材使用。对于大、中专院校师生、各类 C 语言应试备考人员、广大 C 语言编程爱好者，都具有很好的学习参考价值。

图书在版编目（CIP）数据

C 语言其实很简单 / 张宁编著. —北京：清华大学出版社，2015(2023.9重印)
ISBN 978-7-302-39751-9

Ⅰ. ①C… Ⅱ. ①张… Ⅲ. ①C 语言-程序设计 Ⅳ. ①TP312

中国版本图书馆 CIP 数据核字（2015）第 071319 号

责任编辑：夏兆彦
封面设计：张　阳
责任校对：徐俊伟
责任印制：沈　露

出版发行：清华大学出版社
　　　　　网　　　址：http://www.tup.com.cn, http://www.wqbook.com
　　　　　地　　　址：北京清华大学学研大厦 A 座　　　　邮　　编：100084
　　　　　社 总 机：010-83470000　　　　　　　　邮　　购：010-62786544
　　　　　投稿与读者服务：010-62776969, c-service@tup.tsinghua.edu.cn
　　　　　质 量 反 馈：010-62772015, zhiliang@tup.tsinghua.edu.cn
印 装 者：三河市铭诚印务有限公司
经　　销：全国新华书店
开　　本：185mm×260mm　　　印　张：25.25　　　字　数：631 千字
版　　次：2015 年 7 月第 1 版　　　印　次：2023 年 9 月第 11 次印刷
定　　价：59.00 元

产品编号：053947-01

前　　言

　　你是否以前尝试学习过 C 语言但又放弃了，或者是学习得一知半解，或者还是一位对 C 语言"一窍不通"的初学者？那么本书正适合你！

　　C 语言功能强大，内容繁多，最容易让初学者摸不到"门"。因此，本书并不像大多专业 C 语言教科书那样"板起面孔教人"，不罗列知识点，不使用专业术语来云山雾罩地分析问题，而是引用大量贴近生活的实例，用通俗易懂的方式与读者交流。同时，本书还提供了许多独特的小窍门、小技巧、小口诀、顺口溜等，用句流行话说，那是比较"接地气"的。目的只有一个：让不是科班出身的零基础初学者在轻松的环境中花费很少的时间来掌握 C 语言。

　　"大凡是讲编程的书，一定不好啃。"这恐怕是许多初学者和正在应对各种 C 语言考试的读者在学习道路上困惑的心声。笔者这里要告诉读者的是，本书拥有 3 个最显著的特点，那就是——不用啃，不用啃，真的不用啃！笔者已在 C 语言教学一线从教多年，深谙初学者的学习弱点。为此，从初学者角度出发，本书精炼了 C 语言教学的内容，在保证知识体系完整的基础上省去了许多无关紧要又晦涩难懂的专业知识，使本书内容既不过于复杂，又能满足一般编程的实际需要，更主要的是可以满足大多 C 语言考试（如全国计算机等级考试）的要求。尤其针对从一线教学中搜集到的许多初学者普遍认为的学习困难和容易误解的知识点，本书都用通俗易懂的方式做了大量的分析解读，尽最大努力帮助读者理清头绪、澄清概念，将对知识的误解消弭于无形。因此通过本书来学习 C 语言，读者会很快抓住知识的"根"，因而能达到事半功倍的效果！

　　学好 C 语言，方法是关键。本书会教给读者许多独特、有效的学习方法，但在这里笔者希望再强调一点：不少读者像学习英语一样来学习 C 语言，他们花大把的时间用来背诵程序，认为解决一个问题只对应着一个固定的程序："熟读唐诗三百首，不会吟诗也会吟"，我"熟背程序三百篇，焉能还得不会编？"，这是大错特错的！因为实际问题千变万化，背诵的程序和实际问题不可能完全一样，因此纵使背下上千个程序，遇到实际问题还是难以下手。程序的运行是动态的，解决同一个问题不同的人编出的程序也不会完全相同。因此，学习程序设计实际是学习程序设计的思路和方法，完全没有必要背程序。而初学者的这种错误认识，究根溯源还是因为"照本宣科"的教科书。很多 C 语言的教科书，其中的程序例子确实很像"英文小短文"，一个问题对应着一个程序，并且在静态的纸上讲出程序运行的动态过程着实不易。为此，本书为典型程序例子都配有内存空间及变量值变化的插图，这些插图是比较"另类"的，以清晰反映程序的运行过程和变量值的变化为初衷，而不是只截个图给出程序的运行结果。这使读者可以更多地关注程序运行的过程，而不是只关注程序运行的结果。在"运动"中掌握程序，这也算是本书与大众化教科书所不同的另一个特点吧。

　　如何能掌握程序设计的方法，在遇到五花八门的实际问题时都能应对自如，编出对应的程序？不要和我讲"融会贯通""灵活运用"，那是颇有经验的编程高手们的事，而本书所关注的是初学者。为此，本书提供了许多编程"套路"，从典型的程序例子中理出"套路"，就能应对一大批的实际问题。学习武术有套路，没想到学习编程也有套路吧！用套路学习编程，让初学者迅速掌握编程方法，很快就能具有解决实际问题的编程能力，这也算是本书与大众化教科书所不同的又一个特点。

本书还抛砖引玉地介绍了数据结构、软件设计、数据库等最基本的知识，使读者在 C 语言学习之后向更高层次迈进。这些内容兼顾了全国计算机等级考试二级《公共基础》的相关考点。由于公共基础的考试内容对各类科目的二级考试都是相同的，不只局限于二级 C 语言，因此它们也可作为参加各类科目二级考试的读者备考《公共基础》的复习参考资料。

在本书最后还配有索引，"索引在手，遗忘不愁"。纵使有些学过的知识忘记了，也可以通过索引很快地找回来并复习巩固。本书索引既可以对 C 语言的基本概念进行速查，也可以对 C 语言的语句、关键字、运算符进行速查，还可以对基本的程序设计方法进行速查。

希望读者读过本书后，真正能把 C 语言用起来，让它成为我们身边的好朋友、好伙伴。倘能达到这个目的，笔者就感到心满意足了。

本书的独特栏目

在本书正文中，将穿插有以下栏目：

【脚下留心】针对初学者最容易犯的错误，或是在学习过程中，在编程实践时最应该引起注意的地方，都用"脚下留心"给出强调。零基础的初学者，紧紧抓住这些方面，就能在学习和编程实践中减少或避免很多不必要的弯路，为学习节省大量的时间。如果你正在应试，更要注意，这些内容往往都是高频出题但稍不留神就要丢分的。

脚下留心

忘记分号是初学者最易犯的错误之一。每条语句后的分号";"千万别忘掉！

【高手进阶】是进一步提高水平的知识，一般比较深入或有些难度。"高手进阶"中的内容读者都可以根据兴趣选择阅读，跳过这些内容对后续章节知识体系的连贯性和整个 C 语言的学习都不会有影响。

高手进阶

数字字符与对应整数的二进制只有 2 位之差，例如字符'5'（即 53）的二进制为 0011 0101，整数 5 的二进制为 0000 0101。前者第 4、5 位均为 1（最右端为第 0 位），后者这两位均为 0，而两者后 4 位是一致的 0101，都表示十进制的 5。还有，为什么'A'的 ASCII 码是 65，'a'的 ASCII 码是 97 呢？作为字母表的第一个字母，为何大写从 5 开始，小写从 7 开始，似乎都不太"整"。把它们转换为二进制，答案立显！65 的二进制是 0100 0001，97 的二进制是 0110 0001，后 5 位 0 0001 都表示十进制的 1，说明'A'、'a'是第一个字母。试着把字母表的第二个字母'B'或'b'的 ASCII 码转换为二进制，你会发现后 5 位都表示十进制的 2。

【窍门秘笈】学习重在方法，方法得当，既可以节省学习时间，又能加深印象。"窍门秘笈"是学习方法的汇总，或是学习的小技巧、小窍门，或是概念的总结，还有轻松记忆知识点的顺口溜。我们的编程套路也将在窍门秘笈中给出。对于初学者，这些都是快速掌握 C 语言的捷径。

 窍门秘笈 以变量类型为基准的自动类型转换规则可总结为口诀如下：

变量定空间，塑身再搬迁。

若为空间窄，舍点也情愿。

【小游戏】编程不只是枯燥的工作，它也能充满乐趣。寓学于乐，寓编于乐，倘能达到这个境界，俨然不就是一位高手了吗？本书在正文中还穿插了一些小游戏，映衬相关的知识点，让读者在游戏中掌握编程！

小游戏 现有一架天平和 4 种重量的砝码，分别重 8 克、4 克、2 克、1 克，每种重量的砝码只有一个。现要用此天平称重 13 克的物体，物体放在左盘上，如图 1-20 所示。请问在右盘上应该怎样选放 4 种砝码，才能使天平左右两盘重量相同天平平衡呢？

程序示例和习题

【程序示例】学习编程，程序例子是必不可少的。对于程序示例，本书都精心做了安排。在突出知识点的基础上，本书程序示例所遵循的原则是：或者让趣味指数都在三星★★★以上，旨在提高读者的编程兴趣；或者让难度都在一星★以下，旨在简单明了、一针见血地说明问题。

【随讲随练】是本书的习题，这些都是针对大多 C 语言考试的高频考点精心设计的，其中一部分为全国计算机等级考试二级 C 语言程序设计的历年考试真题或无纸化考试改革后的题库真题，供读者巩固复习之用。本书习题的特色是"随讲随练"，每道题都安排在相应知识点讲解的正文之后，并在题后直接给出了答案。这避免了在章后统一安排习题所带来的向前查阅知识、向后查看答案的弊端，减少了读者反复翻书的无用功。读者可一气呵成，通读本书，就能有学有练。

【小试牛刀】这些不作为正式习题，而主要是思考题的性质，也将穿插在相应知识点的讲解中。读者利用刚刚所学知识可以马上试一试身手，或是巩固所学知识，或是举一反三；每试一次"牛刀"，都是一次能力的提高。

本书的卡通形象

在本书中，还有两个卡通形象，将陪伴读者整个的学习过程：

【小博士形象】是始终陪伴在我们身边的老师。或是学习的小贴士，或是需要注意的问题，"小博士"都会侃侃道来。这些都是比较关键的内容，请读者一定悉心体会。

用空格缩进无可厚非，但用 Tab 键 而不用一连串的空格，是更简便的做法。Tab（又称跳格、水平制表）和空格是两种不同的字符，但对于在程序中起的"空白间隔"作用是相同的。我们可以随意使用空格或 Tab 甚至空格和 Tab 的组合来作为程序中元素间的"空白间隔"。

【大零蛋形象】它是初学者的代言人，时不时地"冒出来"，或是提出初学者的常见疑问，或是以简单通俗的方式表达对知识的领悟。"零"就是零基础的意思，"我对 C 语言一窍不通，将伴随您一起从零开始学习！"。有大零蛋在身边，零基础的读者非但不必畏惧学习 C 语言，反而可以从中获得乐趣。随读者一起，随着学习的深入，"大零蛋"的水平也会逐步提高，由一窍不通的"大零蛋"最终摇身变为满腹经纶的"大灵蛋"！零基础的初学者们，请跟随它一起成长，相信读过本书之后，你也会由零基础的菜鸟摇身变成一位编程高手的。

我明白了：printf 函数的输出就是把" "中的内容原封不动地"抄"在屏幕上就可以了，但其中若遇到带%的"警察"则不要照原样抄，而要用后面的数据替换它。注意替换时要按照%所规定的"手势"，按相应格式替换。

有时候，大零蛋与小博士还会对起话来：

> 我英文没学好，不知道用哪个单词命名，怎么办？

> 用拼音吧，保存成绩的变量用 chengji 命名也不错哦！

致谢

感谢天津大学精密仪器与光电子工程学院的冯远明教授和课题组全体成员对本书写作的大力支持，没有他们的帮助和支持，不可能写出这样一部作品。特别感谢学院的何峰老师对 C 语言的知识介绍提供了许多有益的素材，这使很多枯燥乏味的概念讲解变得更为生动、有趣。

感谢赵佳为本书绘制或加工制作了全部精美的插图，这使本书更加妙趣横生，尤其是她设计的小博士和大零蛋形象，别有一番特色。

由于笔者水平有限，错谬之处在所难免，恳请专家和广大读者不吝赐教、批评指正。笔者的 E-mail 是：zhni2011@163.com，QQ 号码是：1307573198。

目　　录

第 1 章　从这里爱上编程——程序设计和 C 语言概述

在生活中，许多工作都要遵照一定的程序完成。例如早上起床后的穿衣、刷牙、洗脸、梳头、吃早饭就是一个程序；做菜时的洗菜、切菜、炒菜、放盐、出锅也是一个程序。简而言之，程序就是一系列的操作步骤。计算机要实现某个功能也必须遵照一定的程序。然而遗憾的是，如果我们不会编写程序，计算机就只有遵照别人编写的程序来工作，而我们则只能在别人编写的程序的控制下使用计算机，只能成为计算机的奴隶。

你想摆脱别人程序的束缚，彻底地驾驭计算机吗？你想让计算机服从你的指挥，完全遵照你的意愿来工作吗？你想由计算机的奴隶变成它真正的主人吗？从今天开始，让我们走进计算机编程这个神秘的世界，一起掌握编程的本领、享受编程的乐趣、挖掘计算机更深层的魅力！

1.1　水面下的冰山——计算机程序和计算机语言

善于使用工具，是人类的特殊本领。人类的祖先在很早就会用石器作为工具，如图 1-1 所示。随着社会的进步，人们发明了各种各样的工具，计算机也是其中的一种，因此从工具的角度来说，一台计算机和一块原始人类的石器没有什么分别——因为它们都必须有"人"的操纵才能发挥功能，而工具本身是没有任何智能的。没有人的操纵，一块石头不可能自己飞出来猎杀一头野猪，一把螺丝刀也不可能自己转起来卸下一只螺钉。计算机也不例外，虽然它"能听会唱"、"能写会算"，一直被蒙上一层神秘的面纱，然而必须明确计算机的所有"智能"都是人类赋予的。人们针对特定的问题，详细告诉计算机"做什么"、"怎么做"，计算机只会傻乎乎地按照人们的指挥一步步地、老老实实地执行。计算机本身没有任何智能，在它"精明能干"的外表下隐藏着的却是"唯命是从"的憨厚本性，这就是计算机的世界。人类指挥计算机工作的过程，就是计算机程序。因此可以说，计算机的任何功能都是通过程序完成的，没有程序，计算机就不能做任何工作，如图 1-2 所示。

图 1-1　原始人类在使用石器

图 1-2   计算机必须有程序的指挥才能工作

　　一个程序是由一条条指挥计算机工作的命令（指令）组成的。人们为计算机解决某个问题事先设计操作步骤，"指挥"计算机如何工作，就是编写程序的过程。编写程序要通过某种计算机语言，也就是要通过某种计算机能听懂的语言来"告诉"它做法。

　　计算机"能听懂"的语言是怎样的呢？计算机的语言也有很多种，概括起来可以分为三大类：机器语言、汇编语言、高级语言。

　　机器语言仅由二进制的 0 和 1 组成，其中指挥计算机工作的每条指令都用二进制的数码表示，称为机器指令。用这种语言编写的程序，就是一串 010101……的代码，甚至连标点符号都没有。显然，这种语言只有计算机能识别，而对我们人类来说则与天书无异，极少数人能看得懂。

　　由于学习和使用机器语言非常困难，人们又发明了其他类型的计算机语言——高级语言。在高级语言中，不必使用二进制代码，而可以使用英文单词、十进制数字、数学公式等编写程序，这使我们指挥计算机的过程大大简化。例如要指挥计算机计算一个算式，用高级语言只要编写下面的语句就可以了。

$$x = a + b - 24;$$

　　在计算机的世界中还有一种语言是汇编语言，它介于机器语言和高级语言之间。汇编语言使用的是英文助记符，也不是二进制的代码。然而它必须使用与机器语言相对应的指令，与人类思维习惯相距甚远。因此汇编语言难度也很高。

　　计算机只能直接读懂由 0 和 1 组成的二进制代码，也就是用机器语言编写的程序，如图 1-3 所示。高级语言程序和汇编语言程序由于都不是二进制代码，计算机都不能直接读懂。因此对用这两种语言编写的程序，还要将它们翻译成对应的二进制的机器语言程序，然后计算机才能够读懂执行，这个翻译过程被称为编译。将中文文章翻译成英文时，中文文章是要被翻译的来源，英文文章是要被翻译的目标。类似地，将高级语言和汇编语言程序翻译为机器语言程序时，高级语言程序和汇编语言程序被称为源程序，翻译后对应的机器语言程序被称为目标程序。

　　以上三种语言中，只有高级语言最接近人类的思维习惯，也是最简单、最容易掌握的。因此高级语言才是我们的学习目标。高级语言有很多种，如 Visual Basic 语言、Java 语言、Fortran 语言、C 语言等都属于高级语言。C 语言是当代最优秀的程序设计语言之一，也是 C++ 语言的基础，我们熟知的许多软件包括 Windows 系统本身都主要是用 C/C++ 语言编写的。在本书中，我们即将要学习的是 C 语言。

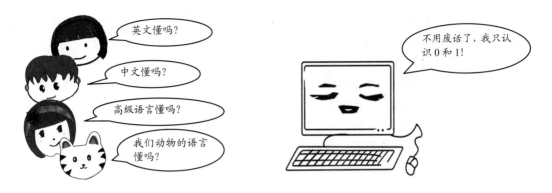

图 1-3　计算机只能直接识别由 0 和 1 组成的机器语言程序

1.2　第一次亲密接触——纵览 C 语言

1.2.1　一窥程序之美——C 语言程序的结构

用 C 语言编写一个程序类似于用中文写一篇文章。我们写文章时要分段落，段落中再分句子；一个 C 语言程序也要分函数编写，函数中又包含语句，如图 1-4 所示。函数相当于段落，函数中的语句相当于段落中的句子。可见 C 语言程序的基本组成单位是函数而不是语句。一个 C 语言源程序的基本结构如图 1-5 所示。

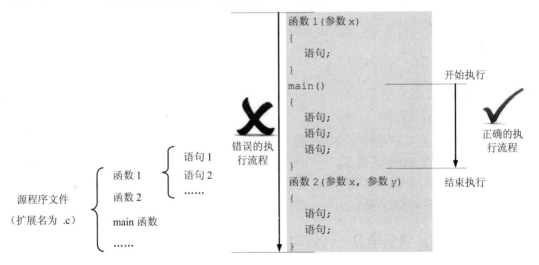

图 1-4　C 语言源程序的组成　　　　图 1-5　C 语言源程序的基本结构及执行流程

从图 1-5 可以看出，每个函数由函数头部开始，函数头部包含"函数名+()"，() 内为函数的参数（参数有些类似于数学中函数的自变量），一个函数可有多个参数，也可以没有参数。没有参数时，小括号本身() 不能省略，然后紧随一对大括号 {　}，组成这个函数的语句都要被放在这对 {　}中。

一个 C 语言源程序可以包含多个函数，但其中一个函数必须名为 main，没有参数（或有两个参数，第 8 章将介绍），它称为主函数。顾名思义，主函数是最主要的。关于 main 函数需要理解以下几个方面。

（1）main 函数必须有，且只能有一个。

国不能一日无君，但一山不能容二虎。一个程序没有 main 函数或有两个以上 main 函数都是错误的。

（2）main 函数可位于程序函数间的任意位置。

如同皇帝出巡时，不一定走在最前面；当然走在最前面或最后面也无可厚非。同样 main 函数不一定是程序的第一个函数，也不一定是最后一个函数，它可位于函数之间的任意位置。

（3）main 函数是程序的入口和出口。

程序的执行过程，与我们阅读文章的过程是不同的。程序的执行是由 main 函数"这一段"起始，在 main 函数"这一段"中结束（而无论 main 函数位于什么位置）；而不是由第一个函数起始，在最后一个函数中结束，如图 1-5 所示。从 main 函数的第一条语句开始执行，这称为程序的入口；当 main 函数的最后一条语句执行完毕整个程序也就结束了，称为程序的出口。

其他函数似乎没有执行，不是形同虚设了吗？并没有形同虚设！其他函数是在 main 函数执行期间，由 main 函数调用执行的。其他函数与 main 函数的关系如同随从与皇帝的关系，当皇帝差遣随从去办事时随从才会活动，差遣就是调用。关于函数是如何调用的，我们将在以后讨论。现在读者只需理解程序的执行是从 main 函数开始，在 main 函数中结束就可以了。

个别情况下，也会有在其他函数中异常结束程序的可能，而没有在 main 函数中结束。

高手进阶

（4）main 必须小写。

在 C 语言中，大写字母和小写字母的含义是完全不同的。如将 main 写为 Main，就是两个概念，将不再是 main 函数了。不仅对 main，以后要学习程序中的其他元素也是严格区分字母大小写的，读者在编写程序时要特别注意，一定不要随便篡改字母的大小写。

（5）main 后的( )不能省略。

1.2.2　循序渐进，快乐学习——语句的光和影

下面给出一个简单的 C 语言程序的例子，该程序只由一个 main 函数组成。

【程序例 1.1】C 语言程序的简单实例。

```
main()
{
    int a,b,c;
    a=10;
```

```
    b=20;
    c=a+b;
    printf("%d",c);
}
```

【小试牛刀 1.1】在学习 C 语言之前，你能看出该程序的输出结果是多少吗？（答案：30）

想必多数读者在学习之前就能看出个八九不离十，即使有个把语句不很明白，也能猜出 a 为 10，b 为 20，c 为 a+b 的和，因此 c 为 30，最后输出 c 就输出了 30。因为 C 语言是高级语言，符合我们人类的思维习惯。虽说万事开头难，但有时也未必。

关于该程序的细节，比如 int、printf、%d 的含义我们会随着学习的深入逐步理解，读者不必心急。本节我们只讨论程序中的语句，关于语句需要理解以下几个方面。

（1）每条语句"告诉"计算机要执行一个操作（命令）。

程序是一系列的操作步骤，编写程序就是要一步步地命令计算机该如何做。在机器语言或汇编语言中，把这样的每一步命令称为指令；而在高级语言中，称为语句。在这个程序中的 5 条语句就是分别命令计算机要执行的 5 个操作。这些操作具有严格的先后顺序：先做 a=10;再做 b=20; 然后再做 c=a+b;……这个顺序是不能出现错误的。就像我们早上起床后的穿衣、洗脸再外出的程序，这个顺序也不能错乱，毕竟不能先外出然后再穿衣服。

（2）每条语句结尾必须有一个分号（;）。

中文每句话的末尾处有句号表示这一句话结束，C 语言每条语句的末尾也必须有分号（;）表示这条语句结束（英文分号，不能是中文的），这个末尾的分号（;）是必不可少的。

忘记分号是初学者最易犯的错误之一，每条语句后的分号（;）千万别忘掉。

脚下留心

（3）多条语句可以写在一行中，一条语句也可写在多行。

写中文文章时，从来没有一行只写一句话的规定，在 C 语言里也是一样。一条语句不一定要写在一行上，既然语句末尾的分号表示语句的结束，我们就以分号作为语句结束的标志，与分不分行没有关系。例如，下面的写法也是正确的。

```
a=10; b=20;
```

虽然写在一行，但仍是两条语句。C 语言还允许将一条语句写在多行中，如下所示：

```
a=
10;
```

虽然占了两行，但仍是一条语句，因为只在第 2 行最后才有一个分号（;）。

（4）任何变量，在使用前必须先定义。

程序中的 a、b、c 称做变量，类似于数学中的变量，变量可有一个值且它的值可以变化。与数学中不同的是，程序中的变量在使用之前，必须先定义然后才能使用。程序的第一条语句"int a,b,c;"就是定义变量，定义变量是变量在使用之前的一项必不可少的准备工作，它说明程序即将要用到 a、b、c 这 3 个变量，且只能用这 3 个变量。如以后程序还要用变量 d 是不允许的，因为 d 没有被事先定义。

【随讲随练 1.1】以下叙述中正确的是（　　）。

A．C 程序的基本组成单位是语句　　　　B．C 程序中的每一行只能写一条语句

C．简单 C 语句必须以分号结束　　　　D．C 语句必须在一行内写完

【答案】C

【分析】选项 A 中 C 程序的基本组成单位是函数而不是语句，这在 1.2.1 小节刚刚提到过。

（5）C 语言格式自由，对程序中的空格、分行没有过分要求。

从第（3）条可以了解到，语句分行与否不会影响程序运行。实际上绝大多数情况下空格的有无及空格的多少也不会影响程序运行。如上例每条语句的开头似乎都有空格，称为缩进。缩进可以使程序结构清晰、便于阅读，但并不是必须的。如果没有缩进，每条语句都顶格写也完全可以。甚至下面程序的写法也是正确的（虽然有点夸张，但旨在说明问题）。

```
    main   (  )  {
int   a,b,  c ;
   a=   10   ;
   b =
20   ;
c =a + b;    printf( "%d" ,  c);          }
```

这种写法虽然正确，但显得杂乱无章，没有之前的整齐。因此，虽然空格、分行不会影响程序运行，但合理的缩进、分行会使程序条理清楚、可读性强，这才是我们提倡的。

　　　　用空格缩进无可厚非，但用 Tab 键 而不用一连串的空格，是更简便的做法。Tab（又称跳格、水平制表）和空格是两种不同的字符，但对于在程序中起的"空白间隔"作用是相同的。我们可以随意使用空格或 Tab 甚至空格和 Tab 的组合来作为程序中元素间的"空白间隔"。

并不是在任何位置加空格和分行都是正确的。一般情况下，单词中间不允许有空格和分行（否则就拆分为两个单词了，失去了原有的含义）。例如 main 的 a 与 i 之间不允许有空格，此外引号之内一般也不允许篡改空格和分行，如 printf 的"%d"内。

【随讲随练 1.2】以下叙述中错误的是（　　）。

A．一个 C 程序中可以包含多个不同名的函数

B．一个 C 程序只能有一个主函数

C．C 程序在书写时，有严格的缩进要求，否则不能编译通过

D．C 程序的主函数必须用 main 作为函数名

【答案】C

1.2.3　程序里的说明书——注释

虽然可以理解程序的执行，但在程序例 1.1 中还是有无法理解的成份，如 a 的值 10，b 的值 20 是怎么来的？为什么要计算 a 与 b 的和，而不计算 a 与 b 的差？这些仅从程序中是

看不出来的, 其用意只有编写这个程序的人才会清楚。

编写这个程序的人说:"小明有 10 支铅笔, 小红有 20 支铅笔, 求小明和小红一共有多少支铅笔? 我是为了计算这道数学题才编写了这个程序。"能否将这些内容写到程序里, 使用户仅看到程序就能理解编程人的意图呢? 在 C 程序中允许书写语句外的任意内容, 这些内容并不是程序的组成部分, 是不被执行的。为了与程序的执行部分区分, 需要将这些内容用一对 /* 与 */ 括起来, 称为注释。例如将上面的内容可以写在程序中如下所示:

```
main()
{
    int a,b,c;
    a=10;          /* 小明有 10 支铅笔 */
    b=20;          /* 小红有 20 支铅笔 */
    c=a+b;         /* 求小明和小红共有几支铅笔 */
    printf("%d",c);
}
```

所有的注释部分都要用一对 /* 与 */ 括起来, 否则将被编译系统误认为是程序的执行部分, 从而引发错误。

注释是给人看的, 而不是给计算机看的。添加注释的目的只是为了帮助其他人更好地理解程序。程序运行时计算机会将注释全部忽略, 也就是说程序有没有注释以及注释有多少对程序运行都没有丝毫影响。下面所有注释的写法都是正确的。

```
/*注释①*/
main(/*注释②*/)
{
    /*注释③*/
    int /*注释④*/ a, b, c;
    a=10;
    b=20;
    /*注释⑤的第一行
      注释⑤的第二行*/
    c=a+b;  /* 注释⑥*/
    /* 注释⑦*/  printf("%d", /* 注释⑧*/ c);
}
```

注释既可以出现在函数外(注释①), 也可以出现在函数内(注释③); 既可以与其他语句共占一行(注释②④⑥⑦⑧), 也可以单独占一行(注释①③), 或占多行(注释⑤); 一行之内也可以出现多个注释(注释⑦⑧)。可见, C 语言程序中的注释非常灵活, 几乎在程序中的任意位置都可以写注释: 如注释②写到了 main 的 ( ) 内、注释④写到了定义变量的 int 和变量名 a 之间, 甚至注释⑧写到了 printf 函数的两个参数之间, 这些都是可以的。

如何分析带有注释的程序呢? 忽略所有注释, 仅分析剩余部分就可以了。例如对于

```
main(/*注释②*/)
```

忽略注释部分之后如下所示:

```
main()
```

可以很容易看出, 这就是一个 main 函数的开头部分。

窍门秘笈　注释的忽略方法是当发现一个 /*，就去找 */，然后忽略掉其间所有的内容（包括 /* 和 */ ）。

【小试牛刀 1.2】请思考以下程序运行后的输出结果是什么？

```
main()
{
    int a,b,c;
    /* a=10;
    b=20; */
    c=a+b;
    printf("%d",c);
}
```

答案：随机数或不确定。a=10;和 b=20;这两条语句在一对/*和*/之间，因此它们是注释，将被忽略。因此在执行 c=a+b;之前，变量 a 的值不再是 10，b 也不再是 20，a 和 b 的值都是不确定的；它们的和 c 的值更是不确定的。程序会输出一个随机数，不再是 30。

【小试牛刀 1.3】请思考下列程序段中的注释写法是否正确？

```
c=a+b;    /* 注释⑨（位于“/*”和“*/”之间的部分为注释）*/
```

答案：不正确。括号内的 */ 将作为注释结束与第一个 /* 匹配，忽略注释之后如下所示：

```
c=a+b;    ”之间的部分为注释）*/
```

这显然是一条错误的语句。因此我们说，C 语言程序中的注释不允许嵌套。

　　读者可以感受到，计算机处理问题的方式是机械的、严格的和没有智能的。它只会傻乎乎地遵照规则去执行，这就是计算机的"憨厚"本性，这就是计算机的世界。

需要注意的是同程序中的空格、分行类似，在单词中间、引号内等也是不能加注释的，例如下面注释的写法是错误的。

```
ma/*注释⑩*/in()
```

因为注释部分虽被忽略，但它有"间隔"的作用（被忽略后相当于一个空格），main将被注释拆分为两个单词 ma 和 in，失去了原有的含义。

1.2.4　免费翻译服务——编译和链接

用 C 语言编写的程序（如程序例 1.1），称为 C 语言源程序。这样的程序编写好后，需将它保存为文件，文件名的后缀（扩展名）为 .c。

C 语言源程序由于不是 0 和 1 组成的二进制代码，计算机是不能直接识别和执行的，需要将它"翻译"为计算机能识别的二进制形式的机器语言程序，才能被执行。具体来说，这种"翻译"包括编译和链接两个步骤，如图 1-6 所示。

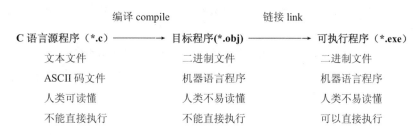

图 1-6　C 语言源程序的编译和链接过程

编译后的程序称为目标程序，该程序文件的文件名后缀（扩展名）为 .obj。目标程序尽管计算机能够读懂，但仍不能被执行，这是因为其中还缺少一些内容（如函数库、其他目标程序、各种资源等）。这些缺少的内容也是二进制的，需要把它们与目标程序"组合起来"，这个过程称为链接。经过链接之后，就生成了可执行程序，该程序文件的文件名后缀（扩展名）为 .exe，就可以被直接执行了。

整个编译和链接的过程是由谁来完成的呢？这是由另外一些人事先编写好的程序——编译程序（或称编译器、编译系统）来完成的，它相当于我们请来的一位"翻译"，帮助我们完成与老外的交流。本书重点介绍的一种 C 语言编译器是 Microsoft Visual C++ 6.0（简称 VC，如图 1-7）。

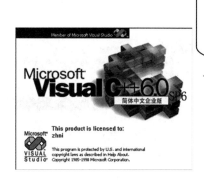

图 1-7　编译器——Microsoft Visual C++ 6.0

Microsoft Visual C++ 6.0 不仅可以进行程序的编译和链接，同时它还提供了强大的编写、修改、调试和运行程序等功能，这些功能都被集成到一个统一的软件界面中，所以也称之为 C 语言集成开发环境。

【随讲随练 1.3】C 语言源程序名的后缀是（　　）。

A．.exe　　　B．.c　　　C．.obj　　　D．.cp

【答案】B

【随讲随练 1.4】以下叙述中错误的是（　　）。

A．C 语言的可执行程序是由一系列机器指令构成的

B．用 C 语言编写的源程序不能直接在计算机上运行

C．通过编译得到的二进制目标程序需要链接才可以运行

D．在没有安装 C 语言集成开发环境的机器上不能运行 C 源程序生成的.exe 文件

【答案】D

【分析】选项 D 是错误的，.exe 的直接运行，不需要编译器或 C 语言集成开发环境的支持。例如已经请来一位翻译将中文稿件译为英文了，老外直接把翻译稿拿去读就是了，他读翻译稿时根本不再需要那位翻译在场。

1.3 先其利器——Visual C++ 6.0 上机指导

上机练习对学习一门计算机语言非常重要，它不仅能提高编程能力、积累实战经验，更能促进理论知识的掌握。很多读者在学习过程中经常抱怨学过的知识没过多久就忘掉了，其实多数这样的读者都是只看书而很少上机练习的。只要多上机、多动手，就能在很大程度上增加印象、避免遗忘。因此在系统地学习 C 语言之前，我们首先介绍如何用 Visual C++ 6.0 进行上机操作。

1. 启动 Visual C++ 6.0

在安装 Visual C++ 6.0 后，启动方法是：单击【开始】|【所有程序】| Microsoft Visual Studio 6.0 | Microsoft Visual C++ 6.0，如图 1-8 所示。

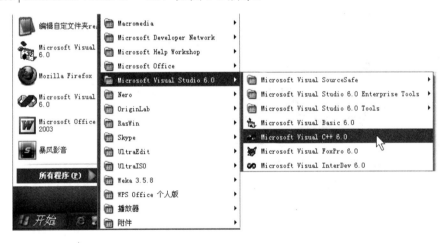

图 1-8   启动 Visual C++ 6.0

2. 新建 C 语言源程序文件

单击【文件】|【新建】（或【File】|【New】，括号内为英文版软件的操作）。在弹出的对话框中，选择【文件】（【Files】）标签，再单击【C++ Source File】（不要双击此项）。在右侧的【文件名】（【File】）框中，为新建的文件命名，例如输入"ex1.c"。注意文件名可任意，但末尾的.c 不能省略，更不能写为.cpp。然后在【位置】（Location）框中输入新文件要被保存到的位置（可单击右侧的【…】按钮选择一个文件夹），单击【确定】（【OK】）按钮，即新建了一个空白的 C 语言源程序文件，如图 1-9 所示。

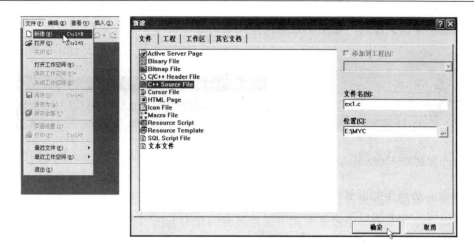

图 1-9　新建文件

3．输入和编辑程序

新建文件后，VC 的窗口会发生变化，我们在其中占窗口大部分的白色区域中输入程序，如图 1-10 所示。

图 1-10　输入和编辑程序

在输入程序的过程中，要注意插入/改写的两种输入状态。插入状态是我们通常使用的状态，所键入的内容将被插入到光标所在位置，光标后的内容顺次后移；如在改写状态，光标后的原有内容将被删除和被所键入的新内容替换。按 Insert 键可以在这两种状态之间来回切换。

4．编译

在输入程序后，如何运行它？我们知道，在图 1-10 中键入的程序为 C 语言源程序，需要将它翻译为计算机能够识别的二进制形式才能运行，称为编译。编译操作不需要我们亲自来做，有 VC 这位免费的"翻译"随时听命，我们只要命令它来完成这个工作就可以了。

单击工具栏的编译（Compile）按钮，如图 1-11 所示，也可单击【组建】|【编译】命令（【Build】|【Compile】命令）或按 Ctrl+F7 键。这时系统可能会弹出一些提示，如询问是否创建工作空间等。工作空间是深入学习 VC 时要了解的概念，对于 C 语言初学者，

只需全部选择【是】即可，如图 1-12 所示。

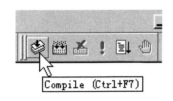

图 1-11   单击编译（Compile）按钮   图 1-12   在询问创建工作空间的提示框中选择【是】

在编译后必须得到能够继续下一步操作的"通行证"，这个"通行证"就是在下方输出窗口中出现"0 error(s)"的提示，如图 1-13 所示。如果获得的是"n error(s)"，如图 1-14是"1 error(s)"，则表示有错误；此时必须修正所有错误，然后重新编译并获得"0 error(s)"，才能进行下一步操作。

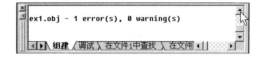

图 1-13   编译成功的提示   图 1-14   编译不成功的提示例子

如果 warning(s)即警告数量不是 0，初学者可先不予理会。这里只要关注 error(s)就可以。我们的学习应先抓住重点，然后再逐步深入。

如果编译后有错误，如何修正它，以获取"0 error(s)"这个通行证呢？

（1）"n error(s)"这一行内容实际是提示的最后一行，前面还有很多内容。首先应拖动输出窗口的滚动条，使内容向上滚动，如图 1-14 中鼠标箭头的指向。

（2）在前面的内容中，找到第一处错误提示行，即第一处"error + 错误编号"的行，然后双击这一行的任意位置（尽管鼠标光标为 I 型，也可双击），如图 1-15 所示。这时系统会指出该错误所在程序中的大致行位置，在行之前出现一条短横线，如图 1-15 所示。

图 1-15   按照提示寻找程序中的错误

（3）程序的错误实际是在 a=10 后少了分号"；"，但系统却在它的下一行 a=20;前加了短横线。这说明系统给出的出错位置只是大概位置，我们需要检查它所指出的行及附近的行。

（4）修改程序，在 a=10 后面添加分号"；"。

（5）重新编译，即再次单击编译按钮，即可得到"0 error(s)"的提示。

　　　　　每次对程序修改后，必须重新编译，即再次单击编译按钮（或通过单击菜单命令、按 Ctrl+F7 键），否则"n error(s)"不会自动变为"0 error(s)"。

脚下留心

这里"n error(s)"的提示只限于语法错误，如果没有语法错误就会得到"0 error(s)"，但"0 error(s)"并不表示程序没有错误。"0 error(s)"的程序能够运行，但运行结果可能与预期的不一致（如计算出的平均成绩是负数），这种错误就不是语法错误而属于逻辑错误了（也称语义错误）；由于逻辑错误计算机不会给出提示，调试排错的难度要高一些。调试逻辑错误可借助 VC 提供的调试工具进行：如设置断点、监视、单步运行等。

　　　　　当程序出错时，有人一眼就能把错误抓出来，而有人可能半天也找不到错在哪里。编程经验才是编程"高手"和编程"菜鸟"之间最大的不同，而经验只来自于勤奋的上机实践。初学者上机时碰到许多错误在所难免，除细心和认真外，在遇到错误时，关键是不能灰心；要有耐心地、仔细地查找错误原因、获得经验。练习多了，经验多了，排错就会又快又准。

5. 链接运行

得到"0 error(s)"的提示后，才能链接和运行程序。这可以首先单击工具栏的链接（Build）按钮，如图 1-16 所示，然后再单击运行（BuildExecute）按钮 **!**，如图 1-17 所示。也可以直接单击运行按钮 **!**，系统会自动先链接然后再运行。

 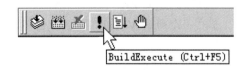

图 1-16　单击链接（Build）按钮　　　图 1-17　单击运行（BuildExecute）按钮

如使用菜单或快捷键，则链接对应于【组建】|【构建】或【重建全部】（【Build】|【Build】或【Rebuild All】），快捷键为 F7。运行对应于【组建】|【执行】（【Build】|【Execute】），快捷键为 Ctrl+F5。当屏幕给出【是】或【否】的提示时，全部选择【是】即可。

图 1-18 是程序运行后的效果，系统会弹出一个黑色窗口，在黑色窗口内显示程序的输出结果。如果程序运行后还需要用户输入数据（用户就是运行程序的人），则数据也是在此黑色窗口内输入的。这个黑色窗口称为控制台窗口。

图 1-18   程序运行结果

该程序的输出结果应该是 30，但图 1-18 控制台窗口中的内容除了有 30 外，还有"Press any key to continue"，后者这句英文的含义是：按任意键继续。这句英文是由系统自动给出的，表示程序已经运行完毕，它不属于输出结果。在每个程序运行结束后系统都会给出这句英文提示。当我们看到这句提示，并观察完输出结果后，可按键盘上的任意键关闭控制台窗口（或单击该窗口右上角的关闭按钮✕），然后返回到程序可继续修改程序或再次运行。

"Press any key to continue"也应作为程序是否已结束运行的标志。如果在某个程序运行后未发现"Press any key to continue"，则表示该程序尚未运行完毕。有的学生在上机考试时未看到这句提示就关闭了程序，由于程序未运行完毕，影响了考试成绩。

脚下留心

在完成一个程序后，首先必须关闭 Visual C++的工作空间才能再编写下一个程序，否则两个程序都可能无法运行。关闭工作空间的方法是单击【文件】|【关闭工作空间】命令，或关闭整个 Visual C++。有的读者只关闭了主窗口内嵌的编辑窗口，屏幕上见不到程序了就认为已经关闭，是错误的。由于初学者特别容易犯这个错误，本书建议读者每开启一次 Visual C++只编写一个程序。如希望编写下一个程序，记得首先关闭整个 Visual C++软件，再重新开启一个新的 Visual C++，一定不要在同一 Visual C++内编写多个程序。

如果只有在第一次链接运行时正常，以后均报告错误：fatal error LNK1168: cannot open Debug/xxx.exe for writing，这可能是程序在上次运行后没有关闭造成的。请把所有正在运行的"黑色窗口"关闭，然后再尝试重新链接和运行。

6. 打开磁盘上保存的程序

重新启动 Visual C++后，单击【文件】|【打开】命令（【File】|【Open】），选择磁盘上保存的某个源程序文件（xxx.c）可以打开该程序，以继续修改或运行。在 Windows 7 系统中有时可能会出现单击【打开】命令无效或报错的情况，可以通过下载微软 FileTool 补丁来解决（http://support.microsoft.com/kb/241396/zh-cn）。

1.4　天平称物问题——进制转换

1.4.1　这些进制是哪来的——二进制、八进制、十六进制

计算机只能直接识别二进制数，因此我们有必要了解一下二进制。二进制比十进制要简单得多。二进制数仅由 0 和 1 两个数组成，如 1011 就是一个 4 位的二进制数。二进制数的位称比特（bit，简写为 b），而不称个位、十位、百位……1011 有 4 位也即 4 比特。显然在二进制中，一个位（比特）上只能有 0 或 1 两种情况。二进制数做加法时"逢二进一"，做减法时"借一当二"。如 1011 与 0010 的加法运算如图 1-19 所示。

$$\begin{array}{r} 1011 \\ +)\quad 0010 \\ \hline 1101 \end{array}$$

图 1-19　两个二进制数的加法

二进制数一般位数较多，如十进制数 1234 表示为二进制就是 10011010010，使书写、记忆都很不方便。因此对一个二进制数的一串 1010…一般是分组处理的，计算机每 8 位分一组，每组称一个字节（Byte，简写为 B），因此有 1B=8b。但对于我们人类来说，8 位的一组二进制数仍较长，不便记忆，我们可以 3 位或 4 位一组（从小数点开始）分组。

若每 3 位一组，再将每组的二进制数用一个数符代表，就构成了八进制数。八进制数由 0,1,2,…,7 八种数符组成，逢八进一。注意：八进制数中不会出现 8 和 9。

若每 4 位一组，再将每组的二进制数用一个数符代表，就构成了十六进制数。十六进制数由 0~9 十个数字字符和 A~F（或小写 a~f）六个字母字符组成（共十六种字符），逢十六进一。其中 A、B、C、D、E、F（或小写）分别对应于 10、11、12、13、14、15。

例如二进制数 1100 1000 1011 0010，表示为八进制数是 144262，表示为十六进制数是 C8B2。二进制数 1101 0001 1010 0101 表示为八进制数是 150645，表示为十六进制数是 D1A5。

为了明确一个数字是几进制的，在数学上（而不是程序中）可以用括号将数字括起，再在右下角用角标表示进制，如 $(11)_{10}$ 表示十进制的 11，$(101)_2$ 表示二进制的 101，$(17)_8$ 表示八进制的 17。

1.4.2　你还应知道这几招——不同进制之间的转换

1. 十进制转换为二进制

现在至少有二进制、八进制、十六进制，再加上我们熟知的十进制就有四种进制了。如何进行这 4 种进制之间任意两种的转换呢？在讲解进制转换之前，先来做一个小游戏。

小游戏　现有一架天平和 4 种重量的砝码，分别重 8 克、4 克、2 克、1 克，每种重量的砝码只有一个。现要用此天平称重 13 克的物体，物体放在左盘上，如图 1-20 所示。请问在右盘上应该怎样选放 4 种砝码，才能使天平左右两盘重量相同天平平衡呢？

图 1-20　用天平称量重物

　　显然在右盘上应选放 8 克、4 克、1 克这 3 种砝码，使右盘总重量也为 13 克，天平平衡。将选放的砝码用 1 表示，未选放的砝码用 0 表示（只有 2 克的砝码未选），按 8、4、2、1 的顺序依次写出为 1101，则 1101 就是十进制 13 的二进制。

　　无形中我们已经完成了十进制 13 到二进制的转换。这种转换方法归纳起来就是用 8、4、2、1 四个数去"凑"一个十进制数，选用的数用 1 表示，未选用的数用 0 表示，按 8、4、2、1 由高到低的顺序依次写出 1、0 序列就是对应的二进制了。而 8、4、2、1 这 4 个数是由 1 开始，依次向左×2 得到的。又如，十进制$(8)_{10}$转换为二进制为$(1000)_2$，重物重 8 克，恰好有一个 8 克的砝码，只选放这个 8 克的砝码就可以了，仅它对应位为 1，其他 3 位都为 0，于是得到二进制数 1000。

　　【小试牛刀 1.4】试立即写出十进制$(10)_{10}$对应的二进制数：$(1010)_2$

　　【分析】应选放 8 克、2 克两种砝码凑 10 克，按照 8、4、2、1 的顺序依次写出就是 1010。

　　对于较大的十进制数该如何转换呢？

　　例如，十进制数$(117)_{10}$转换为二进制为$(1110101)_2$

　　重物重 117 克，这时仅靠 8、4、2、1 四种砝码就不够用了，需扩大天平的量程。扩大量程的方法是继续向左×2 得到更大的砝码：…128、64、32、16，显然 128 克的砝码不会被用到（大于重物重），因此用 64、32、16、8、4、2、1 这七种砝码来称量就足够了。

　　用这七种砝码"凑"117 不易直接看出，可以用下面的方法：由高到低考虑砝码，如果某个砝码其重量不大于（小于或等于）目前左盘多出的重量，就选用它；否则不选用。

　　（1）首先考虑 64 克的砝码是否选用，由于 64 小于 117，应该选用。这时右盘有了 64 克的重量，左盘比右盘还重出 117-64=53 克。

　　（2）然后考虑 32 克的砝码，由于 32<53（注意要与左盘"目前"多出的重量来比，不要再与 117 比），也应选用。选用 32 克的砝码后，"目前"左盘多出的重量为 53-32=21 克。

　　（3）再考虑 16 克的砝码，由于 16<21，也应选用，现在左盘多出重量 21-16=5 克。

　　（4）再考虑 8 克的砝码，由于 8>5，因此不选用此砝码。于是左盘多出的重量仍为 5 克。

　　（5）再考虑 4 克的砝码，由于 4<5，选用此砝码，现在左盘多出重量 5-4=1 克。

　　（6）再考虑 2 克的砝码，2>1，因此不选用此砝码，于是左盘多出的重量仍为 1 克。

　　（7）再考虑 1 克的砝码，1=1，选用此砝码，恰好天平平衡。

　　将选用的砝码用 1 表示，未选用的砝码用 0 表示，从高到低依次写出就是 111 0101。在实际换算时，可画出如图 1-21 所示的过程。先依次写出第二行的砝码重，然后在第一行最左边写出 117，从左到右递推。

目前左盘重	117	53	21	5	5	1	1	0
砝码	64	32	16	8	4	2	1	
二进制	1	1	1	0	1	0	1	

图 1-21　用降幂法将十进制数 117 转换为二进制的递推过程（灰色线条表示减法计算的减号和等号，例如 117–64=53）

这种十进制转换为二进制的方法叫做降幂法。它是用所有小于此十进制数的各位二进制权值，"凑"出十进制数。二进制权值最低位为 1，向高位依次为 2、4、8、16……。将各位权值从大到小排列，"凑"十进制数时使用的权值对应位写 1，未用的权值对应位写 0。117 实际是通过表示为 $117 = 1\times2^6 + 1\times2^5 + 1\times2^4 + 0\times2^3 + 1\times2^2 + 0\times2^1 + 1\times2^0$ 来转换的。

2．二进制转换为十进制

二进制转换为十进制，可看做是上述天平游戏的逆过程。已知了二进制数 1010… 的序列，就是已知了天平右盘砝码的状况，位为 1 的对应砝码被选放，位为 0 的对应砝码未被选放。这样二进制转换为十进制的问题就可归结为：已知天平平衡时砝码的状况，求重物重。这个问题就非常简单了，只要将选放砝码的重量相加即可。

例如二进制数 $(1101)_2$ 转换为十进制为 $(13)_{10}$。已知了二进制 1101，就已知了天平右盘上选放了 8、4、1 克的三种砝码，于是重物的重量就是 8+4+1=13，即为十进制数。

窍门秘笈　二进制转换十进制的心诀：在换算时，可以把二进制数 1101 按从左至右的顺序依次读为 8、4、2、1，将二进制为 1 的位对应所读数字相加即可，如图 1-22 所示。

图 1-22　二进制数 1101 转换为十进制的读数递推过程

又如，①$(1010)_2=(10)_{10}$ ②$(1110101)_2=(117)_{10}$ ③$(101)_2=(5)_{10}$，转换过程分别如图 1-23、图 1-24、图 1-25 所示。其中 $(1110101)_2$ 由于不能直接看出最左边的 1 所代表的砝码重，可从右向左先写出 1、2、4、8……一直写到最左边的 "1" 即可找到其所代表的砝码重为 64。$(101)_2$ 是 3 位二进制，要与砝码重保持小数点对齐，最左边的 1 对应 4 而不是 8，也可在 $(101)_2$ 的最前面再补一个 0 为 $(0101)_2$ 以便观察，如图 1-25 所示。

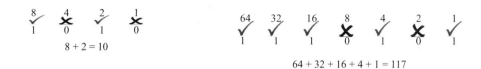

图 1-23 二进制数 1010 转换为十进制   图 1-24 二进制数 1110101 转换为十进制

图 1-25 二进制数 101 转换为十进制

高手进阶

小数的二进制与十进制的互换，方法不变，只要使小数点右侧的"砝码重"依次÷2即可（而非×2），8、4、2、1右侧依次为 0.5、0.25、0.125…。例如：

① $(8.75)_{10} = (1000.11)_2$

用砝码凑出 8.75，小数点后的两个 1 分别表示选放了读数为 0.5 和 0.25 的两种砝码。注意有时十进制小数转二进制时可能会损失精度，也就是无论如何也无法用小数砝码恰好凑足十进制小数，这时只要转换到所需精度的二进制小数位就可以了。

② $(1001.10111)_2 = (9.71875)_{10}$

将对应为 1 的砝码重相加：8+1+0.5+0.125+0.0625+0.03125=9.71875。

在 C 语言的学习中，一般只会遇到整数的转换，而很少有小数的转换。

3. 二进制转换为八/十六进制

二进制转换为八/十六进制与转换为十进制类似。将二进制数每 3 位/4 位一组（从小数点开始分组，当转八进制时 3 位一组，转十六进制时 4 位一组），再将每组的二进制数分别转换为十进制即可。当转为十六进制时，每组的十进制结果如果为 10~15 要写作 A~F（或 a~f）。

（1）$(1101)_2 = (001\ 101)_2 = (15)_8$

把 1101 每 3 位分一组，注意要从小数点开始分组（方向是从右到左，而不是从左到右）。后 3 位 101 为一组；1 之前补两个 0 为 001 一组。再将两组的这两个二进制数（001、101）分别转换为十进制：$(001)_2 = (1)_{10}$、$(101)_2 = (5)_{10}$，于是得到八进制数为 15。

（2）$(100\ 011)_2 = (43)_8$

从小数点开始从右到左分组，011 为一组、100 为一组。再将两组的这两个二进制数（100、011）分别转换为十进制：$(100)_2 = (4)_{10}$、$(011)_2 = (3)_{10}$，于是得到八进制数为 43。

（3）$(1101)_2 = (D)_{16}$

"二→十六"的转换问题应每 4 位分一组，刚好只分一组 1101。将这组的二进制数 1101 转换为十进制：$(1101)_2 = (13)_{10}$，13 要写为 D（或 d）（以 10 写为 A、11 写为 B……递推）。

（4）$(1110\ 0011)_2 = (E3)_{16}$

从小数点开始每 4 位分一组，0011 为一组，1110 为一组。将两组的这两个二进制数

（1110、0011）分别转换为十进制：$(1110)_2 = (14)_{10}$、$(0011)_2 = (3)_{10}$，14 要写为 E（或 e）。

4．八/十六进制转换为二进制

八/十六进制转换为二进制，与十进制转换为二进制类似。将八/十六进制的每位数符看做"十进制"，分别转换每位的"十进制"为二进制即可。注意原数为八进制时，每位转换后的二进制要满 3 位；原数为十六进制时，每位转换后的二进制要满 4 位。如不够在数前补 0。

 什么叫"每位数符"呢？其实这个概念并不难理解。对于十进制数 1234 来说，是 4 位数，有 4 位数符 4、3、2、1，分别叫做个位、十位、百位、千位。对于八进制或十六进制数，也由若干位组成，但不能叫个位、十位、百位、千位了，只能称"一位数符"。例如八进制数 $(32677)_8$ 是由 5 位数符组成的，分别是 7、7、6、2、3。

（1）$(32677)_8 = (11\ 010\ 110\ 111\ 111)_2$

32677 由 5 位数符组成：7、7、6、2、3。将这 5 位数符每一位都"当做十进制"，分别转换为二进制。将 7 当做十进制的 7 转换为二进制为 111，第二位的 7 也当做十进制转换为二进制亦为 111，将 6 当做十进制的 6 转换为二进制 110，2 转换为二进制为 010，3 转换为二进制为 011。注意每次转换的结果都要满 3 位二进制，不够位时前补 0。转换过程如图 1-26 所示。

（2）$(A19C)_{16} = (1010\ 0001\ 1001\ 1100)_2$

A19C 虽包含字母，但也是数字，它是个十六进制数，注意初学者这里可能不太习惯。这个数由 4 位数符组成：C、9、1、A。将这 4 位数符分别当做"十进制"转换为二进制。将 C 当做十进制（C 为 12）转换为二进制 $(12)_{10} = (1100)_2$；将 9 当做十进制转换为二进制 $(9)_{10} = (1001)_2$；将 1 当做十进制转换为二进制 $(1)_{10} = (0001)_2$；将 A 当做十进制（A 为 10）转换为二进制 $(10)_{10} = (1010)_2$。每次转换的结果二进制都要满 4 位，不够时前补 0。转换过程如图 1-27 所示。

图 1-26　八进制数 32677 转换为二进制的转换过程　图 1-27　十六进制数 A19C 转换为二进制的转换过程

5．十进制与八/十六进制的互换、八进制与十六进制的互换

讲到这里，十进制与八/十六进制的互换、八进制与十六进制的互换读者其实已经掌握了。这些转换只要以二进制为中介即可，即先转换为二进制，再做转换。例如十进制转换为八进制时，先将十进制转换为二进制，再将二进制转换为八进制，而每一步的转换方法在前面小节中已经介绍。

6．进制转换的小结与实例

现将 4 种进制之间的转换途径表示为图 1-28。在图 1-28 中，有箭头连接表示可以直接转换，否则必须寻找一个通路进行。例如十进制转换为八进制，就要先通过二进制，即将十进制数先转换为二进制，再转换为八进制。

图 1-28   进制之间的转换途径

（1）将十进制数$(117)_{10}$转换为八进制是$(165)_8$，转换为十六进制是$(75)_{16}$

先将此十进制数转换为二进制：$(117)_{10}= (111\ 0101)_2$

将此二进制数从小数点开始每 3 位分一组 $(001\quad110\quad101)_2$，再将每组的 3 位二进制数分别转换为十进制，分别为 1、6、5。将此二进制数从小数点开始每 4 位分一组 $(0111\ 0101)_2$，再将每组的 4 位二进制数分别转换为十进制，分别为 7、5。

（2）八进制数$(32677)_8$转换为十六进制数是$(35BF)_{16}$

先转换为二进制 $(32677)_8 = (0011\quad0101\quad1011\quad1111)_2$。将所得二进制数从小数点开始每 4 位分一组，分别转换每组的 4 位二进制数为十进制，得 35BF（或 35bf）。

（3）八进制数$(317)_8$转换为十进制是$(207)_{10}$

先转换为二进制$(317)_8 = (11\quad001\quad111)_2$，方法是将每位数符当做十进制分别转换为二进制（每次转换的二进制满 3 位）；再将此二进制数转换为十进制，二进制位为 1 的对应"砝码"重相加即可：128+64+8+4+2+1=207。

（4）十六进制数$(23E)_{16}$转换为十进制是$(574)_{16}$

先转换为二进制$(23E)_{16} = (10\ 0011\ 1110)_2$，方法是将每位数符当做十进制分别转换为二进制（每次转换的二进制满 4 位）；再将此二进制数转换为十进制，二进制位为 1 的对应"砝码"重相加即可：512 + 32+16 + 8+4+2=574。

（5）十进制数$(41713)_{10}$转换为十六进制是$(A2F1)_{16}$

这个例子数字较大，但方法不变。首先转换为二进制：从 1 开始写出一个"相当大量程"的天平的各砝码重，并用这些砝码凑出 41713。在凑砝码时从最大的 32768 开始，如砝码重不大于目前左盘多出的重量就写 1，否则写 0。转换过程如图 1-29 所示。得到二进制后，再转换为十六进制。将所得二进制数从小数点开始每 4 位分一组，然后将每组的二进制数转换为十进制，将 10 写为 A（或 a），将 15 写为 F（或 f）。

1010	0010	1111	0001
A(10)	2	F(15)	1

目前左盘重	41713	8945	8945	753	753	753	753	241	241	113	49	17	1	1	1	0
砝码	32768	16384	8192	4096	2048	1024	512	256	128	64	32	16	8	4	2	1
二进制	1	0	1	0	0	0	0	1	0	1	1	1	1	0	0	0	1

图 1-29   将十进制数 41713 转换为二进制的递推过程（灰色线条表示减法计算的减号和等号，例如 41713-32768=8945）

进制转换的方法有很多，本章只介绍了一种方法，这种方法比较简便，初学者也容易掌握（只做加减，几乎不必乘除，更不需乘方；且 15 以内的二进制与十进制的互换不必死记通过心诀就能写出结果）。进制转换还有许多其他方法如除法取余、乘法取整等，读者也可根据自身情况选用，本书就不再做介绍了。

第 2 章　色彩斑斓的积木——数据类型、运算符和表达式

　　计算机首要功能自然是计算。如何用 C 语言指挥计算机帮助我们计算呢？用 C 语言把要算什么写出来，是首先要做的事。学习一门语言，都要遵循从字、词、短语、句子再到段落、篇章的顺序，学习 C 语言也不例外。什么是 C 语言中的"单词"呢？各种数据和运算符就是 C 语言中的"单词"，由它们组成的算式表达式就是 C 语言中的"短语"。如同我们在学习英语时要学习某事物用英语怎么说、怎么写。本章将学习各种数据和运算符用 C 语言怎么说、怎么写，然后再学习表达式。这些字、词和短语就像一块块色彩斑斓的积木，为我们将来搭建各色建筑添砖加瓦。

2.1　标识符、常量和变量

2.1.1　给我起个名字吧——标识符

　　什么是标识符呢？变量的名字就是标识符。不仅限于变量名，程序中各种元素的名字，都属于标识符。例如将来要学习的符号常量名、函数名、数组名、类型名等，甚至可以给类型起"绰号"，这些都是标识符。本节将学习如何为程序中的各种元素命名。

　　为新品牌的商标命名时，已经注册的商标就不能使用了。在 C 语言里也有一些词语被"注册"了商标，称为关键字（也称保留字）。所有关键字列于附录二，例如定义变量时用的 int 就是一个关键字。属于关键字的词已被系统"注册"了特殊用途，我们在为程序中的各种元素命名时是坚决不能使用这些关键字的，如试图为一个变量起名为 int 就是"侵权"。

　　C 语言中的系统函数名如求正弦的函数名 sin、求算术平方根的函数名 sqrt、用于输出的函数名 printf 等，不属于关键字，称为预定义标识符。可以用预定义标识符为变量命名吗？语法上是可以的，但我们应尽量不要那样做。如果为一个变量命名为 sin，显然是在制造混乱：sin 究竟是指变量还是指系统函数呢？

　　除关键字、预定义标识符的这些词之外，我们为程序元素命名的其他的名字如 a、b、c 等，称用户标识符。用户标识符的名字也不是随便起的，它有一些命名规则。

窍门秘笈　用户标识符的命名规则可以顺口溜的形式记忆如下：

标识符名很简单，这里指用户标识符的命名。

字母数字下划线。用户标识符只能由英文字母、数字、下划线三种符号组成。

字母区分大小写，大、小写英文字母表示不同含义。

非数打头非关键。首字符不能为数字（必须是英文字母或下划线）；不能使用关键字。

例如，以下都是合法的标识符（合法就是符合语法规则，是正确的）：

```
a  x  sum  program  ab1  _to  fe_5  a1b2c3  _2  Int  _int  B3  b3
```

_to、_2 看似奇怪，但也是正确的；Int 和_int 都不是关键字（与 int 不同）；由于字母区分大小写，B3 和 b3 是两个不同的标识符，可分别用于两个不同变量的名字。

以下都是非法的标识符（非法就是不符合语法规则，是错误的）：

```
yes?    有 ?，不属英文字母、数字或下划线。
234a    首字符不能是数字。
yes/no  有 /，不属英文字母、数字或下划线。
w.a     有 .，不属英文字母、数字或下划线。
x-y     有 -，不属英文字母、数字或下划线。
π       π是希腊字母，不属英文字母、数字或下划线。
β       β是希腊字母，不属英文字母、数字或下划线。
int     int 是关键字，不能使用关键字。
x₁      不能使用角标，但 x1 是正确的（1 与 x 的高度相同，是正确的）。
```

命名还应尽量"见名知意"，如保存长度的变量名用 length，保存面积的变量名用 area，保存成绩的变量名用 score 等，而尽量不要不分青红皂白全部用 a、b、c 命名。这样做的好处是一看到变量的名字，就能知道它是干什么用的了，增强了程序的可读性，如图 2-1 所示。

图 2-1   标识符命名应见名知意

2.1.2   有一说一——常量

直接写在程序里的数据值，就是常量。例如语句 a=10;中，10 就是常量；语句 b=2+3;中，2、3 也都是常量；而 a、b 不是常量是变量。

现代计算机除了能计算数值之外，还能处理文字，用 QQ 收发好友消息就是处理文字的典型例子。因此常量的概念不止限于数值型，直接写在程序中的文字型的数据值也是常量，例如'b'、"Hello"等。文字型常量要用引号引起来，有两种类型，分别称为字符常量和字符串常量（将在下节讨论）。

还有一种常量是用符号代替的，称符号常量。符号常量需用#define 命令定义：

```
#define PI 3.14
```

表示定义 PI 是 3.14 的代替符号，PI 是 3.14 的代号，PI 就是 3.14（不是变量 PI 的值是 3.14）。3.14 是常量，故 PI 也是常量。如下语句所示：

```
area = PI*r*r;
angle = 30*PI/180;
```

将被视为：

```
area = 3.14*r*r;
angle = 30*3.14/180;
```

即程序中的所有 PI 都将被代换为 3.14 然后再执行，这是符号的等价代换，如图 2-2 所示。

> PI 怎么看都像变量，为什么说它是常量呢？

> 因为有#define 将 PI 定义为常量 3.14 的代替符号，叫符号常量；如无#define，PI 就不是常量了，我们在第 7 章还将讨论。

图 2-2　用#define 命令可定义符号常量

既然是等价代换，在程序的语句中直接写 3.14 不就完了，为什么还要用符号常量呢？如需修改程序使 PI 用 3.14159，要是直接在程序的语句中写 3.14，就要逐一修改每条语句，十分麻烦！如用符号常量，只要修改#define 的定义就可以了：

```
#define PI 3.14159
```

这时整个程序中的所有 PI 就都被改过来了，要方便许多！

综上所述，常量就是直接写在程序里的数据值，它们可以是数值型的，可以是字符或字符串型的，也可以是以符号代替的。在程序运行过程中这些值当然不会变化，故称为常量。

2.1.3　程序里的储物盒——变量

在上一章的程序例 1.1 中，a、b、c 都是变量，它们可以分别有不同的值。变量类似于生活中存放物品的盒子，盒子的名称就是变量名，盒子里面的内容就是变量的值，如图 2-3 所示。

在程序中，变量实际代表的是计算机内存中的一块存储空间，存储空间的名称就是变量名，其中存储的内容就是变量的值。程序中的各种数据如原始数据、中间结果、计算结果等都可以放在变量中保存起来，就像写在纸上记录下来一样。例如：

```
int a;
a=10;
```

表示定义了一个变量 a，然后将 10 放入变量中保存，如图 2-4 所示。变量必须先定义然后才能使用，就像盒子必须先准备好然后才能用来储物。int a;是定义变量，它表示让计算机先准备好变量 a 这个盒子，实际是让计算机在内存中分配和划定变量 a 的存储空间。

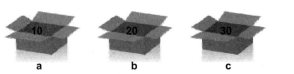

图 2-3　变量类似于储物盒，用于保存数据

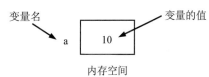

图 2-4　变量就是一块内存空间

同一个盒子先后可用于存放不同的物品，变量的值也是可以变化的。在程序中，我们可以随时将新值保存在变量中。当将新值保存在变量中时，变量原有的值同时被覆盖不复存在；因为一个变量在某一时刻只能保存一个值（这与生活中的储物盒是有区别的）。正因为如此，有人也称变量就是值可以被改变的量。例如，在前述将 10 保存在变量 a 中后，再执行：

```
a=50;
```

则将 50 保存在变量 a 中，原来的 10 被覆盖不复存在。现在 a 的值是 50 而不是 10。

窍门秘笈　如何阅读程序？很多初学者面对复杂的程序无从下手，抱怨像天书一样难懂。其实读程序关键在于方法。这里介绍一种能快速上手的、读懂各种程序"天书"的方法——模拟法。

首先准备好纸和笔，然后按照程序的执行过程，一边模拟语句的执行，一边用笔在纸上将每一步的变量变化都记录下来。当遇到变量的定义语句时，就在纸上画出一个存储空间，如图 2-4 所示。当为变量重新赋值时，就将原来的值划掉，并写上新的值，如图 2-5 所示。

a
内存空间

图 2-5　变量的值被改变

初学者在分析程序时千万不要为了"省事"，试图用大脑记住变量的值。殊不知"再好的脑子不如烂笔头"，而且变量的值是随时可能变化的；如果"偷懒"，稍不留神就会出乱子。这在分析简单程序时也许并不明显，但对于复杂一些的程序就要自食恶果了！高手出自勤奋，无论程序复杂与否，初学者一开始都应该养成边读程序边画草稿的习惯。

变量与储物盒的另一个区别是：定义变量后在为它赋值前，变量的值不是"空白"，而是随机数。随机数表示它的值是不确定或未定义的，但不是没有值，是随机数是有值的，例如它的值可能是 123，也可能是-824，也可能是 30000，只不过是不确定而已。例如：

```
int sum;
```

现在 sum 的值为随机数，值不确定，不是没有值。直到执行到为 sum 赋值的语句如 sum=0;后，以 0 覆盖随机数，sum 中才会有确定的值 0。为了避免这种随机状态出现，可在变量定义的同时为变量赋一个初值，在定义时为变量赋初值也称对变量的初始化，例如：

```
int sum=0;            /* 在定义的同时，变量 sum 就有了确定的值 0 */
int width, height;    /* 一次定义多个变量，变量的值都不确定 */
int price, num=3;     /* 仅 num 的值为 3，price 的值不确定 */
int size=num+4;       /* size 的值为 7，可用表达式为变量赋初值 */
```

在定义中不允许连续赋初值，如下面语句是错误的。

```
int x=y=z=5;
```

而只能写为：

```
int x=5, y=5, z=5;
```

【小试牛刀 2.1】下面变量定义的方式是否正确？

```
int a, int b;
```

答案：不正确。如果用逗号 ",", 表示同一语句中定义多个变量，逗号后面要直接写变量名不能再写 int，即应该改为：

```
int a, b;
```

如果希望再次出现 int，则必须用分号 ";":

```
int a; int b;
```

这实际是一行写两条语句的情况。

高手进阶

同一函数内，所有变量必须先集中定义，然后再使用，不能边使用边定义。这好比必须集中备好所有的储物盒，然后再开始整理物品。不能在已经开始整理物品之后，发现储物盒不够了又跑去买，那就来不及了。例如下面程序段是错误的。

```
int a;
a=3;
int b;    /* 错误：执行语句 a=3;后不能再出现任何变量的定义 */
b=4;
```

而必须为：

```
int a;
int b;    /* 要将所有要使用的变量集中定义 */
a=3;
b=4;
```

即变量定义必须出现在所有执行语句之前（变量定义时赋初值不属于执行语句）。

2.2 追根"数"源——细说数据类型

本节将按照数据的不同类型介绍：整型、实型、字符型和字符串型四种类型的数据分别用 C 语言怎样叙述。

2.2.1 整型数据用 C 语言怎样说

数值型数据分整数和实数，整数是不带有小数点的，而实数必须带有小数点。在 C 语言中整数和实数是截然不同的，请读者尤其要注意。我们首先介绍整数。

1. 整型常量的表示

整型常量就是直接写在程序里的整数，如语句 a=10;中的 10 就是整型常量。这种直接写出的整数都是十进制的，在 C 语言中还允许将整数写为八进制或十六进制。

- ❑ 写为十进制：直接写，与生活中的写法一致。
- ❑ 写为八进制：在整数前加 0。
- ❑ 写为十六进制：在整数前加 0x 或 0X。
- ❑ 在 C 语言中不允许将数据写为二进制。

例如：

```
a=012;a=0xA;a=10;
```

由于 $(12)_8=(A)_{16}=(10)_{10}$，以上三条语句等价，都是将 a 赋值为十进制的 10。注意生活中在整数前加 0 是没有任何作用的，但在 C 语言中，整数前加 0 与不加 0 完全不同，加了 0 就是八进制。012 是八进制的 12、十进制的 10（不可误认为是十进制的 12）。如数前加 0x 则表示它是十六进制数。x、A 大小写均可，如 a=0Xa; a=0XA;也正确。又如：

```
a=0175; a=0X7D; a=125;
```

由于 $(175)_8=(7D)_{16}=(125)_{10}$，以上三条语句等价，都是将 a 赋值为十进制的 125。

窍门秘笈　以上介绍的整型常量在 C 语言中的写法可以顺口溜记忆如下：

整型常量表示法，	
十进制数直接打，	直接"打字"输入计算机的都是十进制数。
数前添零进制八，	数字前加 0，则是八进制数。
十六进制再加叉(x 或 X)。	前加 0 的基础上再加 X/x（即 0X/0x）则是十六进制数。

　　由于八进制的特殊表示方法，在编写程序时，决不能随便在数字前加 0，这与生活中的习惯是不同的。另外，无论数字有多大，不要在数字中使用逗号。

脚下留心

【小试牛刀 2.2】 整型常量 018 表示的数据是多少？它的写法正确吗？

答案：不正确，数前的 0 标志着这是一个八进制数，而八进制数是由 0～7 组成的，不可能出现 8；同理 019 也是错误的。但是 017 则是正确的，它表示十进制数的 15。

2．整型数据如何在计算机中存储

计算机的内存只能存储 0 或 1，整数要被转换为二进制存储，占 2 个或 4 个字节。

　　整数在计算机中的存储，除要转换为二进制外，还要转换为补码。将整数直接转换为二进制的形式称原码。正数的补码和原码相同；负数的补码为该数绝对值的二进制形式按位取反（即 1 变为 0、0 变为 1）后再加 1。对于有符号数，二进制的最高位（最左边一位）为符号位：负数为 1 正数为 0。采用补码可以将减法运算变作加法实现。关于补码的细节读者可参考其他书籍再深入学习。

高手进阶

3．整型变量的类型及定义方式
（1）基本型整型变量

变量在使用前必须先定义。对于要保存的值为整数的变量，应定义为整型变量，其方法是用关键字 int+变量名定义。例如：

```
int a;
a=1;          /* 将变量 a 赋值为 1 */
a=20000;      /* 将变量 a 赋值为 20000，原来的值 1 已被覆盖 */
a=2.8;        /* a 将被赋值为 2（无四舍五入），原来的值 20000 又被覆盖*/
```

整型变量是专门用于保存整数的变量，且只能保存整数，不能保存实数。上例中的语句 a=2.8;只能将 2 存入变量 a。

这种由 int 定义的变量称基本型的整型变量，它的空间有多大呢？这是由编译系统决定的。在 Visual C++ 6.0 中，占 4 字节；在其他某些编译系统中，占 2 字节。如果向不同的人询问"你的包有多大"，会得到不同的答案。爱逛街的女士的回答是小挎包的大小，旅行者的答案是旅行包的大小，如图 2-6 所示。包的大小是由不同的个人决定的，同样，int 型变量的空间大小是由不同编译系统决定的。

图 2-6　向不同的人询问"包的大小"时回答不同

整型变量的空间大小是预先由编译系统规定的，与变量值无关。在上例中，无论 a 的值为 1 还是 20000，在 Visual C++ 6.0 系统中均占 4 字节。这很容易理解，一个包里是放了 1 斤苹果，还是只放了一张纸，包的容量都不会因此而改变。

（2）其他类型的整型变量

无论向谁询问，只要明确了是什么规格的包，则必然能得到确定的回答，例如问"旅行包多大？"或"女式的包多大？"。在汉语中，"旅行""女式的"是"包"的修饰词。在 C 语言中，也可为 int 添加修饰词，以明确指出整型变量的规格。int 的修饰词有以下 4 个。

❑ short：表示变量为短整型，即确定占 2 个字节的整型变量。

❑ long：表示变量为长整型，即确定占 4 个字节的整型变量。

❑ signed：表示变量为有符号型，即可以保存负数的整型变量。

❑ unsigned：表示变量为无符号型，即可保存正数和 0，但不能保存负数的整型变量。

以上修饰词在定义整型变量时可选用 0～多个，以定义不同规格的整型变量；但 short 和 long 不能同时选用，signed 和 unsigned 不能同时选用。当既不用 short 也不用 long 时，视为基本型,其空间大小由编译系统决定；当既不用 signed 也不用 unsigned 时，视同 signed,

即有符号型。表 2-1 列出了使用这些修饰词所定义的各种不同规格的整型变量。

表 2-1　不同规格的整型变量的定义及占用字节数、取值范围

变量定义	变量类型	占字节数	取值范围	定义的几种省略写法
signed short int a;	有符号短整型	2 字节	–32768～32767	short int a; / short a;
signed int b;	有符号基本整型	4 字节*	约–21 亿 ～+21 亿	signed b; / int b;
signed long int c;	有符号长整型	4 字节	约–21 亿 ～+21 亿	signed long c; / long c;
unsigned short int d;	无符号短整型	2 字节	0～65535	unsigned short d;
unsigned int e;	无符号基本整型	4 字节*	0～ 约 +42 亿	unsigned e;
unsigned long int f;	无符号长整型	4 字节	0～ 约 +42 亿	unsigned long f;

*在 Visual C++ 6.0 系统中占 4 字节；在其他某些编译系统中可能占 2 字节。

如果使用了修饰词，int 可以省略，表 2-1 最后一列给出了几种省略写法。显然，在 Visual C++ 6.0 中长整型（long）与不加修饰词的基本型（int）是完全相同的。

高手进阶

占 2 字节的有符号短整型变量取值范围为–32768~32767，无符号的就为 0~65535，能保存的最大值比相应有符号数扩大一倍；占 4 字节的整型变量也是如此（范围最大分别是~ +21 亿、~ +42 亿）。这是因为原来表示负数的空间在无符号变量中也用于表示正数了。

如了解不同型号和款式的包一样，我们在使用时会挑选合适类型的包，去逛街选小拎包，去旅游选旅行包。在编程时，也应根据需要选用不同类型的变量。例如要保存学号、年龄、货品个数等无负值的数据时，使用无符号型就是上上之选。而保存有可能为负的数据如某景点旅游人次相对于去年增长或降低的数量，则只能将变量定义为有符号型如 int 或 long int；但又不能用 short int，否则旅游人次将会被限制在 32767 次以内就不现实了。在实际问题中选用何种类型的变量并没有规定，以够用为原则即可。如一定要用能表示负数的有符号型变量保存年龄、一定要用 int 或 long int 型变量保存身高的厘米数，虽大材小用但也没有什么错，就像背旅行包去逛街也未尝不可，把东西买回来就可以了。

2.2.2　实型数据用 C 语言怎样说

实型也称浮点型，就是带有小数点的数值型数据。再次提醒读者注意，在 C 语言中，整数和实数虽然都是数值，却是两种截然不同的数据类型，决不能混同对待。

1．实型常量的表示

实型常量也称实数或浮点数，在 C 语言中只能写为十进制，不能写为其他进制。但十进制的实型常量又可写为两种形式：小数形式、指数形式。

（1）小数形式

在程序中小数的写法与生活中的写法类似，例如：

```
3.14159    0.158    0.0    -18.0    12.    .36
```

整数部分为 0 时 0 可以省略，如 0.36 可写为.36；小数部分末尾的 0 也可省略，如 12.0

可写作 12. 。注意，小数点是万万不能省略的，对于无小数位的实数也必须有小数点。如实数 12.0 写作 12 是不行的，因为 12 是整数就不是实数了，12 与 12.0 或 12.是截然不同的。

（2）指数形式

以科学计数法表示的实数如 2.1×10^5，用 C 语言怎样表示呢？程序中是无法写出角标 5 的，而只能写出与 10 "一样高的" 5，这就与 105 分不清了。为此 C 语言规定了一种特殊的表示法：用 E（或 e）表示 "×10"，对于 2.1×10^5，在程序中应写作 2.1E5 或 2.1e5。又如：

```
1E5         表示 1×10⁵。
-2.8E-2     表示 -2.8×10⁻²。
23.026e-1   表示 23.026×10⁻¹。
.23026E1    表示 0.23026 × 10¹。
0.23026E1   表示 0.23026 × 10¹。
2.3026e0    表示 2.3026 × 10⁰。
```

E（或 e）像个扁担，挑起小数部分和指数部分；E（或 e）前后的内容都不能省略，否则扁担前后就不平衡了。对 E（或 e）前的小数范围没有要求（不必限制在 10 以内），但规定 E（或 e）后必须是整数不能是小数。另外 a E n（或 a e n）是一个整体，表示一个数，相当于英语中的一个单词，中间是不能随便加空格的。以下写法都是错误的：

```
e5        e 前没有内容。
1.25E     E 后没有内容。
2.0E1.3   E 后不是整数。
2.1 E5    数据中间有空格。
53.-E3    负号位置不对，-53.E3 或 53.E-3 才是正确的。
345       无小数点，345 是整数，不是实数。
```

 窍门秘笈 以上介绍的实型常量在 C 语言中的写法可以顺口溜记忆如下：

浮点小数莫忘点。以小数形式表示的实数不能省略小数点。

指数 E 挑两边全，指数形式由 E（或 e）似扁担般地 "挑起" 小数部分和指数部分，小数部分和指数部分都不能省略。

E 后必须是整数，E（或 e）后必须是整数，但 E（或 e）前可为整数也可为小数。

前后两边紧相连。数据是一个整体，中间不能随便添加空格。

2. 实型变量的类型及定义

整数和实数是截然不同的两种数据，若要在程序中保存实数，需使用实型变量，而用整型变量是不行的。如何定义实型变量呢？实型变量有两种规格，一种为单精度实型，一种为双精度实型。顾名思义，双精度型的能表示的数值范围相对更大、精度更高。

（1）单精度型

单精度型的变量用关键字 float 定义，这种变量占 4 个字节，有效数字 6 位（有效数字是指从第一个不是 0 的数字起的数据位数，不一定是 6 位小数），表示范围 $\pm 10^{38}$ 左右。

```
float f;    /* f 为单精度实型变量，其值不定（随机数） */
```

```
float x=1.0,y=2.0,z=3.0;      /* x、y、z 为单精度实型变量，已被赋初值 */
f=0.001234567;         /* f 被赋值为 0.001234567 */
f=0.00123456789;       /* 有效数字过多将被截断，f 实际值为 0.001234568 */
```

（2）双精度型

双精度型的变量用关键字 double 定义，这种变量占 8 个字节，有效数字 15 位，表示范围$\pm 10^{308}$左右。

```
double a,em,nnn;      /* a,em,nnn 为双精度实型变量，值都不定 */
a=0.001234567;
em=1.495978707e11;   /* 以 em 保存地球到太阳的距离 */
nnn=1e80;            /* 以 nnn 保存宇宙中所有基本粒子的估计总数 */
```

我们在编程时选用整型变量还是实型变量取决于实际需要。如年龄、货物数量等属于整数，应用整型变量保存；而如天气温度、商品价格、银行存款利率、图形面积等带有小数位的数据则应该用实型变量保存。

如果要用实型变量，是用单精度（float）的实型变量还是用双精度（double）的呢？满足精度要求是前提，但尽量避免大材小用。例如要计算学生平均成绩，用 float 就足够了；但一定要用 double 也无可厚非，俗话说"杀鸡焉用宰牛刀"，但一定要用"宰牛刀"杀，鸡也是能够杀死的，并没有什么错误。但对于像卫星发射轨道等对精度要求很高的计算时，就一定要用 double，轨道数据的精确与否将直接关系卫星发射的成败。

3．实型数据如何在计算机中存储

实型数据也是被转换为二进制后存储，但首先要转换为"小数×$2^{指数}$"的形式，然后将小数部分和指数部分分别转换为二进制，再分别存储小数部分和指数部分。这与整型数据的存储方式截然不同，这也是反复强调的实数和整数是两种截然不同数据的原因所在。

4．类型的转换

我们在整理东西时，要将不同的东西分门别类地放进不同类型的盒子中，如果把衣服放进饼干盒里显然是不合适的。在程序中也应当把不同类型的数据放进对应类型的变量中保存。在 C 语言中对数据类型的规定是很严格的，整型变量只能保存整数不能保存实数；实型变量只能保存实数，不能保存整数。有人问"更高精度的实数都能存，还不能存个整数么？"是的，坚决不能！因为它们不属于同一类型。如果硬要将数据存入不同类型的变量，计算机会以变量的类型为准，自动将数据转换为与变量一致的类型，然后再存入变量。例如：

```
int a;
a = 2.8;
```

则变量 a 中只会保存整数 2（没有四舍五入），不会保存 2.8 也不会保存 3。又如：

```
double y;
y = 3;
```

则变量 y 中保存的数据是双精度实数 3.0 而不是整数 3。

这是说在赋值时，必须以盒子——变量的类型为准，大件物品要切去一部分"瘦身"后再放入"小箱子"；小件物品也要拉长、变宽再放入"大箱子"。而前者是会损失一些精度的，损失的部分直接舍去小数（不四舍五入）。这种转换是由计算机自动进行的，称自动类型转换。

窍门秘笈　以变量类型为基准的自动类型转换规则可以口诀记忆如下：

变量定空间，塑身再搬迁。

若为空间窄，舍点也情愿。

为了与变量的类型一致，也可以为常量规定类型。常量是什么类型的呢？写在程序中的整型常量都默认是有符号基本型即 int 型的，实型常量默认是双精度型即 double 型的。若要改变常量的类型，可在常量后加字母后缀。字母后缀可以有：

（1）L，或 l（字母[el]不是数字[yi]）

在整数后加 L 或 l 表示常量为长整型的（long），如 0l、-125L、100000L。若不写 L 表示常量为基本型 int 型的。在 Visual C++ 6.0 中加不加后缀 L 的效果相同，因为 long 型与 int 型整数相同，都占 4 字节（后缀 L 主要用于其他编译系统）。在实数后加 L 或 l 表示常量为长双精度型的（long double），如 1.234567L，这种类型在 VC6 中与 double 型相同，一般很少使用。

如果需要表示常量是短整型的，无相应字母后缀，可用强制类型转换如(short)5。我们将在下一小节介绍强制类型转换。

（2）U，或 u

只能写在整数常量之后表示常量为无符号型的，无符号即非负，不能为负数：如 0U、6U、65535u。不写 U 则表示常量为有符号型的，可以为负数。

（3）F，或 f

表示常量为单精度实型的（float 型），如 8.224f 为 float 型而不是 double 型的，125f 也为 float 型而不是 int 型的。即有后缀 f 时，可不加小数点，也表示实数（单精度实数）。

（4）在整数后可同时加 L 和 U，如 0LU、6LU、65535lu 等，表示整数是无符号长整型的。

【小试牛刀 2.3】整型常量-65、-65L、-65U 的写法都正确吗？

答案：-65 和-65L 都是正确的，它们在 VC6 中相同，都表示十进制的-65，占 4 字节。-65U 是不正确的，因为 U 已表示无符号数（不能为负），而-65 又是负数，就会自相矛盾。

【随讲随练 2.1】以下选项中可用于 C 程序合法实数的是（　　）。

A．.1e0　　　　B．3.0e0.2　　　C．E9　　　　D．9.12E

【答案】A

【随讲随练 2.2】以下选项中，能用作数据常量的是（　　）。

A．o115　　　　B．0118　　　　C．1.5e1.5　　　D．115L

【答案】D

【分析】A 选项以字母 o 打头，不是数字 0 打头，因此不是常量；但它符合标识符的命名规则，可以作为变量的名字。B 选项 0 打头表示八进制，但八进制数中不能出现 8。C

选项 e 后必须是整数。D 选项正确，后缀 L 表示长整型数占 4 字节，在 VC6 中与直接写 115 是等效的。

2.2.3　字符型数据用 C 语言怎样说

现代计算机除了能计算数值之外，还能处理文字，用 QQ 收发好友消息就是处理文字的典型例子。如果要编写一个类似 QQ 的程序，向好友发送文字消息，该如何做呢？用 C 语言表示要发送的文字信息是首先要做的。本小节先来介绍单个字符的文字（称字符）用 C 语言如何表示，下一小节再介绍多个字符的文字（字符串）。

1. 字符常量用 C 语言怎样说

先来考虑单个字符，如果要将一个字符 a 发送给好友，是不能在程序中直接写为 a 的，否则它就是一个变量名，发送给好友的内容将是变量 a 的值（如 10）而不是字符 a 本身了。因此字符内容需用英文单引号（不能是中文单引号）引起来如'a'，以表示要发送的内容是字符 a 本身而不是变量 a 的值。显然单引号是定界符，不属于字符内容。程序中的单引号不分左右，即左右单引号是一模一样的。这里还有一个限制，单引号内只能有一个字符，如写为'ab'是错误的；两个连续的单引号''也是错误的（单引号内无内容）。这类常量是计算机要直接处理的字符内容且只能有一个字符，称为字符常量。每个字符常量占 1 个字节（8 个二进制位）。

字符常量不仅限于字母字符如'a'、'b'、'c'，能从键盘上录入计算机的各种字符都可以作为字符常量，如数字字符'1'、'5'、'0'，符号字符','、'!'、'='、'+'、'#'、'$'，甚至空格字符' '。

高手进阶

　　这里所讲的字符常量是占 1 个字节的，只限于英文字符；一个中文汉字要占 2 个字节，不能作为一个字符常量；一个汉字一般要存储为 unsigned short int 型的数据。

2. 字符型数据如何在计算机中存储

计算机内存只能存储 0 和 1，对整数和小数这些数值型数据可以直接转换为二进制存储。但字符型数据不同，它不是数值，又该如何存储呢？学校的每位在校生都有学号，公司的每位职工也有工号。与之类似，人们把能录入计算机的每个字符也都安排一个整数的数值编号，这种字符的编号称 ASCII 码（American Standard Code for Information Interchange）。ASCII 码是整数，可被直接转换为二进制。这样字符的存储问题就迎刃而解了：要存储一个字符，只要存储这个字符 ASCII 码的二进制即可。例如字符'A'的 ASCII 码为 65，要存储字符'A'就存储 65 的二进制；字符'a'的 ASCII 码为 97，要存储字符'a'就存储 97 的二进制。常用字符的 ASCII 码可参见附录一。由于字符占 1 个字节（8 比特），因此 ASCII 码范围是 0～255（2^8-1）。

ASCII 码为 0～31 及为 127 的字符是不可显示的字符，它们主要起控制作用，称为控制字符。例如 ASCII 码为 7 的字符可以控制计算机发出"嘀"的一声，ASCII 码为 10 的字符可控制计算机的打印换行，ASCII 码为 9 的字符（Tab 符）可控制水平制表。ASCII 码为 32 的字符是空格，注意空格也是一个字符，它被存为 32 的二进制。

　　数字字符的 ASCII 码是按照'0'～'9'的顺序逐 "1" 递增的，大写字母和小写字母字符也是按照字母表的顺序逐 "1" 递增的。例如'0'的 ASCII 码是 48、'1'是 49、'2'是 50……'A'的 ASCII 码是 65、'B'是 66、'C'是 67……这样如果已知'0'的 ASCII 码，就能逐一递推出'1'、'2'、'3'……的各 ASCII 码；如果已知'A'的 ASCII 码，就能逐一递推出'B'、'C'、'D'……的各个 ASCII 码。

请注意数字字符'0'的 ASCII 码不是 0，数字字符'1'的 ASCII 码也不是 1。

脚下留心

　　各个字符的 ASCII 码我们不需要记住，但需要了解每类字符 ASCII 码的大小顺序：控制字符（除 127 外）< 空格 < 数字字符 < 大写字母 < 小写字母。注意小写字母的 ASCII 码反而大。

ASCII 码在 128~255 之间的字符为扩展字符，可作为非英语国家本国语言字符的代码，中文半个汉字的 ASCII 码就在 128~255 之间（1 个汉字占 2 个字节）。

高手进阶

　　字符'a'的 ASCII 码是 97，在内存中存为 97 的二进制，那么整数 97 是如何存储的呢？对！也存为 97 的二进制。如果在计算机中发现存储了一个 97 的二进制，如何区分表示的是字符'a'，还是整数 97 呢？这是无法区分的！于是在计算机中就给出了这样一种规则——整数和字符是混用的。

　　整数和字符的混用有时看上去有些不可思议，甚至可以混得 "一塌糊涂"，却是完全正确的！例如字符型量可与整型量做加减乘除的运算，甚至可以和整数比较大小。整数和字符的混用并不难，只要把字符型量替换为对应的 ASCII 码即可，例如：

```
'C' + 1 的值为'D'，或值为 68。
'D' - 'A'的值为 3，看做 68-65。
'7' + '1'的值为 55+49=104，或值为字符'h'；不是'8'。
'a' > 'A'看做 97>65，或按照小写字母的 ASCII 码大于大写字母的规则判断。
' ' < 'a'看做 32<97，或按照可显示字符中空格的 ASCII 码最小的规则判断。
'1' < 'A'看做 49<65，或按照数字字符的 ASCII 码小于大写字母的规则判断。
'a' > 65 看做 97>65，或看做'a'>'A'。
```

整数和字符占用的字节数是不同的。一个整数一般占 4 个字节（在 Visual C++ 6.0 中），而一个字符占 1 个字节。将整数看做字符时，4 个字节中只使用最右端（最低的）1 个字节，而舍弃其他 3 个字节；将字符看做整数时，会先在它 ASCII 码的二进制数之前（左边、高位）补 3 个 8 比特都为 0 的字节凑足 "4 字节"。由于 ASCII 码的范围在 0 ~ 255，一般情况下与之混用的整数也不超过 0 ~ 255。

高手进阶

窍门秘笈　　大写字母的 ASCII 码比对应小写字母的小 32，如'A'为 65，'a'为 97；'B'为 66，'b'为 98。因此：

大写字母字符 ＋32 → 对应小写字母字符

小写字母字符 −32 → 对应大写字母字符

【小试牛刀 2.4】设变量 c='F'，欲将 c 中的'F'变为小写存入变量 d 中，语句应该如何写？

答案：　d=c+32;　因为'F'+32=70+32=102；而 102 是'f'的 ASCII 码，所以也可看做是字符'f'。

【小试牛刀 2.5】试问'5'与 5 有什么区别？

答案：'5'为字符'5'，在内存中存作 53 的二进制占 1 个字节。

5 为整数 5，在内存中存作 5 的二进制占 4 个字节（二进制前补 0）。

'5'与 5 的互换：'5'− '0'（或'5'− 48）可得 5；5+'0'（或 5+48）可得'5'（'0'的 ASCII 码为 48）。

窍门秘笈　　整数 5 为字符'5'的面值，整数 3 为字符'3'的面值。数字字符和对应面值相同的一位整数间的互换方法是：

数字字符 − '0'（或 −48） → 整数面值

一位整数 ＋'0'（或+48） → 数字字符

【随讲随练 2.3】设已定义变量 int sum;，以下程序欲计算两个数字字符'5'和'1'的面值之和，并将结果存入变量 sum，即 sum 最终的值应为 6，请填空。

sum = ('5' - ___[1]___) + ('1' - ___[2]___);

【答案】[1] '0'或 48　　[2] '0'或 48

高手进阶

　　数字字符与对应整数的二进制只有 2 位之差，例如字符'5'（即 53）的二进制为 0011 0101，整数 5 的二进制为 0000 0101。前者第 4、5 位均为 1（最右端为第 0 位），后者这两位均为 0，而两者后 4 位是一致的 0101，都表示十进制的 5。还有，为什么'A'的 ASCII 码是 65，'a'的 ASCII 码是 97 呢？作为字母表的第一个字母，为何大写从 5 开始，小写从 7 开始，似乎都不太"整"？把它们转换为二进制，答案立显！65 的二进制是 0100 0001，97 的二进制是 0110 0001，后 5 位 0 0001 都表示十进制的 1，说明'A'、'a'是第一个字母。试着把字母表的第二个字母'B'或'b'的 ASCII 码转换为二进制，你会发现后 5 位都表示十进制的 2。

3. 转义字符

　　在众多字符之中，\ 是个特例，它并不表示字符 \ 本身，而有特殊的含义——改变其后字符原有的意义，称转义字符。例如，'\n'不表示 n，也不是 \ 和 n 两个字符，它表示"换行符"。\ 类似一根魔术棒，将后面的 n 变为"换行符"。这使不可打印的控制字符也能在程序中写出来了。变化后的含义是人为规定的，除 n 外，\ 还可变化其他的一些字符，如表 2-2 所示。

键盘上的 \ 字符键为 ，一般在回车键附近，注意它与 / 键 是不同的。

表 2-2　常用转义字符

转义字符	含义	ASCII 码
'\a'	响铃控制符，可使计算机发出"嘀"的一声	7
'\b'	退格符	8
'\t'	跳格符（或称水平制表符、Tab 符）：横向跳到下一制表位置	9
'\n'	换行符；本义是移到下行相同位置，但一般都移到下行行首	10
'\v'	竖向跳格符（移到下行相同位置）	11
'\f'	换页符	12
'\r'	回车符；本义是回到行首，但实际多数系统也同时换行	13
'\"'	双引号符（" 有特定的意义，不能用 '"' 表示双引号符）	34
'\''	单引号符（' 有特定的意义，不能用 ''' 表示单引号符）	39
'\\'	反斜线符（\ 有特定的意义，不能 '\' 表示反斜线符）	92
'\1~3 位的八进制数'	表示一个字符，这个字符的 ASCII 码的八进制为 \ 后面的数。八进制数不必以 0 开头，但最多 3 位	\ 后数的十进制
'\x 1~2 位的十六进制数'	表示一个字符，这个字符的 ASCII 码的十六进制为 \x 后面的数。x 必须小写，十六进制数不要再写前缀 0x，最多 2 位	\x 后数的十进制

高手进阶

换行符（'\n'）和回车符（'\r'）都可以起到换行和使光标移到下行行首的作用，但在不同系统中采用的方式不同。有些系统用'\n'换行，有些系统用'\r'换行，还有些系统连用'\r'+'\n'两个字符换行。在 C 语言程序中，一般用'\n'换行就可以了。

转义字符虽然看上去有多个字符但仍表示一个字符，\ 是与后面内容作为一个整体的。

有特殊含义的字符如果想表示它本身，都必须用转义的形式，不然就分不清是在表示特殊含义还是表示它本身。有特殊含义的字符主要有三个：斜杠（\）、单引号（'）、双引号（"）。要表示这 3 个字符，必须用 \ 的形式，分别写作：'\\'、'\''和'\"'。

使用转义字符，还可以通过字符的 ASCII 码，把任意一个字符表示出来，如表 2-2 最后两行。但是 ASCII 码必须写为八进制或十六进制的形式，不能写为十进制。例如：

```
'\61'     (61)₈=(110 001)₂=32+16+1=(49)₁₀          表示字符 '1'
'\101'    (101)₈ = (001  000  001)₂ = 64+1=(65)₁₀   表示字符 'A'
'\102'    (102)₈ = (001  000  010)₂ = 64+2=(66)₁₀   表示字符 'B'
'\x41'    (41)₁₆ = (0100  0001)₂ = 64+1=(65)₁₀       表示字符 'A'
'\x6e'    (6e)₁₆ = (0110  1110)₂ = 64+32+14=(110)₁₀  表示字符 'n'
'\x5c'    (5c)₁₆=(0101 1100)₂ =64+16+8+4=(92)₁₀      表示字符 '\\'
'\x0A'    (0A)₁₆=(0000  1010)₂=8+2=(10)₁₀             表示换行符'\n'
'\18'     错误！因为八进制数不能有 8
```

'\x41'、'\101'、'A'等价，都表示字符'A'；'\n'、'\012'、'\12'、'\x0A'、'\xA'等价，都表示换行符（ASCII 码为 10）。可见通过转义字符，对同一个字符可有多种表示方法。

脚下留心

转义字符一定要写在引号之内，因为它仍属于字符常量。如果在程序中直接写 \n，则有"半个算式"之嫌（似乎是什么除以变量 n？但 \ 又不表示除法？），显然是错误的。

4．字符型变量

用关键字 char 定义字符型变量，例如：

```
char c;
c='A';  /* 也可写作：c=65； */
```

定义了一个字符型变量 c 然后将字符'A'保存其中。一个字符型变量只能保存一个字符。让字符型变量保存整数或参与整数运算也是可以的，如 c=65; 因为字符和整数是混用的。

【随讲随练 2.4】定义 c 为字符变量，则下列语句中正确的是（　　）。

A．c='97';　　　B．c="97";　　　　C．c=97;　　　　　D．c="a";

【答案】C

【分析】c 只能保存一个字符，A 选项' '中含 2 个字符；B、D 选项是字符串也不能赋值给 c。

【随讲随练 2.5】以下定义语句，编译时会出现编译错误的是（　　）。

A．char a='a';　B．char a='\n';　　C．char a='aa';　　D．char a='\x2d';

【答案】C

【分析】C 选项' '中含 2 个字符；B、D 选项为转义，形式上有多个字符但实际仍为一个字符。

由于字符型变量也可保存整数，因此字符型变量也有有符号和无符号的区别。用 signed char（或省略 signed）定义的是有符号的字符型变量，可保存-128～127 范围的整数；用 unsigned char 定义的是无符号的字符型变量，可保存 0～255 范围的整数。但无论如何均占 1 字节。

【小试牛刀 2.6】下列变量定义是否正确？

```
Int a, b;
Float c;
Double d;
CHAR e;
```

答案：都不正确。定义变量的类型关键字都必须小写。

2.2.4　字符串型常量用 C 语言怎样说

1．字符串常量

用双引号引起来的一串字符，如"CHINA", "I love you!", "$12.5", "a", "", "line1\nline2"，称为字符串。双引号是定界符，不属于字符串常量的内容；双引号必须为英文且不分左右。

如果把字符比作一块块的"羊肉",则字符串就类似"羊肉串",如图 2-7 所示。字符串中可以含有空格,就像羊肉串中可以含有肥肉。肥肉也算一块肉,那么空格也算一个字符。如"I love you!"中就有两块"肥肉"。字符串中还可含有转义字符,如"line1\nline2"中的 \n 表示一块肉,它是换行符(\n 不是两个字符)。"a"是仅有一个字符的字符串。与两个单引号内必须有一个字符(不允许没有内容)不同,两个双引号内可以没有内容,两个连续的双引号""表示含 0 个字符的字符串,相当于一根尚未串肉的"空签子",称为空串。

图 2-7　字符串类似于羊肉串,末尾的'\0'类似于羊肉串的"把儿"

脚下留心

在程序中,是以引号来区分是"字符常量"还是"字符串常量"的,而不是以所含字符个数来区分。单引号('')括起的就是字符常量,它只能含有而且必须含有 1 个字符;双引号("")括起的就是字符串常量,可含有 0~多个字符。例如'a'是字符,"a"是字符串,""是字符串,"ab"是字符串。而'ab'是错误的,因为是单括号括起来的,它是字符,字符只能有一个不能有两个(ab)。

字符串长度是指字符串包含几个字符,也就是数一数羊肉串上有"几块肉"(注意空格也算一块)。转义字符形式上为多个字符但实际只算 1 个。前例几个字符串的长度分别是:5、11、5、1、0、11。再举几个字符串常量的例子:

```
"hello\"world!"  含 12 个字符,\" 表示 1 个字符即普通的双引号,长度为 12。
"m\n"            含 2 个字符,即 m 和换行符,长度为 2。
"m\\n"           含 3 个字符,即 m、普通斜杠、n,长度为 3。
"abc\\\n"        含 5 个字符,即 a、b、c、普通斜杠、换行符,长度为 5。
```

在分析包含转义字符的字符串时,应该从左到右逐个进行。遇到的第一个 \ 为转义字符,它后面内容的含义被改变(如果它后面仍为 \ ,则第二个 \ 就失去了转义的功能),将 \ 和它后面的内容为一组,共同看做一个字符。处理完一组后,再遇到仍为转义字符。

在字符串中,当用转义字符以 ASCII 码的八进制或十六进制表示字符串中的一个字符时,应转义到最多的合法位数,后面内容作为字符串中的后续字符对待,例如:

```
"abc\619\\"  含 6 个字符,即 a、b、c、\61、9、普通斜杠,长度为 6。
             \61 做整体对待表示字符'1';把 9 作为下一个字符。
"\18"        含 2 个字符,即\1(控制字符)、8,长度为 2。
             八进制不能有 8,把 \1 整体看做一个字符,8 为下一个字符。
```

前面提到'\18'是错误的,错误原因除了可解释为八进制数不能有 8 外,也可解释为它含有 2 个字符: \1 和 8,而' '引起来的是字符只能有一个,不能含 2 个。而"\18"是正确的,因为它是" "引起来的是字符串,可以包含多个字符。八进制虽不能含 8,但第一个字符只转义到 1。我们说第一个字符的八进制是 1 没有说是它的八进制是 18,其中的 8 是作为字符串中的第二个字符来对待的。

C 语言中无字符串变量，不能企图将字符串赋值给 char 型的变量，下面的程序是错误的。

```
char c;
c="abcde";  /* 错误 */
```

保存字符串一般要使用数组（第 8 章再介绍）。

2．字符串常量如何在计算机中存储

字符串包含多个字符，每个字符占一个字节存储，存储的是字符的 ASCII 码的二进制。需要注意的是，字符串在所有字符的最后都必须再多占 1 个字节存字符'\0'。字符'\0'是 ASCII 码为 0 的字符（八进制为 0 十进制也为 0），表示字符串的结束。这个结束符'\0'是必须要有的，没有'\0'就不是字符串。例如每根羊肉串上都有一个"把儿"，我们吃羊肉串时用手抓住签子上的"把儿"来吃，"把儿"就是字符串的结束符'\0'。

字符串的长度相当于羊肉串上的"肉的块数"，显然是不包含"把儿"\0 的。但在求字符串所占内存空间的大小（字节数）时，是一定要算上'\0'的，因为那是在求"连肉带签子"的总长度。即字符串所占字节数总比它的长度多 1 个。

例如字符串"I love you!"在内存中的存储形式如图 2-8 所示，其长度为 11，但占 12 个字节。""空串长度为 0，但在内存中也占 1 个字节存'\0'，这相当于一根空签子也有个"把儿"。

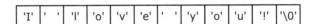

| 'I' | ' ' | 'l' | 'o' | 'v' | 'e' | ' ' | 'y' | 'o' | 'u' | '!' | '\0' |

图 2-8　字符串"I love you!"在内存中的存储形式

【小试牛刀 2.7】在程序中写 a、'a'、"a"有什么区别？

答案：a 是变量名，在程序中一般取变量所保存的值做运算；'a'是字符常量，是程序要处理的单个字符数据，占 1 字节，内存存为 'a'；"a"是字符串常量，是程序要处理的多个字符数据，占 2 字节，内存存为 'a' | '\0'。'a'和"a"虽都只有 1 个字符，但存储情况是不同的，关键区别就是字符串有"把儿"。

字符常量与字符串常量的区别现总结如表 2-3 所示。

表 2-3　字符常量和字符串常量的区别

	字符常量	字符串常量
引号	单引号	双引号
字符个数	必须含 1 个字符（转义字符形式上是多个字符但实际仍为 1 个字符）	可含 0～多个字符
能否赋值给 char 型变量	可以	不可以
有无对应变量	有字符型变量（char 型）	无字符串型变量
占用内存字节数	全部 1 个字节	字符串中字符数（长度）+1

3．字符串常量的简单输出

用 printf 函数可以直接输出字符串常量。例如：

```
printf("nihao!");      /* 将在屏幕原样输出  nihao! */
printf("\101");        /* 将在屏幕输出 A，即输出仅包含一个字符 A 的字符串*/
```

【程序例 2.1】用 printf 输出字符串的功能，输出图 2-9 所示的"穿心"图形。

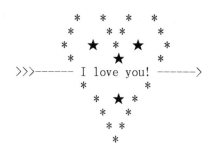

图 2-9　用多个字符串组成的穿心图形

```
main()
{   printf("          *   *   *   *\n");
    printf("          *     *   *     *\n");
    printf("        *   ★ * ★  *\n");
    printf("          *        ★      *\n");
    printf("  >>>------ I love you! ------>\n");
    printf("          *          *\n");
    printf("            *  ★  *\n");
    printf("             *    *\n");
    printf("              * *\n");
    printf("               *\n");
}
```

　　穿心图形是由若干行字符串组成的，我们用 printf 函数逐行原样输出这些字符串即可。每行字符串都包含空格，这些空格一定要写在引号内且个数正确。尽管程序没有对空格和缩进进行严格要求，但引号内的空格不属于元素间隔。如果引号内的空格数不正确，输出的内容就不同了，还要在每行字符串的最后包含换行符\n，否则每行输出后不会自动换行。

2.3　诸算达人——运算符和表达式

　　我们已经详细介绍了各种类型的数据"用 C 语言怎样说"，现在就可以开始学习各种运算"用 C 语言怎样说"。

2.3.1　再谈加减乘除——算术运算

1. 算术运算符

加、减、乘、除运算叫做算术运算，这些运算的运算符在 C 语言中的写法分别为：

+ （加法或正号运算符）　　　　– （减法或负号运算符）

* （乘法运算符）　　　　　　/ （除法运算符）　　　　　　%（求余或称模运算符）

加、减运算符写法与数学上一致，但乘、除运算符在 C 语言中不能写为×、•、÷。

%是 C 语言特有的运算，表示求余。求余也是做除法，但结果不为商而为余数。例如 17%5 的值为 2，3%10 的值为 3，10%5 的值为 0，0%10 的值为 0。

%要求参与运算的两个量必须是整型或字符型的，实型（double、float 等）的数据不能做%运算。若有定义 double d=1.0; 下面的写法均错误：

```
50.823 % 9   /* 错误，实型数据不能做 % 运算 */
d % 10       /* d 为 double 型变量，也错误 */
```

我们将把这一规则总结为口诀"求余%严，整符才能算"。

运算时有括号先算括号内的，无括号先乘除后加减，称为运算符的优先级。求余（%）与乘、除（*、/）的优先级相同，但高于加、减（+、−）；加、减（+、−）的优先级相同。

2. 算术表达式

运算符和数据可以组成运算的式子，称为表达式。例如：

```
10 + 20      (a * 2) / b      (x + r) * 8 - (a + b) / 10
sin(x) + sin(y)        5
```

单个的常量、变量、函数也可作为是表达式的特例，如最后一例 5 仅有一个数，也可看做是表达式。C 语言的表达式写法还有一些讲究，下面都是错误的表达式：

$$2ab \qquad a\times b \qquad a\bullet b \qquad a\div b \qquad\qquad a\pm b$$

$$a^2 \qquad \sqrt{a} \qquad \frac{a+b}{2} \qquad c * [\ a\ /\ (b+c)\ ]$$

表达式中的乘号（*）是不能省略的，也不能写为×、•；除号不能写为÷；C 语言中没有±运算；也不能写角标如（a^2）、根号、分式等形式。

在 C 语言中，表达式的大、中、小括号都要用小括号()表示，最后一例应写为 c * (a / (b+c))，即中括号也用()表示，不能写为[ ]。又如：

```
(1 + ((2 + 3) * 4 - 8) /2 + 5) * 2
```

其中最内层的 ( ) 表示小括号，向外一层的 ( ) 表示中括号，最外层的 ( ) 表示大括号。当然还可以继续在外层嵌套更多层的 ( )，( ) 的层数理论上没有限制。

脚下留心

用单引号或双引号引起来的内容不是运算符或表达式，例如，'+'、'−'不是运算符，它们是字符型常量；"10+20"也不是表达式，它是包含 5 个字符的字符串常量。

高手进阶

表达式是没有分号的，如果在表达式后添加了分号，就构成表达式语句，后者可被计算机执行。例如：

```
x + y * 2    为表达式，除非是某语句的一部分，否则不能被计算。
x + y * 2;   为表达式语句，语句执行时表达式将被计算。
```

表达式都有一个值和类型。例如表达式 1+1 的运算结果是 2, 2 就是这个表达式的值。表达式的类型就是结果值的类型,即 2 的类型,2 是 int 型的,所以该表达式的类型也是 int 型的。

在计算表达式时,参与运算的两个数的类型有可能一致,也有可能不一致。如果参与运算的两个数的类型一致,运算结果的类型就与两个数的类型一致;如果参与运算的两个数的类型不一致,则运算结果的类型以两个数中的高类型为准,运算结果的类型与高类型一致。高类型是指占用字节较多、精度较高的类型;低类型是指占用字节较少、精度较低的类型。主要数据类型由低到高的顺序依次为:char → int → float → double。例如:

```
2.4 + 1.6
```

2.4 和 1.6 都是 double 型,运算结果是 4.0,也是 double 型的,因而结果不能是 int 型的 4。

如何知道 2.4 和 1.6 都是 double 型的呢? 直接写在程序中的数值型数据,它的类型规定为:有小数点的都为 double 型,无小数点的都为有符号 int 型(常量带字母后缀 L、U、F(或小写)的除外)。如 3 为 int 型,3.1、3.0、3. 都为 double 型,3f 为 float 型。注意是不是整型并不取决于数值整不整,如 3.0、3. 也都为 double 型而不是 int 型。

```
2.4 + 3
```

2.4 是 double 型,3 是 int 型;double 为高类型,int 为低类型,运算结果应该为 double 型的 5.4 而不能为 int 型的 5。实际上,由于 2.4 和 3 的类型不一致,计算机是先将 3 转换为 double 型的 3.0,与 2.4 的类型一致后,再进行加法运算的,称为自动类型转换。

这一规则总结为口诀"类型不怕乱,结果向高看"。算术运算时,两个量类型不一致的允许参与运算,运算结果的类型与其中较高类型量的类型一致。

```
int v=2;
double t=2.8;
int s;
s = v * t;
```

这段程序运行后 s 的值为 5。

在计算 v * t 时,要注意 v 是 int 型,t 是 double 型,二者类型不一致,运算结果以较高类型为准,结果应为 double 型的 5.6。然而,在将 double 型的 5.6 保存到 s 中时发生了问题。由于 s 是 int 型,只能保存整数,不能保存 double 型的实数。于是 5.6 先被转换为整数 5,再赋值到 s 中,s 最终的值为整数 5。这一步就是在 2.2.2.4 小节中介绍的"变量定空间,塑身再搬迁。若为空间窄,舍点也情愿。"

小结一下:自动类型转换有两种。2.2.2.4 小节介绍的是一种,它发生在变量赋值过程中。本小节介绍的"类型不怕乱,结果向高看"是第二种,它发生在算术运算的过程中。这两种自动类型转换的方式是不同的,前者是以变量空间的类型为准,任何数据都要"将就"变量空间才能被赋值;若变量空间的类型"低"(如 int),实数也要被截断小数赋值,损失精度也在所不惜! 而后者是在表达式求值过程中(没有为变量赋值),以高类型为准,运算结果的类型与高类型一致，总保证运算精度。在 s = v * t; 语句中，先后发生了这两种自动类型转换。

【程序例 2.2】 数据类型的自动转换。

```
main()
{   double pai=3.14;
    int s, r=2;
    s = r * r * pai;
    printf("s=%d\n", s);
}
```

程序的输出结果为：

```
s=12
```

表达式 r*r 中，r 为 int 型，两个 r 类型一致，运算结果也为 int 型为 4。再计算 4*pai，pai 为 double 型，与 4 类型不一致，结果以 double 型为准，为 double 型的 12.56。这些都是在算术运算过程中的自动类型转换，以高类型为准。最后将 12.56 赋值给 int 型的变量 s 时，不再是算术运算，而是变量赋值。这时的自动类型转换必须以变量 s 的空间为准，进行"塑身"——直接舍去小数仅将 12 赋值到 s 中。

自动类型转换：在程序中无论如何 float 型的量都必然先被转换为 double 型再进行运算；浮点数的运算都是以 double 进行的，即使是两个同类型浮点型（如两个 float 型）量的运算也首先会被转换为 double 型再运算。另外 char、short int 型量都必然先被转换为 int 型再运算。

运算的结果可能超出变量所能表示的数值范围，称为溢出。溢出时，变量仍会将值控制在它所能保存的范围内。例如，有变量 unsigned char k; 则 k 能保存数据的范围是 0~255。如果执行语句 k=256; 则发生溢出，k 中实际保存的值为 0。例如时钟，12 点后再过 1 个小时又回到 1 点；这里 255+1 又变回 0。又如执行语句 k=30*10; 后 k 的值为 44，而得不到预想的 300，在编程时需要注意。

3. 整数除法

前面提到在算术运算过程中的自动类型转换是"类型不怕乱，结果向高看"，实际上这种规则对于运算的两个量类型"不一致"不算麻烦，反而在类型"一致"时才是麻烦事。注意类型"一致"时结果的类型应与这两个量的类型一致。

```
5/2
```

由于 5 和 2 均为 int 型，类型一致，决定运算结果的类型为 int 型。注意"结果为 int 型"！显然结果不能为 2.5，需要将 2.5 直接舍去小数变为 2，5/2 的结果应为 2，并非 2.5 也不是 3。

怎样才能得到 2.5 呢？5.0/2 或 5/2.0 或 5.0/2.0 都能得到 2.5，因为两个数只要有一个是

double 型，"结果向高看"，运算结果就会为 double 型，就可以有小数了。

这是 C 语言特有的整数除法，即整数相除，结果必为整数，不能是小数。只有做除法的两个数至少有一方是小数，结果才能为小数。例如：1/2 结果为 0 不是 0.5；1.0/2 或 1/2.0 或 1.0/2.0 结果才为 0.5；20/7 结果为 2；-20/7 结果为-2。我们把这一规则总结为口诀"整数整除商，小数门外拦。"

脚下留心

C 语言中的+、-、*、/运算，只有除法（/）是比较特殊的。当遇到除法（/）时，应注意两边的数据类型：如果两边都是整数，则商的结果要舍去小数部分（不四舍五入）；只有两边的数至少有一个是实数时，商的结果才为实数。+、-、*运算一般我们不会搞错，主要注意除法（/）的这种特殊规则就可以了。

【小试牛刀 2.8】若有变量 int x=3510; 则表达式 x/1000*1000 的值是？

答案：3000。注意不是 3510，x/1000 是整数除法，结果为 3。

【小试牛刀 2.9】有 double a=2.0,b=3.0,c=4.0; 则表达式(a+b+c)/2 是否可写作 1/2*(a+b+c)?

答案：不可以。(a+b+c)结果为 double 型的 9.0,/2 结果为 double 型的 4.5。而 1/2*(a+b+c)先计算 1/2 为整数除法，结果为整数 0，0*(a+b+c)结果为 0.0。虽然(a+b+c)为 double 型，但 0 会被转换为 0.0 再*(a+b+c)。正确的等价写法是 1.0/2*(a+b+c)或 1/2.0*(a+b+c)或 1.0/2.0*(a+b+c)。

C 语言中实数小数位的 0 可以省略，上例也可写为 1./2*(a+b+c)，即多写一个"."就正确了，否则该表达式运算结果总为 0。这说明编程必须细心，一个很小的失误哪怕一个小数点的缺失都能导致致命的错误。如果这个错误出现在控制卫星发射的程序上，就会导致卫星发射的失败，造成巨额损失；如果错误程序用于军事，就会导致一场战争的失败和一个国家的危机！因此，细心是程序员必备的素质。

4．强制类型转换

计算机可以自动进行类型转换，也允许我们将数据强制转换为需要的类型，这就是强制类型转换。强制类型转换的写法是在"量"前加"带括号的类型说明符"：

```
(类型说明符) 表达式
```

其功能是把表达式的运算结果强制转换为"类型说明符"所说明的类型。例如：

```
(int)3.8;
```

得到整数 3。这种转换是临时的，是临时再开辟另外的存储空间来保存转换结果，而并不是修改原数据。又如若有 float f=5.75; 则 (int)f 的值为 5，结果 5 是位于另一个临时空间中的；而 f 的值仍为 5.75 不变。因为变量 f 的空间是 float 型的，这个类型一经定义就不会变化，向其中赋值还要将就 float 型的类型，当然不可能把里面的数据直接改为 int 型的 5。

注意强制类型转换在 C 语言中不能写为 int(3.8)、int(f)，C 语言规定类型说明符必须用括号括起来。如"作茧自缚"般，表示数据类型的关键字必须把自己用括号( )括起来。

既然类型说明符必须加括号，"量"加不加括号呢？加与不加括号在语法上都正确，但效果不同。例如：若有 float x=4.5, y=2.1; 则：

```
(int)(x+y)   值为6，先求和为6.6，再将"和"转换为 int 型为6。
(int)x + y   值为6.1，先把 x 转换为 int 型值为4，然后再求和为6.1。
```

 窍门秘笈   算术运算的要点总结口诀如下：

类型不怕乱，结果向高看。

整数整除商，小数门外拦。

求余 % 严，整符才能算。

括起类型字，临时强转换。

【随讲随练 2.6】 以下程序段运行后，a 的值是（　　）。

```
int a;
a = (int)( (double)(3 / 2) + 0.5 + (int)1.99 * 2 );
```

【答案】 3

【分析】 在计算(double)(3/2)时，不要想着 double 同时算 3/2，double 是除法后下一步的操作，与 3/2 本身无关。3/2 为 1 不是 1.5，再将 1 转换为 double 为 1.0，要逐步进行。

前面反复提到在计算过程中都是直接舍去小数没有四舍五入。如果要实现四舍五入该如何做呢？需要由我们专门设计一个表达式，让计算机遵照执行。

若 x 是实数（单精度型或双精度型），把 x 四舍五入保留小数点后 d 位的计算公式是：
$$(int)(x*10^d +0.5)/ 10^d$$

将 10^d 按需换为 100、1000 等（如保留 2 位小数换为 100）。/后 10^d 要写为实型（加 .0）

【随讲随练 2.7】 若有 float x=123.4567, y; 要将 x 四舍五入保留小数点后 2 位，结果存入变量 y 中的表达式语句是：y=（　　）。

【答案】 (int)(x * 100 + 0.5) / 100.0

【分析】 y 值为 123.46。"/ 100.0"不能写为"/ 100"，否则 y 值将为 123.0 就不正确了。

【程序例 2.3】 取一个整数的个位、十位、百位、千位。

```
#include <stdio.h>
main()
{   int n=1234;
    int ge,shi,bai,qian;
    ge = n % 10;
    shi = n / 10 % 10;
    bai = n / 100 % 10;
    qian = n / 1000;        /* 或写为 qian = n / 1000 % 10; */
    printf("%d\n",ge);
    printf("%d\n",shi);
    printf("%d\n",bai);
    printf("%d\n",qian);
}
```

程序的输出结果为：

```
4
3
2
1
```

（1）将一个整数除以 10 取余数（%10）会很容易得到它的个位，如 1234%10 就得到 4。

（2）将该数除以 10（/ 10）得新数，原数的十位就变成新数的个位，仍用取个位之法：新数%10，取新数的个位就能得到原数的十位。例如 1234/10 得 123（注意整数除法），再将 123%10 就到了 3 即 1234 的十位。

（3）如果要获得百位，将该数除以 100（/ 100）得新数，原数的百位就变成新数的个位，仍用取个位之法，取新数的个位就得到了原数的百位。

（4）如果要获得千位，则将该数除以 1000（/ 1000）得新数，然后仍用取个位之法……。

当获取最高位时，做除法后（/）所得新数就已经是一位数了，此时不必再%10（当然再%10 也可以）。如 1234/1000 后已经得到千位数 1 了，此时是否再用 1%10 来得到 1 均可。

2.3.2　走，给我进去！——赋值

1．赋值的确切含义

我们已经清楚，语句 a=10;是使 a 被赋值为 10。现在需要关注一下 = 的确切含义：

（1）C 语言的 = 与数学上的等号不同，它没有相等的含义。C 语言的 = 是赋值，是将值送入变量保存的意思，它像一只从右边指向左边的手，命令着"走，给我进去！"，如图 2-10。

在数学上 a=a+1 的式子是不能成立的，但在 C 语言中成立，因为 = 不是相等而是赋值。在 C 语言中它表示让 a+1 的值进入 a 中保存。如变量 a 原为 10，a+1 计算得 11，再将 11 放回变量 a 的空间中覆盖原值 10，即执行后变量 a 变为 11。

（2）把右边的内容赋给左边，而不是相反。= 这只手总是从右指向左，不能从左指向右。

（3）赋值后右边内容不变。赋值实际是一种"复制"，就像把自己电脑上的一张数码照片复制给朋友，复制后自己的照片仍然存在不会消失。如有 int x=10, y=20; 则 x=y; 是把 y 值送入 x 中，覆盖 x 原先的值，而 y 值不变，赋值后 x、y 均为 20。

（4）= 左边必须是变量，不能是常量也不能是算式。这很容易理解，既然是一种让右边进入左边的命令，左边必须是"能放物品的容器"，在 C 语言中这种容器只有变量。

例如在 C 语言中写 x+1=3 是错误的，因"x+1"不是容器不能装东西，如图 2-11 所示。因此在程序中决不能试图用赋值（=）"解方程"，因为 = 没有"相等"的含义。

图 2-10　赋值语句 a=10 中的=是赋值，类似一只发出命令的手　图 2-11　赋值（=）左边必须是变量

2．赋值表达式

在 C 语言中 = 也被认为是运算符，与+、-、*、/是同类事物，称为赋值运算符。这里初学者可能不太习惯。我们可以把赋值（=）看作一种运算，看作是加法（+）、减法（-）、乘法（*）、除法（/）四种运算之外的第五种运算——赋值法（=）。既然+、-、*、/与数据可以组成表达式如 a+10，那么 = 与数据也可以组成表达式如 a=10。这样 a+10 与 a=10 就是同类事物，前者称算术表达式，后者称赋值表达式。既然 a+10 能算出一个值，那么 a=10 也能算出一个值。a=10 这个式子的值是什么呢？它的值为 10。C 语言规定：

赋值表达式的值为赋值后左边变量的新值，赋值表达式的类型与左边变量的类型相同

有点复杂吗？恰恰相反！"赋值法（=）"反而比+、-、*、/更容易。比如 a+10 还要算个加法，而 a=10 连算都不用算，它的结果直接就是赋值后左边变量的值。一般情况下"赋值法（=）"的运算结果就是 = 右边的值，把 = 右边的值"照抄"就行啦！

例如整型变量 a,b,c，赋值表达式 a=1 式子的值是 1，赋值表达式 b=10+20 式子的值是 30，赋值表达式 c=a+1 式子的值是 2，这三个表达式值的类型都是整型。

第五种运算"赋值法（=）"还有一个特殊性，即为变量赋值，亦即改变变量的值。赋值（=）与加减乘除的一个区别是：加减乘除只能计算让表达式算出一个值，但不会改变变量的值；而赋值（=）除了能让表达式算出一个值之外，还同时有为变量赋值改变变量值的功能。可将"为变量赋值"看作是赋值（=）特有的"副作用"，即赋值（=）有"求值"和"改变变量值"的双重作用。例如：

a=5 是一个表达式，式子的值是 5。在求式子值的同时还有一个副作用，使 a 被赋值为 5。

表达式 5*(b=10+20)的值是 150。先计算括号中的内容，b=10+20 这个式子的值为 30，在计算的同时副作用使 b 被赋值为 30，下一步算 5*30，求得整个式子的值为 150。

表达式 x=(a=5)+(b=8)的值是 13，先求括号中的内容，原式相当于 x=5+8，两个赋值的副作用同时使 a 被赋值为 5，b 被赋值为 8，最后 x 被赋值为 13。

3．赋值运算的优先级和结合性

先乘除后加减，这是加减乘除的优先级。现在 = 也被认为是一种运算，如果在一个式子中既有+、-、*、/，又有 = ，该先算谁呢？赋值运算符（=）的优先级很低，排在 C 语言所有运算符的倒数第二位(倒数第一即最低优先级的是稍后要介绍的逗号运算符)。因此，别说是+、-、*、/，任何运算只要不是逗号，都比 = 优先，= 一定是最后处理的。例如：

```
x = 8 - 2 * 3
```

先算 2*3 得 6，再算 8-6 得 2，最后算 x=2 得 2，同时副作用使 x 被赋值为 2。

在加减乘除中，同种优先级的运算从左到右进行，如 1+2-3+4-5，应先算 1+2，再算-3，再算+4，最后算-5，称为从左至右的结合性。但赋值运算符（=）比较特殊，它的结合性是从右至左，即如果表达式中有多个 = ，应该先计算最右边的 =，然后依次再向左计算左

边的 =。例如：x=y=25 有两个 = ，先计算最右边的 =，相当于 x=(y=25)。表达式 y=25 的值是 25，在计算此表达式的同时副作用使 y 被赋值为 25。将表达式 y=25 的结果值 25 代入下一步运算：x=25，表达式的值是 25，在计算此表达式的同时副作用使 x 被赋值为 25。这使最终 x、y 的值都变为 25。

在 2.1.3 小节中学习过变量定义时赋初值不允许连等。

```
int x=y=25; /* 错误 */
```

连等只能出现在执行语句中。也就是说有 int、float、double、char 等类型说明词时不允许连等，没有这些类型说明词就允许连等。

由于赋值（=）的结合性是从右至左，所以表达式 a=3+2=b 也是错误的。它相当于 a=(3+2=b)，但计算"3+2=b"时会发生错误，因为 = 左边必须是变量，而 3+2 是算式，不能"装东西"。

如已经定义变量a，那么语句 a=1+1;与语句 1+1;有什么区别呢？

前者计算机会计算 1+1 得 2，然后把 2 保存到变量 a 中。后者计算机也计算了 1+1 得 2，但并没有找到保存 2 的位置，于是在算出 2 后的一瞬间，2 就被丢弃了。尽管 2 被丢弃，但是计算机还是计算了 1+1，然后再将结果 2 丢弃，这里它实际做了无用功。计算机不会因为是无用功就免于计算，它没有这种智能。计算机这种"傻乎乎"的工作模式对加减乘除实际就是无用功，但对于有"副作用"的运算如赋值（=）情况就不同了。与 1+1; 类似，对 x=25; 计算机也会算出它式子的值是 25，但式子值 25 无处保存被丢弃。尽管被丢弃，但计算机还是已经计算。正因为它"傻乎乎"地算了式子值 25 再将值丢弃，在此过程中产生的副作用——x 被赋值为 25 才会生效。在 x=25;语句中，我们实际只关心它的副作用。

4．复合的赋值运算

C 语言的运算符非常多，我们再介绍几个，如下所示：

+= -= *= /= %=

这是 5 个运算符，分别表示 5 种不同的运算。这 5 个运算每个都是由两个符号组成，如+=，两个符号组成一个整体表示一个运算，不能拆开，更不能随便在+=中间加空格。

这些运算是什么意思呢？我们只要关注它们的等价形式就可以了，例如：

```
a += 5       等价于 a = a + 5
r %= p       等价于 r = r % p
x *= y + 7   等价于 x = x * (y + 7)
```

在写为等价形式时，注意右边的表达式要加( )，如 x=x*(y+7)。这与数学中的分式类似，如将 $\frac{x}{y+7}$ 写作等价的除法时，分母也要加（ ）为：x/(y+7)。与分数线类似，+=、-=这几个运算符也同时含有括号( )的作用。

窍门秘笈 如何写出复合赋值运算的等价形式呢？

它们都等价于"… = …"的形式，等价形式的 = 左边与原式左边相同，等价形式的 = 右边为除去原式的 = 后的剩余部分（如 += 除去 = 后为：+），适当再加个（ ）就可以了。

等价形式均有赋值，但又不完全是赋值，还有+、-、*、/或%运算，因此+=、-=、*=、/=、%=被称为复合的赋值运算。显然这些运算也会改变变量的值，也属于赋值。+=、-=、*=、/=、%=分别称为加后赋值、减后赋值、乘后赋值、除后赋值、取余（模）后赋值。

复合的赋值运算的优先级与赋值（=）相同，同样排在倒数第二（仅高于具有最低优先级的逗号运算），也具有从右至左的结合性。

【随讲随练2.8】已知整型变量 n 的值为 8，求表达式 n+=n*=n-2 的值：_____。表达式求值后 n 的值为 _____。

【答案】96, 96

【分析】+=、-=的优先级都是倒数第二，故先计算 n-2 为 6，原式变为 n+=n*=6。+=和-=优先级相同，由于结合性从右至左，应先计算最右边的 n*=6。n*=6 ⇔ n=n*6，表达式 n=n*6 的值为 48，同时副作用使 n 被赋值为 48，注意此时 n 值已为 48 不再为 8。将表达式的值 48 代入原式 n+=(n*=6)得 n+=48，又 ⇔ n=n+48，现在 n 为 48，表达式 n=n+48 的值为 96（即原表达式的值为 96），同时副作用使 n 又被赋值为 96。

此题的关键是在纸上画出变量 n 的空间，当 n 被赋值时立即记录；当需要获取 n 值进行计算时，应从纸上的记录获得，如图 2-12 所示。这就是本章 2.1.3 小节介绍的模拟法。如果用"大脑"来记，很容易将 n 值错记仍为 8，计算 n=n+48 得 56，就会出错了。

n: 8̶ 4̶8̶ 96

图 2-12　在纸上记录变量 n 值的变化

【随讲随练2.9】若有定义 int x=10; 则表达式 x-=x+x 的值为（ ）。
A. -20　　B. -10　　C. 0　　D. 10

【答案】B

【分析】原式⇔x-=20⇔x=x-20⇔x=-10，表达式 x=-10 的值为-10（x 也被赋值为-10）。

2.3.3　加加和减减——自增、自减

计数器想必大家都不陌生，每按一次按钮，计数就会"加 1"，如图 2-13 所示。如何在 C 语言的程序中实现计数器的功能呢？假设变量 i 是保存当前计数的变量，要使 i 值增 1 执行下面的语句就可以了。

```
i=i+1;
```

这表示先计算 i+1 然后将结果再放回 i 的空间，如果 i 原来为 5，执行此语句后 i 变为 6。这种操作在程序中很常用，为此 C 语言还提供了++运算符，使上述操作可简单地写为：

```
i++;
```

图 2-13　计数器

或

```
++i;
```

如变量 i 的值为 5，执行上述任意一条语句后，i 变为 6。有增就有减，要使变量值自-1 的操作 i=i-1;也可简单地写为：

```
i--;
```

或

```
--i;
```

如变量 i 的值为 5，执行上述任意一条语句后，i 变为 4。

同+、-、*、/一样，++、--也是运算符，它们的含义分别是使变量的值自增 1、自减 1，称自增运算符、自减运算符。++、--都是两个字符整体作为一个符号，不能拆开，更不能理解为连加、连减。++、--的优先级很高，仅次于括号( )，因此一般无括号时都应先算++、--。

++、--与数据同样可以组成表达式，但它们与加减乘除又有所不同：++、--运算只需在其中一边有数据，而不是两边都有数据。如写为 i++或++i 均可，而写为 i++j 是不正确的，这称为单目运算符。实际上负号"-"也是单目运算符，如-5、-8，因为它也只能在"-"号的一边有数据。同为单目运算，但"-"只能在其右边有数据，而++、--则数据位于其左右两边均可。对应地，像加减乘除等要在运算符左、右两边都有数据的，称为双目运算符，如 i*j、i-5 等。

既然数据位于++、--的左右两边均可，位于左右两边又有什么区别呢？单独作为一个语句时，i++;和++i;是一样的，都是使 i 自增 1，i--;和--i;也是一样的，都是使 i 自减 1，没有什么区别，但在表达式中，数据位于左、右就有区别了。在讲二者的区别之前，先看一个简单的例子。

设 i=5; j=10; 则表达式 i+j 的值为 15，计算表达式后，i、j 的值自然不会变化。请读者区分"表达式的值"与"变量的值"的区别，这里 i+j 这个表达式的值为 15，i、j 变量的值仍为 5、10，"表达式的值"与"变量的值"二者的含义是截然不同的。

对比来看，i++与 i+j 是同类事物，都是表达式（++只有一边有数据，初学者可能看上去不太习惯）。既然它们都是表达式，就都能算出一个值：表达式 i+j 的值为 15，那么表达式 i++的值又为多少呢？规定表达式 i++的值为 i 被+1 之前的值，所以表达式 i++的值为 5。但在计算表达式后，变量 i 的值要变为 6，这是++的本意。请读者区分"表达式的值"与"变量的值"的区别，i++这个表达式的值为 5，在计算后变量 i 的值为 6。

++i 与 i+j 也是同类事物，也是表达式，也能算出一个值。规定表达式++i 的值为 i 被+1 之后的值，即 6。也就是说，++i 这个表达式的值为 6，在计算后变量 i 的值也为 6。

-- 与之类似。我们把表达式的这几种情况列于表 2-4 中。

表 2-4　++、--运算中表达式的值及表达式运算后变量的值（设 i=5; j=10;）

表达式	i+j	i++	++i	j--	--j
表达式的值	15	5	6	10	9
计算表达式后变量的值	i 仍为 5 j 仍为 10	i 变为 6	i 变为 6	j 变为 9	j 变为 9

i++和++i 的不同之处在于"表达式的值"不同（请尤其注意"表达式的值"与"变量的值"是两个不同的概念），i++表达式的值是 i 被自增 1 之前的值，++i 表达式的值是 i 被自增 1 之后的值。但二者都要使 i 值自增 1，这是相同点。

窍门秘笈　i++和++i、j--和--j 的区别不难记忆，++代表自增 1，--代表自减 1，++先写就先自增 1，后写就后自增 1，--与之类似。我们可以记为：

++ 在先，先加后用；++ 在后，后加先用。

-- 在先，先减后用；-- 在后，后减先用。

"用"的含义就是"用变量现在的值"来"求表达式的值"。

【随讲随练 2.10】 若有定义语句 int a=5; 则表达式 a++的值是（　　）。

【答案】5

请区别下面两段程序：

```
int a = 1, b;
b = 5 - a++;
```

　　5 减去的是 a++这个表达式的值 1，减去的不是被增 1 后变量 a 的值 2。执行后，b 值为 4，a 值为 2。相当于：

```
b = 5 - a; /*b=5-1*/
a = a + 1; /*a 后变为 2*/
```

```
int a = 1, b;
b = 5 - ++a;
```

　　5 减去的是++a 这个表达式的值 2，变量 a 的值也变为 2。执行后，b 值为 3，a 值为 2。相当于：

```
a = a + 1; /*a 先变为 2*/
b = 5 - a; /*b=5-2*/
```

以上两段程序对于变量 a 来说没有什么分别，最终都由 1 变为 2。它们的区别仅在于是后变的还是先变的，这导致 a++和++a 这两个表达式的值不同，最终使 b 的值不同。

```
int i=3, j=4, n;
n=i++*j;
```

以上程序段执行后，n 的值为 12，i 的值为 4。同样是用 i++这个表达式的值 3 去乘以 j，而不应该用变量 i 的值乘以 j，乘以 j 后 i 的值才变为 4 的。相当于依次执行了下面两条语句：

```
n = i * j;
i = i + 1;
```

显然与赋值（=）类似，++、--也是有"副作用"的运算符，使变量值自增 1、自减 1 就是计算表达式的副作用。正因为++、--有此副作用，它们也就不能用于常量和算式，而只能用于变量。如++5、(a+2)--都是错误的，因为 5、a+2 都不是变量，无法被赋值，无法自增 1、自减 1。

2.3.4　神秘的倒数第一——逗号运算

C语言中逗号（,）也是一种运算符，称逗号运算符。逗号可以把多个表达式连接起来。

表达式 1，表达式 2，表达式 3

它的作用是依次从左到右分别计算各个表达式的值；以最后一个表达式（上例为表达式 3）的值作为整个"逗号表达式"的值。逗号表达式实际相当于执行一小段程序。

```
表达式 1;
表达式 2;
表达式 3;
取表达式 3 的值, 作为整个逗号表达式的值。
```

逗号表达式的值是"最后一部分"表达式 3 的值，但前提是必须先把前面的表达式 1、表达式 2 依顺序全部做完，然后再做表达式 3，这是程序的步骤性。

逗号运算符优先级最低（倒数第一），结合顺序也是自左至右。例如：

```
1+1, 2+3          依次计算 1+1、2+3，整体表达式的值为 2+3 的值 5
x=5, 5+2, x-3     依次计算 x=5、5+2、x-3(必须按顺序依次计算)，整体表达式的值为 x-3 的
                  值 2；x 被赋值为 5
```

使用逗号表达式，有时是要借此依次执行其中的各个部分，而并不一定关心整个逗号表达式的值。例如，下面的 3 条语句

```
a=1;
b=2;
c=3;
```

也可以写为逗号表达式语句的形式：

```
a=1, b=2, c=3;
```

它们的作用完全相同。这里是借此分别执行 3 个赋值，并没有使用整个逗号表达式的值 3。

【小试牛刀 2.10】如有 int a=2, b=4, c=6, x, y;
1）若执行 y=((x=a+b), (b+c)); 后，x 值为___6___，y 值为___10___；
2）若执行 y=(x=a+b), (b+c); 后，x 值为___6___，y 值为___6___。

【分析】逗号的优先级最低，第 2）题无( )应先计算 =。y=(x=a+b)表达式的值为 6（x、y 也均被赋值为 6）；再计算(b+c)为 10；原式变为"6, 10"整体表达式的值为 10。

【随讲随练 2.11】设变量已正确定义为整型，则表达式 n=i=2, ++i, i++的值为（ ）。

【答案】3

【分析】应将此题的逗号表达式视为下面一小段程序。

```
n=i=2;   /* n 与 i 均被赋值为 2 */
++i;     /* i 变为 3,表达式 ++i 的值为 3,但表达式值 3 本题未用 */
i++;     /* 注意 i 现为 3,表达式 i++的值为 3,之后 i 再变为 4 */
取刚才计算 i++时, i++这个表达式的值;
```

在分析此类题目时，仍需要在纸上画出变量 n 和 i 的空间，并记录变量的值。在执行++i 后，i 的值已变为 3，执行 i++时如误认为 i 的值仍为 2 就出错了。这个变化如图 2-14 所示。

图 2-14 在纸上记录变量 n 和 i 的变化

不是在所有出现"逗号"的地方都是逗号表达式，如变量定义 int a=1, b=2, c; 就不是逗号表达式，其逗号不过是各个变量的分隔符，这又是同一符号在 C 语言中多用的现象，在不同场合有不同含义。

2.4 位在我心中——位运算

数据在计算机内部都是以二进制存储的，二进制数仅由 0、1 组成，每个二进制位（比特 bit）只能是 0 或 1 两种状态，8 个这样的二进制位组成一个字节（Byte）。在这种 0、1 二进制位的层次上还可以进行特有的运算，称为位运算。要进行位运算有两个前提：先要将数据转换为二进制；只能对整型或字符型数据才能进行位运算。C 语言中有 6 种位运算。

我记得的，%（求余）也只能对整型和字符型数据进行运算。

2.4.1 按位与&

参与运算的两个数取二进制，然后将对应的各二进制位相"与"。"按位相与"的含义和"逻辑与"类似，只有对应的两个二进制位都为 1 时，结果位才为 1，有一个为 0 则结果位为 0。

例如：9&5 运算得 1。可写算式如下：

```
      0000 1001        (9 的二进制)
  &)  0000 0101        (5 的二进制)
      0000 0001        (1 的二进制)
```

高手进阶

"按位与"常用来将一个数的二进制的某些位清 0 或保留某些位。将数据与另一个数做"按位与"运算，要保留的位在这个数中对应位取 1，要清 0 的位在这个数中对应位取 0。例如要把 a 的 8 个二进制位中的高 4 位清 0，低 4 位不变（左边 4 位清 0 右边 4 位不变），可与二进制数 00001111（十进制数 15）作"按位与"运算；如 a=58（二进制 00111010），a&15 得 10（二进制 00001010，可见高 4 位已清 0 低 4 位未变）。

2.4.2 按位或 |

参与运算的两个数取二进制，然后将对应的各二进制位相"或"。"按位相或"的含义和"逻辑或"类似，对应的两个二进制位有一个为 1，结果位就为 1；都为 0 时结果位才为 0。

例如：9|5 运算得 13。可写成算式如下：

```
    0000 1001        （9 的二进制）
|)  0000 0101        （5 的二进制）
    0000 1101        （13 的二进制）
```

高手进阶

"按位或"常用来将一个数的二进制的某些位强制设为 1。要将哪些位设为 1，就与那些位为 1 的一个数做"按位或"运算，结果只将这些位设为 1，其他位不会改变。例如 a=58（二进制 00111010），要将 a 的第 2 位、第 3 位设为 1 其他位不变（最右端为第 0 位，最左端为第 7 位），需要将 a 与仅此两位为 1 的二进制数即 00001100（十进制 12）作"按位或"运算，a | 12 得 62（二进制 00111110），可见两位已设为 1（原来第 3 位本为 1，设为 1 后仍为 1）。

2.4.3　按位异或 ^

参与运算的两个数取二进制，然后将对应的各二进制位相"异或"。"按位异或"的含义是：对应的两个二进制位不同时结果位为 1；相同时结果位为 0。

例如：9^5 运算得 12。可写成算式如下：

```
    0000 1001        （9 的二进制）
^)  0000 0101        （5 的二进制）
    0000 1100        （12 的二进制）
```

窍门秘笈　"按位异或"与"没有进位的加法"的运算结果恰好是相同的：0 与 1 运算，或 1 与 0 运算结果都为 1；0 与 0 运算，或 1 与 1 运算结果都为 0（1+1 无进位）。通过"没有进位的加法"就能轻松记住"按位异或"的运算法则。

^ 是"按位异或"运算符，不是乘方！不能认为 3^2 表示 3^2 结果为 9，它的正确含义是 3 的二进制与 2 的二进制进行按位异或运算，结果为 1。

脚下留心

高手进阶

^ 性质 1：任何数与它本身做"按位异或"，结果为 0。

^ 性质 2：任何数与一个数"按位异或"，结果再与同一个数再做一次"按位异或"，则第二次"按位异或"的结果与原数相同。即：a^k^k 又得到 a。根据这个性质可以对数据加密，a 为原文，a^k 是加密过程得到密文，将密文再 ^k 是解密过程又得回原文 a；k 称为密钥。

高手进阶

我们知道 ASCII 码的小写字母字符转换为对应的大写字母要减 32，大写字母字符转换为小写要加 32。实际上大小写字母 ASCII 码的二进制只有第 5 位不同（最右端为第 0 位）：大写字母该位为 0，小写字母该位为 1。该位对应的权值为 32，因此大小写字母互换也可用通式进行：c=c^32；无论 c 为大写还是小写，只要是字母字符，执行此语句都能转换为对应的小写或大写字母。例如若 c 的值为'A'(65)，则执行此语句后 c 变为'a'(97)；如果 c 的值为'a'(97)，执行同样的语句后 c 变为'A'(65)。

2.4.4　按位求反 ~

~ 是单目运算符，类似于负号（-），它只能后面跟一个数据。"按位求反"是将数据转换为二进制后，将各二进制位"反过来"，即 0 变为 1，1 变为 0。

例如~9 可写成算式如下：

~) 0000 1001　　　　(9 的二进制)
　 1111 0110　　　　(-10 的二进制)

高手进阶

计算机中的数据是转换为二进制后再转换为补码存储的，所有的位运算包括"~"都是以补码的形式进行的。正数的补码和原码相同；负数的补码为该数绝对值的二进制按位取反后再加 1。有符号数二进制的最高位为符号位（负数为 1 正数为 0），因此上述 ~9 的结果是个负数。这部分内容已超出本书的范围，对于"~"运算读者只需知道 0 变 1、1 变 0 的运算法则即可，不必深究运算结果的十进制是什么。

2.4.5　按位左移 <<

把 << 左边数的各二进制位整体左移若干位，由 << 右边数指定要移动的位数。移出的位（高位）将被丢弃，移进的位（低位）补 0。

如 3 的二进制是 00000011，3<<4 是把 3 的各二进制位向左移动 4 位，左边移出的 4 个 0 被丢弃，右边移进的空位补 0，得 00110000（十进制 48）。所以 3<<4 得 48。

一个数左移 i 位，相当于乘以 2 的 i 次方（$x<<i \Leftrightarrow x*2^i$）。例如 $3<<4 \Leftrightarrow 3*2^4$。

高手进阶

由于补码和最高位为符号位的运算规则，一般移出的位无 1 时才能直接被丢弃。但这已超出本书的范围，读者如有兴趣可参阅其他书籍深入学习。

2.4.6　按位右移 >>

把 >> 左边数的各二进制位整体右移若干位，由 >> 右边数指定要移动的位数，移出的位（低位）将被丢弃，移进的位（高位）补 0。

如 15 的二进制是 00001111，15>>2 是把 15 的各二进制位向右移动 2 位，右边移出的两个 1 被丢弃，左边移进的空位补 0，得 00000011（十进制 3）。所以 15>>2 得 3。

一个数右移 i 位，相当于除以 2 的 i 次方（x>>i ⇔ x / 2^i），除不尽时，直接舍去小数部分（不四舍五入）。例如：15>>2 ⇔ 15 / 2^2，得 3.75，然后舍去小数部分得 3。

由于补码和最高位为符号位的运算规则，有些编译系统在右移时移进的位（高位）正数补 0 负数补 1，有些编译系统全部补 0。

高手进阶

【随讲随练 2.12】以下程序段执行后，c，d，e 的值分别为（   ）。

```
unsigned char a=1, b=2, c, d, e;
c=a^(b<<2);
d=7^3;
e= ~4 & 3;
```

【答案】9 4 3

【随讲随练 2.13】有以下程序段 unsigned char a=8, c; c=a>>3; 执行后 c 的值是（   ）。
A. 32   B. 16   C. 1   D. 0

【答案】C

2.4.7 位运算的复合赋值

除按位取反（~）外，其他 5 种位运算也有对应的复合赋值运算。
&=   （按位与后赋值） |=   （按位或后赋值）   ^=   （按位异或后赋值）
<<= （左移后赋值）   >>= （右移后赋值）
同样，关注它们的等价形式就可以了，例如：

```
a &= b  ⇔  a = a & b
a <<= b ⇔  a = a << b
```

【随讲随练 2.14】若变量已正确定义为整型，则以下程序段的输出结果是（   ）。

```
s=32; s^=32; printf("%d",s);
```

【答案】0

第3章 一战到底——顺序结构

无论是整天工作在办公室的白领，还是上网冲浪的网虫一族，坐在计算机前面对的就是键盘、鼠标和显示器，键盘鼠标的操作、屏幕上内容的查看，用句流行话说"那是必须的"。如果没有键盘、鼠标和显示器，一台只有主机的计算机是没人能用的。本章重点讨论键盘的输入和显示器的输出，只要在程序中做到"输入输出不离手"，就基本奠定了向高手迈进的基础。

通过对本章的学习后我们就能编写一些简单的程序，虽然比不上专业软件，但我们的程序同样能够很好用。

3.1 整装待发——C 语言中的语句

我们编写程序，让计算机按照语句出现的顺序一句一句地执行，每条语句执行一次，这就是顺序结构的程序，如图 3-1 所示。下面首先对 C 语言的语句做一个概要介绍。

（1）每条语句的末尾必须有分号（;）表示语句结束（英文分号，不能是中文分号）。分号（;）是语句结束的标志，是语句的一部分，不能认为分号是语句间的分隔符。

（2）生活中有人喜欢"占座位"，如图 3-2 的占座牌。在 C 语言中也有占座牌，这就是空语句。空语句就是只有一个分号";"的语句。它无任何操作，但占一个语句的位置，后面我们会介绍，它可抢占"独生子女"的位置。

（3）当多件小物品不方便携带时，我们通常用一只塑料袋把它们打个包，打包后应当视为一件东西来对待，如图 3-3。在 C 语言中，若干条语句也可以用{ }打个包，打包后将视为一条语句，称为复合语句。例如：

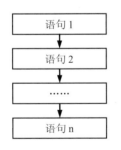

图 3-1 顺序结构程序的执行流程　图 3-2 C 语言中的空语句起占位作用　图 3-3 用塑料袋包装物品

```
{ a=1; b=2; c=3; }
```

注意"}"后面无";"，因为塑料袋只是容纳其他物品的"皮儿"，它本身不是语句。

复合语句作为整体又可以出现在其他复合语句的内部，就像已经用塑料袋包好的物品又可作为个体再与其他物品共同放在另一个更大的塑料袋中，例如：

```
{          /* 大塑料袋：复合语句 */
  { a=1; b=2; c=3; }   /* 小塑料袋：嵌套在内层的复合语句 */
  a++;
  b++;
}
```

以上程序段应作为一条语句（一个"大塑料袋"），这条语句是由 3 条语句组成的。其中第一条语句又是由 3 条语句组成的。执行时依顺序执行，与没有{ }的效果一样。复合语句在以后我们将介绍的 if、for 等语句中发挥作用，其关键是要在整体上视为一条语句。

3.2　别急，一个一个来——单个字符的输出与输入

3.2.1　拿好了钥匙进仓库——输出与输入概述

运算符和表达式是指挥计算机计算的。结果算出来了，还得让它报告给我们。比如显示在屏幕上，属于输出。如果还能像 Excel，使要计算的原始数据不在程序中定死，而是可以在程序运行后由用户通过键盘输入，那就更显得有技术含量了，这属于输入。

什么是"输出""输入"呢？这是从计算机的角度而言的，有内容从计算机里出来为输出，有内容进入计算机为输入，如图 3-4 所示。输出、输入的方式很多，我们应该首先关注向显示器以字符形式的输出和通过键盘的输入。

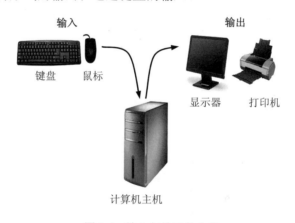

图 3-4　输入与输出的含义

C 语言没有输入输出语句。那如何进行输入/输出呢？输入 / 输出都要通过库函数完成。库函数，顾名思义，就是"仓库"里的函数，这是指系统提供的函数。它们是系统早已为我们准备好的，我们只要"从库里拿出来用"就可以了。

从仓库里取一件东西，首先要拿到仓库的钥匙。在 C 语言里取用"库函数"，需要首先用#include 将一些文件包含到我们的程序中，这些文件的后缀一般为.h，称为头文件。头文件类似于仓库的钥匙，使用库函数前包含头文件是必须的。使用输入输出库函数，要包含的头文件是 stdio.h，即凡要进行输入/输出的 C 语言程序在开头都应该有以下命令：

```
#include <stdio.h>
```

或

```
#include "stdio.h"
```

这相当于在程序开头就拿到了 stdio.h 这把仓库的"钥匙"，这样在整个程序中就可以随意取用这个仓库中的"库函数"了。

高手进阶   为什么要在使用库函数之前包含头文件呢？头文件中有库函数的信息，计算机需要这些信息才能正确地执行库函数。stdio 是 standard input & output 的缩写，即标准输入输出的意思。头文件名既可用<>括起，也可用" "括起。其区别是：<>表示头文件位于系统文件夹中；" "表示位于用户文件夹中（一般与源程序处于同一文件夹），若在用户文件夹中没有找到头文件计算机会再去系统文件夹中找。对于初学者，我们使用的头文件都是系统提供的，都位于系统文件夹中；因此用< >或" "都是可以的。

printf 和 scanf 是实现输出和输入的两个常用函数，它们在 C 语言中的使用非常频繁。鉴于此，系统允许在使用这两个函数前可以不包含 stdio.h 文件，但仅此特例，当然包含才是规范的。正因为如此，我们可以见到一些简单的 C 程序并没有#include 命令，而在 main 函数中直接调用 scanf 和 printf 函数，程序也是正确的。

3.2.2 向屏幕开火——单个字符的输出

我们首先需要考虑单个字符的情况，如何将单个字符输出到屏幕上呢？需要使用的库函数是 putchar 函数。其用法为：

```
putchar(字符);
```

在 putchar 函数的括号中写上要输出的单个字符就可以了，例如：putchar('A');会在屏幕上输出一个 A。

如果把向屏幕输出字符比作向屏幕开火，那么 putchar 函数就如同一支枪，在( )内上膛什么子弹就会打出什么内容，如图 3-5。要注意的是 putchar 函数是一支很原始的步枪，一次只能上膛一发子弹，向屏幕打出一个字符。

图 3-5   putchar 函数类似一支步枪，每次将一个字符打到屏幕上

```
putchar('=');          /* 屏幕输出= */
putchar('a'+1);        /* 屏幕输出 b */
putchar('\101');       /* 屏幕输出 A (A 的 ASCII 码为 65, (101)₈=(65)₁₀) */
putchar('\n');         /* 输出换行符, 无内容显示, 只是光标移到下行行首 */
putchar(x);            /* 输出变量 x 的值而非 x 本身, 如果 x='B'则输出 B */
```

 　　输入、输出是程序运行后的情况，这与编写程序时不同。编写程序时要严格遵守 C 语言的语法规则（如字符常量要加' '），但程序运行后的输入、输出就没有这个要求了（输出到屏幕的字符不会带' '，后面要讲通过键盘输入字符也不必输入' '）。例如 QQ 是用 C 语言编写的，开发 QQ 的程序员要严格遵守 C 语言的语法规则编写代码，这是编写程序时的情况。但用户在使用 QQ 时不需要掌握 C 语言，更不必按照 C 语言的语法规则与好友聊天，因为这是程序运行后的情况。

【程序例 3.1】 输出单个字符。

```
#include <stdio.h>
main()
{    char a='V', b='C';
     putchar(a); putchar(b);
     putchar(a); putchar(b-1);
     putchar('\n');
     putchar(a); putchar(b);
}
```

程序的输出结果为：

```
VCVB
VC
```

　　putchar 函数是 stdio 库中的库函数，在程序开头要包含头文件 stdio.h。屏幕上输出的内容是"一枪一枪"打出来的，包括 B 后面的换行也是由于打了一枪'\n'。注意 putchar 函数输出一个字符后不会自动打出空格更不会自动换行，要空格或换行必须用 putchar(' ');或 putchar('\n');。

3.2.3　饭要一口一口地吃——单个字符的输入

　　stdio 库中还有 getchar 函数，可在程序运行后，读入用户从键盘输入的一个字符（用户就是运行程序的人）。注意 getchar 函数一次只能读进一个字符。该函数的函数值就是读进来的那个字符，可以把它赋值给一个 char 型或 int 型的变量保存起来。

```
char c;
c=getchar();      /* 系统会要求用户从键盘输入一个字符赋值给变量 c */
```

或：

```
int a;
a=getchar();      /* 系统会要求用户从键盘输入一个字符赋值给变量 a */
```

这实际是为变量赋值的另一种方式。在程序运行后通过键盘输入给变量赋值。getchar

函数没有参数，一对( )内为空，但 ( )不能省略。

【程序例 3.2】 输入单个字符。

```
#include <stdio.h>
main()
{    char c;
     c=getchar();
     putchar(c);
}
```

在运行到语句 c=getchar();时程序将暂停，同时屏幕上出现一个闪烁的光标等待用户输入。如果用户输入的是（以 ↓ 表示回车键，下同）：

a↓

则将字符'a'存入变量 c 中，之后程序继续运行，再执行 putchar(c);输出变量 c 的值。

a

注意输入、输出的字符都不带引号。在上机操作时，输入和输出是在同一个窗口，即运行程序后弹出的控制台窗口中进行的，这时控制台窗口中的内容应该为：

a↓
a

即程序运行后，在控制台窗口内用户要先输入一个字符，按回车键后程序在此窗口上又照抄了一遍该字符（为与输出的内容相区别，在本书中从键盘输入的内容统一加下划线，下同）。

高手进阶

程序例 3.2 的最后两行也可以合并为一行写为：

```
putchar( getchar() );
```

即一个函数值又作为另一个函数的参数。这种形式在数学上我们经常见到，如 log(sin(30))是求 30 度的正弦，计算后将正弦值再取 log。

既然输入字符后，必须按回车键表示结束，不按回车键不结束（在按回车键之前可任意修改）。如果输入多个字符后再按回车键会如何呢？再次运行程序，如下所示。

xyz↓
x

虽然输入了 xyz，但仅输出了一个 x，说明只有第一个字符'x'被存入变量 c，因为 getchar 函数一次只能读入一个字符，变量 c 也只能保存一个字符。如果再次运行程序，如下所示。

123↓
1

也是只有第一个字符'1'被读进来。这个例子说明，如果输入数字，每位数字被作为一个字符处理，因为 getchar 函数只读入字符，不能读入一个整数。

输入多个字符时 getchar 函数只能读入一个，那么输入的其他内容到哪里去了呢？这些内容并没有消失，而是由计算机暂时保存起来以备后用，就像将吃剩下的饭菜保存到冰箱里一样。本着节约的原则，下顿饭应该先从冰箱里拿出剩饭来吃，只有将剩饭吃干净后再做新饭。在计算机中，这个"冰箱"被称为缓冲区，如图 3-6 所示。

图 3-6　保存键盘输入内容的冰箱——缓冲区

【程序例 3.3】多次调用 getchar 函数输入多个字符。

```
#include <stdio.h>
main()
{   char c1, c2, c3, c4, c5;
    c1=getchar(); c2=getchar(); c3=getchar();
    c4=getchar(); c5=getchar();
    putchar(c1); putchar(c2); putchar(c3);
    putchar(c4); putchar(c5);
}
```

程序的运行结果为：

```
abc↓
d↓
abc
d
```

输入 abc↓ 后，光标在下一行继续闪烁，等待继续输入，再输入 d↓ 后程序才输出结果并结束。这是因为第一次输入的 abc↓ 中有 4 个字符（回车也是一个字符，是换行符'\n'）。

当执行 c1=getchar();时，只吃掉了第一个字符'a'存入 c1，剩下的 bc↓ 被放入冰箱；

当执行 c2=getchar();时，从冰箱拿出剩饭，再吃掉'b'存入 c2，剩下的 c↓ 被放回冰箱；

当执行 c3=getchar();时，从冰箱拿出剩饭，再吃掉'c'存入 c3，剩下的 ↓ 被放回冰箱；

当执行 c4=getchar();时，从冰箱拿出剩饭，再吃掉↓ 即'\n'存入 c4，剩饭全部吃光；

当执行 c5=getchar();时，没有剩饭可吃了，需要输入新内容，这就是光标在下一行继续闪烁等待第二次输入的原因。当再输入 d↓ 后，吃掉'd'存入 c5，剩下的 ↓ 又被放入冰箱。

最后通过连续的 5 个 putchar 函数"一枪一枪"地打出这 5 个变量的值，就是以上输出结果。

如果再次运行程序：

```
abcd↓
abcd
```

发现这次仅输入一次程序就可以结束，因为所输入的 abcd↓ 中包含了 5 个字符，剩饭足够 5 个 getchar 函数吃了，c1、c2、c3、c4、c5 分别被赋值为'a'、'b'、'c'、'd'、'\n'。

在程序运行结束后，冰箱（缓冲区）就被清空，里面的内容全部消失，是不能带入下次程序运行时使用的。也就是说，每次程序开始运行时，冰箱（缓冲区）一定是空的。第一次运行程序最后还剩下的↓，在第一次运行结束后就被扔掉，无法带入第二次运行的程序中。

【小试牛刀 3.1】程序例 3.3 运行后，你能设法输入 3 次再让程序结束吗？

答案：可以，第一次输入 a↓，则'a'、'\n'分别被存入 c1、c2；当执行 c3=getchar();时，系统必要求再次输入，第二次输入 b↓，则'b'、'\n'分别被存入 c3、c4；当执行 c5=getchar();时，系统必要求再次输入，第三次输入 c↓，则'c'被存入 c5。

3.3   更过瘾的输出与输入——格式输出与输入

用 putchar 和 getchar 函数只能一个字符一个字符地输出和输入，putchar 函数这把"枪"也太原始了，有没有连发的机枪呢？有的！这就是 printf 函数和 scanf 函数，称为格式输出与输入函数，f 即格式（format）之意。它们可以按照格式，一次输出和输入任意多的数据，数据类型也不限于字符，整数、实数乃至字符串都是可以的。

3.3.1   我有私人警察——格式输出函数 printf

直接在 printf 函数的( )内写出一个" "括起的字符串,屏幕上就会原样输出该字符串。

```
printf("C语言");
```

则屏幕原样输出:

```
C语言
```

我们在第 2 章的 2.2.4.3 小节中曾经输出过一个穿心图形。这是 printf 函数的最简单用法，printf 函数还有更丰富的功能，它的完整使用形式如下所示:

```
printf("格式控制字符串", 数据 1, 数据 2, 数据 3, ...);
```

前面只是使用了"格式控制字符串"部分用于在屏幕上原样输出内容，那么它后面用逗号"，"隔开的很多数据是做什么用的，又是如何输出的呢？

1. 交通警察的指挥——格式控制字符串

马路上的车辆需要交通警察的指挥，在 printf 函数中要输出的数据也需要指挥。指挥这些数据的"交通警察"在哪里呢？在"格式控制字符串"中，有一种特殊的内容，是以%开头的，它就是 printf 函数的"交通警察"，是指挥后面数据的输出格式的。假设有变量:

```
int a=65;    /* a 的值为十进制 65, 八进制 101, 十六进制 41 */
```

执行下面语句可以输出变量 a 的值。

```
printf("%d", a);        /* 屏幕输出：65，%d 表示以十进制整数的格式输出 */
```

为什么输出 65 而不原样输出%d 呢？可以把%d 看作"交通警察"，它是指挥其他车辆行进的，自然本身不随车辆一起走（这里它指挥后面数据 a 的输出格式）。d 相当于交警的一个手势，C 语言的"交规"规定，d 表示十进制整数方式，于是屏幕上以十进制显示 a 的值 65。

　　printf 函数中的%与"求百分数"没有丝毫关系，更不是"除法求余数"。printf 函数中的%只是一个标志符号而已，仅用于控制数据的输出格式。这是 C 语言中很常见的同一符号多用的现象。同一符号在不同场合含义完全不同，读者一定不要混淆。

如果交警的手势不同，a 这辆车的行进方式就不同，输出的内容也就不同，又如：

```
printf("%c", a);        /* 屏幕输出：A，%c 表示以字符的格式输出*/
```

这次交警的手势为 c，C 语言的"交规"规定，c 表示字符方式，屏幕上将显示 65 所对应的字符即 ASCII 码为 65 的字符为 A。交警的手势还有很多，如：

```
printf("%o", a);        /* 屏幕输出：101，%o 表示以八进制的格式输出*/
printf("%#o", a);       /* 屏幕输出：0101，多了#表示要输出前缀 0 */
printf("%x", a);        /* 屏幕输出：41，%x 表示以十六进制的格式输出*/
printf("%#x", a);       /* 屏幕输出：0x41，多了#表示要输出前缀 0x */
```

通过上面的例子可以看出，变量 a 的值是 65，这是一直没有改变的，但输出的结果迥异：有的输出 65，有的输出 A，有的输出 41……这就是通过"格式控制"也就是%的这位"交警"指挥的结果。注意交警改变的只是变量 a 的输出格式，始终没有改变变量 a 的值。

2. 车水马龙——printf 函数的输出方式

马路上包括两类个体：车辆和交警。printf 函数的"格式控制字符串"内也包括两种内容：非格式字符串和格式字符串。非%开头的其他内容叫非格式字符串，只有%开头的内容才是格式字符串。前者似车辆，将原样输出；后者似交警，指挥后面数据的输出而本身不输出。

```
printf("a");        /* 屏幕输出：a，直接原样输出字符串的内容*/
```

这是仅有非格式字符串的例子。如果非格式、格式字符串均有，例如：

```
printf("我现有%d 元", a);
```

屏幕输出结果如下所示：

```
我现有 65 元
```

"我现有"和"元"均是普通车辆，原样输出，%d 是交警，指挥 a 的输出格式，%d 本身不输出，输出的还是 a。换句话说是以 a 的值 65 替换%d 输出的，如图 3-7 所示。

图 3-7　printf 函数的工作原理

我明白了：printf 函数的输出就是把" "中的内容原封不动地"抄"在屏幕上就可以了，但其中若遇到带%的"警察"则不要照原样抄，而要用后面的数据替换它。注意替换时要按照%所规定的"手势"，按相应格式替换。

用数据替换%时，应按照%后字母规定的"手势"替换，常用"手势"如表 3-1 所示。

表 3-1　printf 函数的常用格式字符串

格式字符串	含义
%d	以十进制整数格式输出（正数不输出 +）
%o (英文字母 O,不是零)	以八进制整数格式输出（不输出前缀 0）
%x 或 %X	以十六进制整数格式输出（不输出前缀 0x）
%u	以无符号十进制整数的格式输出
%ld	以长整型十进制整数的格式输出
%f	以小数格式输出单、双精度实数：1.234567 的格式
%e 或 %E	以指数格式输出单、双精度实数：1.234567e±123 的格式
%g 或 %G	自动选择以%f 或%e 中较短的输出宽度输出单、双精度实数
%c	以字符格式输出单个字符（一次只能输出一个字符）
%s	输出字符串

窍门秘笈　printf 函数的用法总结为如下口诀：

格式字串控全体，
数据替换百分比（%）。
字符 c，整数 d，
小数 f，指数 e，
欧(o)八叉(x)六 u 无号，
字串 s 要牢记。
间数全宽点小数，
负号表示左对齐。

这是说"格式控制字符串"是整个要输出的内容，其中%部分要以后面的数据替换，其他原样输出。中间 4 句为具体格式控制规则（%s 将在第 8 章讨论），最后两句的含义将稍后介绍。

马路上是一位交警指挥所有车辆，而 printf 函数比较奢侈，是一位交警仅指挥一辆车，类似"私人警察"。因此后面有多少个数据要输出，"格式控制字符串"中就应有多少个%，输出时按顺序用后面的数据分别替换对应的%。例如：

```
char a='C';
char b='V';
printf("%c%c++", b, a);      /* 输出 VC++ */
```

这里有两个%c，后面对应有两个数据，应以 b、a 的值分别替换两个%c，如图 3-8。注意%c 表示以字符格式输出，b、a 的值分别要输出 V、C。请对比下面的输出结果：

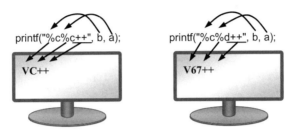

图 3-8　printf 函数的%c、%d 控制不同的输出格式

```
printf("%c%d++", b, a);      /* 输出 V67++，字符'C'的 ASCII 码为 67 */
```

以 b 的值替换%c 仍输出 V，而以 a 的值替换%d 就不能输出 C 而应该输出对应的 ASCII 码 67，因为%d 是以十进制整数格式输出，不是以字符格式输出。输出原理如图 3-8。

【随讲随练 3.1】有程序如下所示。

```
#include <stdio.h>
main()
{   char c1, c2;
    c1 = 'A' + '8' - '4';
    c2 = 'A' + '8' - '5';
    printf("%c, %d\n", c1, c2);
}
```

已知字母 A 的 ASCII 码为 65，程序运行后的输出的结果是（　　）。

A. E, 68　　　B. D, 69　　　C. E, D　　　D. 输出无定值

【答案】A

【分析】字符型量与整数混用时，只要将字符型量转换为对应的 ASCII 码再运算即可。本题虽未给出'8'、'4'、'5'的 ASCII 码，但根据数字字符 ASCII 码顺次排列的规律，可以得出'8'与'4'的 ASCII 码之差为 4，'8'与'5'的 ASCII 码之差为 3。因此 c1=65+4=69='E'，c2=65+3=68='D'。在输出时"E, 68"间的逗号（,）是从 pritnf 函数的"　"中按原样"抄"在屏幕上的。

用 printf 还可以输出表达式的值，即兼有计算功能，这时应以表达式的值替换%。若有变量 a 的值为 65：

```
printf("a*10=%d", a*10);    /* 输出 a*10=650 */
printf("a+10=%d", a*10);    /* 输出 a+10=650 */
```

后者输出 "a+10=650"，等式根本不成立。这说明 printf 函数只会遵照规则 "机械地" 输出，它并不关心屏幕上显示的内容，也没有检验屏幕上所显示内容的功能。例如：

```
printf("%d", a=5);
```

将输出 "a=5" 表达式的值，屏幕输出 5，同时赋值表达式的副作用使 a 也被赋值为 5。

【随讲随练 3.2】若变量 x、y 已定义为 int 型且 x 值为 99，y 值为 9，请将输出语句 printf(_____, x/y);补充完整，使其输出的结果形式为：x/y=11。

【答案】"x/y=%d"

【随讲随练 3.3】以下程序运行后的输出结果是（   ）。

```
#include <stdio.h>
main()
{   int x=011;
    printf("%d\n", ++x);
}
```

A. 12   B. 11   C. 10   D. 9

【答案】C

【分析】x 为八进制的 11，转换为十进制是 9。++x 表达式的值是 10（先使 x 自增 1，再用 x 的值），x 也变为 10。如果将第二条语句改为 printf("%d\n", x++);则输出 9，应选 D）选项，x 也由 9 变 10；但这是计算 x++ 表达式值之后的事，x++ 表达式的值是+1 前 x 的值 9。

【随讲随练 3.4】以下程序运行后的输出结果是。

```
#include <stdio.h>
main()
{ int a=1,b=0;
  printf ( "%d,", b = a + b);
  printf ( "%d", a = 2 * b);
}
```

A. 0,0   B. 1,0   C. 3,2   D. 1,2

【答案】D

【分析】本题先后输出 b=a+b 和 a=2*b 两个表达式的值，这两个表达式的值分别为赋值后 a、b 的值。注意在执行第一条 printf 语句时，计算了表达式 b=a+b；在计算时，赋值的副作用使 b 变为 1 而不再是 0。在计算 a=2*b 时应该计算 a=2*1，同时赋值的副作用又使 a 变为 2。

高手进阶

当同一个 printf 语句中包含多个表达式时，这些表达式的求值顺序在不同编译系统中是不同的，可能是最左边表达式先被计算，也可能是最右边表达式先被计算。例如程序 int i=5; printf("%d %d", i++, i); 在不同的编译系统下运行结果是不同的，编程时应避免类似的写法。

3. 让输出更好看——格式控制字符串的高级控制

我们现在讨论口诀"间数全宽点小数，负号表示左对齐。"

（1）在%和表示格式的字符之间，可添加一个十进制整数表示输出宽度，即划定几个格来输出（一个字符占一个格）。这个划定可能与实际所需宽度不完全吻合，如果实际所需宽度较多，则冲破划定限制原样输出。如果实际所需宽度较少，划定的格子较多时，将补空格输出凑够划定的宽度。默认是在数据之前补空格的（数据右对齐），要在数据之后补空格（数据左对齐），需在表示宽度的整数前增加一个负号（-）。

```
main()
{   int a=123;
    printf("%d\n",a);        /* 输出 123 */
    printf("%2d\n",a);       /* 输出 123(划定 2 格不够，冲破限制原样输出)*/
    printf("%4d,\n",a);      /* 输出  123,(划定 4 格，前补 1 空格右对齐)*/
    printf("%-4d,\n",a);     /* 输出 123 ,(划定 4 格，后补 1 空格左对齐)*/
}
```

（2）在输出实型数时，应指定为%f（小数形式）或%e（指数形式）。当 printf 函数遇到%f 或%e 时就会"发疯"：对于任何精度的小数，都坚持输出 6 位小数位；对于指数形式，还要坚持输出 3 位指数，并且即使指数是正数，也要输出它前面的+。例如：

```
float b=123.45;
printf("%f\n",b);           /* 输出 123.450000 */
printf("%e %E\n",b,b);      /* 输出 1.234500e+002 1.234500E+002 */
```

如何避免这种"疯狂"行为呢？在%和 f（e）之间可以添加一个小数以强制 printf 函数四舍五入，小数点后的数字是四舍五入保留的小数位数。如%6.2f 表示四舍五入保留 2 位小数，6 仍表示输出宽度，是包含整数部分、小数点、小数部分的总宽度（小数点也占一格）。例如：

```
main()
{   float b=1.238;
    printf("%f\n",b);        /* 输出 1.238000 */
    printf("%2f\n",b);       /* 输出 1.238000，冲破 2 格限制 */
    printf("%6.2f,\n",b);    /* 输出   1.24，前补 2 空格，共占 6 格 */
    printf("%-6.2f,\n",b);   /* 输出 1.24  ，后补 2 空格，共占 6 格 */
    printf("%6.0f,\n",b);    /* 输出      1，前补 5 空格 */
}
```

高手进阶

%有特殊含义，若要在屏幕上输出%本身，不能用 printf("%");，而应该用连续的两个%%表示一个普通的%，例如：

```
printf("我喝 100%%的苹果汁");  /* 输出：我喝 100%的苹果汁*/
```

这和转义字符中用'\\'来表示一个普通的斜杠字符（\）的方式类似。

高手进阶

每个数据都必须有一个私人交警，即%的个数应与数据的个数一致。如不一致，将以交警（%）的个数为准，例如：

```
int a=6, b=8;
printf("%d\n",a,b); /*只输出 6。%d 少，b 被忽略*/
printf("%d,%d",a);  /*输出 6,-1。多输出了无意义的-1*/
printf("%%d", a);   /*输出%d，%%表示普通%，a 被忽略*/
```

3.3.2　我是快乐的快递员——格式输入函数 scanf

1. scanf 函数的一般形式

为程序增加输入功能是很有用处的，它可以实现在程序运行后通过键盘的输入来给变量赋值。例如在计算圆面积时，圆的半径就可以在程序运行后由用户通过键盘输入。这就避免在一个程序中，只能固定计算某一种半径的圆面积。

如果把程序中的变量比作网上购物者的家，程序运行后用户从键盘输入的数据就是各种商品。要把用户输入的数据赋值给变量，需要一位快递员将商品打包后送入购物者的家中，而 scanf 函数就是充当这个角色的"快递员"。

相比 getchar，scanf 函数是功能更为丰富的输入函数，允许用户在程序运行后由键盘输入各种类型的数据，而不限于字符；scanf 函数还能自动把数据存入程序的变量中保存。

```
scanf("格式控制字符串", 变量 1 的地址, 变量 2 的地址, 变量 3 的地址, ...);
```

scanf 函数中的"格式控制字符串"规定了商品的"打包方式"，它也是用"%+字符"的形式表示，与 printf 函数类似。scanf 函数的格式字符串如表 3-2 所示。

表 3-2　scanf 函数的常用格式字符串

格式字符串	含义
%d	以十进制形式输入整数
%hd、%ld	分别表示以十进制形式输入短整数、长整数
%o	以八进制形式输入整数，输入时可以带前导 0，也可以不带
%x	以十六进制形式输入整数，输入时可以带前导 0x 或 0X，也可以不带
%i	输入整数，可以十进制形式，也可以带前导 0 的八进制形式，也可以带前导 0x 或 0X 的十六进制形式
%u	以十进制形式输入无符号整数
%f, %e	分别表示以小数、指数形式输入 float 型实数（十进制）
%lf, %le	分别表示以小数、指数形式输入 double 型实数（十进制）
%c	输入单个字符
%s	输入字符串

脚下留心

scanf 函数严格区分单精度（float）和双精度（double）的实数，对于单精度实数的输入，必须用%f 或%e；对于双精度实数的输入，必须用%lf 或%le（[el]f、[el]e 不是数字[yi]），而双精度实数用%f 或%e 输入是不行的。

为短整型变量（short int）输入短整型数据时，也必须用%hd，不能用%d。

注意 scanf 函数的"格式控制字符串"与 printf 函数的"格式控制字符串"在用途上有着本质的不同，scanf 函数的"格式控制字符串"不是用来控制数据在屏幕上的显示，而是控制数据送入变量的方式（打包方式）。scanf 函数是输入函数，不负责输出，千万不要将 scanf 函数误认为与屏幕显示有关。

2．数值型数据的输入

【**程序例 3.4**】从键盘输入 3 个整数，分别存入三个变量 a、b、c 中。

```
main()
{   int a,b,c;
    printf("input a,b,c\n");
    scanf("%d%d%d", &a, &b, &c);
    printf("a=%d, b=%d, c=%d", a, b, c);
}
```

程序的运行结果为：

```
input a,b,c
12 45 38↓
a=12, b=45, c=38
```

scanf 与 printf 函数的另一个重要区别是，scanf 函数中"格式控制字符串"之后必须给出的是变量的"地址"，而不能直接给出数据或变量。因为快递员在邮寄物品时需要登记的是买主的住宅地址，而不是把住宅本身据为己有，同样在 scanf 函数中写出的是变量的地址而不是变量本身。

获取一个变量的地址很容易，只要在变量名前加&即可，如变量 a 的地址写为：

```
&a
```

注意它与不加&的区别是：a 是指变量本身，&a 是指变量 a 的地址。因此以上程序的 scanf 语句写为下面的形式是不行的。

```
scanf("%d%d%d", a, b, c);    /* 错误，变量前要加&取地址，不要忘记 */
```

程序运行到 scanf 语句处会暂停，等待用户输入。用户若从键盘输入 12　45　38↓后，scanf 将依据"%d%d%d"的"打包方式"，从用户输入的内容中依次打包 3 个%d 的货物，即依次打包 3 个整数 12、45、38（由于整数的打包方式，用户输入的 12 被打包为"十二"而不能是字符'1'和字符'2'；用户输入的空格作为数据间隔）。然后将打包好的 3 个整数 12、45、38 按照后面的 3 个地址（&a、&b、&c）分别投递到 3 个变量 a、b、c 中，这样 3 位买家就分别得到了这 3 个整数，也就是变量 a、b、c 分别被赋值为 12、45、38，原理如图 3-9 所示。

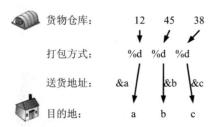

图 3-9　用 scanf 函数通过键盘输入为变量赋值，类似快递员的送货过程

在通过键盘输入多个数据时，数据之间应输入空白间隔。如果所输入的 12 和 45 之间没有间隔，就会被错误地打包为 1245（一千二百四十五）送到 a 中。本例是以空格作为输入间隔的，除空格外，也可用 Tab（跳格，或称水平制表）作为间隔，还可在输入每个数后按回车键（可理解为用回车间隔）。也就是说，这种"%d%d%d"的打包方式，使用户的输入十分灵活，可以用空格、Tab、回车三种方式间隔数据，但不能以其他字符（如逗号、分号等）间隔数据。

高手进阶

输入数值数据时，除空格、Tab、回车外，系统遇到第一个非数字字符时也将结束读入。如运行到语句 scanf("%d", &x); 时，若输入 12A34↓，则将 12 送入变量 x；字符 A 作为整数的结束符，A34↓ 将被放入"冰箱"（缓冲区）以备下次输入使用。

scanf 函数没有计算功能，对于语句 scanf("%d", &x);如运行时输入 1+1，是不能将变量 x 赋值为 2 的；实际变量还是被赋值为 1（因 "+" 这个非数字字符将作为整数的结束）。

与 printf 函数类似，scanf 函数的" "中也可包含两种内容：格式字符串（%开头的内容）和非格式字符串（非%开头的内容）。上面仅是包含前者的例子，如果包含非%开头的内容，要注意这些内容是不能按原样被显示到屏幕上的（永远记得 scanf 函数没有输出功能）。那么这些内容有什么用呢？它们可被看作必不可少的"货物间隔"，也就是在程序运行后由用户输入数据时，用户必须原样键入这些内容。例如：

```
scanf("%d,%d,%d", &a, &b, &c);
```

" "内除%d 外，还有两个逗号（,），不要认为程序运行后屏幕上会自动给出两个逗号（,），然后用户可以在其中"填写"数据。屏幕上只有一个光标，此外什么也没有。用户必须将逗号（,）原样输入。对该语句，以下是惟一正确的输入方式：

```
12,45,38↓
```

必须以逗号间隔数据，因为 scanf 的" "中是以逗号间隔 3 个%d 的。如输入时以空格、Tab 或回车间隔 12、45、38 都是错误的。这无疑给用户带来了麻烦。又如：

```
scanf("a=%d,b=%d,c=%d",&a,&b,&c);
```

不要认为程序运行后屏幕上会自动给出提示"a=　,b=　,c=　"，然后便可在其中"填写"数据。与上例一样，除了光标外，屏幕上什么也没有。这里" "中除%d 外的 "a="、",b=" 和 ",c=" 这些内容都必须由用户原样输入。因此对于该语句，以下是惟一正确的输入方式：

```
a=12,b=45,c=38↓
```

如输入数据时以空格、Tab、回车、逗号、分号分隔这 3 个数据都是错误的，因为还必须输入 a=、b=、c=这些内容，而且在 b=和 c=之前必须输入逗号( )。原理如图 3-10 所示。

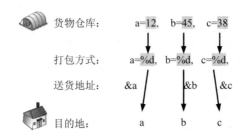

图 3-10　非%开头的内容不打包货物，但作为必须的货物间隔

scanf 函数允许在输入的数据前加若干个空格（上例中没有加空格），如上例输入"a=　　　5, b=　　　6, c=　　　7"也是可以的。但只能在数据前加空格，不能在数据后或逗号前加空格，更不能在其他位置如 a、=之间加空格。

高手进阶

又如，下面的语句：

```
scanf("Please input a number: %d", &a);
```

绝不会在运行时自动给出提示"Please input a number:"，程序运行后仍只有光标。用户若想输入数据 5，首先必须原样键入"Please input a number:"，然后才能在后面输入 5 和回车。然而这种给用户制造麻烦的做法也不是一无是处，在限制用户必须以指定的格式输入时就显得很有用了。例如要输入日期的日、月、年分别存入变量 d、m、y 中的语句如下所示：

```
scanf("%d/%d/%d", &d, &m, &y);
```

这样用户必须以下面固定的格式输入日、月、年：

06/19/2014↓

而不能以其他格式输入。下面的输入方式是不正确的：

06,19,2014↓

在%和字母之间还可以用一个整数指定宽度，这个宽度不是输出宽度，而是"打包"宽度。类似买家说明了要购买"多少斤"，快递员将以此为准"打包"数据。例如：

```
scanf("%5d", &a);
```

若程序运行后输入：

12345678↓

则只把 12345 赋值给变量 a（一万两千三百四十五），其余部分（678）存入缓冲区以备后用，因为%5d 规定了只打包 5 个字符的宽度。又如：

```
scanf("%4d%4d", &a, &b);
```

若程序运行后输入：

```
12345678↓
```

则把 1234 赋值给 a，把 5678 赋值给 b，因为两个"%4d"都规定打包"4 斤"的货物。

scanf 函数没有精度控制，如 scanf("%5.2f", &f); 是非法的，不能限制只允许输入 2 位小数。

3．字符型数据的输入

通过 scanf 函数输入字符型数据时使用%c 参数可使用户所有的输入均有效，包括空格、回车等都算作字符被%c 打包并送入对应地址的变量。一个%c 只能打包一个字符。

```
scanf("%c%c%c", &a, &b, &c);
```

在程序运行时若输入 d e f↓，则把字符'd'赋值给 a，第一个空格字符赋值给 b，字符'e'赋值给 c，后面的" f"及回车（换行符'\n'）本次未用，被存入缓冲区以备后用。只有当输入 def↓，即字符之间无空格，也无任何其他间隔，才能把'd'赋值给 a，'e'赋值给 b，'f'赋值给 c。最后输入的回车本次未用，被存入缓冲区以备后用。如果输入 de↓，则 a 被赋值为'd'，b 被赋值为'e'，c 被赋值为'\n'，这时输入的所有内容刚好全部用完。若输入 d↓则 a 被赋值为'd'，b 被赋值为'\n'，这时 scanf 并未完成，会再次提示为 c 继续输入数据，也就是需要输入两次才能结束。

如果输入的是数字，也会把每一位数字都当做字符处理，因为要求的是%c。如输入 123↓，则 a 被赋值为'1'，b 被赋值为'2'，c 被赋值为'3'，最后的回车字符本次未用。

如果"格式控制字符串"中有除了%c 之外的"非%开头的内容"，与输入数值数据的情况一样，用户必须按原样输入这些内容。

 窍门秘笈　scanf 函数的用法可总结为口诀如下：

scanf，键盘输入，　　　scanf 是用于键盘输入的，永远不会在屏幕上显示任何内容。

后为地址，不能输出。后面要求接收数据变量的地址，如&a，不能直接写变量。

间数宽度，%c 全读，　%和字母之间的数字表示读入的宽度，%c 可读任何字符。

非格式符，麻烦用户。如" "内含有非%的内容，会给用户的输入带来"麻烦"。

【随讲随练 3.5】若程序有语句 int a; char b; float c; scanf("%d%c%f", &a, &b, &c); 当程序运行后输入 1234a1230.26↓，则：a=（　），b=（　），c=（　）。

【答案】1234，'a'，1230.26

若输入：12341230↓，则：a=（　），b=（　），此时用户输入的数据已用完，系统会提示再次输入。若再次输入 1230.26↓，则 c=（　）。

【答案】12341230，'\n'，1230.26

【分析】由于用户输入的内容中没有空格，%和 d 之间也没有整数规定宽度，系统将一直读到不能组成数字为止，前面的所有内容均整体"打包"为一个数字。第一次是 1234（一千二百三十四），第二次是 12341230（一千二百多万）。%c 一次只能读进一个字符，且"%c 全读"（无论空格、回车都读）。第一次读进了字符'a'，第二次读进的是回车（换行符'\n'）。

【随讲随练 3.6】有以下程序（字符 0 的 ASCII 码值为 48）

```
#include <stdio.h>
main()
{   char c1,c2;
    scanf ("%d", &c1);
    c2=c1+9;
    printf("%c%c\n", c1, c2);
}
```

若程序运行后从键盘输入 48↓，则输出结果为（ ）。

【答案】09

　　【分析】函数 scanf 使用了参数%d，输入的 48 整体作为一个整数送入 c1（以%c 输入时才视为两个字符'4'和'8'）；c1、c2 虽为 char 型变量，但也能分别保存整数 48、57。在输出时以字符形式（%c）输出 c1、c2 的值，应输出 ASCII 码分别为 48、57 的两个字符即'0'、'9'，\n 使最后再换一行。

高手进阶

　　跳过输入：在 scanf 函数中还可使用 ＊，用以跳过一个输入项，即"打包"一个输入项，但不赋值给任何变量而是直接扔掉它，再继续打包后续内容。例如 scanf("%d %*d %d", &a, &b);当输入 1 2 3↓时，将把 1 赋值给 a，2 对应%*d 被扔掉，最后一个%d 是打包 3 的，把 3 赋值给 b。

3.4 常用系统数学函数

　　stdio 库提供了输出、输入函数，C 语言还有许多其他的库，其中 math 库提供了丰富的数学函数，常用的如表 3-3 所示。要使用这些数学函数需要包含头文件 math.h。如果要求有程序输出、输入功能，还要同时包含头文件 stdio.h，即包含两个头文件（两个头文件的先后顺序任意）。

```
#include <stdio.h>
#include <math.h>
```

表 3-3　C 语言常用数学库函数

函数	功能	用法举例
sqrt(x)	求 x 的算术平方根 $\sqrt{x}$，x≥0	sqrt(2)
abs(x)	求 x（整数）的绝对值	abs(-5)
fabs(x)	求 x（实数）的绝对值	fabs(-2.5)
log(x)	求自然对数 ln(x)	log(2)
exp(x)	求 e^x 的值	exp(2)
pow(x,y)	求 x^y 的值，注意 x^y 是"按位异或"不是求 x^y	pow(2, 3)
sin(x)	求 x 的正弦值，x 单位为弧度	sin(30*3.14/180)
cos(x)	求 x 的余弦值，x 单位为弧度	cos(3.14)
tan(x)	求 x 的正切值，x 单位为弧度	tan(1.3)
asin(x)	求 $\sin^{-1}(x)$ 的值（弧度），-1≤x≤1	asin(1)
acos(x)	求 $\cos^{-1}(x)$ 的值（弧度），-1≤x≤1	acos(0)
atan(x)	求 $\tan^{-1}(x)$ 的值（弧度）	atan(-82.24)

　　使用这些函数，程序应该包含头文件 math.h。

3.5   是不是有点专业级软件的意思了——顺序结构程序举例

【**程序例 3.5**】编写酒店接待处的欢迎程序，请用户输入自己的房间号，然后给出欢迎信息。

```
#include <stdio.h>
main()
{   int room;
    printf("欢迎光临本酒店！\n");
    printf("请输入您的房间号：\n");
    scanf("%d", &room);
    printf("您的房间号是：%d\n", room);
    printf("您好！房间%d的客人！\n", room);
}
```

程序的运行结果为：

```
欢迎光临本酒店！
请输入您的房间号：201↓
您的房间号是：201
您好！房间201的客人！
```

【**程序例 3.6**】输入一个字符，并转换为对应的 ASCII 码。

```
#include <stdio.h>
main()
{   char c;
    printf("请输入一个字符：");
    scanf("%c", &c);
    printf("字符是：%c，它的ASCII码是：%d\n", c, c);
}
```

程序的运行结果为：

```
请输入一个字符：a↓
字符是：a，它的ASCII码是：97
```

C 语言并不严格区分字符和它的 ASCII 码，字符和整数是混用的，字符与其 ASCII 码之间并没有专门的转换语句或转换函数。本例由 scanf 函数为变量 c 输入字符'a'，变量 c 中保存的是字符'a'，也可以说变量 c 保存的就是它的 ASCII 码 97。在输出时，由 printf 的%c 或%d 控制输出 a 还是输出 97，输出字符还是输出 ASCII 码只是"格式"不同。

【**程序例 3.7**】输入三角形的三边长，求三角形面积。

已知三角形的三边长 a,b,c，则该三角形的面积可由以下公式求得：

$$area = \sqrt{s(s-a)(s-b)(s-c)}，其中 s = (a+b+c)/2$$

程序编码如下：

```
#include <stdio.h>
#include <math.h>
```

```
main() float a,b,c,s,area;
{   scanf("%f,%f,%f",&a,&b,&c);
    s = 1.0 / 2 * (a + b + c);
    area = sqrt(s * (s - a) * (s - b) * (s - c));
    printf("a=%7.2f, b=%7.2f, c=%7.2f, s=%7.2f\n", a, b, c, s);
    printf("area=%7.2f\n", area);
}
```

程序的运行结果为：

```
3,4,5↓
a=  3.00, b=  4.00, c=  5.00, s=  6.00
area=  6.00
```

为了用库函数 sqrt 求平方根，程序需要包含头文件 math.h。注意表达式中的*不要漏写。

【程序例 3.8】解一元二次方程 $ax^2+bx+c=0$，a、b、c 由键盘输入，设 $b^2\text{-}4ac>0$。

求根公式为：$x_1 = \dfrac{-b+\sqrt{b^2-4ac}}{2a}$，$x_2 = \dfrac{-b-\sqrt{b^2-4ac}}{2a}$。

令 $p = \dfrac{-b}{2a}$，$q = \dfrac{\sqrt{b^2-4ac}}{2a}$，则 $x_1 = p+q$，$x_2 = p-q$。

程序编码为：

```
#include <stdio.h>
#include <math.h>
main()
{   float a,b,c,disc,x1,x2,p,q;
    printf("解一元二次方程，请依次输入方程系数a,b,c的值：\n");
    scanf("%f%f%f", &a, &b, &c);
    disc = b * b - 4 * a * c;
    p = -b/(2 * a);
    q = sqrt(disc)/(2 * a);
    x1 = p + q; x2 = p - q;
    printf("\nx1=%5.2f\nx2=%5.2f\n", x1, x2);
}
```

程序的运行结果为：

```
解一元二次方程，请依次输入方程系数a,b,c的值：
1 -3 2 ↓

x1= 2.00
x2= 1.00
```

注意本程序与程序例 3.7 在数据输入上的区别是本程序输入的"1　-3　2"是以空格间隔的，而程序例 3.7 的"3,4,5"是以逗号间隔的，因为前者 scanf 语句的"　"内有逗号。

读者可以上机运行实际感受这几个程序，是不是有点专业级软件的意思。然而这些程序还不是十分完善，例如程序例 3.7 不能处理三条边不能组成三角形的情况，程序例 3.8 也不能在 $b^2\text{-}4ac<0$ 时提示没有实数根，而且每次运行只能求一个三角形的面积或解一个方程，不能连续解多个问题。

本节这些程序都是顺序结构的，语句只能逐条顺序执行。

第 4 章　程序也能跑捷径——选择结构

在日常生活中我们经常要根据不同的情况做出判断，决定下一步的行动。在程序指导下，计算机也可以根据数据情况（如变量的值）选择执行不同的语句。如果数据是这样的就执行这样一些语句，否则就不执行或执行另外的一些语句。相对于前面介绍的顺序结构，这种依条件有选择地执行语句的程序结构称为选择结构，又称分支结构。选择结构是人工智能的基础，如果没有选择结构，那么计算机就仅仅是计算器了。

4.1　计算机的判断力——关系运算和逻辑运算

在开始选择结构的话题之前，我们先来介绍数据大小比较以及逻辑上的"与""或""非"在 C 语言中如何表示。这些操作在 C 语言中也被看作是运算，分别称为关系运算和逻辑运算。

4.1.1　判断真假的符号——关系运算符和逻辑运算符

1. 关系运算符

关系运算用于比较两个数的大小，共有六种。

<	（小于）	<=	（小于或等于）
>	（大于）	>=	（大于或等于）
==	（等于，注意不是=）	!=	（不等于，注意不是<>）

请注意区分==和=，==是判断数值是否相等，而=是赋值。如果表示变量 a 与 b 的值相等，要写为 a==b，不能写为 a=b。a=b 的写法不但无法判断 a 与 b 值是否相等，还会导致变量 a 被赋值为 b 的值而使 a 的原值丢失。==和=是 C 语言中的两种运算符，要把它们看作两个完全不同的符号（==整体要看做一个符号），二者也没有什么关系（不能认为==是赋值 2 次或等于 2 次）。

两个字符的运算符之间不允许有空格，如>=不能写为"> ="。这六种关系运算的优先级不同。<、>、<=、>=四种运算的优先级相同，高于==和!=，==和!=两种运算的优先级相同。

+、-、*、/ 四种运算是算术运算，但它们的优先级不同，是"先*、/，后+、-"，所以说*、/的优先级高于+、-，而*与/这两种运算的优先级相同，+与-这两种运算的优先级相同。六种关系运算也有相似的逻辑性，也是分两组，一组优先级高于另一组，而组内优先级相同。四种算术运算是 2、2 分，六种关系运算是 4、2 分。

窍门秘笈　　可通过 5 个字记住这六种关系运算的优先级："大小等关系"。这 5 个字首先说明大于、小于、等于叫做"关系运算"。其次"大小"代表<、>、<=、>= 四种含有大于小于的运算，"等"代表==、!= 两种判断是否相等的运算，"大小等"是说优先级的顺序，"大小"优先级高于"等"。

2. 逻辑运算符

现实生活中，我们还常常用"并且""或者""否定"来描述一些情况。"并且"要求多个条件需同时满足，例如"学校开运动会，某班级长跑拿冠军，并且跳高也拿冠军，才能获得团体冠军"。"或者"是两个条件有一项满足即可，例如"或者用电脑，或者用手机，都可以上网"。而"否定"表示否定某个条件，例如"他这次考试没上 90"，这都属于逻辑运算。

如何用 C 语言表示"并且""或者""否定"呢？三种逻辑运算符分别写为：

❑ &&：逻辑与（并且）两个量都为真时，结果才为真；否则为假。

❑ ||：逻辑或（或者）两个量有一方为真结果就为真；双方为假时结果为假。

❑ !：逻辑非（否定）后面只有一个量，它为真时结果为假；它为假时结果为真。

请区分"逻辑与""逻辑或"与位运算中的"按位与""按位或"。&&是"逻辑与"，&是"按位与"，前者是判断两个条件是否都成立，而后者需将数据转换为二进制再计算。类似地，||是"逻辑或"，|是"按位或"。&&、&、||、|是四种完全不同的符号，代表四种完全不同的运算(&&整体要看作一个符号，||整体要看作一个符号)，它们之间没有什么关系(不能认为&&是 2 次"与"、||是 2 次"或")。

!和!=也是两种运算符，而且是两种完全不同的符号，它们之间也没有什么关系。

脚下留心

! 比较特殊，它后面只需要一个量，也属于单目运算符。! 具有自右至左的结合性：即先做右边的运算，再依次做左边的。例如：!!!x 的含义是!(!(!x))，结果等价于!x。这类似于-(- (-5))，它的含义是-5 取反后再取反，结果为-5。像这种求负、求非以及前面介绍过的按位取反（~），都具有自右至左的结合性。

三种逻辑运算的优先级各不相同，! 的优先级最高，&& 次之，|| 的优先级最低。注意&&与 || 的优先级并不相同，&& 的优先级高于 ||。

窍门秘笈　　可以通过 5 个字记住这三种逻辑运算的优先级："非与或逻辑"。"非与或逻辑"首先说明非、与、或运算叫做"逻辑运算"；其次，"非与或"三字的顺序代表了非（!）、与（&&）、或（||）这三种运算优先级的高低顺序，是顺序降低的。

3. 几种常见运算符的优先级关系

关系运算、逻辑运算与我们前面所学的其他运算的优先级关系是怎样的呢？

类似"x>a+b 且 y<10"这样的句子在数学上经常见到，这句话我们是这样理解的：首先计算 a+b 的和，然后判断 x 是否大于和，再判断 y 是否小于 10，最后判断两边是否同时成立即最后判断"且"。a+b 是算术运算，>、<是关系运算，"且"是逻辑运算，因而得出结论：算术运算的优先级较高，关系运算次之，逻辑运算的"且""或"更低。但是逻辑运算的（非）比较特殊，它的优先级最高，仅次于括号（）。

也就是说如果表达式中没有（），先算的必定就是它这个优先级的。这个优先级的运算还有很多，像++、--、~（按位求反）、负号（-）等等都是仅次于括号的，它们彼此之间优先级相同（见附录 3 位于优先级 2 的运算符）。几种常见运算符的优先级关系总结如图 4-1 所示。

根据优先级有如下等价关系。

```
!  ++  --  ~  -
    算术运算符
    关系运算符
    &&  和  ||
    赋值运算符
```

图 4-1　几种常见运算符的优先级关系

```
a>b && c>d   等价于    (a>b)&&(c>d)
!b==c || d<a   等价于    ((!b)==c)||(d<a)
a+b>c && x+y<b   等价于    ((a+b)>c)&&((x+y)<b)
```

【小试牛刀 4.1】 图 4-1 将赋值运算符（=）也包含了进去，为什么赋值运算在图 4-1 中排在最低的优先级位置呢？

答案：前面曾介绍过，赋值运算的优先级在 C 语言所有运算中位于"倒数第二"的位置（参见第 2 章 2.3.2.3 小节，复合赋值运算+=、-=、*=...也属此级别），既然图 4-1 中没有逗号运算符，自然赋值运算符排在最末了。

4.1.2　火眼金睛断真假——关系表达式和逻辑表达式

1．关系表达式和逻辑表达式的值

数据与运算符组合的式子，就是表达式。例如 5、3 为数据，+为运算符，5+3 就是表达式。这是数据与"算术运算符（加法）"组合成表达式的情况，表达式相应地称为算术表达式。数据当然也可以与其他运算符（如关系运算符）组合成表达式，例如 5>3、5<3 等称为关系表达式，而 5 && 3、5 || 3 等表达式称为逻辑表达式。

表达式都有一个值，例如 5+3 这个表达式的值为 8。那么上述这些关系表达式、逻辑表达式的值又是什么呢？

关系表达式、逻辑表达式如成立(真)，表达式的值为 1；如不成立(假)，表达式的值为 0。

关系表达式、逻辑表达式的值要么是 1，要么是 0，不可能是其他的任何值。例如：

```
5 > 0    5 > 0 成立，表达式的值为 1。
5 < 3    5 < 3 不成立，表达式的值为 0。
(a=3) > (b=5)    表达式的值为 0。表达式求值后 a 被赋值为 3，b 被赋值为 5。
    a=3 是赋值表达式，表达式的值为赋值后 a 的值为 3；b=5 这个赋值表达式的值为 5；3>5 不
成立，故原式的值为 0。
    x=(10<=20)；10<=20 成立，10<=20 表达式的值为 1；后 x 被赋值为 1。
    y=(a==30)；a 为 3 不等于 30，表达式 a==30 的值为 0；后 y 被赋值为 0。
    y>(a=30)；赋值表达式 a=30 的值为 30，同时 a 被赋值为 30；y 再被赋值为 30。
```

b%7==0　表达式的值为 0。%是求余，变量 b 为 5，除以 7 余 5，5==0 不成立，故原式值为 0。此为判断 b 是否能被 7 整除的方法。

5>0 && 4>2　5>0 为真，4>2 也为真，"与"的结果为真；表达式的值为 1。

5>0 || 5>8　5>0 为真，5>8 为假，"或"的结果为真；表达式的值为 1。

!(3*1>0)　3*1 为 3，3>0 本来为真，但!（非）后结果为假；表达式的值为 0。

请考虑下面的程序段：

```
int x=8;
printf("%d", x==8); /* 输出 1 */
printf("%d", x=8);  /* 输出 8 */
```

第一个 printf 函数输出的是 x==8 这个表达式的值，由于变量 x 的值为 8，x==8 为真，故这个表达式的值为 1。第二个 printf 函数输出的是 x=8 这个表达式的值，这是赋值表达式，变量 x 重新被赋值为 8（虽与原值相同，但还是被重新赋值了一次），表达式的值是赋值后 x 的值 8。

为什么上述例子输出的都是表达式的值呢？如有语句：a=65; printf("%d", a*10); 输出结果是 650，输出的是 a*10 这个表达式的值。类似地，x==8 和 x=8 也是表达式，与 a*10 是同类事物，只不过它们不再是"乘法"，而分别是"判等法"和"赋值法"；表达式运算的结果也不是"乘积"，而是按照"判等法"和"赋值法"的运算规则所求的值。

高手进阶

对浮点数应该避免使用==判等，这是因为浮点数由于精度限制可能不会精确相等。对浮点数如需判等，应使用"相减后判断差的绝对值是否小于一个很小的数"，这个"很小的数"在所需误差范围内规定，只要差的绝对值小于它就认为二者相等。如有 float a=1.234567, b=1.234567; 应用 fabs(a-b)<1e-6 即 a-b 的绝对值小于 0.000001 来判断 a 与 b 是否相等，不能用 a==b。

请考虑下面的程序段：

```
int a=-3, x=-1, b=0;
printf("%d", a<x<b);
```

程序的输出结果为 0，说明表达式 a<x<b 为假。为什么为假呢？如果我们计算 a+x+b，是先计算 a+x，再用 a+x 的结果值（和）+b。同理，a<x<b 也是先判断 a<x，由于 a<x 为真，"表达式 a<x"的值为 1；再用结果值的 1 与 b 比较，由于 1<b 为假，结果为 0，因而输出 0。

因此表示 x 在 a、b 之间，在 C 语言中不能写为 a<x<b，正确的写法是 a<x && x<b。

【小试牛刀 4.2】设某同学数学、语文两门课的成绩分别已存入变量 math、chin，写出以下逻辑表达式。

1）数学成绩在 70～90 分。

```
math>=70 && math<=90
```

2）两门课成绩均及格。

```
math>=60 && chin>=60
```

3）两门课成绩均及格，并且总分在 150 以上。

```
math>=60 && chin>=60 && (math+chin)>=150
```

4）两门课有任意一门成绩在 90 以上。

```
math>=90 || chin>=90
```

5）两门课成绩均及格，并且有任意一门在 90 以上。

```
math>=60 && chin>=60 && (math>=90 || chin>=90)
```

6）数学成绩得分是奇数，语文成绩得分是偶数。

```
math % 2 == 1 && chin % 2 ==0
```

2．真假判断法

在得出逻辑运算的结果值时，"真"为 1，"假"为 0，反过来要判断一个量是为"真"还是为"假"时，要判断的量就不会只有 1 或 0 两种情况了，那么该如何判断呢？

只有 0 判断为"假"，非 0 都判断为"真"（不论正负，也不论整数或小数）。

"表达式求值"和"判断数据真假"，均是"假"对应 0，但"真"所对应的数值不同。"表达式求值"时"真"必为 1，不能为其他任何值；在"判断"时，非 0 都是真，如图 4-2 所示。

$$
\text{表达式结果值}\begin{cases} \text{真} \longrightarrow 1 \\ \text{假} \longrightarrow 0 \end{cases}
$$

$$
\text{判断}\begin{cases} \text{非 0} \longrightarrow \text{真} \\ 0 \longrightarrow \text{假} \end{cases}
$$

图 4-2　关系或逻辑表达式的值只能为 1 或 0；但反过来判断真假时非 0 判为真，0 判为假

```
5 && 3           5 和 3 均为非 0，均为真；"且"成立，表达式的值为 1。
5 || 0           5 为真，0 为假；"或"成立，表达式的值为 1。
!5               5 为真，!5 为假；表达式的值为 0。
-0.3 && 0.05     -0.3 和 0.05 均非 0，均为真；表达式的值为 1。
50 && 'A'        'A'等效于其 ASCII 码 65，65 非 0 也为真，表达式的值为 1。
!40 || '\0'      !40 为假；'\0'等效于其 ASCII 码 0，为假；表达式的值为 0。
```

 窍门秘笈　关系运算和逻辑运算要点的口诀总结如下：

大小等关系，　　　优先级<、>、<=、>=高，==、!=低。

非与或逻辑。　　　优先级高低顺序：非、与、或。

非零判为真，　　　在判断时，只有 0 值当做假，非 0 值都当做真（不论正负）。

结果零或一。　　　表达式的值只能为 0（假）或 1（真）两种，不能为其他任何值。

【随讲随练 4.1】以下选项中，能表示逻辑值"假"的是（　）。

A．1　　　　B．0.000001　　　C．0　　　D．100.0

【答案】C

只有 0 才被判为假，非 0 都被判为真（不论正负，也不论整数或小数）。也就是说，如果一个数非 0，这个数就是"真"的，只有对 0，才说它是"假"的。因此可得出这样的

结论：

一个数为真　⇔　该数非 0

有了这双"火眼金睛"，对任意一个数，我们都可以判定为"真"或"假"了：1 是真的，5 是真的，0.000001 是真的，100.0 是真的……，只有 0 才是假的。

3. && 和 || 的简化运算（短路操作）

对于&&（且）和 ||（或），计算机会采用一种"省事"的做法，以提高运算速度，称为短路操作，具体说明如下所示：

对于&&（且）：只要&&的两边有一边为假，结果必为假。计算机会先求解 "&&的左边"，如果左边为假，则不再求解 "&&的右边"，整个表达式结果必为假（在这种情况下，&&的右边没有被执行）。而如果 "&&的左边" 为真，仍要正常地求解右边。

对于||（或）：|| 的两边有一边为真，结果必为真。计算机会先求解"||的左边"，如果左边为真，则不再求解"||的右边"，整个表达式结果必为真（在这种情况下，||的右边没有被执行）。而如果"||的左边"为假，仍要正常地求解右边。

短路操作可以使 && 或 || 右边的表达式可能不被执行，但左边的表达式是一定会被执行的。对于&&（且）和 ||（或），可以"省事"的条件是不同的，"省事"时的结果值也不同。

对 &&: 若左为假，不看右，结果为假
对 ||: 若左为真，不看右，结果为真

由于有短路操作，使&&（且）和 ||（或）成为两个非常特殊的运算。在表达式中，如果有&&（且）和 ||（或），必须优先考虑它能否"省事"，这是比所有运算的优先级都要高的，甚至会高于括号( )。这是 C 语言所有运算中惟一的特例。例如：

```
int i=1, j=2;
printf("%d\n", i==5 && (j=8));  /* 输出 0, (j=8)未被执行 */
printf("%d,%d\n", i, j);        /* 输出 1,2 */
```

第一个 printf 函数先判断&&的左边 i==5 为假，于是不再执行右边(j=8)，确定整个表达式为假输出 0。"(j=8)"虽有( )也未被执行，变量 j 仍维持原来的初值 2 不变。再举一例，如下所示：

```
main()
{   int i=1,j=2,k=3;
    printf("%d\n", ( i++==1 && (++j==3 || k++==3)));
        /* 输出 1, k++==3 未被执行 */
    printf("%d %d %d", i, j, k);     /* 输出 2 3 3 */
}
```

应该首先将"(++j==3 || k++==3)"看做一个【整体】，原式变为如下所示：

```
( i++==1 && 【整体】 )
```

&&左边 1==1 为真（同时 i 由 1 变为 2，但 i++这个表达式的值为 1，要用表达式的值做==1 的判断而不是用 i 的值）；&&不能"省事"，还要进一步判断右边的【整体】。

现在只考虑"【整体】"为"(++j==3 || k++==3)"，||左边++j 表达式的值为 3（同时 j 由 2 变 3），3==3 为真，故该 || 可以"省事"，不再执行右边的 k++==3，这个"【整体】"为真。由于"k++==3"未被执行，k 维持原来的值 3 不变。

　　　　以上例子还要注意 i++和++j 的不同，关键是区分"变量的值"和"表达式的值"两个完全不同的概念，应该是用表达式的值参与下一步的判断（如==），而不是用变量的值。i++中，变量 i 的值由 1 变为 2，但表达式 i++的值是 i 变化之前的值 1；++j 中，j 也由 2 变 3，但表达式++j 的值是 j 变化之后的值 3。如果读者对此概念尚为陌生，请复习第 2 章 2.3.3 小节的内容。

【小试牛刀 4.3】请思考当 x=0 时，下面表达式中的 y/x 会不会发生"除数为 0"的错误？

x!=0 && y/x>1

答案：不会。因为 x!=0(x 不等于 0)为假，短路操作使&&右边的除法不会被执行。

如果是：x!=0 || y/x>1 呢？

答案：会。因为 x!=0 为假，对||不可以短路，还会计算||的右边，从而执行除法。

4.1.3　挑剔的"吗+否则"——条件运算

C 语言中还有一种条件运算 ?: ，这是一种很奇怪的运算，是 C 语言中惟一的三目运算，它需要三个运算量：

表达式 1 ? 表达式 2：表达式 3

我们可将"?"读作"吗"，将":"读作"否则"（称之为"吗+否则"运算），则直接就可读出它的含义了：表达式 1 为真吗？如为真选择表达式 2，否则选择表达式 3。具体来说：

- 表达式 1 为真时，选择执行表达式 2，并将表达式 2 的值作为整个条件表达式的值（表达式 3 不执行）；
- 表达式 1 为假时，选择执行表达式 3，并将表达式 3 的值作为整个条件表达式的值（表达式 2 不执行）；

　　例如：

```
y=( 5?1+1:2+2 );
```

5 非 0 判断为真，因此应选择执行 1+1 为 2，以 2 作为整个=右边( )中的表达式的值，所以执行 y=2;，y 被赋值为 2。又如：

```
max=(a>b)?a:b;
```

如 a>b 为真，则选择 a，把 a 的值赋给 max；否则选择 b，把 b 的值赋给 max。如果 a 为 5，b 为 3，则选择 a，max 被赋值为 5。如果 a 为 3，b 为 5，则选择 b，max 亦被赋值为 5。也就是说，无论 a、b 的值孰大孰小，均会选取较大的赋给 max，这使计算机有了判断力。

注意条件运算符的 ? 和 : 是一对运算符，不能分开各自独立使用。在 C 语言中，条件运算的优先级排在"倒数第三"的地位。C 语言中优先级最低的 3 种运算如下所示：

?:	条件运算	倒数第三
=, +=, /=, ...	赋值（复合赋值）运算	倒数第二
,	逗号运算	倒数第一

C 语言中的其他运算，都比以上三种运算的优先级要高。例如上例 max=(a>b)?a:b;还可以去掉括号写为：max=a>b?a:b，因为在这个式子中必然是先运算 a>b 的。

条件运算符的结合方向是"自右至左"，即如果同一式子中出现了多对 ?:，应该先计算最右边的那对 ?: 再依次计算左边的各对 ?: 。例如：

a>b ? a : c>d ? c : d　　　应理解为 a>b ? a : (c>d?c:d)

若 a=3; b=4; c=2; d=1; 表达式的值应为 2，是 c>d?c:d 的值，后者为 c 的值 2。

【随讲随练 4.2】若有表达式(w)?(--x):(++y)，则其中与 w 等价的表达式是（　　）。

A．w==l　　　　B．w==0　　　　C．w!=l　　　　D．w!=0

【答案】D

【分析】题目的含义是 A～D 各选项，哪一个可以替代 w 写在表达式中，起到与写 w 完全相同的效果。表达式的含义是"w 为真吗？如果 w 为真就执行--x，否则 w 为假就执行++y"。那么"w 为真"是什么意思呢？前面曾总结过"一个数为真 ⇔ 该数非 0"，因此"w 为真吗？"也可以说成"w 非 0 吗？"，二者是等效的。因此表达式中写做 w 和写做 w!=0 是等效的。也可自行为 w 设实例值来判断：如果变量 w 的值是 1，原式是执行--x 的；如果变量 w 的值是 2，原式也是执行--x 的，这是原意。然而如以 C 选项替换 w，成为(w!=1)?(--x):(++y)，会在 w 为 1 时执行++y，与原意不符。如以 A 选项或 B 选项替换 w，成为(w==1)?(--x):(++y)或(w==0)?(--x):(++y)，这两个式子均会在 w 为 2 时执行++y，也与原意不符。只有以 D 选项替换 w，成为(w)?(--x):(++y)，该式在 w 为 1 和 2 时都执行--x; 才与原意完全相符。

4.2　如果——if 语句

4.2.1　教室停电就不上课了——if 语句的基本形式

稍微转换一个话题：我们先去吃饭，然后来到教室上课，下课后放松一下回家斗地主。如果把这个过程写为程序如下所示：

```
吃饭;
上课;
斗地主;
```

3 件事依顺序执行，每件事只做一次，这就是顺序结构。这是在本章之前介绍的程序结构。如果不是每条语句都执行，而是某些语句在一些条件下有选择地执行，就是选择结构（也称分支结构）。例如，如果教室停电，就不能去上课，也就是"上课;"这一步只有在"教室没有停电"这个条件下才能被执行。在 C 语言中，可以用 if 语句表示这种依条件的选择执行。

```
if (表达式) 语句;
```

将上述程序改作：

```
吃饭;
if (教室没有停电) 上课;
斗地主;
```

将 if 读作"如果"，if 括号中为语句执行的条件，则第 2 行表示"如果教室没有停电，就去上课"。但是"教室有没有停电"只能影响上课，不会影响吃饭，更不会影响我们回家斗地主。在第 1 章曾提到，C 语言程序中的多条语句可以写在同一行。现在我们改造一下这个程序：

```
吃饭;
if (教室没有停电) 上课; 斗地主;
```

将第 2、第 3 两行合并为一行，那么是否若"教室停电"则不上课，地主也不斗了呢？当然不是，程序的执行效果与改造之前的完全相同，因为语句是以分号作为结束标志的，换行与否不会影响语句的执行。"教室停电与否"还只会影响上课这一步，地主终究是要斗的。

我们也可这样理解：if 只能影响它后面紧邻的一条语句，与语句分行与否无关。实际上，整个"if (表达式) 语句;"是一条完整的语句。其中"if (表达式)"部分并不是独立的一条语句，这里的"语句;"部分也不是独立的一条语句，它属于 if，有人称它为子句，也就类似于是 if 的"孩子"。"只影响一条语句"是说"if(表达式)"只能有一个"孩子"，这有些类似于我们国家的"独生子女"政策，本书形象地将 C 语言中的这个规则也称为"独生子女规则"。

 窍门秘笈　独生子女规则：

C 语言中的"if(表达式)"仅能影响一条语句，且必须要影响一条语句，所影响的语句是紧随其后的那一条语句（后面谁离"if(表达式)"最近，影响谁）。

将多条语句写在同一行时，尽管对实际执行没有任何影响，但对于阅读起来特别容易看错。例如前面改造后的程序特别容易被错误地理解为如果教室停电了则本行的"上课"、"斗地主"都不执行了。因此在编程时我们提倡一种"缩进"的写法，这会使程序结构清晰，可读性强。什么是"缩进"的写法呢？在第 1 章曾介绍过，一条语句也可以写在多行上。现在我们把"if (教室没有停电) 上课;"分 2 行书写，并在第二行之前添加一些空格（或 Tab）表示缩进。

```
吃饭;
if (教室没有停电)
    上课;
斗地主;
```

这样很清晰地表达了"if(教室没有停电)"只影响"上课;",而不会影响"斗地主;",增强了程序的可读性。但注意无论怎样为语句分行、添加空格（或 Tab），都只会影响阅读程序的方便与否，而对计算机的执行没有任何影响。

if 语句的执行情况也可用图 4-3 表示，图 4-3 称为程序流程图，其中"执行语句"用矩形表示，"条件"用菱形表示。if 的执行过程是：若"表达式成立"，则执行"语句"；若"表达式不成立"则不执行"语句"。无论执行"语句"与否，之后均继续执行程序的后续部分。

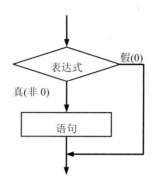

图 4-3　用程序流程图表示的 if 语句的执行过程

请看一个 if 语句的实际例子：

```
int a=10, b=20;
if(a<10) b=30; printf("%d",b);
```

由于 a<10 不成立，b=30;这条语句不被执行，而 printf 终究要被执行，输出 b 的值为 20。

这一程序也可改造如下所示：

```
int a=10,b=20;
if (a<10)
    b=30;
printf("%d",b);
```

这使阅读起来更清晰，程序的运行效果与改造之前完全相同。

【程序例 4.1】 if 语句程序例，如下所示：

```
main()
{
    int a=4,b=3,c=5,t=0;
    if (a<b) t=a;a=b;b=t; /*不执行 t=a;但执行 a=b;b=t; a 为 3 b 为 0*/
    if (a<c) t=a;a=c;c=t; /* 3<5 为真，执行 t=a; 再执行 a=c;c=t;*/
    printf("%d %d %d\n",a,b,c);
}
```

程序的输出结果为：

```
5 0 3
```

"if(条件)"只能影响一条语句，有没有方法可以让它影响多条语句呢？可以通过复合语句实现。复合语句是用一对{ }括起来的多条语句，形如"{…; …; …;}"，它整体上被视为一条语句。若修改上例程序，将 if 后的 3 条语句用一对 {　} 括起来。

【程序例 4.2】 if 语句中使用复合语句做子句。

```
main()
{
    int a=4,b=3,c=5,t=0;
    if(a<b) { t=a;a=b;b=t;}      /* { t=a;a=b;b=t;} 整体不被执行 */
    if(a<c) { t=a;a=c;c=t; }     /* { t=a;a=c;c=t; } 整体被执行 */
    printf("%d %d %d\n",a,b,c);
}
```

程序的输出结果为：

```
5 3 4
```

如表达式为假，则整个 {　} 内的 3 条语句都不被执行。这并没有违反"独生子女规则"，因为 {…;　…;　…;} 整个被看做一条语句。

【程序例 4.3】 if 语句中使用空语句做子句。

```
main()
{
    int a=4,b=3,c=5,t=0;
    if (a<b); t=a;a=b;b=t; /*t=a;a=b;b=t;都要执行，它们不受 if 影响*/
    if (a<c); t=a;a=c;c=t; /*t=a;a=c;c=t;都要执行，它们不受 if 影响*/
    printf("%d %d %d\n",a,b,c);
}
```

程序的输出结果为：

```
5 4 3
```

它与程序例 4.1 的区别是在 if(a<b) 与 if(a<c) 后都多了一个分号（;）。只有一个分号（;）的语句也是一条语句，称空语句。空语句起占位作用，它占据了"独生子女"的位置。这使空语句成为了 if(a<b) 的"孩子"，t=a;不再是 if(a<b) 的"孩子"，不再受 if 条件的影响。t=a;如同"斗地主;"，属多条语句位于同一行的情况，是终究要被执行的。如用缩进的写法整理后如下所示：

```
if (a<b)
    ;
t=a;
a=b;
b=t;
```

if (a<c) 的情况与之类似。这种在 if(表达式)后紧邻分号（;）的效应在编程时务必要小心，它与没有分号（;）时的效果完全不同。许多程序员在实战中找不出程序的错误，很多时候是因为这个分号捣的乱。

本例还体现了交换两个变量值的方法。如有变量 a 的值为 4，b 的值为 3，如何交换二者的值使 a 变为 3，b 变为 4 呢？执行 a=b;b=a;是不行的，因为执行 a=b;时，a 变为 3，但同时 a 原来的 4 也被抹掉了，再执行 b=a;时，是将 a 的新值 3 赋给 b，最终导致 a、b 都为 3 了。

那么正确的交换方法是什么呢？需要引入另外一个临时变量 t "中转" 一下。如同我们要交换两瓶饮料：一瓶可乐和一瓶雪碧，如何使可乐瓶装雪碧，雪碧瓶装可乐呢？也要再找一个瓶子中转一下。首先将可乐倒入中转瓶（首先将雪碧倒入中转瓶也是可以的，只要先腾出一个来），再将雪碧倒入刚腾出的可乐瓶中，最后将中转瓶中的可乐倒入雪碧瓶中。如果可乐是变量 a，雪碧是变量 b，中转瓶是变量 t，则交换两个变量值的正确方法是依次执行 3 条语句：t=a; a=b; b=t;。另外注意在生活中腾出的瓶子是空的，但在程序中执行 t=a; 为变量 t 赋值后 a 值不变（不会被清空），等到下次为 a 赋新值时再同时将 a 的原值覆盖。

窍门秘笈　观察交换两个变量值的 3 条语句 t=a; a=b; b=t;，发现临时变量位于 "一头"、"一尾"，即先写临时变量，最后一条语句的最后一个变量也是临时变量。中间语句的变量 "首尾相连"，即...=a;的下一条语句是 a=...; ...=b 的下一条语句还是 b=...。可将 "交换两个变量值" 的方法以口诀记忆如下：

临时变量分两边，

首尾相连在中间。

如不引入临时变量，通过加、减运算也可以实现两个变量值的交换，即依次执行语句 a=b-a; b=b-a; a=b+a; 但这种方法不易理解，使程序可读性低，也不是我们提倡的方法。

高手进阶

【小试牛刀 4.4】下面程序段的写法是否正确？

①

```
if  a<b   /* 不正确。if 后的表达式 a<b 必须用小括号( )括起来 */
    t=a;
```

②

```
If  (a<b)      /* 不正确。if 语句的关键字 if 必须小写 */
    t=a;
```

③

```
if  (a<b)      /* 不正确。因为没有子句，if (表达式)必须要有一个子句 */
```

④

```
if  (a<b)
    { t=a; }      /* 正确。一条语句也可被放到{  }中构成复合语句 */
```

【随讲随练 4.3】程序如下所示：

```
#include <stdio.h>
main()
{   int x;
    scanf("%d", &x);
```

```
    if(x>15) printf("%d", x-5);
    if(x>10) printf("%d", x);
    if(x>5) printf("%d\n", x+5);
}
```

若程序运行后从键盘输入 12↓，则输出结果为（　　）。

【答案】1217

【随讲随练 4.4】以下程序运行后的输出结果是（　　）。

```
#include <stdio.h>
main()
{   int x=10, y=20, t=0;
    if(x==y) t=x; x=y; y=t;
    printf("%d %d\n", x, y);
}
```

【答案】20　　0

【分析】注意 x==y 与 x=y 的区别，前者是判断 x、y 二者的值是否相等，后者是将 y 的值赋值给 x 覆盖 x 原来的值。由于 10 不等于 20，t=x; 不被执行，直接执行 x=y; y=t。

4.2.2　一朝天子一朝臣——if 语句的完整形式

1. if - else if - else 块

以上介绍的是 if 语句最简单的形式，实际上 if 语句还可以有很丰富的内容，其完整形式如下所示：

```
if (表达式 1)
    语句 1;
else if(表达式 2)
    语句 2;
else if(表达式 3)
    语句 3;
……
else if(表达式 m)
    语句 m;
else
    语句 n;
```

注意 if、else if 和 else 的顺序不能颠倒，if 永远在开头，else 永远在最后，中间可有若干 else if；if、else 均是关键字。虽然内容很多，但整个 if - else if - else 块要被看做一条语句。其中"语句 1;"、"语句 2;"……"语句 n;"都不是独立的语句，它们分别是 if、else if 和 else 的子句（孩子）。同 if 一样，else if 和 else 也遵循独生子女规则，else if 只能控制一条语句，else 也只能控制一条语句，且它们都必须要控制一条语句，所控制的语句是紧随其后的那条语句。

【小试牛刀 4.5】下面 if 语句的写法是否正确？

```
if (表达式 1)
    语句 1;
else if(表达式 2)
    语句 2;
    语句 3;
else if(表达式 3)
else
    语句 4;
```

答案：不正确。"else if(表达式 2)"只能控制一个子句，现同时有 2 个子句（语句 2 和语句 3），是"控制不过来"的；"else if(表达式 3)"没有子句，也是不正确的。

if - else if - else 块的执行过程是：依次判断表达式的值，当某个表达式为真时则执行对应的所控制的语句，然后跳出整个 if - else if - else 块继续执行后续程序，如图 4-4 所示。

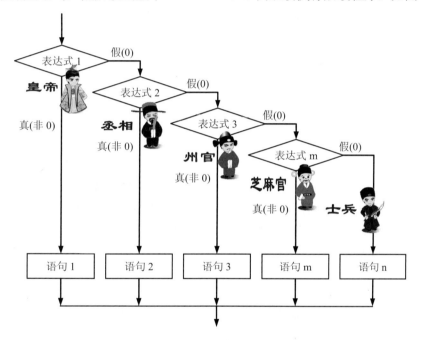

图 4-4　用程序流程图表示的 if 语句完整形式的执行过程

与封建制度下森严的等级关系有点类似，如图 4-4 所示。if 在开头，相当于皇帝，紧随 if 的 else if 是一人之下万人之上的丞相，紧随丞相的 else if 是下级官员州官，紧随州官的 else if 是再下级的官员……排在最后的 else if 最小是"七品芝麻官"。所有的 else if 都带有"(表达式)"都是官员，有判断条件和选择执行的权利。最后一个 else 不带"（表达式）"，它不是官员而是"士兵"（一套 if - else if - else 块最多只能有一个士兵）；士兵无表达式不能判断条件。这样 if 块的执行流程显而易见：上级官员定论后，下级只能服从，不但下级的语句不被执行，下级连表达式也不会被判断了。例如在表达式 1 成立时执行语句 1，执行后立即跳出整个 if-else if-else 块，不但语句 2、语句 3……不被执行，表达式 2、表达式 3……也都不会被判断。只有上级表达式不成立时，上级"不管"下放权力的时候，下级才有资格判断和执行。如表达式 1 不成立不执行语句 1 时，才有资格轮到丞相，才判断表达式 2。如果所有表达式都不成立（所有官员都不管），士兵就要无条件去执行，即无条件执行语句 n；如果块中没有 else 部分（没有士兵），则没有语句被执行将直接跳出整个 if-else if-else 块，执行块后面的程序。

【小试牛刀 4.6】在上述 if 语句中，若表达式 1、表达式 2 同时成立，执行哪条语句？（答案：仅执行语句 1）。

在 if - else if - else 块中，else if（及其子句）和 else（及其子句）均可省略，两者都省略时即是前面刚刚介绍过的"if(表达式) 语句;"的那种形式（实际是光杆司令的情况）。

❑ if 部分：有 1 个且只能有 1 个（不能省略）。

❑ else if 部分：可有 0～多个。

❑ else 部分：可有 0～1 个（一个 if - else if - else 块最多只能有 1 个 else 部分）。

else if 和 else 都不能作为独立的语句单独使用（如程序中单独出现一条语句"else printf("***");"是错误的），必须有 if 来"统领"，作为整体发挥作用。

2．省略 else if 部分

如果省略了所有的 else if 部分，如下所示：

```
if (表达式)
    语句 1;
else
    语句 2;
```

即一个皇帝带一个士兵的情况（没有中间官员）。显然，表达式成立时执行语句 1，表示皇帝下旨，则士兵只能服从不能再执行语句 2，而皇帝不管的事只能落到士兵的头上无条件去做，即表达式不成立时直接执行语句 2。因此它的执行过程可归结为表达式成立时执行语句 1，表达式不成立时执行语句 2；两条选择一条，且必须选择一条，如图 4-5。这种情况在编程中非常多见。

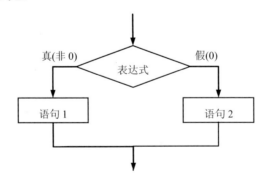

图 4-5　用程序流程图表示的 if-else 语句的执行过程

例如：条件表达式 max=(a>b)?a:b;可用 if 语句写为等效形式如下所示：

```
if(a>b)
    max=a;
else
    max=b;
```

即取 a、b 的较大值赋给 max，要么执行 max=a;，要么执行 max=b;，两者必选其一。

当然程序中将 a>b 写为 a>=b 也是可以的，即将 a、b 相等的情况归结为执行 max=a;。

又如，求 x 绝对值的程序段如下所示：

```
if (x>0) y = x;  else y = -x;
```

要么执行 y = x; 要么执行 y = -x;，两者必选其一。也可以用条件表达式写为：

```
y = x>0 ? x : -x;
```

当然将 x>0 写为 x>=0 也是可以的。

再如，根据学生成绩 score 判断是否及格，并在屏幕上输出的程序段如下所示：

```
if (score>=60) printf("及格\n"); else printf("不及格\n");
```

在这个例子中，就不适合写为 "?:" 的形式，不是说所有的 if 都适合用 "?:" 写出等效形式。在实际编程时是用 if 还是用 "?:" 应根据实际情况灵活运用，某些情况下二者均可。

【程序例 4.4】输入一个年份，判断它是否为闰年。闰年的判断方法是：年数能被 4 整除，但不能被 100 整除的是闰年；年数能被 400 整除的也是闰年。

```
#include <stdio.h>
main()
{   int year;
    printf("请输入一个年份: "); scanf("%d", &year);
    if( (year%4==0 && year%100!=0) || (year%400==0) )
        printf("%d 年是闰年。", year);
    else
        printf("%d 年不是闰年。", year);
}
```

程序的运行结果为：

```
请输入一个年份: 2014↓
2014 年不是闰年。
```

3．包含 else if 部分

用 if-else 语句只能根据学生成绩输出及格或不及格，能否将成绩划分为多个档次呢？这就要在"皇帝"和"士兵"之间增加一些"中间官员"即 else if 了。

【程序例 4.5】根据学生成绩 score 判断为优秀、良好、及格、不及格四个档次。

```
#include <stdio.h>
main()
{   float score;
    scanf("%f", &score);
    if (score>=90)
        printf("优秀。你真棒! \n ");
    else if (score>=70)
        printf("良好。还不错! \n ");
    else if (score>=60)
        printf("及格。要再提高哦! \n");
    else
        printf("不及格。别灰心，加把劲! \n");
```

```
    }
```

程序运行结果为：

```
99↓
优秀。你真棒！
```

若再次运行程序：

```
70↓
良好。还不错！
```

若再次运行程序：

```
50↓
不及格。别灰心，加把劲！
```

【小试牛刀4.7】在程序例4.5中，如果省略"else printf("不及格。别灰心，加把劲！\n");"部分，对程序的运行效果有何影响？

答案：程序运行后若输入的分值小于60，则不会有任何输出结果，因为所有表达式均不成立，else部分被省略只能直接跳出if-else if块，跳出后程序运行结束。但若输入的分值>=60则对运行结果无影响。

【程序例4.6】输入3个整数，输出最大数和最小数。

```
main()
{   int a,b,c,max,min;
    printf("input three numbers:  ");
    scanf("%d%d%d",&a,&b,&c);
    max=a;
    if (b>max) max=b;
    if (c>max) max=c;

    min=a;
    if (b<min) min=b;
    if (c<min) min=c;

    printf("max=%d\nmin=%d",max,min);
}
```

程序运行结果为：

```
input three numbers:  10 50 30↓
max=50
min=10
```

在3个数中找最大数如同打擂台赛，如图4-6所示。通过多场比赛最终选定擂主（最大数）。程序中用变量max保存最大数（擂主）。首先确定一个擂主，一般假定第一个数a为擂主，即执行max=a;，然后举行第一场比赛："下一个人"b上场与擂主max比，如果b胜，则换擂主max=b;如果b败则擂主不变（不执行max=b;）。再进行下一场比赛："下一个人"c上场与擂主max比，如c胜则换擂主max=c;如c败则擂主不变。多场比赛结束后，最终的擂主max就是最大数。注意每场比赛都是与擂主比。找最小值的过程与此类似，只不过值小者为胜。

图 4-6 找多个数的最大值如同打擂台赛选擂主的过程

4. if 或 else if 中表达式的类型

if 部分和 else if 部分的小括号( )中都有"表达式",程序是以"表达式"作为后面子句是否执行的"条件"。在对前面内容的学习中,读者可以把"表达式"理解为"条件",条件"成立"则执行子句,"不成立"则不执行子句。但我们现在需要准确理解一下"条件成立/不成立"或"表达式成立/不成立"的含义。成立是指"真",不成立是指"假"。"非0判为真",也就是说:

表达式的值为非0,就是"真",就是"条件成立";表达式的值为0,就是"假",就是"条件不成立"。

在 C 语言中,任何表达式都能求出一个"表达式的值"。因此,任何表达式都可以作为"条件",写在 if 或 else if 的小括号( )中(而不是只能写比较大小的关系表达式、非与或的逻辑表达式)。执行规则是计算表达式的值,如值为非0就执行子句;值为0就不执行。

【程序例 4.7】 if 语句中的表达式可以是任何表达式。

```c
#include <stdio.h>
main()
{   int x;
    scanf("%d", &x);
    if (x)
        printf("嘻嘻嘻\n");
    else
        printf("哈哈哈\n");
}
```

"x"可被看做是只有一个变量的表达式的特例,表达式的值就是 x 的值。程序运行后,如从键盘为 x 输入 10,10 非 0 为真,则输出"嘻嘻嘻"。如输入 0,0 为假,输出"哈哈哈"。

【小试牛刀 4.8】 如将程序例 4.7 中的"if(x)"改为"if(x=0)",输出结果如何?

答案:无论输入 x 的值为多少,永远输出"哈哈哈"。"x=0"是"赋值表达式",赋值表达式的值为赋值后变量的值。因此无论 x 被输入为多少,在判断"x=0"时,x 都被重新赋值为 0,该表达式的值永远为 0 为假,因此永远输出"哈哈哈"。

如将"if(x)"改为"if(x=10)",输出结果如何?

答案:无论输入 x 的值为多少,永远输出"嘻嘻嘻"。

如将"if (x)"改为"if(!x)",输出结果如何?

答案:"!x"表示"非 x",即如果 x 为真(非 0),表达式反而为假;如果 x 为假(0),表达式反而为真。因此与原程序相反,只有输入 0,才输出"嘻嘻嘻";否则均是"哈哈哈"。

4.2.3　如果里的如果——if 语句的嵌套

每到中秋节,我们总能看到某些厂家生产的月饼"过度包装",盒子里装的不直接是月饼,而是大盒套小盒,最里面的小盒子里才有月饼,被称为月饼包装的"嵌套"。在程序中的 if 语句也可以嵌套:

```
if (表达式)
    语句;
```

如果"语句;"又是一个 if 语句:

```
if (表达式)
    if (表达式 1) 语句 1;
```

则"语句 1;"被包在嵌套的两层 if 里,这就是"if 语句的嵌套"。

 窍门秘笈　如何分析嵌套 if 的程序呢?我们的口诀是:

由外向内,逐层拆包

我们在拆包装盒的时候,是先拆开外层的大盒,再一层一层地拆开里面的小盒。分析嵌套程序也应该由外向内一层一层地进行。注意在拆外层"大盒子"(if(表达式))的时候,是看不到"小盒子"里面的情况的(不要看到"语句 1")。要把里层的内容"if(表达式 1)语句 1;"作为一个整体,当做一个"黑匣子"。上例嵌套 if 程序可以简化为:

```
if (表达式)
    【黑匣子】;
```

这样很容易理解:若表达式成立,执行【黑匣子】;若表达式不成立,不执行【黑匣子】。如果不执行【黑匣子】,那么里面的"表达式 1"连看都不用看了。如同见外层包装发现保质期已过,就直接扔掉,没必要再查看小盒子里面的情况。只有"表达式"成立,才打开【黑匣子】。注意当打开"黑匣子"时,外层的情况"if(表达式)"就不需要再考虑了,如下所示:

```
if (表达式 1) 语句 1;
```

这也很容易理解,如果表达式 1 成立,则执行语句 1,否则不执行语句 1。注意,只有在外层"表达式"成立的前提下才会执行到这个步骤。

上例嵌套 if 的执行情况为:当"表达式"为真的前提下,"表达式 1"也为真时,执行语句 1,否则什么也不执行。

分析嵌套程序最忌"拆着外层,看着里层"甚至直接"拆里层",有的读者"表达式"、"表达式 1"一起考虑,甚至直接判断表达式 1、直接考察语句 1 就大错特错了。

现在我们为嵌套 if 增加一些 else if 或 else，如先增加一些 else，修改后的程序如下所示：

```
if (表达式)
    if (表达式1) 语句1;
  else
      语句2;
  else
      语句3;
```

程序的分析方法不变："由外向内，逐层拆包"。但由于有 else，else 是不能单独使用的，它必须存在于一个 if 块内，由 if 统领。因此要先找到各个 else 的统领 if，即分清 else 与 if 的配对关系。如何确定各 else 分别与哪个 if 配对呢？else 总是与它前面最近的、且尚未与其他 else 配对的 if 配对（当有{ }时，{ }外的 else 不能与{ }内的 if 配对）。else 与相同层次的 if 配对，可理解为"门当户对"。按照这个规则，确定上例程序中的第一个 if 与最后一个 else 配对，中间的第二个 if 和第一个 else 配对。

窍门秘笈　按缩进格式重新整理程序的方法：

在分析较复杂的嵌套程序时，我们还可以按照"缩进"的格式重新整理程序以便观察。注意重新整理格式时，要保证原程序执行效果不变，要求不能随便添加、删除语句元素，原有的语句元素出现的先后次序也不能改变。我们能做的只能是"增、删分行"或"增、删空格"。"增、删分行"或"增、删空格"的原则是：同层对齐，孩子缩进

"同层对齐"是指"配对"的 if、else if、else，要保证它们纵向列对齐。"孩子缩进"是指子句要分行并添加一个层次的空格，使之缩进。"if(表达式)"、"else if(表达式)"和"else"都要有一个孩子且必须要有一个孩子。至于如何找到孩子在前面已经介绍过了，紧邻它的下一个语句就是"孩子"（注意有时"孩子"可能还是一个 if）。

综合以上程序段，我们重新整理程序格式如下所示：

```
if (表达式)
    if (表达式1)
        语句1;
    else
        语句2;
else
    语句3;
```

将中间粗体字部分当做【黑匣子】，问题就会迎刃而解。首先将"黑匣子"整体考虑，看做一条语句。在执行到"黑匣子"时再将其拆开，执行里面的语句。执行方式如图 4-7 所示。举一个吃月饼的例子，下面的程序想必读者能够理解其执行方式吧。

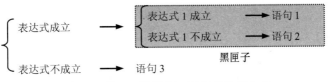

图 4-7　带 else 的嵌套 if 程序的执行方式

```
if (未过保质期)
    if (未生虫子)
```

```
        吃月饼;
    else
        喂鸽子;
else
    扔到垃圾桶;
```

再次强调的是，分析嵌套程序的关键是在考虑外层情况时，一定不要看到内层，要把内层当做【黑匣子】整体考虑。

找3个数中的最大值除程序例4.6介绍的方法外，也可以用嵌套的if实现。

```
max=a;
if (b>c)      /* b>c 的情况: c 不是最大，继续比较 a、b，从 a、b 中选最大值*/
    { if (b>a) max=b; }
else      /* b<=c 的情况: b 不是最大，继续比较 a、c，从 a、c 中选最大值*/
    if (c>a) max=c;
```

这里由于有一对{ }构成复合语句，else是与if (b>c)配对的；如果没有{ }，else将与if (b>a)配对，程序执行的方式就不正确了。

如果嵌套的if中还有else if部分，也必须找到每个else if配对的if。规定如下所示：

else if总是与它前面最近的、且尚未与其他else配对的if配对，该if可以已和其他else if配对了（当有{ }时，{ }外的else if不能与 { }内的if 配对）。

else if的配对规则与else的配对规则类似，但这里允许其配对if"已和其他else if配对"，因为一个皇帝（if）下面可有多位大臣（else if）和一个士兵（else）。如果有兵，兵要位于所有大臣的最后。在同一个if-else if-else块内，兵（else）后不能再有大臣（else if），如图4-8所示。

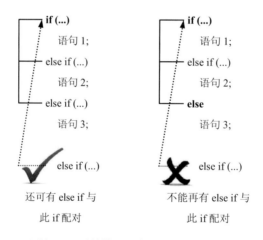

图4-8　else if可以与if配对的情况（左）和不可以与if配对的情况（右）

【随讲随练4.5】执行以下程序。

```
#include <stdio.h>
main()
{ int x=1,y=0;
if(!x) y++;
else if(x==0)
```

```
if (x) y+=2;
else y+=3;
printf("%d\n",y);
}
```

程序运行后的输出结果是（　　）。

A. 3　　　　　　　　B. 2　　　　C. 1　　　　　D. 0

【答案】D

【分析】先找出所有 else if 和所有 else 的配对 if。else if 与第一个 if 配对，最后的 else 与第二个 if 配对。按照"同层对齐，孩子缩进"的原则，重新整理原程序格式如下所示。

```
int x=1,y=0;
if(!x)
    y++;
else if(x==0)
    if (x)
        y+=2;
    else
        y+=3;
printf("%d\n",y);
```

else if(x==0)的孩子是 if (x)；if (x)也要有孩子，它的孩子是 y+=2;（y+=2;相当于 else if(x==0)的孙子），每个下一代都缩进一个层次。将中间粗体字部分看做【黑匣子】，原程序简化为以下所示。

```
int x=1,y=0;
if(!x)
    y++;
else if(x==0)
    【黑匣子】;
printf("%d\n",y);
```

执行方式很清晰了，是 if-else if（无 else）的结构。由于!x 为假，再判断 x==0，x==0 也为假，黑匣子不执行（黑匣子里面的内容也不必再看了）；后面再无 else if 也无 else，直接跳出 if 块，执行下一条语句 printf("%d\n",y);，由于 y 的值没有被改变仍输出原来的初值 0。

【随讲随练 4.6】执行以下程序。

```
#include<stdio.h>
main()
{int a=1,b=2,c=3,d=0;
if(a==1)
  if(b!=2)
    if(c==3) d=1;
    else d=2;              /* 与 if(c==3)配对 */
    else if(c!=3) d=3;     /* 与 if(b!=2)配对 */
else d=4;                  /* 与 if(b!=2)配对 */
else d=5;                  /* 与 if(a==1)配对 */
printf("%d\n",d);
}
```

程序运行后的输出结果是（　　）。

【答案】4

【分析】首先要找出所有 else if 的配对 if、所有 else 的配对 if，配对关系已用注释标注在程序中。按照"同层对齐，孩子缩进"的原则，重新整理格式如下所示。

```
int a=1,b=2,c=3,d=0;
if(a==1)
    if(b!=2)
        if(c==3)
            d=1;
        else
            d=2;
    else if(c!=3)
        d=3;
    else
        d=4;
else
    d=5;
printf("%d\n",d);
```

本例最深的层次有"4 代人"，if(a==1)是爷爷，if(b!=2)是父亲，if(c==3)是孙子，d=1; 是重孙子。

将中间粗体字部分看做【黑匣子】，则原程序简化为以下内容。

```
int a=1,b=2,c=3,d=0;
if(a==1)
    【黑匣子】;
else
    d=5;
printf("%d\n",d);
```

问题变得非常简单，由于 a==1 为真，于是执行【黑匣子】，同时宣布"不执行 d=5;"。执行【黑匣子】后将执行 printf("%d\n",d);程序结束。

现在考虑【黑匣子】如何执行呢？打开黑匣子，注意仅查看黑匣子里面的内容（不要再考虑其他内容，既不要受"if(a==1)"的干扰，也不要受"else d=5;"的干扰）。

```
if(b!=2)
    【小黑匣子】;
else if(c!=3)
    d=3;
else
    d=4;
```

问题仍然简单，由于 b!=2 不成立，【小黑匣子】不必再打开了。再判断 c!=3 也不成立，不执行 d=3; 于是只能无条件执行 else 部分的 d=4; 执行后跳出整个 if 块。现在整个【黑匣子】执行完毕回到上一层。刚刚已经分析过，【黑匣子】执行完毕应该直接 printf("%d\n",d); 后结束。

4.3 多路开关——switch 语句

北方的春节，有句民谚"初一的饺子、初二的面、初三的合子往家转，初四大饼炒鸡蛋……"，每天讲究不同，这也是分支的问题，但属于多路分支。这种问题虽也可以用 if 语句实现，但需要设置很多的 else if，有些繁琐。在 C 语言中用 switch 语句解决多路分支问题更为方便。

4.3.1　司令的锦囊——switch 语句的一般形式

switch 语句的一般形式如下所示：

```
switch (表达式)
{
    case 常量表达式 1：  语句 1；
    case 常量表达式 2：  语句 2；
    …
    case 常量表达式 n：  语句 n；
    default：  语句 n+1；
}
```

switch、case、default 都是关键字。关键字 switch 后也有一对( )括起的表达式，可以将这个表达式作为"司令"，将由它决定去往哪路分支执行语句，表达式求值后，将根据表达式的值，去往与此值相等的"常量表达式"的 case 处执行语句。但这里要求这个表达式（司令）必须是整型（int）或是字符型（char），不能是浮点型（float、double）。对应的各个 case 后的"常量表达式"也必须都是整型或是字符型，不能是浮点型。

switch 还有一对特有的{ }，这不是"复合语句"，而是 switch 语句的组成部分，是 switch 必须要有的。多路 case + 常量表达式，以及各路语句，都要被括在这对{ }中。其中还可以有一路 default，后面没有常量表达式，default 类似于 if 语句中的 else，也是所有条件都不满足时的归宿，即当所有 case 的"常量表达式"与"司令"都不匹配时，将去往 default 这一路执行。default 可有也可以没有，如果有只能有一个。如果没有 default 当所有"常量表达式"与"司令"都不匹配时直接跳出 switch。无论是 case + 常量表达式还是 default，它们和执行语句之间还要以冒号"："隔开。

如图 4-9 所示，如果我们接到这样的热线提示，按 1 键会如何？显然，同一 switch 语句中的常量表达式的值彼此都不能相同。

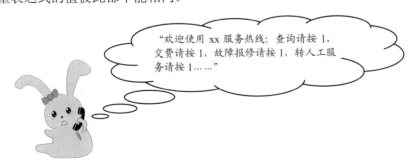

图 4-9　同一 switch 的各 case 的常量表达式的值不能相同

　　switch 语句的写法比较复杂，这里将要点总结为口诀如下：

switch 语句分支多，

整符司令当先坐。

case 常数 default,

冒号各路囊中括。

"整符司令"是指 switch 后的表达式必须是整型或是字符型，不能是浮点型。各 case 后的常数与司令对应，它们也必须都是整型或是字符型。

【小试牛刀 4.9】以下 switch 语句有 7 处错误，你能指出所有错误的地方吗？

```
double x=2.0;
switch (x);
{
    case 2:         语句1;
    case 2+5:       语句2;
    case 2:         语句3;
    case 3:         语句4; 语句5;
    case a+5:       语句6;
    case 2.5:       语句7;
    case 5 to 10:   语句8;
};
```

答案：（1）switch 后的"(x)"错误，因为 x 是 double 型，switch 后的表达式必须是整型或字符型。（2）(x)后的";"错误，这里不能有分号，即使作为空语句也不行。（3）case 2 错误，有 2 处重复的 case 2。（4）case a+5 错误，case 后必须是常量表达式，不能有变量。（5）case 2.5 错误，case 后的常量表达式必须是整型或字符型。（6）case 5 to 10 错误，case 后不能是一个区间范围，而必须是一个表达式，表达式求值后只能是一个值。（7）"}"之后不能再有分号";"。

case 2+5 不是错误，2+5 也是常量表达式（允许表达式的计算，但不能有变量参与计算）。"语句 4; 语句 5;"也不是错误，允许执行多条语句，这些语句不必用{ }括起来，因为将来是顺序执行的（下面将介绍 switch 语句的执行过程）。switch 语句是 C 语言中惟一不遵循"独生子女"规则的。没有 default 也不是错误，允许没有 default。

4.3.2 我爱读小说——switch 语句的执行过程

【程序例 4.8】以下为 switch 语句实例一。

```
main()
{   int a=1;
    switch (a)
    {
        case 1:
            printf("switch 1\n");
        case 2:
            printf("switch 2\n");
        default:
            printf("other\n");
    }
}
```

程序的输出结果为：

```
switch 1
switch 2
other
```

　　变量 a 的值为 1，执行 case 1 中的语句输出"switch 1"毋庸置疑，然而有些出乎意料的是 switch 2 和 other 也都被输出了，这是 switch 执行过程最不易理解的地方。

　　要理解此执行过程的关键是要将"case 常量"和"default"都作为"标签"，"标签"类似于我们读小说时的"书签"，如图 4-10 所示。对于同一本小说，多个人都可以在不同的位置插入不同的书签。我们继续阅读时则应从自己的书签处开始阅读（如上例的 case 1）。如果已经开始阅读，在阅读过程中再遇到别人的"书签"（如 case 2、default 等）是不会因此而终止我们自己的阅读过程，我们会忽略这些书签继续读，也许会将整本书读完。这也就可以理解"case 常量"和"default"都只是"书签"而已，它们不能逼迫我们终止阅读跳出 switch，这与前面介绍的 if-else if-else 块完全不同，应特别注意。

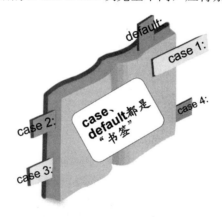

图 4-10　将 switch 中的 case、default 都看做"书签"

　　我们可以总结 switch 语句的执行过程如下所示。

　　（1）首先计算 switch 括号(　)中表达式的值。

　　（2）当表达式的值与某路 case 的常量值相等时，即跳转到该路 case 处开始执行，但除执行该路 case 的语句外，然后还依后续各路 case（包括 default）的出现顺序，依次执行后续各路中的语句，而不与后续各路的 case 值进行比较。

　　（3）当表达式的值与所有 case 的常量值都不相等时，则跳转到 default 处开始执行（如果没有 default，则直接跳出 switch，switch 内的语句都不被执行），但除执行 default 语句外，若 default 后还有 case，也将依后续各路 case 的出现顺序，依次执行后续各路 case 中的语句；也不与后续各路的 case 值进行比较。

　　【小试牛刀 4.10】在以上程序中，如将变量 a 的初值改为 2，输出结果是什么？（答案：switch 2 和 other）如 a 的初值为 3 呢？（答案：只输出 other）

　　【程序例 4.9】以下为 switch 语句实例二。

```
main()
{   int a=3;
    switch (a)
    {   case 2:
            printf("switch 2\n");
```

```
        default:
            printf("other\n");
        case 1:
            printf("switch 1\n");
    }
}
```

程序的输出结果为：

```
other
switch 1
```

相对于程序例 4.8，程序例 4.9 颠倒了各路 case 和 default 的先后出现顺序。各路标签出现顺序在语法上是随意的，但可能会影响运行结果。当 a 为 3 时，是从 default 开始执行并一路向下执行，于是输出了 other、switch 1。能否根据表达式的值，仅执行某一路的语句，而不会一直向下执行到底呢？依靠 switch 本身就办不到了，这需要 break 语句。break 语句的写法很简单，只要在关键字 break 之后添加一个分号，如下所示：

```
break;
```

break 语句可强行跳出 switch，它的作用类似于"拦路牌"，如图 4-11 所示。在 switch 的{ }内，想跳出 switch 的任意位置安排 break（而且可以安排多个 break），一旦程序执行到 break 就立即会跳出 switch，即跳到 switch 的 } 之后。

图 4-11　拦路牌—break 语句

【程序例 4.10】在 switch 中使用 break 语句。

```
main()
{   int a=1;
    switch (a)
    {   case 1:
            printf("switch 1\n");
            break;
        case 2:
            printf("switch 2\n");
            break;
        default:
            printf("other\n");
            break;
    }
    printf("a=%d", a);
}
```

在 switch 语句后还有输出 a 值的 printf 语句，将 switch 整体作为一条语句，可以简化如下程序。

```
int a=1;
【switch 语句;】
printf("a=%d", a);
```

上述 3 条语句应逐一顺序执行，在【switch 语句;】中的 break 跳出 switch，是说【switch 语句;】结束，会继续执行 printf("a=%d", a);。程序的输出结果为：

```
switch 1
a=1
```

如将变量 a 的定义语句改为 int a=2; 程序的输出结果为：

```
switch 2
a=2
```

可见将根据 a 的值选择执行一路 case 中的语句，且仅执行这一路，而不会依次向下执行其他各路中的语句。这是通过 break 强行跳出 switch 发挥的作用。

各路中安排了 break 语句后，各路都有两条语句：printf 和 break。这两条语句用{ }括起来组成复合语句或不用{ }括起来都可以，因为它们都会被依次执行的。

【小试牛刀 4.11】以上程序如删除最后一路的 break 语句（即 default 中的 break;）是否影响程序的执行？

答案：不影响，最后一路之后不再有其他各路了，即使无 break;执行后也会跳出 switch。

【小试牛刀 4.12】以上程序如像程序例 4.9 那样，颠倒 case 1、case 2 和 default 各路的先后出现顺序是否会影响程序的执行？

答案：不影响，因为各路都有 break，无论从哪一路执行，都会由每一路的 break 跳出 switch。

我们可以总结为以下语句：

switch 语句的入口：某个 case，或者 default。

switch 语句的出口：某个 break，或者整个 switch 结束（即 switch 的 }）。

窍门秘笈　关于 switch 的执行过程可总结为口诀如下：

起步司令找标签，

一路向前我不拦。

各路顺序随你便，

break 跳出即中断。

switch 语句一定要先计算表达的值，"标签"起到的作用只是"起始"的作用（根据司令的值跳转到起始执行的地方），而没有"终止"的作用。一旦起始，就会一路向下将后续各路全部执行到底，除非中途遇到 break 才能中途跳出。

【随讲随练 4.7】以下选项中与 if(a==1) a=b; else a++; 语句功能不同的 switch 语句是（　　）。

A.   switch(a)   B.   switch(a==1)
        { case 1: a=b; break;   { case 0: a=b; break;
         default: a++;   case 1: a++;
        }   }
C.   switch(a)   D.   switch(a==1)
        { default: a++; break;   { case 1: a=b; break;
          case 1: a=b;   case 0: a++;
        }   }

【答案】B

【分析】本题的关键是要理解"表达式的值", switch 的起步是依照"表达式的值"来寻找 case 标签的。例如对选项 B 来说, 如果变量 a 的值为 1, 则 a==1 为真, a==1 这个表达式的值为 1, 所以应从 case 1 处开始执行, 执行 a++。这里 case 1 中的 1 是与 a==1 这个表达式的值 1 去匹配, 而不是与 a 的值去匹配。如果变量 a 的值非 1, 则 a==1 为假, a==1 这个表达式的值为 0, 所以应从 case 0 处开始执行, 执行 a=b;再由 break;跳出 switch。

【程序例 4.11】用 switch 语句实现"初一的饺子、初二的面、初三的合子往家转, 初四大饼炒鸡蛋, 初五小年吃饺子, 其他全部吃米饭。"

```c
main()
{   int date;
    printf("今天初几啊? "); scanf("%d", &date);
    switch (date)
    {   case 1:
        case 5:
            printf("吃饺子! \n"); break;
        case 2:
            printf("吃面条! \n");break;
        case 3:
            printf("吃合子! \n");break;
        case 4:
            printf("吃大饼炒鸡蛋! \n");break;
        default:
            printf("年过完了, 吃米饭吧\n"); break;
    }
}
```

程序的运行结果为:

今天初几啊? 1↓
吃饺子!

初一和初五都吃饺子, 当几个分支需要相同操作时, 可以使多个 case 共用一组语句。以上 case 1: 后没有语句, 但也无 break; 程序会继续向下执行, 于是也执行了 case 5: 的语句。

switch 语句也可以嵌套, 即某路语句中还有 switch。嵌套 switch 的分析方法与嵌套 if 的类似, 仍要"由外向内, 逐层拆包"。将内层 switch 先作为黑匣子, 看做一个整体, 待执行到内层时再将其拆开, 且拆开后只考虑内层本身而不要再考虑外层, 使每层程序都被化简为很简单的结构。嵌套 switch 时, 还要注意 break 只能跳出它所在的那一层 switch,

不能越级跳出。

【**程序例 4.12**】以下为嵌套 switch 程序例。

```
#include <stdio.h>
main()
{   int a=1,b=2,c=0,d=0;
    switch (a)
    {   case 1: switch (b*3)
            {   case 3: c++; break;
                case 6: d++; break;
            }   c+=2;  break;
        case 2:
            d+=2; break;
    }
    printf("c=%d\n", c);
    printf("d=%d\n", d);
}
```

程序的输出结果为：

```
c=2
d=1
```

分析此程序的关键是分出 switch 的层次。switch + (表达式) + {　}是一套，作为一个整体。在外层 case 1 中又内嵌了一层 switch，内层 switch 要先被看做一个黑匣子（看做一条语句），整理后的程序结构如图 4-12 所示。跳出 switch 就是 switch 执行完毕，注意 break 只能跳出它所在的一层 switch，不能越级或连级跳。内层 switch 执行完毕后再执行 c+=2，再跳出外层 switch。

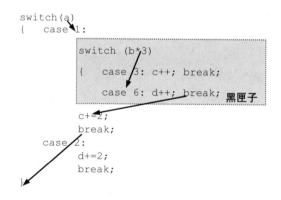

图 4-12　程序例 4.12 中 switch 部分的程序结构和执行过程

4.4　goto 去哪？想去哪就去哪！——goto 语句

switch 语句中的 case、default 可以被作为"书签"，但它们只能出现在 switch 的{ }中。实际上我们可为任意位置的语句添加自己的"书签"，称为语句标号。"书签"的名字也就是语句标号名可任意起名，只要是合法的标识符，在标识符后面加一个冒号（:）就构成了一个语句标号。如：stop:　　flag1:　等。但语句标号不能用 10:　15:　等形式，因为标识符不能以数字开头。例如：

```
stop: printf("END\n");
```

为这条 printf 语句增加了一个"书签"stop。语句标号通常用于 goto 语句跳转的目标，goto 是关键字，其使用方式如下所示：

```
goto 语句标号;
```

作用是无条件地直接转到语句标号处的语句，并从那里继续运行程序。但语句标号必须与跳转到它的 goto 语句在同一个函数内。例如，下面程序用 goto 语句求 a、b 的较大者。

```
      max=a;
      if (a>b) goto endflag;
      max=b;
endflag:    printf("%d", max);
```

用 goto 语句可以构成选择结构，也可以构成循环结构。由于 goto 语句在任何时刻，想跳转到哪条语句去执行，就跳转到哪条语句去执行，因此滥用 goto 语句会使程序结构混乱，可读性差，不符合结构化程序设计的要求。除非特别必要，我们在编程时应该尽量不用 goto 语句，而仅用顺序结构、选择结构和下一章要介绍的循环结构编写程序，仅通过这三种结构的组合、嵌套来实现程序的各项功能。

第 5 章　不必亲手愚公移山——循环结构

计算机的特点是它"非常勤劳"而且速度快，可以反复地做类似的、重复的工作而不觉得厌烦，而且它凭借着极快的运行速度，保证在很短的时间内完成。有了计算机，我们人类就可以从单调而重复的工作中解放。

5.1　看好了情况再下手——while 语句

先举一个例子，下面是某人走到教室上课的程序：

```
迈左脚；
迈右脚；
迈左脚；
迈右脚；
迈左脚；
迈右脚；
……
坐在教室上课；
```

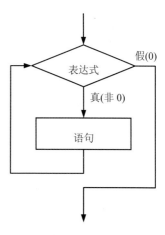

图 5-1　用程序流程图表示的 while 语句的执行过程

走路的过程当然是先"迈左脚"再"迈右脚"，要到达目的地，重复这个过程何止几百、上千次。编写类似的程序尽管能够完成功能，但实际是在浪费时间。

C 语言提供了 while 语句，可以将重复的部分在程序中只写一次，而让计算机反复地执行多次。while 语句的写法与 if 类似：

```
while (表达式) 语句；
```

只是把关键字由 if 换成 while。其含义是：如果表达式成立，就执行一次"语句;"，执行后再判断表达式，如果还成立，就再执行一次"语句;"，执行后还判断表达式，再成立再执行……，不断重复这个过程，直到表达式不成立时，不执行"语句;"跳出 while，如图 5-1 所示。在程序中"语句;"只写一次，却可以被计算机反复执行多次，就是循环结构的程序。被反复执行的语句称循环体。每执行一次循环体，都必须作出是继续还是停止的决定，这个决定所依据的条件是循环条件，这里的循环条件就是 while 括号( )中的"表达式"。

让我们用 while 语句重写上述走到教室上课的过程：

```
while (没到教室)
    迈左脚；
```

```
    迈右脚;
坐在教室上课;
```

　　反复迈步的条件是"没到教室"。但需要注意的是与 if 一样，while 也遵循独生子女规则，只能控制一条语句。因此上述程序只有"迈左脚;"这条语句是"while (没到教室)"的"孩子"，只有"迈左脚;"会被反复执行。而"迈右脚;"呢？作为 while 的下一条语句将在循环结束后执行，也就是在"迈左脚;"被重复几百、上千次之后再执行且仅执行一次"迈右脚;"。那么这个人恐怕只能是左脚一路单脚"跳"进教室里来的，如图 5-2 所示。正确的程序应该用{ }将"迈左脚;"、"迈右脚;"两条语句括起来，构成复合语句，这样两者才能一起循环。

```
while (没到教室)
{
    迈左脚;
    迈右脚;
}
坐在教室上课;
```

【程序例 5.1】以下为 while 语句的简单实例。

```
int i=1;
while(i<3)
{   printf("%d", i);
    i++;
}
```

图 5-2　循环体忘写{ }了，我只好单脚跳着走

程序的输出结果为：

```
12
```

　　这里的循环体也是复合语句，反复执行循环体的条件是 i<3。每做一次循环体，i 的值会加 1（i++），i 的值逐渐递增，当 i<3 这个条件不再成立时，就不执行循环体而结束循环。变量 i 实际起到了一个计数器的作用，通过 i 的值控制循环体的执行次数。如将语句 i++;改为++i;或 i=i+1;或 i+=1;等程序的执行效果也完全相同，因为这里只要每次能使变量 i 增 1 均可。

小游戏　将程序例 5.1 的循环体中的{ }去掉，如下所示。

```
int i=1;
while(i<3)
    printf("%d", i);
    i++;
```

　　读者可以上机实际运行以上程序，体验其输出结果：满屏飞快地输出 1，永不停止！

　　由于独生子女规则，只有一条语句 printf("%d", i);是循环体，它将在 i<3 成立时被反复执行，而 i++;必须在上述重复过程完毕后才能轮到执行且只会执行一次。于是在重复执行 printf 的过程中，i 的值永远为 1 不会增长，i<3 永远成立，printf 会一直重复执行下去，永不停止，这称为死循环（也称无限循环）。实际上 i++;永远也轮不到执行。

如将以上程序改为：

```
int i=1;
while(i<3)
    printf("%d", i++);
```

与原程序运行效果相同，不是死循环，因为"变量 i 每次增 1"的功能融入了 printf 的表达式 i++中，i 的值还是可以在每次被改变。是不是 i 的值每次能被改变，就不是死循环了呢？也不一定。如果把 while (i<3)改为 while (i>0)则又陷入死循环。道理是显然的，尽管 i 值每次增 1，但越增越大，越大 i>0 越成立，越要继续执行循环体，而执行循环体还会使 i 继续变得更大……读者也可以将程序改为 while (i>0)后上机实际运行感受一下输出结果，这次屏幕上不是满屏地输出 1 了，而是满屏地闪烁着各种数字。这是因为连续地输出 1,2,3,...1000,...10000,...，由于速度很快，不断滚动的结果。因此，死循环与否，需要表达式的循环条件与计数变量（如 i）的相互配合综合作用决定。

脚下留心

计算机是不知疲惫的，如果计数变量或循环条件设计得不合理，就会造成死循环，循环体会被计算机一直反复，永不停止。因此我们在编写循环结构的程序时应小心设置计数变量和循环条件，有限次地重复执行循环体后，应使表达式不成立，即让表达式的值为 0。这样循环才能结束，程序才能运行完毕。

与 if 一样，while 语句中的表达式也可以是任何类型的表达式，判断循环条件实际是求出表达式的值，以表达式的值为"非 0"或"0"决定是否继续重复。另外，"while (表达式)"后若有"；"则表示空语句，它将占据独生子女的位置，这时空语句是循环体，只有空语句将被反复执行。尽管执行空语句什么都不做，但会一直重复这个过程：空语句、回到表达式、空语句、回到表达式……会使后面的语句只有在这个过程结束后才能轮到被执行。

【随讲随练 5.1】以下程序运行后的输出结果（　　　）。

```
main()
{   int y=2;
    while (y--); printf("y=%d\n", y);
}
```

【答案】y=-1

【分析】注意循环体是空语句，不是 printf。先计算 y--表达式的值为 2，然后 y 变为 1。2 非 0 为真，执行空语句（要以表达式的值 2 作为"条件"，不要以变量 y 的值 1 作为"条件"）。执行空语句什么都不做，但空语句执行后回到表达式 y--。y 现为 1，y--表达式的值为 1，然后 y 再由 1 变 0。1 非 0 为真，执行空语句，什么都不做，但会再回到表达式 y--。y 现为 0，y--表达式的值为 0，后 y 由 0 变-1。0 为假，不再执行空语句，跳出 while。再执行下一条语句 printf（仅执行一次），输出 y 的值-1。

如果删除 while (y--) 后面的"；"，则运行结果如下所示：

```
y=1
y=0
```

此时 printf("y=%d\n", y);是循环体，只要 y--这个表达式的值不为 0，就执行 printf，执行后再次判断 y--。于是共执行了 2 次 printf，输出了 2 行内容。

【程序例 5.2】统计从键盘输入的一行字符的字符个数（不计'\n'）。

```
main()
{   int n=0;
    while (getchar() != '\n') n++;
    printf("%d", n);
}
```

程序的运行结果为：

```
abcde↓
5
```

在这个例子中，while 的表达式是 "getchar() != '\n'"，这个表达式兼有 2 个功能：一是用 getchar 函数读取用户从键盘输入的一个字符（getchar 每次只能读取一个字符），二是判断刚刚读取的这个字符（getchar 函数值）是否不为'\n'，如不为'\n'，就执行 n++。执行 n++ 后再回到表达式；当再次判断表达式的时候，会再次执行 getchar 再读取下一个字符……用户输入一行字符后，必按回车键即输入'\n'结束，这样最后一次判断表达式时读到的一个字符必是'\n'。当读到'\n'时，while 的表达式为假，不再执行 n++ 而跳出 while。于是读到'\n'时直接跳出了循环，并未执行 n++，也就是'\n'未计数。跳出 while 后的 n 值即是除'\n'外的字符个数。

while 与 if 具有很相似的写法和特征：如都用一个表达式作为"条件"，都只能控制一条语句，"while (表达式) 语句;"也要看做一个整体，语句是子句等。实际上，它们执行的开始过程也是相同的，即表达式成立时执行"语句;"，不成立不执行"语句;"。它们的区别在于执行"语句"后的操作不同，if 执行语句后就完事了，而 while 执行语句后还要回到表达式，再根据表达式的值决定是否再次执行语句。如果把 if 比作弓箭，则 while 更像回旋镖，如图 5-3 所示。

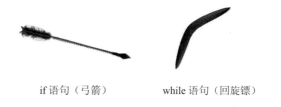

if 语句（弓箭）　　　　while 语句（回旋镖）

图 5-3　If 语句类似弓箭，while 语句类似回旋镖

5.2　先下手干了再说——do...while 语句

在本章我们将讨论循环结构，即如何让语句在程序中只写一次，却可以被反复执行多次。前面讨论了 while 语句可以实现这个功能，C 语言还提供了另一语句 do...while 也可以实现循环结构。以走到教室上课为例，该过程用 do...while 语句也可以写为：

```
do
{
    迈左脚;
    迈右脚;
} while (没到教室);
```

do...while 语句的一般形式是：

```
do
    语句;
while(表达式);
```

do 和 while 都是关键字，之间部分为循环体。do...while 语句也遵循独生子女规则，当循环体是多条语句时必须用{ }。不要认为前有 do、后有 while，就可以像"三明治"一样"上下夹住"循环体，如果循环体是多条语句时试图省略{ }，会有语法错误。关键字 do 不能单独使用，必须与 while 联用。

脚下留心

do...while 语句的"while(表达式)"写在后面，注意在"while(表达式)"的最后要有一个分号（;），它不是空语句，而是 do...while 的组成部分，这个分号是一定不能省略的。显然如果全部写在一行，就有两个分号。

```
do 语句; while(表达式);
```

do...while 语句的执行过程是无论条件，先执行一次循环体，然后再判断表达式，如表达式成立就回过头再执行一次循环体，然后再判断表达式……。反复这一过程直到表达式不成立跳出 do...while，如图 5-4 所示。

do...while 的执行过程与 while 非常相似，区别仅在于开始的操作。开始时 do...while 无论条件先执行一次循环体而 while 是首先计算表达式的值，首先判断条件再决定是否执行第一次。因此 do...while 语句的循环体至少要被执行一次，而 while 语句的循环体有可能一次也不被执行。

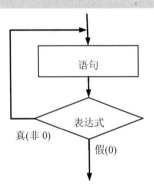
图 5-4 用程序流程图表示的 do...while 语句的执行过程

窍门秘笈 现将 while 和 do...while 的执行方式总结为口诀：

do 在先，先循环；
见 while 就判条件。

见到 do 就先执行一次循环体，见到 while(表达式)再判断条件，决定是否继续。

do...while 的表达式也可以是任何类型的表达式，求出表达式的值，值为非 0 表示条件成立再做循环体；值为 0 表示条件不成立立即跳出 do...while。

【随讲随练 5.2】程序如下所示：

```
main()
{   int i=0,n=0;
    do { i++; ++i; } while (n!=0);
    printf ("%d", i);
}
```

程序的输出结果是（   ）。
A. 0   B. 1   C. 2   D. 死循环

【答案】C

先执行一次{ i++; ++i; }后才发现 n!=0 这个条件根本不成立，才跳出。如改为用 while

语句，如下所示：

```
main()
{   int i=0,n=0;
    while (n!=0) { i++; ++i; }
    printf ("%d", i);
}
```

输出结果为：0，是先发现 n!=0 条件不成立，{ i++; ++i; }一次也没有被执行。

5.3　我勤奋·我劳动·我光荣——for 语句

5.3.1　按劳分配——for 语句的基本形式

我们国家实行的是按劳分配，每个劳动者都通过劳动获得收入所得。每月工作，月复一月，这也是个循环的过程。然而这不是个单单只有循环的过程，每工作一个月，还要领一个月的工资，然后再开始下个月的工作。循环体每执行一次，还要增加一个"领工资"的过程，然后才能继续下一次的重复执行。

C 语言提供了 3 种语句可以实现循环结构，我们已经讨论过 while 和 do...while，下面我们讨论第 3 种——for 语句：

```
for (表达式 1；表达式 2；表达式 3)
    语句；
```

for 是关键字，括号中有 3 个表达式而不是 1 个，注意 3 个表达式以**分号**分隔，括号里的分号不是语句结束符，而是 for 语句固有的组成部分。语句为循环体，for 也遵循"独生子女规则"，只能控制其后的一条语句，多条语句做循环体时要用{　}构成复合语句。

　　　　　for 括号( )内的分号不是语句结束符，这是 C 语言中非常普遍的同一符号多用的现象。这种现象我们已经见过很多了，例如=为赋值，==为判断相等；%是求余数运算符，还是 printf 中的格式控制符；{　}是复合语句，还是 switch 的组成部分，还是函数语句的首尾标识等。

for 语句的 3 个表达式都有什么作用呢？其中"表达式 2"是与 if、while、do...while 语句的"表达式"相当的，是循环继续进行的条件。"表达式 3"相当于每月工作后的"领工资"过程，而"表达式 1"相当于初始化，即求职者开始应聘入职的过程，显然入职过程只在开始执行且只执行一次。for 语句的执行过程如图 5-5 所示：

（1）先做表达式 1；

（2）求解表达式 2，若表达式 2 的值为非 0，则执行循环体语句，然后执行第（3）步；若表达式 2 的值为 0，则结束循环，转到第（5）步。

（3）做表达式 3。

（4）转回上面第（2）步执行。

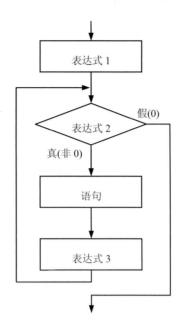

图 5-5　用程序流程图表示的 for 语句的执行过程

（5）循环结束，跳出 for，执行 for 语句的下一条语句。

劳动者每月工作、领工资的过程可用 for 语句表示为：

```
for  (求职者入职；未到退休年龄；领一个月的工资)
    一个月的工作；
```

窍门秘笈　for 语句的执行过程稍显复杂，可通过如下口诀记忆：

表达式 1 做在先，

表达式 2 判条件。

循环体罢表达 3，

再判条件再循环。

表达式间分号断，

莫要陷入死循环。

循环体语句执行完毕后，勿忘"领工资"——表达式 3，然后再次求解表达式 2，根据表达式 2 的值判断是否继续执行循环体。最后一句提醒我们要小心设置循环条件和循环变量的变化，以免造成死循环。

【程序例 5.3】for 语句的简单实例。

```
int i;
for(i=1;i<3;i++)
    printf("%d",i);
```

程序段的输出结果为：

脚下留心

程序例 5.3 的执行过程，绝不能理解为："i<3 成立，于是执行 i++"，即不能"横向"地理解为"表达式 2 成立就执行表达式 3"，没有不劳动就能领工资的好事！必须先执行循环体语句 printf 劳动一月之后再领工资。

高手进阶

for 语句的 3 个表达式都可以是任何类型的表达式，执行过程的（1）、（2）、（3）步实际都要分别求 3 个表达式的值。但只有表达式 2 的值才有用处（表达式 2 的值非 0 执行循环体，为 0 则不执行循环体跳出 for），表达式 1 和表达式 3 的值并没有实际用处。尽管如此，在相应的步骤中仍要求解表达式 1 和表达式 3 的值，因为在求值过程中，可能会有"副作用"。如 i=1 表达式的值为 1，这个表达式的值 1 被忽略，但求解它的过程中的副作用——使 i 被赋值为 1 被保留下来，i++表达式的值是 i 被增 1 之前的值，这个表达式的值也被忽略，但副作用——i 被自增 1 被保留下来。表达式 3 一般将 i++写为++i、i=i+1 或 i+=1 也同样正确，因为对表达式 3 来说，表达式的值是被忽略的，只要能让 i 增 1 就可以了。

【随讲随练 5.3】程序如下所示：

```c
#include <stdio.h>
main()
{   int c=0,k;
    for(k=1;k<3;k++)
    switch(k)
    {   default: c+=k;
        case 2: c++;break;
        case 4: c+=2;break;
    }
    printf("%d\n",c);
}
```

程序运行后的输出结果是（   ）。
A. 3   B. 5   C. 7   D. 9

【答案】A

5.3.2 劳动者的工作模式——for 语句的常见应用

在实际编程时，for 语句的常见用法如下所示：

for (循环变量赋初值；循环条件；循环变量增量) 语句；

从这种应用中，我们应能直接看出循环次数。如程序例 5.3 的 for (i=1;i<3;i++)，i=1 是初始状态，<3 则执行循环体，每次执行后 i 值+1，显然会执行循环体 printf 的情况是 i=1,2 时，共做两次。当 i 分别为 1、2 时做 printf，自然依次输出 12。掌握这种观察循环次数的方法，会大大提高分析 for 语句程序的效率。

例如，输出 1～10 各个数的平方的程序段如下所示。

```
for(i=1; i<=10; i++)
    printf("%d\n", i*i);
```

i=1 是初始状态，i<=10 是条件，每次 i 值+1。因此 i 将从 1,2,3...变化到 10，i 为这些值时分别执行 printf("%d\n", i*i); 就分别输出了 1*1, 2*2, 3*3, …, 10*10。

又如，要在屏幕上输出 100 遍"I love you!"的程序段如下所示：

```
for(i=1; i<=100; i++)
    printf("I love you!\n");
```

i 的值为 1,2,3...,100，共 100 个数，于是 printf 被执行了 100 遍。当然也可以写为如下所示：

```
for(i=0; i<100; i++)
    printf("I love you!\n");
```

让 i 从 0 开始，变化到 99（i<100 也可写为 i<=99），同样是 100 个数，也输出 100 遍。

【程序例 5.4】用 for 语句求解 sum=1+2+3+...+100。

```
main()
{   int i, sum;
    sum=0;
    for(i=1; i<=100; i++)
        sum=sum+i;
    printf("sum=%d", sum);
}
```

程序的输出结果为：

```
sum=5050
```

计算机解决问题，最好的办法就是最笨的办法：一步一步、一个数一个数地累加，计算机凭借极快的速度很快就能完成。对于 1+2+3+...+100 的问题，应让计算机这样来解决：

```
sum=0;              /* 首先清零，否则变量 sum 的值为随机数 */
sum=sum+1;          /* sum 的值为 0+1，为 1 */
sum=sum+2;          /* sum 在 1 的基础上再+2，结果仍存入 sum 中为 3 */
sum=sum+3;          /* sum 在 3 的基础上再+3，结果仍存入 sum 中为 6 */
......
sum=sum+100;        /* sum 在 1+2...+99 基础上再+100，结果仍存入 sum 中 */
```

除第一句 sum=0; 外，后面的部分与本章开始走路到教室的例子很类似，写了 100 遍类似的语句！因此应通过循环实现这个过程，语句只写一遍，但让计算机重复执行 100 遍。

提取这 100 个累加语句的共有部分如下所示：

```
sum=sum+i;
```

这一句要被反复执行，其中要让 i 的值分别是 1,2,3,...,100，于是很容易写出 for 语句：

```
for(i=1; i<=100; i++)
```

完整的程序已在前面给出。

窍门秘笈　用 for 语句求解累加问题的编程如下所示：

```
sum = 0;
for ( i=初值; i<=终值; 每次i的变化 )
    sum = sum + 一项的值;
```

请读者牢记此方法，用此方法编程可以解决许多求和、累乘、公式等问题。

【程序例5.5】 求100以内偶数的和，即sum=2+4+6+...+100。

```
main()
{   int i, sum=0;    /* 变量定义的同时为sum赋初值（初始化）*/
    for(i=2; i<=100; i+=2)
        sum=sum+i;
    printf("sum=%d", sum);
}
```

程序的输出结果为：

```
sum=2550
```

本例与程序例5.4十分相似，区别是i的值由2开始变化，且每次不是增1个，而是增2个（偶数）。所以表达式1是i=2；表达式3是i=i+2或i+=2（而非i++），其他部分不变。

【程序例5.6】 求 $sum=1-\dfrac{1}{2}+\dfrac{1}{3}-\dfrac{1}{4}+...-\dfrac{1}{100}$。

【分析】 这也是一个累加问题，可将原式看做 $sum=\dfrac{1}{1}+\dfrac{-1}{2}+\dfrac{1}{3}+\dfrac{-1}{4}+\dfrac{1}{5}+\dfrac{-1}{6}...+\dfrac{-1}{100}$，则分母的变化仍是1,2,3,...,100。如不考虑分子的变化，用以上方法编程，可以很容易地写出求解 $sum=1+\dfrac{1}{2}+\dfrac{1}{3}+\dfrac{1}{4}+...+\dfrac{1}{100}$ 的程序（"+每一项的值"不是"+i"而是"+1.0/i"）：

```
double sum=0.0;  int i;
for (i=1; i<=100; i++)
    sum = sum + 1.0/i ;
```

脚下留心

　　　　　1.0/i不能写为1/i，因为1与i均为整数，由于整数除法的运算规则，当i>1时1/i的值必为0，如读者对此概念尚为陌生，请复习第2章2.3.1.3小节内容。此外变量sum也不可以定义为int型，否则无法保存带有小数位的结果值。

考虑分子的1、-1的变化，我们需要再设一个变量j，反复执行的语句应修改为以下语句。

```
sum = sum + j/i ;
```

如何让变量j在1和-1两个值之间"切换"呢？如果变量j的值是1.0，则执行

```
j = -j;
```

可以让j变为-1.0。如果j的值是-1.0，仍执行以上语句，即可以让j变回1.0。这样一条语句可以让变量j在1.0和-1.0之间来回"切换"的功能。

综上所述，本例程序如下所示：

```
#include <stdio.h>
main()
{   double sum=0.0;  int i;
    double j=1.0;    /* 准备第一项的分子 */
    for (i=1; i<=100; i++)
    {   sum=sum + j/i;
        j = -j; /* 准备下一项的分子 */
    }
    printf("sum=%lf", sum); /* lf 是[el]f, 不是[yi]f */
}
```

程序的输出结果为：

```
sum=0.688172
```

观察发现，分母为奇数的项分子为 1，分母为偶数的项分子为-1，因此我们还可通过判断分母的奇偶来确定分子。将 for 语句部分还可以写为以下语句：

```
for (i=1; i<=100; i++)
{   if (i%2==1) j=1.0; else j=-1.0;        /* 确定本项的分子 j */
    sum=sum + j/i;
}
```

判断一个数是偶数或是奇数的方法是：除以 2 取余数，判断余数为 0 或 1。可见对同一问题，可有多种不同的编程方法。

【随讲随练 5.4】请编程计算给定整数 n 的所有因子之和（因子不包括 1 与 n 自身）。

【分析】n 的因子必然在 2～n-1 之间。用累加的编程套路，可以很容易地写出求 2+3+...+n-1 的程序。但 2, 3, ..., n-1 不一定都为因子，再在此程序的基础上，为 sum = sum + i; 增加 if 条件，使只有在 i 为因子时，才执行 sum = sum + i; 就满足题意了。可通过判断 n 除以 i 的余数是否为 0（n%i==0）来判断 i 是否为 n 的因子。

```
#include <stdio.h>
main()
{   int n;
    int sum=0;  int i;
    printf("请输入整数 n: "); scanf("%d", &n);
    for (i=2; i<=n-1; i++) /* 或 for (i=2; i<n; i++) */
        if (n % i ==0) sum = sum + i;
    printf("所有因子之和为：%d\n", sum);
}
```

程序的运行结果为：

```
请输入整数 n: 856↓
所有因子之和为: 763
```

【随讲随练 5.5】请计算下式前 n 项的和，其中 n 由键盘输入。

$$s = \frac{1}{1\times 2} + \frac{1}{2\times 3} + ... + \frac{1}{n(n+1)}$$

【分析】仍然可以使用累加的编程方法，计算前 n 项和 i 要从 1 循环到 n。其中每一项的值（通式）就是题目中最后一项给出的式子，用 i 表示是 1.0/(i*(i+1))。

```
#include <stdio.h>
main()
{   int n;
    double s=0.0;  int i;
    printf("请输入n: "); scanf("%d", &n);
    for (i=1; i<=n; i++)
        s = s + 1.0/(i*(i+1));
    printf("s=%f\n", s);
}
```

程序的运行结果为:

```
请输入n: 10↓
s=0.909091
```

对于累乘问题,仍可用累加的编程方法解决,只要把 + 号改为 * 号就可以了:

【程序例 5.7】用 for 语句求解 product =1*2*3*...*10。

```
main()
{   int i, product;
    product=1;
    for(i=1; i<=10; i++)
        product*=i;
    printf("product=%d\n", product);
}
```

程序的输出结果为:

```
product=3628800
```

该问题是累乘问题,思路是类似的,让计算机一个数一个数地乘进去。

```
product=1;          /* 首先清 1,否则变量 product 的值为随机数 */
product=product*1;  /* product 的值为 1*1,为 1 */
product=product*2;  /* product 的值在 1 的基础上*2,为 2 */
product=product*3;  /* product 的值在 2 的基础上*3,为 6 */
......
product=product*10; /* product 的值在 1*2*...*9 的基础上再*10 */
```

除第一句 product=1; 外,提取 10 句累乘语句的共有部分如下所示:

```
product=product*i;  /* 也可写作 product*=i; */
```

这一句要被执行 10 遍,其中 i 的值分别是 1,2,3,...,10,于是很容易写出 for 语句:

```
for(i=1; i<=10; i++)
```

完整程序已在前面给出。该问题还可以写为下面的形式:

```
product=1;
for (i=10; i>=1; i--)
    product*=i;
```

让 i 从 10 变化到 1,从 10 累乘到 1;注意表达式 3 是 i--,每次减 1 而不是加 1。

脚下留心

对于累加、累乘问题，一定不要忘记之前为变量赋值为 0 或 1，否则变量值为随机数，在随机数的基础上累加、累乘，就必然得到错误的结果了。一般对于累加问题，变量要首先被赋值为 0（如 sum=0;），对于累乘问题，首先要被赋值为 1（如 product=1;）。赋值可通过赋值语句，也可在变量定义的同时为其赋初值。

【随讲随练 5.6】请编程计算下式的值，！表示阶乘，其中 m、n 由键盘输入（要求 m>n）：

$$P = \frac{m!}{n!(m-n)!}$$

【分析】可用编程方法分别写出求 $m!$、$n!$、$(m-n)!$ 的程序，然后再用这 3 个结果值求 P。分别求这 3 个值的 3 个 for 循环的循环变量既可用 3 个不同的变量，也可都用同一变量 i，因为在下一个 for 循环执行时，会先执行"i=1"将 i 重新赋值为 1，因此循环变量 i 可被"回收利用"，3 个 for 循环互不影响。

```c
#include <stdio.h>
main()
{   int m, n;
    double p1=1.0, p2=1.0, p3=1.0;
    double P;  int i;
    printf("请输入m,n: "); scanf("%d,%d", &m, &n);
    for (i=1; i<=m; i++) p1 = p1 * i;         /* 求m!存入p1 */
    for (i=1; i<=n; i++) p2 = p2 * i;         /* 求n!存入p2 */
    for (i=1; i<=m-n; i++) p3 = p3 * i;       /* 求(m-n)!存入p3 */
    P = p1 / (p2 * p3);                       /* 用p1,p2,p3求P */
    printf("P=%lf\n", P);
}
```

程序的运行结果为：

```
请输入m,n: 12,8↓
P=495.000000
```

5.3.3　有人接班我偷懒——表达式的变化

1. for 语句中省略表达式

for 语句(　)中的三个表达式都可以省略，但 ";" 不能省略。我们以一个简单的例子来说明省略表达式的情况。下面的程序将在屏幕上输出 1～5 五个数字：

```c
for(i=1; i<6; i++)
    printf("%d\n", i);
```

（1）省略表达式 1 时，不执行表达式 1，直接进入表达式 2 判断循环条件。

表达式 1 "i=1" 是用于循环前做准备工作的，它省略后可以将 i=1;作为单独的一条语句写在 for 之前，这样也能达到在循环前让 i 赋值为 1 的目的，程序运行效果不变。

```c
i=1;
for(; i<6; i++)
```

```
        printf("%d\n", i);
```

（2）省略表达式 3 时：执行循环体后不执行表达式 3，直接进入表达式 2 判断是否继续。

表达式 3 是"领工资"的过程，是循环体每被执行一次之后都要做的，因此"表达式 3"也是要被反复执行的。如果省略表达式 3，可将"表达式 3"也写入循环体，跟随循环体一起反复做（循环体有多条语句时要用{ }构成复合语句），则程序运行效果也不变。

```
for(i=1; i<6; )
{
    printf("%d\n", i);
    i++;
}
```

（3）省略表达式 2 时，表示循环条件为"永真"。

表达式 2 是循环条件用于判断是否再次做循环体，如果省略，表示条件为永真，这样循环体将被一直做下去，特别容易陷入死循环。为避免死循环，可在循环体中加入 break 语句。上一章我们讨论过 break 语句可强制跳出 switch，它也可强制跳出循环（下节将介绍）。

```
for(i=1; ; i++)
{
    if (i>=6) break;
    printf("%d\n", i);
}
```

以上程序将 break 与 if 连用，当第 5 次执行 printf 后执行 i++后 i 变为 6，回到"表达式 2"，表达式 2 省略表示永真，再次执行循环体。先执行 if 语句，这时 i>=6 成立执行 break 而跳出 for，不会陷入死循环。

for 语句的 3 个表达式都可省略，以上程序还可修改为如下所示：

```
i=1;
for( ; ; )
{
    if (i>=6) break;
    printf("%d\n", i);
    i++;
}
```

总之，3 个表达式均可省略，只要在省略后通过其他途径完成它们原先的功能就可以了。

2．for 语句中使用逗号表达式

for 语句中的表达式也可以是逗号表达式。采用逗号表达式可以占据"一个"表达式的位置而完成"多个"功能，因为逗号表达式相当于等价的一小段程序（如果读者对逗号表达式的概念尚为陌生，请先复习第 2 章 2.3.4 小节的内容）。例如，求 sum=1+2+3+…+100 的程序，如下所示：

```
sum=0;
for(i=1; i<=100; i++)
```

```
        sum=sum+i;
```

可以改写为：

```
for(sum=0, i=1; i<=100; sum=sum + i, i++);
```

最后的分号（;）不可以省略，它是空语句，空语句是此 for 的"孩子"，是循环体。

表达式 1 是"sum=0,i=1"，是逗号表达式，其中逗号左右的两部分将分别依次被执行，即先执行 sum=0 再执行 i=1，就把 for 之前的语句 sum=0 也"融入"到 for 的内部了。

表达式 3 是"sum=sum + i, i++"也是逗号表达式，在每次执行完循环体后（循环体为空语句），执行"表达式 3"时，先执行 sum=sum + i，再执行 i++。这样把循环体 sum=sum+i; 的操作也"融入"到了表达式 3 中。

高手进阶

采用逗号表达式可以使程序非常简单，如求 1+2+3+...+100 的程序只有一行。该程序还可进一步简化，将表达式 3 写作 sum = sum + i++ 也能达到先计算 sum=sum+i，再让 i 值增 1 的目的。后者还可进一步简化为 sum+=i++:

```
for(sum=0, i=1; i<=100; sum+=i++);
```

可见同一问题有多种解决方法，C 语言的程序还可以非常简洁，这是 C 语言的优势。

又如前面程序例 5.5，求 100 以内偶数和的程序。

```
for(i=2; i<=100; i+=2)
        sum=sum+i;
```

表达式 3 的 i+=2 也可写为逗号表达式的形式：i++,i++。

```
for(i=2; i<=100; i++, i++)
        sum=sum+i;
```

这样执行表达式 3 时，将依次执行两个 i++，也能实现使 i 值加 2 的目的。

高手进阶

实现使 i 值加 2，将表达式 3 的"i++, i++"写为"i++, ++i"也正确，因为 for 语句中使用逗号表达式，实际是借逗号表达式完成多个操作，而并不使用"逗号表达式的值"。

【随讲随练 5.7】定义 int i, k; 关于下面 for 语句执行情况的叙述中正确的是（　　　）。

```
for(i=0,k=-1; k=1; k++) printf("*****\n");
```

A．循环体执行两次　　　　　　B．循环体执行一次
C．循环体一次也不执行　　　　D．构成无限循环

【答案】D

【分析】k=1 不是判断 k 的值是否等于 1，而是赋值。该表达式的值永远为 1，1 永远为真，并在 k=1 时永远把 k 改为 1。输出一行*号后，表达式 3 的 k++ 又把 k 由 1 变为 2，但回到表达式 2 的 k=1 又将 k 改为 1，再输出一行*号后，表达式 3 的 k++ 又把 k 由 1 改为 2，回到表达式 2 又将 k 改为 1……程序就像喊着口号 1、2、1、2、…一直走下去了，但永

远没有"立定！"。

5.4　循环里的循环——循环的嵌套

　　如图 5-6 所示，时钟上时针走动一格，表示一个小时过去了，时针走动一圈表示 12 个小时过去了。如果把时针走动一格看做"一个步骤"，那么时针走动一圈，就是这个步骤被重复执行了 12 次，这是一个循环的过程。时针走动一圈可以用 for 语句表示，如下所示。

```
for (时针=1; 时针<=12; 时针++)
    一小时过去了;
```

　　然而"一小时过去了"是个相对漫长的过程，不是一蹴而就的。时钟上还有分针，记录着"一小时过去了"这个过程内部的详细情况。分针移动一格，表示一分钟过去了，分针移动 60 格，才是"一小时过去了"。因此"一小时过去了"本身也是一个循环的问题。我们先不考虑时针，对于"一小时过去了"本身可用下面程序表示。

图 5-6　钟表的时针、分针是一个嵌套的循环

```
for (分针=1; 分针<=60; 分针++)
    一分钟过去了;
```

　　用上面两行代替第一个程序中的"一小时过去了;"这一条语句，如下所示：

```
for (时针=1; 时针<=12; 时针++)
    for (分针=1; 分针<=60; 分针++)
        一分钟过去了;
```

　　发现会有两个连续的 for，其中第二个 for 是第一个 for 的孩子，"一分钟过去了;"是第二个 for 的孩子。与 if 语句的嵌套类似，称为循环的嵌套。

　　对于这样一个循环嵌套的程序该如何执行呢？用我们生活中的经验就可以判断时针走动一格，分针要完整地走动一圈 60 格，然后时针再走动下一格，这时分针必须再完整地走动一圈 60 格，然后时针再走动下一格，……。那么"一分钟过去了;"这条语句实际被重复执行了 12×60=720 次（12 小时有 720 分钟），而绝不是被重复执行了 12+60=72 次。

　　循环就是一些步骤被反复执行。如果被反复执行的一步本身不是一蹴而就的，而是循环，即每一步是由一些更小的步骤被反复执行多次组成的，就是嵌套的循环。嵌套的循环就是反复执行中的反复执行。理解嵌套循环的关键是要理解外层循环每走一步，内层循环要完整地走上一圈，外层循环走下一步时，内层循环必须再重新完整地走上一圈，这样内层循环的循环体语句被执行的总次数是"外层循环次数×内层循环次数"。

　　【随讲随练 5.8】有以下程序，程序的输出结果是（　　）。

```
main()
{   int i,j,sum=0;
    for (i=1;i<5;i++)          /* 循环 4 次: i=1,2,3,4 */
        for (j=1;j<4;j++)      /* 循环 3 次: j=1,2,3 */
```

```
        sum++;
    printf("%d", sum);
}
```

【答案】12

【分析】for (j 循环)是 for (i 循环)的孩子，是嵌套循环。外层 i 循环重复执行 4 次，内层 j 循环每圈执行 3 次，于是 sum++;共被执行了 4×3=12 次。sum++;每执行一次 sum 被加 1，sum++;执行 12 次 sum 自然被加了 12。如图 5-7 所示是 sum++;每次被执行时变量 i 和变量 j 分别的情况。

在分析嵌套循环的程序时，同样也要将内层循环看做一个整体（一条语句、一个黑匣子）。当需要执行黑匣子时，外层循环暂停，打开黑匣子并只分析黑匣子，这时不是一蹴而就的，待黑匣子全部处理完毕之后再关闭黑匣子。回到外层循环继续执行。待下次仍要执行黑匣子时，外层循环再暂停，再打开黑匣子并只分析黑匣子。

变量 i	变量 j
1	1
1	2
1	3
2	1
2	2
2	3
3	1
......	
4	3

随讲随练 5.8 中应把 "for (j=1;j<4;j++) sum++;" 部分当做黑匣子对待。从图 5-7 的变量 i、j 的变化表可以看到，当 i 由 1 变为 2 时，j 又从 1 开始变化。为什么 j 又变回 1 了呢？当 i++ 使 i 变为 2 后，需要再次打开黑匣子，现在只分析黑匣子。

图 5-7 随讲随练 5.8 在执行 sum++;
时变量 i、j 的值

```
for (j=1;j<4;j++)    /* 循环 3 次: j=1,2,3 */
    sum++;
```

只关注上面这两行语句，必然先执行 j=1，j 被赋值为 1。因此无论此时 j 为多少，都会被重新赋值为 1。类似于下一个小时又从第 1 分钟开始了。

```
*****
*****
*****
*****
```

【程序例 5.8】编程用 * 输出如图 5-8 所示的图形。

图 5-8 程序例 5.8 的图形

方法一：

```
main()
{   int i;
    for (i=1;i<=5;i++)
        printf("*****\n");
}
```

方法二：
语句

```
printf("*****\n");
```

可以用下面 3 行语句，

```
for(j=1;j<=5;j++)
    printf("*");
printf("\n");
```

替换，于是构成嵌套循环，也即方法二的程序如下所示：

```
main()
{   int i, j;
    for (i=1;i<=5;i++)
    {
        for (j=1;j<=5;j++)
            printf("*");
        printf("\n");
    }
}
```

以上是 for 语句与 for 语句嵌套的例子。C 语言中的三种循环语句 while、do...while、for 彼此都可以嵌套。例如下面左、右两个程序段都是嵌套循环。

```
while(表达式1)                    while(表达式1)
{                               {
    语句1;                          语句1;
    while(表达式2)                  for(表达式2; 表达式3; 表达式4)
    {                               {
        语句2;                          语句2;
    }                               }
    语句3;                          语句3;
}                               }
```

循环嵌套时，一个循环要完整地被包含在另一个循环的循环体之内，外、内循环是"包含"的关系，而不能是"交叉"的关系。内层循环要执行外层循环指定的次数，外层循环每循环一次，内层循环都要从开始到结束执行一整套完整的循环。外层循环先开始后结束，内层循环后开始先结束。在分析这类程序时，要将内层循环看做黑匣子，整体当做"外层循环的循环体"中的一条语句。例如上面两个嵌套循环的例子都应该把中间粗体字部分看做"黑匣子"。

```
while(表达式1)                    while(表达式1)
{                               {
    语句1;                          语句1;
    【黑匣子】;                      【黑匣子】;
    语句3;                          语句3;
}                               }
```

将黑匣子看做一条语句，使程序得到化简。待执行到"黑匣子"时再拆开黑匣子，这时的关键是只关注黑匣子，不要再考虑黑匣子之外的内容。如果只关注黑匣子，这时要分析的程序也是非常简单的（只是黑匣子里面的那一点点内容）。待黑匣子里面的程序全部处理完毕后，再关闭黑匣子回到外层，【黑匣子】这条"语句"执行完毕，应该继续"语句3;"。

【随讲随练 5.9】程序如下所示。

```
#include <stdio.h>
main()
{int m,n;
scanf("%d%d", &m,&n);
while(m!=n)
{ while(m>n) m=m-n;
  while(m<n) n=n-m; }
```

```
    printf ("%d\n", m);
    }
```

程序运行后，当输入 <u>14 63</u>↓ 时，输出结果是（　　　）。

【答案】7

【分析】本程序在大循环里嵌套着两个并列的小循环，将这两个小循环分别作为整体看做【黑匣子 1】和【黑匣子 2】，则原程序循环部分可以化简为如下所示。

```
while (m!=n)
{   【黑匣子 1】;
    【黑匣子 2】;
}
```

很容易看出：如果 m!=n，就先执行【黑匣子 1】，再执行【黑匣子 2】，然后回到 m!=n；如果 m 还不等于 n，则再先执行【黑匣子 1】，再执行【黑匣子 2】，然后再回到 m!=n……直到 m==n 为止。其中【黑匣子 1】是 "while(m>n) m=m-n;"，【黑匣子 2】是 "while(m<n) n=n-m;"。

具体执行过程是：由于 14!=63，执行【黑匣子 1】。由于 14>63 不成立，【黑匣子 1】直接结束。执行【黑匣子 2】，此时的关键是只关注【黑匣子 2】，不要再考虑其他内容。由于 m<n 成立，执行 n=n-m; m<n 还成立还执行 n=n-m……直到 m 为 14，n 为 7，【黑匣子 2】结束。

回到 while (m!=n)，14!=7，再次执行【黑匣子 1】，此时的关键是只关注【黑匣子 1】，不要再考虑其他内容。由于 14>7，执行 m=m-n; m 为 7、n 为 7，回到 m>n，7 不大于 7，【黑匣子 1】结束，再执行【黑匣子 2】，由于 7<7 不成立，【黑匣子 2】直接结束。又回到 while (m!=n)，7 等于 7，跳出最外层的 while，执行 printf。

【小试牛刀 5.1】下面程序的输出结果是（　　　）。

```
for (i=1;i<=2;i++)
    printf("*");
for (j=1;j<=3;j++)
    printf("#");
```

答案：**###。注意这是个并列的循环，而不是嵌套的循环，因为两个 for 语句，谁也不是谁的孩子，执行完一个 for 再执行另外一个 for 就是了。

5.5　埋头干活中的抬头看路——continue 语句和 break 语句

5.5.1　来源于生活——continue 语句和 break 语句概述

本章我们学习了循环结构，实际生活中循环的例子比比皆是。例如去超市购物的排队结账，也是一个循环。每位顾客都执行，扫描商品条形码、付款、领小票、取商品离开超市，所有顾客重复此过程，直到排队队列中的所有顾客全部离开。可以用循环结构的程序表示如下所示：

```
while (队列中还有未结账的顾客)
{    扫描商品条形码；
     付款；
     领小票；
     取商品离开超市；
}
```

读者在逛超市时有没有过遇到这样的尴尬：刚刚扫描完商品的条形码，在要付款时发现钱包忘带了。这时需要回家取钱包，那么自己后续的"付款"、"领小票"、"取商品离开超市"过程就不能进行了，但可以先请下一位顾客结账，如图 5-9 所示，其他顾客

图 5-9   超市购物时请下一位顾客结账是 continue 的过程

的结账并未因此结束。这在程序中称为"跳转到下一次循环"（而不是"跳出循环"），在 C 语言中通过 continue 语句实现。同 break 语句类似，continue 语句的写法也很简单，在关键字 continue 后加个分号就可以了：

```
continue;
```

为以上程序增加"忘记带钱包"的处理过程，修改后的程序如下所示：

```
while (队列中还有未结账的顾客)
{    扫描商品条形码；
     if (钱包忘带了) continue;
     付款；
     领小票；
     取商品离开超市；
}
```

continue 的作用是跳过本次循环中 continue 之后剩余的语句而强制执行下一次循环，具体来说就是当执行 continue 时，跳转到 while 的表达式"队列中还有未结账的顾客"，如果这个表达式成立，就进行下一位顾客的结账过程（执行下一位顾客的"扫描商品条形码"）。那么刚才那次循环（忘记带钱包顾客）的"付款"、"领小票"等过程就被跳过了。

continue 一般是有条件的，本例的条件就是"钱包忘带了"，因此 continue 一般与一个 if 语句连用。但并不是说 continue 作用于 if，它还是作用于循环的，是作用于 if 所在的循环。

我们在前一章和本章还学习了 break 语句，break 语句的作用与 continue 不同，它是"跳出"循环，不但本次循环剩余的语句都不要执行了，下一次循环也不要执行了。在超市购物结账的例子中，什么条件下可以执行 break 呢？如果结账机突然坏掉了，那么正在结账的这位顾客无法继续，下一位顾客也无法结账，这就是 break 的情况。

```
while (队列中还有未结账的顾客)
{    扫描商品条形码；
     if (钱包忘带了) continue;
     if (结账机坏掉了) break;
     付款；
```

```
        领小票；
        取商品离开超市；
}
```

与 continue 类似，break 一般也是在某些"条件"下的 break，故一般也与 if 连用。但并不是说 break 作用于 if（说 break 跳出 if 是错误的），而仍是作用于 if 所在的循环。

杀毒软件的查杀文件的过程也是一个循环，如果磁盘中有 10000 个文件，要逐一查杀，可以用循环结构的程序表示如下所示：

```
for (i=1; i<=10000; i++)
{   查杀第 i 个文件的前半部分；
    查杀第 i 个文件的后半部分；
}
```

在杀毒软件的主界面中一般会给出正在查杀文件的文件名（第 i 个文件的文件名），旁边往往还有一个【跳过此文件】的按钮，如图 5-10 所示。如果我们觉得正在查杀的这个文件一定没有问题，可以单击该按钮跳过该文件的查杀以节省时间。显然"跳过此文件"，是指此文件的剩余部分不要再查杀了，但下一文件还要继续查杀，这属于 continue 的情况。如果在查杀过程中，我们按下了杀毒软件主界面的【关闭】按钮 ✕，将终止查杀过程，那么正在查杀的这个文件要被跳

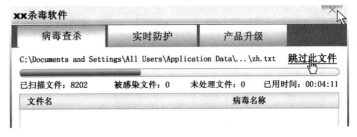

图 5-10 杀毒软件的【跳过此文件】和【关闭】按钮分别是 continue 和 break 的例子

过，以后的文件也不要查杀了，这属于 break 的情况。杀毒软件的完整程序可以表示为：

```
for (i=1; i<=10000; i++)
{   查杀第 i 个文件的前半部分；
    if (【跳过此文件】按钮被按下) continue;
    if (【关闭】按钮被按下) break;
    查杀第 i 个文件的后半部分；
}
```

5.5.2 下一个上——continue 语句

continue 是结束本次循环，转到循环的开始判断是否执行下一次循环，显然 continue 只对循环有作用。在 C 语言中实现循环结构的语句只有 while、do...while 和 for 三种，因此 continue 只对这三种语句有作用。现在，我们把 continue 对这三种语句分别的作用总结如下所示。

（1）continue 作用于 while 语句：跳转到"while (表达式)"，然后判断表达式为真或假，决定是否继续下一次循环。"向上跳"

（2）continue 作用于 do...while 语句：跳转到"while(表达式)"，然后判断表达式为真或假，决定是否继续下一次循环。"向下跳"

（3）continue 作用于 for 语句：跳转到"表达式 3"，先计算表达式 3，然后再判断"表达式 2"为真或假，决定是否继续下一次循环。

在 while 语句中，"while（表达式）"位于开头，continue 跳转时的跳转方向是"向上跳"；在 do...while 语句中，"while（表达式）"位于最后的位置（do 位于开头），作用于它的 continue 的跳转方向是"向下跳"。

注意 continue 对 if、switch 均无作用。如果发现程序中在 if 后或 switch 中出现了 continue，其含义是 continue 作用于 if 或 switch 所在的循环中，而不是作用于 if 或 switch 本身。如果是嵌套循环，continue 也只对它所在的一层循环有效，不能越级也不能连级作用。

【程序例 5.9】打印 1～10 之间的所有奇数。

```c
#include <stdio.h>
main()
{   int i=1;
    for (i=1; i<=10; i++)
    {   if (i % 2 == 0) continue;
        printf("%d ", i);
    }
}
```

程序的输出结果为：

```
1 3 5 7 9
```

判断一个数是偶数或是奇数的方法是：除以 2 取余数，余数为 0 者该数为偶数，余数为 1 者该数为奇数。如果 i % 2 == 0 为真，表示 i 为偶数，就执行 continue，跳转到 i++，直接进入下一次循环，这就跳过了 printf 没有输出。如果是奇数，不执行 continue，可以执行到 printf 而输出。printf 执行后本次循环正常结束，也会跳转到 i++，再进入下一次循环。

本例程序也可写为下面的形式：

```c
for (i=1; i<=10; i++)
{       /* 这里 for 的{  }可以省略，因循环体只有一条语句: if */
    if (i % 2 == 1) printf("%d ", i);
}
```

或者，直接控制循环变量 i 的值在 1～10 的奇数中变化（i=1,3,5,7,9）：

```c
for (i=1; i<=10; i+=2)
    printf("%d ", i);
```

又一次说明，解决同一问题有多种不同的方法。

高手进阶

改写后的写法"if (i % 2 == 1) printf ……"是编程高手所不为的。表示这样的条件，编程高手一般写作"if (i % 2) printf ……"。因为如果 i 除以 2 余数为 1，1 本身就表示真了（非 0），直接执行 printf，没有必要再判断"1 与 1 相等"是否为真。因此与写为 if (i % 2)达到的效果相同，但更为简洁。

【随讲随练 5.10】程序如下所示：

```c
#include <stdio.h>
main()
```

```
{   int x=8;
    for( ; x>0; x--)
    {   if (x%3) { printf("%d,", x--); continue; }
        printf("%d,", --x);
    }
}
```

程序的运行结果是（　　）。

A．7, 4, 2,　　　　B．8, 7, 5, 2,　　　　C．9, 7, 6, 4,　　　　D．8, 5, 4, 2,

【答案】D

【分析】8、4、2 是由 if 中的 printf 输出的，5 是由 for 中第 2 个 printf 输出的。for 省略了"表达式 1"，直接进行 8>0 的判断。8>0 为真，执行循环体。8%3 余数为 2，2 非 0 为真，执行{}中的 printf 输出 8 后 x 变为 7，再执行 continue 回到 for 的表达式 3 的 x--，x 变为 6，6>0 再执行循环体。6%3 余 0，0 为假不执行 if 的{ }，执行 printf("%d,", --x);，x 先被减 1 变为 5，输出 5，再回到表达式 3 的 x--，x 变 4，4>0 再执行循环体……后续过程读者可自行分析。

5.5.3　前方施工请绕行——break 语句

break 语句能够作用于三种循环语句（while、do...while、for），也能作用于 switch 语句。

❑ break 作用于 switch：跳出 switch 而执行整个 switch 以后的语句。

❑ break 作用于 while、do...while、for：跳出循环而执行循环后的语句。

❑ 在嵌套 switch，或者嵌套循环中，break 也只能跳出它所在的那一层 switch 或那一层循环，不能越级也不能连级作用。"不能连级"还说明一个 break 要么跳出 switch，要么跳出循环，同一 break 也不能兼有跳出两者的功能。

注意 break 不能作用于 if，但一般与 if 联用，即满足某种条件时才跳出，这时 break 仍是作用于 if 所在的 switch 或 if 所在的 while、do...while、for 中。

【程序例 5.10】假设在银行定期存款 1000 元，年息为 3.25%，求多少年后，本息合计可达 100 万元？

【分析】1 年后，本息合计 1000*(1+3.25%)= 1032.5 元；2 年后，本息合计 1032.5*(1+3.25%)=1066.06 元；3 年后，本息合计 1066.06*(1+3.25%)= 1100.71 元；……如此重复下去，直到合计超过 100 万元为止。我们用变量 r 表示年息即 r=0.0325，用变量 x 保存本息合计的金额数，每年本息合计都会增长，将增长后的本息合计仍存入变量 x 中。于是每年计算本息合计都是执行语句：x = x * (1+r); 每过一年重复一次这个过程，当 x 大于 100 万时用 break 跳出。再设变量 i 用于计数，每过 1 年 i 值增 1，则变量 i 就表示经过了多少年。程序如下所示：

```
#include <stdio.h>
main()
{   double x=1000, r=0.0325;
    int i=0;
    while (1)
    {   x = x * (1+r);
        i++;
```

```
        if (x>1000000) break;
    }
    printf("%d年后, 超过 100 万元\n", i);
}
```

程序的运行结果为:

216 年后, 超过 100 万元

216 年后, 就能拿到 100 万元了! 如果手中有 1000 元, 也不要挥霍, 将它存入银行, 可以留给子孙后代一笔不小的财富呢! 如果开始存入 1 万元, 或者年息更高一些呢? 读者如有兴趣可修改程序中变量 x 或 r 的初值, 实际上机运行一下, 看看是不是需要的年头更少。

while (1)实际是个 "死循环", 1 为真, 循环将一直执行下去, 但程序并不会真的陷入死循环, 因为在循环体内有 break 语句, 一旦条件成立, 就会跳出循环。我们可以总结要跳出循环的两种方式为: 表达式的值为假时跳出循环和通过 break 语句随时可以跳出循环。

【小试牛刀 5.2】要实现死循环, 除 "while (1) 语句;" 外, 还有哪些写法?

答案: 用 for 或 do...while 也可以实现死循环, 如 "for(; ;) 语句; "、"for(; 1;) 语句;"、"do 语句; while (1);" 等。此外, 将 1 写为任意一个非 0 值也均可如 "while (1142.28) 语句;"。

【小试牛刀 5.3】break 和 continue 会不会影响循环次数?

答案: break 可影响循环次数, continue 不会影响。

5.6 轻车熟路——程序控制结构小结和综合举例

程序有三种基本结构: 顺序结构、选择结构 (或称分支结构)、循环结构。顺序结构的程序是依语句出现顺序, 逐条执行, 每条语句执行一次。选择结构的程序语句将根据条件有选择地执行。循环结构是指语句只出现一次, 却可被反复地执行多次。可以将三种程序结构分别比为三种走路的方式, 如图 5-11 所示。无论多么复杂的程序, 一般都应由这三种结构衔接或嵌套组成, 仅由这三种结构组成的程序也称为结构化程序。

顺序结构   选择结构   循环结构

图 5-11   程序的三种基本结构

在 C 语言中实现选择结构的语句有两种: if 和 switch。两种语句某些场合可以互换使用, 但一般来说 if 更适合于简单分支或分支较少的问题, 多路分支用 switch 比较方便。在 C 语言中实现循环结构的语句有三种: while、do...while、for。这三种语句某些情况下也可以互换使用。例如对 for 语句的一般形式可用 while 语句改写如下:

```
表达式 1；
while（表达式 2）
{   语句；
    表达式 3；
}
```

程序例 5.4 求解 sum=1+2+3+...+100 的问题也可用 while 语句实现如下：

```
main()
{   int i, sum;
    sum=0;
    i=1;
    while (i<=100)
    {   sum=sum+i;
        i++;
    }
    printf("sum=%d", sum);
}
```

通常情况下，对于已知循环次数的循环用 for 比较方便，对不知循环次数仅有循环条件的循环用 while 或 do...while 更合适（与 while 的区别是 do...while 首先要执行一次循环体）。例如本章开始"走路到教室"的例子我们分别用 while 和 do...while 都已经实现，但尚未用 for 语句实现，这是因为无法事先估计出要走的"步数"，不适合用于 for 语句。

以上 5 种语句仅有 switch 是惟一不遵循独生子女规则的语句。其他 4 种语句都要遵循独生子女规则，它们仅能控制其后的一条语句，当需要控制多条语句时，需要用{ }构成复合语句。

一个选择语句（及它的子句）和一个循环语句（及它的子句）在整体上仍当作一个语句或一个【黑匣子】对待，因此可以说基本程序结构中语句都是顺序执行的。

高手进阶

　　　　goto 语句既可以实现选择结构，也可以实现循环结构，但它容易造成程序结构的混乱。除非特别必要，一般在程序中应尽量不使用 goto 语句；而仅用 if、switch 实现分支，用 while、do...while、for 实现循环。

【程序例 5.11】暴力破解密码。程序用#define 定义了 6 位数的密码，请编程破解该密码。

```
#define PASSWORD 123456
main()
{   int i;
    for(i=1; i<=999999; i++)
    {   if (i==PASSWORD)
        {   printf("小样！你密码被破解了，是: %d\n", i);
            break;
        }
    }
}
```

程序的输出结果为：

```
小样！你密码被破解了，是: 123456
```

程序可以破解任意 6 位数字组成的密码，现在通过#define 命令定义的密码为 123456。

```
#define PASSWORD 123456
```

这是一个符号常量，程序中所有 PASSWORD 都与 123456 等价，即写 PASSWORD 与写 123456 是一个意思。例如程序中的"if (i==PASSWORD)"与写为"if (i==123456)"等价。

如果读者有兴趣，可以修改#define 的密码定义，设置新的密码。如将之改为：

```
#define PASSWORD 24680
```

再次运行程序，密码同样可以被很快破解！

密码是怎样被破解的呢？实际上，计算机并没有什么"破解"密码的能力，它有的只是一个一个去试的"蛮干"劲头。循环从 0 到 999999，穷尽所有 6 位数字的可能，然后逐个去试，如果中间哪个对上号了，就表示破解成功，于是后面没有试过的数字也就不需再试，用 break 跳出循环。计算机凭借其极快的运行速度，很快就可以试完，从而破解密码。该方法也称为穷举法，是程序设计中的常用方法之一。

【程序例 5.12】编程找出 100～999 之间的所有水仙花数，所谓水仙花数是指该数的各位数字的立方和等于该数本身。例如 153 就是一个水仙花数，因为 $1^3+5^3+3^3=153$；又如 371 也是一个水仙花数，因为 $3^3+7^3+1^3=371$。

【分析】这实际也是一个"暴力穷尽"的问题，即穷尽所有的 3 位数，然后逐个判断它是不是水仙花数。也就是应由计算机逐一检查 100～999 之间的每个数，对于每个数，先分解其个位、十位和百位（可分别存入 3 个变量），再判断这 3 个数字（3 个变量）的立方和是否等于该数本身。注意这里没有 break 的情况，无论是不是水仙花数，都要继续检查下一个数。

```
#include <stdio.h>
main()
{   int bai,shi,ge;  int i;
    for(i=100; i<=999; ++i)
    {   ge=i%10;   shi=(i/10)%10;   bai=i/100;
        if (ge*ge*ge + shi*shi*shi + bai*bai*bai == i)
            printf("%d 是一个水仙花数。\n", i);
    }
}
```

程序的输出结果为：

```
153 是一个水仙花数。
370 是一个水仙花数。
371 是一个水仙花数。
407 是一个水仙花数。
```

【程序例 5.13】判断 m 是否为素数(质数)。

【分析】除了 1 和它本身之外，一个整数再也不能被其他任何数整除，则这个数就是素数。判断素数实际也属于"暴力穷尽"的问题，即穷尽从 2 开始到 m-1 的所有的数，用这些数逐个去"试除"m，判断 m 能否被整除。如果全部试除完毕后发现 m 都不能被它们整除，就说明 m 是素数；如果发现其中有一个数 m 能被它整除，就断定 m 不是素数，这时也不必再试后面的数了，用 break 跳出循环。

　　这是最基本的思路，但在数学上还有定理：如果 m 不能被 $2\sim\sqrt{m}$ 中的所有的数整除，则 m 就是素数。因此在试除时，实际只要试除 $2\sim\sqrt{m}$ 的数就可以了，而不必试除 $2\sim m\text{-}1$ 的数，这可以大大减少要试除的数，加快运行速度。

```c
#include <math.h>
#include <stdio.h>
main()
{   int m,i,k;
    scanf("%d",&m);
    k=sqrt(m);                /* 求 m 的平方根，注意要包含头文件 math.h */
    for(i=2;i<=k;i++)         /* 从 2 循环到平方根，若都不能被整除就是素数 */
        if (m%i==0) break;    /* 能被其中一个数整除了，肯定不是素数 */
    if (i>k)                  /* i>k 表示是执行完 for 跳出的，不是 break 跳出的 */
        printf("%d 是素数\n", m);
    else
        printf("%d 不是素数\n", m);
}
```

程序的运行结果为：

```
66↓
66 不是素数
```

再次运行：

```
199↓
199 是素数
```

　　程序有两种途径可以跳出 for 循环：（1）i<=k 不成立时（即 i>k，也即 i>=k+1）；（2）执行了 break 语句（此时 i<=k 必成立，并且 m%i==0 也成立）。这两种途径分别代表了两种结果，如下所示

　　（1）说明各次循环都过了关，"试除"坚持到了最后，说明是素数；

　　（2）说明不是素数。因为中途执行了 break，说明有一次 m%i==0；m 如果都能被 i 整除了，当然不是素数。

　　在循环语句的下一条语句通过 if 分支判断，分情况输出这两种结果即可。分情况输出时，if 的条件恰好是 for 语句中表达式 2 的相反条件（i<=k 的相反条件是 i>k），如果这个 if 条件成立，就表示是第(1)种途径；否则（else）就是第(2)种途径。

　　【程序例 5.14】根据以下公式求 π 的近似值，要求累加到某项小于 5e-6 时为止。

$$\frac{\pi}{2}=1+\frac{1}{3}+\frac{1\times2}{3\times5}+\frac{1\times2\times3}{3\times5\times7}+\frac{1\times2\times3\times4}{3\times5\times7\times9}+...+\frac{1\times2\times...n}{3\times5\times...(2n+1)}$$

　　【分析】可以先计算 π/2 存入变量 pi，最后再 pi=pi*2;即可。而计算 π/2，就是一个典型的累加问题。但不易估计要累加到第多少项，循环的条件是项值不小于 5e-6，因此适合用 while 循环。如何求得每一项的值呢？设 1 为第 0 项，1/3 为第 1 项，(1*2)/(3*5)为第 2 项……用变量 x 表示一项的值，用变量 n 表示第几项。从第 1 项开始，每一项都可由前一

项的值乘以 n/(2*n+1) 所得；也就是如已经求出某一项的值并存入 x，则下一项可用 x=x*n/(2*n+1); 求得（下一项的值仍存入 x，不必定义新变量）。注意各项都带小数位，变量 x 不得定义为 int 型。

```c
#include <stdio.h>
main()
{   double pi;
    int n; double x;                /* 项号为 n，项值为 x */
    pi=0;                           /* 累加前勿忘先为变量赋值清零 */
    n=0; x=1.0;                     /* 准备第 0 项：包括项号 n、项值 x */
    while( x >= 5e-6)               /* 如果刚准备的项仍符合条件，就继续 */
    {   pi+=x;                      /* 累加刚准备的项 */
        n++; x = x * n/(2*n+1);     /* 准备下一项：包括项号 n、项值 x */
    }
    pi = pi*2;
    printf("pi=%f\n", pi);
}
```

程序的输出结果为：

```
pi=3.141580
```

【**程序例 5.15**】为小学生编写两位整数的加法练习程序，要求由计算机随机出题。

```c
#include <stdio.h>
#include <stdlib.h>
#include <time.h>
main()
{   int num=0;        /* 题号 */
    int right=0;      /* 答对题数 */
    int a,b,c;        /* 要计算加法的两个数 a、b，结果 c */
    int yn;           /* 询问是否继续的判断变量 */

    printf("欢迎使用两位数加法练习程序。\n");
    printf("************************\n");

    srand(time(NULL));                /* 设置随机数发生器种子 */
    while (1)
    {   num++;
        printf("\n第%d题) ", num);

        /* 随机出题 */
        a=rand()%100;                 /* 产生100以内的随机整数 */
        b=rand()%100;                 /* 产生100以内的随机整数 */
        printf("%d+%d=",a,b);         /* 显示题干 */

        /* 要求输入答案 */
        scanf("%d", &c);
        /* 判断输入的答案是否正确 */
        if (c==a+b)
        {   printf("恭喜，答对了！ ");
            right++;                  /* 答对题数计数 */
        }
```

```
        else
            printf("答错了，正确答案是：%d ", a+b);

        /* 询问是否继续 */
        printf("要继续练习吗？(0=退出；非 0=继续)");
        scanf("%d", &yn);
        if (yn==0) break;
    }

    /* 给出本次练习的评价 */
    printf("\n 本次练习你做了%d 题, ", num);
    printf("其中答对了%d 题，答错了%d 题, ", right, num-right);
    printf("\n 正确率为%5.1f%%\n", (float)right/num*100);
    printf("祝你学习进步，再见! \n");
}
```

程序的运行结果为：

```
欢迎使用两位数加法练习程序。
**************************

第 1 题) 55+78=133↓
恭喜，答对了! 要继续练习吗？(0=退出；非 0=继续)1↓

第 2 题) 18+56=74↓
恭喜，答对了! 要继续练习吗？(0=退出；非 0=继续)1↓

第 3 题) 71+44=105↓
答错了，正确答案是：115 要继续练习吗？(0=退出；非 0=继续)1↓

第 4 题) 96+40=136↓
恭喜，答对了! 要继续练习吗？(0=退出；非 0=继续)0↓

本次练习你做了 4 题，其中答对了 3 题，答错了 1 题，
正确率为 75.0%
祝你学习进步，再见!
```

注意由于随机出题，读者上机运行时题目的数值可能与此处不同。

为了使计算机随机出题，我们使用了 rand 函数，它也是系统库函数，用于产生一个随机的非负整数（≥0），所产生的随机数就是函数值。

```
a=rand();
```

上述语句可以将产生的这个随机数保存到变量 a 中。

我们需要的随机数要限制在 100 以内，如何产生 100 以内的随机数呢？只要将所产生的随机数除以 100 取余数，就能得到一个 0～99 范围内的随机数，因为任何非负整数除以 100 的余数必在 0～99 范围内。这是通过下面语句实现的：

```
a=rand()%100;          /* 产生 100 以内的随机整数 */
```

rand 函数还有一个缺点，即它所产生的随机数是基于一个"种子"通过某种复杂公式计算所得。这使这个"随机数"并不是特别的"随机"，如果两次运行程序彼此的"种子"

相同，则通过公式的计算结果也必然相同，那么产生的随机数就会相同。能否让所产生的随机数真正地"随机"起来呢？我们需要设置"种子"，设置种子的函数是 srand 函数。但仍需保证每次设置不同的种子，否则如果种子相同还是会得到相同的随机数。这里将当前时间作为种子，由于每次运行程序时的时间不同，种子就不会相同，随机数也都不会相同了。

```
srand(time(NULL));          /* 设置随机数发生器种子 */
```

获取当前时间的函数是 time，要调用这个函数需要包含头文件。

```
#include <time.h>
```

time 的函数值是从 1970 年 1 月 1 日 0:00 至现在所走过的秒数。
为了调用 rand 和 srand 函数，需要包含以下头文件：

```
#include <stdlib.h>
```

另外注意，以下语句：

```
printf("\n 正确率为%5.1f%%\n", (float)right/num*100);
```

" "内使用了连续的两个%，它表示要在屏幕上原封不动地输出一个%。

第6章 把平房升级为高楼大厦——数组

单个的变量可以被看做是一栋平房，只能住一户人家，但现代城市已经很少能见到平房了，大多是高楼大厦。相对于平房，楼房的优势是可以分层，占用相同土地面积的楼房可以居住更多的人。楼房层数越多，能居住的人也越多，这就相对缓解了城市土地资源缺少的问题。

在C语言中也有类似楼房的变量，就是数组。由于一个变量只能保存一个值，如果要处理较多的数据，使用单个变量就会力不从心。例如要保存100名学生的成绩，难道要定义100个变量么，如果全校有几万人，恐怕连变量的名字都不够用。在C语言中可以用数组解决这个问题，一个数组可以看做是一组变量，将所有学生的成绩全部保存到一个数组里。

6.1 直线升级——一维数组

6.1.1 一维数组的定义和引用

定义变量时，在变量名之后加一对[ ]，在[ ]内写出包含的元素个数，就是定义了一个数组。如：

```
int a[5];
```

定义了名为 a 的一个数组，数组中有 5 个元素，相当于一次性地定义了 5 个变量。这 5 个变量的类型都是 int 型，变量名依次是 a[0]、a[1]、a[2]、a[3]、a[4]，即通过带[ ]的下标来区分各个变量，可表示为图 6-1。a[0]～a[4]也称为数组元素或下标变量。

	a[0]	a[1]	a[2]	a[3]	a[4]
a	1	3	4	7	?

图 6-1　包含 5 个元素的数组

注意没有一个名为 a[5]的变量。数组 a[ ]的下标编号是从 0 开始的，最大下标是 4。定义数组的"int a[5];"中的 5 表示一共有 5 个元素，并不表示最大下标的变量是 a[5]，最大的下标永远是"元素个数-1"。

脚下留心

数组并不难理解，它的本质仍是变量，把 a[0]～a[4]当做 5 个变量即可。对于可使用单个变量的场合，数组元素都可以出现。例如：

```
a[0]=1;
a[1]=2;
```

```
a[2]=a[1] * 2;
scanf("%d", &a[3]);        /* 从键盘输入 7 */
printf("%d", a[2]);        /* 屏幕输出 4 */
a[a[0]]++;                 /* 即 a[1]++; a[1]由 2 变为 3 */
```

运行以上程序段后数组各元素的情况如图 6-1 所示，其中 a[4]一直没有被赋值，与单个变量的情况相同，它的值为随机数（或未定义、不知道、不确定）。使用数组元素也称为引用。

无论数组的定义还是引用，都必须使用中括号[ ]，不能使用小括号( )或大括号{ }，也不能不使用括号。如定义时写为 int a(5); 引用时写为 a(0)=1; a1=2; a$_2$=3; 等都是错误的。

脚下留心

1. 通过循环处理数组元素

不能通过数组名整体引用数组元素，例如要给数组 a 的全部元素赋值为 1 不能写为：

```
a=1;     /* 错误 */
```

因为这里的 a 不是变量名，而是数组名，a[0]、a[1]、a[2]等才是变量名。如将数组看做楼房，则 a 就是楼房的名字。对于楼房，要找到房间，不仅要给出楼名，还要给出楼层数。因此必用[ ]，并在[ ]内写出下标才能使用数组元素。给 5 个元素都赋值为 1 的程序如下所示：

```
a[0]=1;
a[1]=1;
a[2]=1;
a[3]=1;
a[4]=1;
```

程序正确，但有不妥。如果数组有 50 个或 500 个元素呢？不能一直写下去吧！这不由得让我们想到了循环。由于数组元素较多，一般数组确实都要和循环结合，应该写为：

```
for (i=0; i<5; i++)
    a[i]=1;
```

让循环变量 i 从 0 到 4 变化（设变量 i 已定义为 int 型），这恰好是 5 个数组元素 a[0]～a[4]的下标范围，对 a[i]执行赋值为 1 的操作就可以了，将由计算机依次为 a[0]～a[4]赋值为 1。

上面程序 for 循环的头部也可以写为：
```
for (i=0; i<=4; i++)
```
同样完成 i 由 0 变化到 4。虽然二者都是正确的，不过我更喜欢前者的形式（i<5）。因为定义数组时的 "int a[5];" 中已经给出了 5，所以写为前者的形式直接把 5 搬过来就可以了，而不必想着 "5-1=4"；另外 "<" 也比 "<=" 少写一个字不是？

再如，要依次输出数组 a 中 5 个元素的值，也不能整体引用：

```
printf("%d", a);      /* 错误 */
```

而必须逐一输出各个元素：

```
printf("%d  ", a[0]);
printf("%d  ", a[1]);
printf("%d  ", a[2]);
printf("%d  ", a[3]);
printf("%d  ", a[4]);
```

还是应该用循环实现为：

```
for (i=0; i<5; i++)
    printf("%d  ", a[i]);
```

仍然让 i 从 0 变化到 4，然后对 a[i]执行输出就可以了。

又如，要通过键盘依次为数组 a 的 5 个元素输入数据，程序如下所示：

```
for (i=0; i<5; i++)
    scanf("%d", &a[i]);
```

要计算数组 a 的 5 个元素之和呢？（设变量 sum 已定义为 int 型并已赋初值为 0）：

```
for (i=0; i<5; i++)
    sum=sum+a[i];
```

要计算 5 个元素的平均值呢？再将 sum/5.0 就可以啦！

以上程序循环头部都是相同的 for (i=0; i<5; i++)，只是循环体中对 a[i]的操作不同，这样就实现了不同的功能。

窍门秘笈　通过循环处理数组元素的一般编程套路是：

```
for (i=0; i<元素个数; i++)
    对 a[i]进行操作；
```

其中"元素个数"直接可以从前面定义数组时的[ ]内找到，如"int a[5];"中的 5。"对 a[i]进行操作"依题意编写，只要写出对一个元素如何操作即可。

【程序例 6.1】从键盘输入 10 名学生的成绩，请编程统计及格人数，并计算 10 名学生成绩的平均分。

```
#include <stdio.h>
main()
{   float score[10];          /* 10 名学生的成绩用数组保存 */
    int i, cnt;               /* 变量 cnt 用于存放及格人数 */
    float sum=0.0, aver=0.0;  /* 分别用于存放总和、平均值 */

    /* 输入数据 */
    for (i=0; i<10; i++)
        scanf("%f", &score[i]);

    /* 统计 */
    cnt=0;       /* 初始化及格人数为 0 */
```

```
        for(i=0;i<10;i++)
        {
            if (score[i]>=60) cnt++;            /* 及格人数计数 */
            sum+=score[i];                       /* 计算 10 名学生成绩之和 */
        }
        aver=sum/10.0;                           /* 求平均分*/

        /* 输出结果 */
        printf("及格人数=%d\n", cnt);
        printf("平均成绩=%5.1f\n", aver);        /* %5.1f: 5 格宽度，1 位小数 */
}
```

程序的运行结果为：

```
58.5↓
69.5↓
60↓
42↓
75↓
64↓
86.5↓
92.5↓
100↓
70↓
及格人数=8
平均成绩= 71.8
```

程序中定义了一个 float 型的数组 score[10]，用于保存 10 名学生的成绩。把其中 10 个 float 型的元素看做 10 个 float 型的变量即可（变量名为 score[0]～ score[9]）。首先用编程套路为每一个元素 score [i]输入数据，输入数据后的 score 数组如图 6-2 所示。

	score[0]	score[1]	score[2]	score[3]	score[4]	score[5]	score[6]	score[7]	score[8]	score[9]
score	58.5	69.5	60.0	42.0	75.0	64.0	86.5	92.5	100.0	70.0

图 6-2　程序例 6.1 输入数据后的 score 数组

变量 sum 用于求总分，变量 cnt 用于计数及格人数，两个变量均需在使用前赋值为 0。其中 sum 赋值为 0 是通过变量定义时初始化完成的，cnt 赋值为 0 是通过赋值语句完成的。

在统计时，又用了一次编程套路，对数组元素 a[i]的处理是以下两条语句：

```
if (score[i]>=60) cnt++;        /* 及格人数计数 */
sum+=score[i];                   /* 计算 10 名学生成绩之和 */
```

循环体有两条语句，因此要放到一对{　}中构成复合语句。

2．数组定义和引用的注意事项

在数组的定义和引用中还要注意以下问题。

（1）同变量一样，数组也要先定义后使用。

可以在同一定义语句中同时定义多个数组，也可以将数组与单个变量一起定义，例如：

```
int a[5], b[7];
double c[10], x, y, d[20];
```

则 a、b 是整型数组，c、d 是双精度实型数组，x、y 是单个的双精度实型变量。

（2）定义数组时，[ ]内不能用变量表示元素个数，必须用常量，也可以是常量表达式。下面程序是错误的：

```
main()
{   int n=5;
    int a[n];    /* 错误，因为 n 是变量 */
}
```

这是一个很严格的规定，定义数组时的[ ]内决不能使用变量，即使变量已被赋值有确定的值也不可以。而下面的程序是正确的：

```
#define FD 5         /* FD 是符号常量 */
main()
{   int a[FD];       /* 正确：FD 是 5 的代替符号，与 int a[5];等价 */
    float b[3+2];    /* 正确：允许表达式计算，但表达式中不能包含变量 */
}
```

（3）在引用数组元素时，[ ]内的下标可以用变量，但必须为整型，不能是实型（不能是 float 或 double 型）。下面都是合法的数组元素引用。

```
a[3]    a[i]    a[i+j]  a[i++]
```

下面引用是错误的，因为[ ]内的下标必须为整型，不能是实型。

```
a[5.2]=1;                /* 错误 */
printf("%d", a[2.8]);    /* 错误 */
```

道理是显然的，数组下标是整数序号，怎么能用小数呢？但注意下面程序也是错误的。

```
double b=1;
a[b]=3;
```

不能看做"a[1]=3;"。变量 b 是 double 型的，其中保存的数据是 1.0 而不是 1。因此其错误理由同上。注意是整型还是实型，不是看变量所保存的数据"整不整"，而应由定义变量时在变量名前的类型说明决定。

定义数组时，[ ]内不能使用变量，而引用数组时可以。要注意定义和引用的区别：定义数组时，是必须有类型说明如 int、float、double、char 等，而引用数组时是没有这些类型说明的。

```
int a[i];                /* 错误（是定义）*/
a[i]=1;                  /* 正确（是引用）*/
printf("%d", a[i]);      /* 正确（是引用）*/
```

（4）同一数组中无论有多少个元素，所有元素的类型都是相同的，该类型就是定义数组时给出的类型（如 int a[5]; 5 个元素都是整型，float score[10]; 10 个元素都是单精度实型）。

（5）同一数组中的所有元素在内存中依次连续存放，每个元素占据的空间大小都相同。

类似于邮政编码、超市的存包柜、电影院的座位等，数组元素也是一个挨着一个的。
我们在画出数组元素时，要如图 6-1 所示，让 a[0]～a[5]
的空间连续，各元素中间也不能有空位，而绝不能画成
图 6-3。

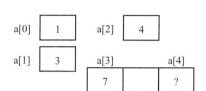

正因如此，如果要删除数组中的一个元素，就只能
使后面的元素逐个前移填补空位。如果要在数组中插入
一个新元素，也只能将后面元素逐个后移一个位置，为
新数据腾出空位。

图 6-3　数组元素空间的错误画法

【程序例 6.2】请编程删除数组 b 中下标为 2 的元素 75。

```
main()
{   int i, b[6]={99,60,75,86,92,70};      /* 欲删除元素 75 */
    int n=6;     /* 目前数组元素个数 */

    for (i=2;i<n-1;i++) /* ①让 75 后面的元素都向前移动一个位置 */
        b[i]=b[i+1];
    n=n-1;    /* ②数组元素个数-1，使最后多余的 70 不被输出*/

    for (i=0;i<n;i++)     /* 输出删除元素后的数组 */
        printf("%d ", b[i]);
}
```

程序的输出结果为：

```
99 60 86 92 70
```

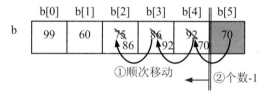

图 6-4　删除数组元素 b[2]

如图 6-4 所示，删除 75，只有将 75 以
后的各元素一个个地向前移动一个位置，75
被它的下一个元素覆盖，然而这种"移动"
只是元素之间的赋值，移动后 b[5]的值不会消失，仍然为 70，这使数组最后 b[4]和 b[5]均
为 70。我们需要规定现在数组有 5 个元素而不是 6 个，使有效元素只到 b[4]；这样尽管 b[5]
仍为 70 但并不影响。这就是数组元素的"删除"，并不是直接地"剪除"。

要删除数组中的一个元素，需要两个步骤：（1）使被删元素后面的各元素顺次前移一
个位置。（2）规定数组元素个数-1。

其中第（1）步应依次执行的语句如下所示：

```
b[2]=b[3];
b[3]=b[4];
b[4]=b[5];
```

当元素很多时类似的语句还会一直写下去，因此应该通过循环完成。提取上述公共
部分：

```
b[i]=b[i+1];
```

等号左边[ ]内的值为 2～4，i 应从 2 循环到 4，写出 for 语句头部为：

```
for (i=2; i<=4; i++)
```

要删除下标为 2 的元素自然 i 从 2 开始。最后一次移动是将最后一个元素移到它的前一个位置，如数组原有 n 个元素，则应执行语句 b[n-2]=b[n-1]。注意最后一个元素的下标是 n-1 而不是 n（下标从 0 开始），倒数第二个位置下标是 n-2。因此 i 的终值为 n-2 自然为 4 了。但在 for 语句中最好写 n-2 而不写 4。

```
for (i=2; i<=n-2; i++)  /* 或写为：for (i=2; i<n-1; i++) */
```

这使程序更有通用性，不止对于 n=6 个元素时能正确删除

第（2）步使数组元素个数-1，直接将 n 值-1 即可：n=n-1。

总结一下：要删除数组中的一个元素，需要顺次移动被删元素之后的各个元素，将它们都前移一个位置，以填补空位；而不需移动被删元素及它之前的元素。显然被删元素所在的位置不同，需要移动的次数也不同。本例删除 b[2] 需移动 b[3]、b[4] 和 b[5] 3 个元素；如果要删除 b[1] 那就要移动 b[2]~b[5] 4 个元素；最坏情况是删除 b[0]，b[1]~b[5] 都要移动；如果要删除 b[5] 则一个元素也不需移动直接将 n-1 即可，这是最好的情况。因此，从 n 个元素的数组中删除一个元素，最坏情况下需要移动 n-1 次，最好情况下需要移动 0 次。

【程序例 6.3】编写程序在数组 b 中下标为 2 的元素 75 之前插入新元素 100。

```
main()
{   int i, b[8]={99,60,75,86,92};    /* 欲在 75 之前，插入 100*/
    int n=5;                         /* 目前数组元素个数 */

    for (i=n; i>=3; i--)             /* ①从 75 开始的元素都向后移动一个位置 */
        b[i]=b[i-1];
    b[2]=100;                        /* ②将新元素放到下标为 2 的位置上 */
    n=n+1;                           /* ③数组元素个数+1 */

    for (i=0;i<n;i++)                /* 输出插入元素后的数组 */
        printf("%d ",b[i]);
}
```

程序的输出结果为：

```
99  60  100  75  86  92
```

插入元素也不是"塞进去"式的插入，而是要让后面的元素逐一向后移动一个位置，为新元素"腾"出一个空位，类似于生活中的插入座位，如图 6-5 所示。

数组 b 有 8 个元素，在定义时只给出了 5 个初值，后 3 个元素 b[5]~b[7] 自动被赋初值为 0，表示空位。插入过程如图 6-6 所示，由 3 个步骤完成：第（1）步将原最后一个元素 b[4] 移到它旁边的空位 b[5]；然后将 b[3] 移到 b[4] 的位置，b[2] 挪到 b[3] 的位置。第（2）步将新值 100 存入空间 b[2]（b[2] 原先的值 75 被覆盖）。第（3）步是人为规定数组元素个数多出一个，即 n=n+1。

其中第（1）步应依次执行的语句如下所示：

```
b[5]=b[4];
```

图 6-5　插入座位

```
    b[4]=b[3];
    b[3]=b[2];
```

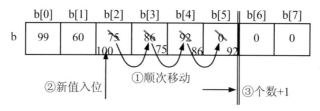

图 6-6　在 b[2]前插入新元素

仍然应通过循环完成。提取上述语句的公共部分：

```
    b[i]=b[i-1];
```

等号左边[ ]内的值为 5～3，写出 for 语句头部为：

```
    for (i=5; i>=3; i--)
```

注意 for 语句中的表达式 2 是 i>=3 而不能写为 i<=3，表达式 3 是 i--而不是 i++，因为 i 的变化是递减的（5、4、3）。第一次是将最后一个元素移到它下一个位置的空位上，如数组原有 n 个元素，则应执行语句 b[n]=b[n-1]；最后一个元素的下标是 n-1，则它的下一个空位的下标恰好是 n。因此 i 的初值应该为 n 自然就是 5 了。但在 for 语句中最好写 n 而不写 5：

```
    for (i=n; i>=3; i--)    /* 或写为: for (i=n; i>2; i--) */
```

这使程序更有通用性，不止对于 n=5 个元素时能正确插入，即使 n=500 也可以。在下标为 2 的元素之前插入，要插入位置的下标是 2，下一个位置的下标就是 3，这是 i 的终值。3 是由题目要求的插入位置+1 得来，可直接在 for 语句中写 3。

对第（1）步顺次移动还有一种方法，如果提取移动语句的公共部分为：

```
    b[i+1]=b[i];
```

以等号右边[ ]内的值为基准，i 应该从 4 循环到 2，用以下语句可以实现同样的移动效果：

```
    for (i=n-1; i>=2; i--)    /* ①从 75 开始的元素都向后移动一个位置 */
        b[i+1]=b[i];
```

总结一下，要在数组中插入一个新元素，需要顺次移动要插入位置的元素及它之后的各个元素，将它们都后移一个位置，为新元素"腾"出一个空位，而不需要移动插入位置之前的元素。显然要插入的位置不同，需移动的次数也不同。本例在 b[2]前插入，需 b[2]、b[3]、b[4]3 个元素 3 次移动；如在 b[1]前插入，那就要 b[1]～b[4] 4 个元素 4 次移动；最坏情况是要在 b[0]前插入，所有元素（含 b[0]）都要移动；如果在 b[4]之后插入，则一个元素也不需要移动，直接将新元素赋值到 b[n]再使 n+1 即可，这是最好的情况。因此，在 n 个元素的数组中插入一个新元素，最坏情况下需要移动 n 次；最好情况下需要移动 0 次。

6.1.2　一维数组的初始化（定义时赋初值）

定义变量时能同时为它赋初值，例如：

```
float sum=0.0;
```

在定义数组时也能同时为各个元素赋初值，将各初值依次写出，并包括在一对{ }中：

```
int a[5]={0,1,2,3,4};/* a[0]=0、a[1]=1、a[2]=2、a[3]=3、a[4]=4 */
```

数组元素的初值一定要被包括在一对{ }中，即使数组只有一个元素，只给一个初值。另外需要注意这种写法只限于数组"定义的同时"赋初值，不能在定义外的赋值语句中用{ }为数组赋值，下面的写法是错误的：

```
int a[5];
a={0,1,2,3,4};   /* 错误，在数组定义的同时才能用{ }赋初值 */
```

变量或数组在定义时赋初值都是在编译阶段进行的，目标文件（*.obj）和可执行文件（*.exe）中的变量或数组已经有了初值（即使程序还没有运行）。

高手进阶

如图 6-7 所示，如果所给初值的个数并没有与元素个数相同时，有以下规定：

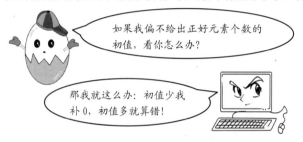

图 6-7　数组部分赋初值或初值过多时的规定

（1）当{ }中所给初值个数少于[ ]内规定的元素个数时，只依次给前面部分元素赋初值，后面不够元素自动补 0 值，对 char 型数组，0 对应的字符是'\0'，也可理解为自动补'\0'。例如：

```
int a[5]={5,10};      /* a[0]=5、a[1]=10、a[2]=0、a[3]=0、a[4]=0 */
                      /* 与 int a[5]={5,10,0,0,0}; 等效 */
char s[4]={'a','b'};/* s[0]='a'、s[1]='b'、s[2]='\0'、s[3]='\0'*/
                      /* 与 char s[4]={'a','b','\0','\0'}; 等效 */
```

（2）当{ }中所给初值个数多于[ ]内规定的元素个数时，将发生错误，应避免以下写法。

```
int a[5]={1,2,3,4,5,6}; /* 错误! 因初值过多 */
```

（3）如给全部元素赋初值，则可省略定义数组时 [ ] 内的数组元素个数，如图 6-8 所示。

```
int a[5]={1,2,3,4,5};
```

也可写为：

```
int a[ ]={1,2,3,4,5};
```

此时{ }内的初值个数就是数组的元素个数。但若未给初值时，是不能省略元素个数的。

```
int a[];     /* 错误! 未给初值，不能省略[]内的元素个数 */
```

图 6-8　给出全部初值时可省略数组元素个数

【小试牛刀 6.1】要定义包含 10 个元素的数组 s，并为各元素都赋初值 1，下面语句哪些可以做到？

```
①int s[10];              /* 不可做到：s 有 10 个元素但初值均为随机数 */
②int s[10]={1,1,1,1,1,1,1,1,1,1};  /* 可以做到！*/
③int s[ ]={1,1,1,1,1,1,1,1,1,1};   /* 可以做到！*/
④int s[10]={1};          /* 不可做到：只有 s[0]初值为 1，s[1]～s[9]初值均为 0 */
⑤int s[ ]={1};           /* 不可做到：数组只有 1 个元素 s[0]（s[0]初值为 1）*/
⑥int s[10]=1;            /* 不可做到：语法错误，初值必须被包含在{ }中 */
```

【随讲随练 6.1】下列选项中能够正确定义数组的语句是（　　　）。

A．int num[0..2014];

B．int num[ ];

C．int N=2014;
　　int num[N];

D．#define N 2014
　　int num[N];

【答案】D

【分析】A 选项无此写法；B 选项要省略元素个数必须给初值；C 选项 N 为变量，不能用变量定义数组的元素个数，即使 N 有确定的值；D 选项 N 为符号常量不是变量，数组有 2014 个元素。

【随讲随练 6.2】程序如下所示。

```
#include<stdio.h>
main()
{ int a[5]={1,2,3,4,5}, b[5]={0,2,1,3,0}, i, s=0;
  for (i=0; i<5; i++)  s=s+a[b[i]];
  printf("%d\n", s);
}
```

程序运行后的输出结果是（　　　）。

A．6　　　B．10　　　C．11　　　D．15

【答案】C

【分析】本题有两个数组 a、b，for 循环累加了数组 a 中一些元素的和，i 值分别是 0,1,2,3,4，则 s=s+a[b[i]];中的 b[i]分别是 0,2,1,3,0，所累加的元素为 a[0]、a[2]、a[1]、a[3]、a[0]（a[0]被累加 2 次，没有累加 a[4]），所以和为 11。这里 b[0]～b[4]的值实际充当了数组 a 的元素下标。

6.1.3　一维数组的应用

1．数组收纳

一个变量只能保存一个数，而一个数组可以保存"一组数"。因此可以把数组作为一个"仓库"，在程序中将多个数据"收纳"保存到里面。

【程序例 6.4】将 50 以内能被 7 或 11 整除的所有整数存放到数组 a 中。

```
main()
{   int a[50];
    int n, i, j;

    /* 将符合要求的数收纳到数组 a 中 */
    j=0;
    for (n=1; n<=50; n++)
        if (n%7==0 || n%11==0) a[j++]=n;

    /* 输出所收纳的数据 */
    printf("共有%d 个数据符合条件，它们是: \n", j);
    for (i=0; i<j; i++) /* 数组 a 中收纳有 j 个数据，故表达式 2 为 i<j */
        printf("%d ", a[i]);
    printf("\n");
}
```

程序的输出结果为:

```
共有 11 个数据符合条件，它们是:
7 11 14 21 22 28 33 35 42 44 49
```

数组 a 被定义为包含 50 个元素，是定义得足够大。从 1～50 的 50 个数中挑出符合要求的数，所挑出的数必定小于 50 个，实际只会使用数组 a 的一部分的空间。循环变量 n 从 1 循环到 50，逐个检查这 50 个数，如果某个数符合要求就将之存入数组 a 中。

如果一个数符合要求，要将它存到数组 a 的哪个元素空间呢？用变量 j 表示即将要存入到数组 a 的一个空间的下标。如果把数组 a 比作一张"白纸"，则变量 j 就相当于在这张白纸上写字的"笔"，它指向下次要写字的位置。首先让 j=0; 表示第一个符合要求的数将要存入 a[0]。要保存一个数应执行的语句如下所示:

```
{ a[j]=n; j++; }
```

每写一个字，"笔"还要向后移动一格，j++; 就起到了这个作用，使 j 指向下次要存入的空间的下标。上面的语句还可以合并，将 j 增 1 的功能融入表达式，使程序更简洁。

```
a[j++]=n;
```

这条语句是什么意思呢？应以"j++"这个表达式的值作为数组下标，n 将被保存到这个下标的空间中，然后 j 值再增 1。例如当 j 为 0 时，j++ 表达式的值为 0，是将 n 存入 a[0]，而后 j 再由 0 变为 1，表示下次将使用 a[1] 的空间来保存数据。

当最后一个符合要求的数据收纳完后，变量 j 仍被 +1 指向下次要保存到的空间下标（虽然以后不会再存入了）。这时数组 a 中已收纳的元素有多少个呢？它刚好与 j 的值相等。因为数组下标是从 0 开始的，j 的值（下次写入位置的下标）刚好和已写入的数据个数相等。

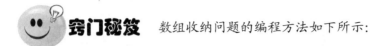 **窍门秘笈**　数组收纳问题的编程方法如下所示：

```
j=0;
for (循环所有数据)
    if (某数据符合收纳条件) a[j++]=该数据;
最终已收纳的数据个数为：j（数组 a 的下一可用空间是 a[j]）。
```

其中，"a[j++]=该数据;"也可写为以下语句

```
{ a[j]=该数据; j++; }
```

【小试牛刀 6.2】需要将 100 以内能同时被 3 与 5 整除的数存放到数组 a 中，该如何做呢？

答案：只需将程序例 6.4 中的语句

```
for (n=1; n<=50; n++)
    if (n%7==0 || n%11==0) a[j++]=n;
```

改为以下语句：

```
for (n=1; n<=100; n++)
    if (n%3==0 && n%5==0) a[j++]=n;
```

其余代码不变。数组 a 会收纳 6 个数据（最后 j 值为 6）：15, 30, 45, 60, 75, 90。

【随讲随练 6.3】请编程将 50～100 的所有素数（质数）存放到数组 b 中。

```
main()
{ int b[50], n, i, j;
    j=0;
    for (n=50; n<=100; n++)
    {
        for (i=2; i<n; i++) /* 判断 n 是否为素数 */
            if (n%i == 0) break;
        if (i>=n) b[j++]=n; /* 若 n 为素数，就将之收纳到数组 b 中 */
    }

    printf("共有%d 个素数，它们是：\n", j);
    for (i=0; i<j; i++)          /* 输出数组 b 中所收纳的数 */
        printf("%d ", b[i]);
}
```

程序的输出结果为：

```
共有 10 个素数，它们是：
53 59 61 67 71 73 79 83 89 97
```

【分析】本题用数组收纳的套路编程，收纳条件是"n 是素数"（if (i>=n)），只不过在表示该条件时，要综合判断素数的方法。我们在第 5 章的程序例 5.13 中学习了如何判断一个数是否为素数。判断一个数是否为素数本身就需要一个循环，所以在 n 循环之内还需要内嵌一个 i 循环。答案中判断 n 是否为素数时没有试除到 $\sqrt{n}$，而直接试除到了 n-1，这两

种方法均可。

【程序例 6.5】 10 名学生的考试成绩已存入数组 s，在成绩及格的学生中，低于 70 分的学生还要做加强训练。请编程将其中 60～70 分（含 60，不含 70）的成绩挑出存入数组 d 中。

```
#include <stdio.h>
#define N 10
main()
{   float s[N]={    58.5,69.5,60.0,42.0,75.0,
            64.0,86.5,92.5,100.0,70.0}, d[N];
    int i, j;
    j=0;
    for (i=0; i<N; i++)
        if (s[i]>=60 && s[i]<70) d[j++]=s[i];
    /* 输出数组 d 中的数据 */
    for (i=0; i<j; i++) /* 数组 d 中收纳有 j 个数据，故表达式 2 为 i<j */
        printf("%5.1f ", d[i]);
}
```

程序的输出结果为：

```
69.5  60.0  64.0
```

用数组收纳的编程套路可以很容易地编写这个程序。与前几例不同的是"循环所有数据"部分，是循环数组 s 中的每个元素 s[i]，而不是像 1～50 那样的一个连续范围。

2. 数组多个元素的删除

数组多个元素的删除问题与数组收纳问题，在本质上是同一个问题。如上一小节介绍的程序例 6.5 的问题，实际上也可理解为删除数组 s 中不在 60～70 范围内的成绩，将结果保存到数组 d 中，其实也就是多元素删除的问题。

按删除后结果要保存的位置不同，数组多元素删除可采用两种方式：一是将结果保存到另一数组；二是将结果保存回原数组。用上一小节介绍的数组收纳问题的编程套路，就可解决前一种方式。而后一种将结果保存回原数组的方式，该如何做呢？

【程序例 6.6】 10 名学生的考试成绩已存入数组 s 中，请编程删除不在 60～70 分范围（含 60，不含 70）的成绩，使 s 中只保留在此范围内的成绩。

```
#include <stdio.h>
#define N 10
main()
{   float s[N]={    58.5,69.5,60.0,42.0,75.0,
            64.0,86.5,92.5,100.0,70.0};
    int i, j;
    j=0;
    for (i=0; i<N; i++)
        if (s[i]>=60 && s[i]<70) s[j++]=s[i];
    /* 输出数组 s 中的数据 */
    for (i=0; i<j; i++) /* 数组 s 中收纳有 j 个数据，故表达式 2 为 i<j */
        printf("%5.1f ", s[i]);
}
```

程序的输出结果为：

```
69.5  60.0  64.0
```

程序通过两个变量 i、j 来完成这个过程。i 将依次指向数组 s 的每一个元素，j 则指向该数组下一次要写入的位置。要写入的位置还是数组 s 本身的某个位置，这会不会和 s 中的原始数据互相冲突呢？不会的！因为只有在写入元素时 j 才会向右移动，不写元素 j 不移动。而 i 每次都要移动，以检查下一元素。因此 j 移动的速度"稍慢"，i 移动的速度"稍快"，如图 6-9 所示。j 指向的要写入的位置已被 i 检查，这个位置上的原始数据已经不再需要，因此完全可被改写，不会影响原始数据的检查。

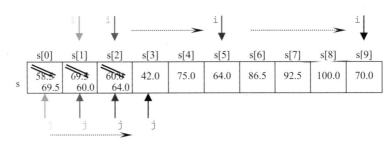

图 6-9　将数组多元素删除结果保存回原数组的过程

在写完最后一个数据 s[2]=64.0 后，j 继续后移，指向了 s[3]（j=3）。此时 j 的值刚好与删除后所保留的元素个数相等。程序最后输出了删除后的结果，只考虑数组 s 的前 j 个元素即可（下标 0~j-1）；虽然数组 s 下标为 j 之后的元素仍有数据，但它们并不影响。

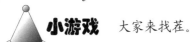　大家来找茬。

程序例 6.5 和程序例 6.6 分别是数组多元素删除的两种方式（前者是将删除后的结果存入新数组，后者是将删除后的结果存回原数组）。你能找出这两个程序之间，有哪些不同吗？

答案：程序例 6.6 除了省略数组 d[N] 的定义，最后输出数组 s[i] 而非 d[i] 之外，它与程序例 6.5 的不同就是 for 循环中的 if 语句的 d[j++]=s[i]; 改为了 s[j++]=s[i];。因此，数组多元素删除的两种方式在程序上实际是大同小异的，不同仅此一处，即若将删除后的结果存回新数组，就用"新数组名 [j++]=...";若存回原数组，就用"原数组名 [j++]=..."！

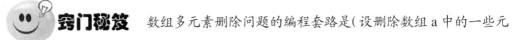　数组多元素删除问题的编程套路是（设删除数组 a 中的一些元素，数组 a 中原有 N 个元素）：

```
j=0;
for (i=0; i<N; i++)
    if (要保留 a[i]) a[j++]=a[i];
删除后数组 a 中剩余数据个数为：j（数组 a 的下一可用空间是 a[j]）
```

注意套路中的 if 条件是"保留 a[i] 的条件"，而不是"删除 a[i] 的条件"，不要写反。
当然其中"a[j++]=a[i];"也可写为以下语句：

```
{ a[j]=a[i]; j++; }
```

这是删除元素后，将结果存回原数组中的套路。如要将删除后的结果存到另一数组中（原数组不变），例如要存到另一数组 b 中，只需要将 a[j++]=a[i]; 改为 b[j++]=a[i]; 就可以了。

【小试牛刀 6.3】删除数组的一个元素，可看做删除多个元素的特例。你能用上面数组多元素删除的编程套路，重做程序例 6.2 的程序吗？即删除数组 b 中下标为 2 的元素 75。

```
main()
{   int i, b[6]={99,60,75,86,92,70};      /* 欲删除元素 75 */
    int n=6;                              /* 目前数组元素个数 */
    int j=0;
    for (i=0;i<n;i++)                     /* ①删除下标为 2 的元素 */
        if (i!=2) b[j++]=b[i];
    n=j;                                  /* ②新元素个数保存到 n 中 */

    for (i=0;i<n;i++)                     /* 输出删除元素后的数组 */
        printf("%d ", b[i]);
}
```

删除下标为 2 的元素，就是"保留下标不为 2 的元素"。注意 if 条件是"保留的条件"，应写为 i!=2 而非 i==2。以上程序可看做是程序例 6.2 的又一种实现方法。

【随讲随练 6.4】请编程删去一维数组 a 中所有相同的数，使之只剩一个。数组中的数已按由小到大的顺序排列，数组中初始所包含的数据个数已存入变量 n；删除后数组中的数据个数也应存入变量 n。

```
#include <stdio.h>
main()
{   int a[20]={2,2,2,3,4,4,5,6,6,6,6,7,7,8,9,9,10,10,10,10},n=20;
    int i, j=0, t=-1;
    for(i=0;i<n;i++)
        if (a[i]!=t)  { a[j++]=a[i]; t=a[i]; }
    n=j;
    printf("删除后数组中的数据是:\n");
    for(i=0;i<n;i++)  printf("%3d",a[i]);
    printf("\n");
}
```

程序的输出结果为：

```
删除后数组中的数据是:
  2  3  4  5  6  7  8  9 10
```

【分析】用数组多元素删除的编程套路很容易编出以上程序。注意"保留 a[i]"的条件是 a[i]!=t，因为"删除相同数据"就是保留与上次所保留数据不同的数据，例如上次保留了元素 2，下次则不再保留 2（若下次再遇到 2 就删除 2），但若下次遇到 3 则要保留 3。设变量 t 表示上次所保留的数据，保留新数据，变量 t 也要随着更新。为保证第一个数据 2 必须保留，将 t 的初值设为一个数组 a 中都不曾出现的值即可（这里设 t 的初值为-1）；第一个数据 2 保留后，t 就被更新为 2。删除后的数据个数就是变量 j 的值，题目要求将它存入 n 中只要执行 n=j; 。

3. 数组元素求最值

【程序例 6.7】找出数组 a 中的最大元素。

```
#define N 4
main()
{   double a[N]={13.0, 29.0, 99.0, 17.0};
    int i;  double max;
```

```
        max = a[0];
        for (i=1; i<N; i++)
            if (a[i]>max) max=a[i];
        printf("最大值是: %5.1f\n", max);
}
```

程序的输出结果为：

最大值是: 99.0

我们曾在第 4 章程序例 4.6 中介绍求 3 个数 a、b、c 的最大值，该过程如同打擂台赛：先假定 a 最大作为"擂主"，然后 b、c 逐一上场与擂主较量，每次如新上场的人"更大"则交换擂主，否则擂主不变……，所有人上场比赛结束后，最终擂主就是最大值。求数组元素中的最大值也是类似的过程，不过不必为每个数分别设置一个变量了，而是用各个数组元素 a[0]、a[1]、a[2]、a[3]，使用起来更方便；再结合循环，程序也比较简洁。

假定第一个数 a[0]最大，然后由 a[1]开始一直到 a[N-1]逐个上场，循环如下所示：

```
for (i=1; i<N; i++)
```

如让 i 从 0 开始，如下所示：

```
        for (i=0; i<N; i++)
```

以上语句并不错误，只是第一次 a[0]和 max 的较量有些多余。因为第一次 a[0]上场，a[0]本身就是擂主，a[i]>max 必不成立（二者是相等的），会直接 i++进入下一场 a[1]的比赛。还不如让 i 从 1 开始直接进入 a[1]的比赛呢。

对于找数组元素最大值的问题也可以换一种思路：数组元素有了下标，就像运动员有了选手号。既然运动员有了选手号，就请裁判设置一块"小黑板"，在其中写上擂主的选手号就可以了，而不必一定要让擂主本人站到台上。找最大值的程序也可修改为：

```
int mm; /* mm 是数组最大元素的下标号 */
mm = 0; /* 开始假定 a[0]最大，保存其下标到 mm 即可 */
for (i=1; i<N; i++)
    if (a[i]>a[mm]) mm = i; /* 擂主是 a[mm] */
printf("最大值是: %5.1f\n", a[mm]);
```

求数组元素最小值怎么办？只要把 if 语句中的大于号(>)改为小于号(<)就可以。因为求最小值时是"孰小孰胜"，每场比赛新上场的人与擂主较量，如果新上场的人小于擂主则换擂主。其他方式与求最大值一模一样，所以仅改变大小符号就可以。

6.2　找东西和整理东西的艺术——查找和排序

6.2.1　这个经常有——查找技术

计算机是人类的伙伴，它凭借强大的存储能力可以帮助我们保存很多信息。保存信息不是目的，我们希望的是能随时方便、快捷地从海量信息中获取所需的信息，这就是查找。查找操作在计算机中非常常见，比如你今天百度了一个什么，或者在网上商城查询一个商品的价格，就连登录一次 QQ 都需要查找，服务器首先需要找到你的账号，确认你的身份是否合法。

计算机是怎样实现查找的呢？最简单的查找方法是顺序查找。

1．顺序查找

顾名思义，顺序查找就是按顺序一个一个地查找，直到找到为止，这是最原始的方法。

【程序例 6.8】 在数组 a[9]的 9 个元素中，查找有没有值为 25 的元素。

```
#include <stdio.h>
main()
{   int a[9]={12,32,5,20,28,18,25,38,3};
    int i;
    for (i=0; i<9; i++)
        if (a[i]==25) break;      /* 不要写为 a[i]=25 */
    if (i>=9)                      /* 有两种途径跳出 for: */
        printf("未找到25\n");       /* ①由于 i<9 不成立跳出(找完了，没找到)*/
    else
        printf("找到25, 下标是%d", i); /* ②由于执行 break 跳出(找到了)*/
}
```

程序的输出结果为：

```
找到25, 下标是 6
```

用 6.1.1 小节介绍的处理数组元素的编程套路可以写出：

```
for (i=0; i<9; i++)
    if (a[i]==25) break;      /* 不要写为 a[i]=25 */
```

对每个元素 a[i]的操作是看它是否等于 25，如果相等表示找到，后面的也就不需要找了，立即用 break 跳出 for。

后面的程序该如何编写呢？跳出 for 循环有两种途径：（1）由于 i<9 不成立了；（2）由于执行了 break。这与我们在第 5 章中学习的判断一个数是否为素数的编程方法很像（参见第 5 章程序例 5.13），跳出 for 后，用 if 语句分两种情况输出结果就可以了。if 的条件就是 for 语句中表达式 2 的相反条件，它代表"坚持到底"的情况，本例就是没有找到。

显然这种查找方式的工作量与数据的多少有关，还与要找元素所在的位置有关。如果待查数据恰好是第 0 号元素，则在 i=0 时只需比较 1 次就可以了。如果要找的数据在 a[1]，则需要比较 2 次……，最"倒霉"的情况是要找的数据在最后一个位置 a[n-1]，需比较 n 次。这是找到元素的情况。如果没有找到元素，都要比较 n 次。因此，顺序查找最好的情况需要比较 1 次，最坏的情况需要比较 n 次，平均需要比较(1+2+...+n)/n=(n+1)/2 次。

如果 n 是一个很大的值，那么需要比较的次数就太多了！即使计算机有极快的速度，还需要一些时间查找。全世界网页的数字是个天文数字。如果百度用这种方法查找，每个人的每次搜索都要比较这么大的一个天文数字的次数，全世界又有很多人在同时用百度，那百度要比较多少次呢？我们单击搜索之后恐怕要等到明年才能看到结果了。然而事实不是这样的，我们可以立即得到结果，其查找速度是非常之快的。因为百度绝不是用"顺序查找"的方法，而是采用了更快、效率更高的查找方法。查找方法可以很复杂，查找技术是一门学问，也有人在不断研究和发明更多更好的查找方法。我们只介绍其中之一——二分查找。

2．二分查找

二分查找又称为对分查找、折半查找，这是一种效率很高的查找方法。要使用二分查找有一个前提是：原始数据在数组中必须按由小到大或由大到小的有序顺序排列。例如要在下面数组中查找 25 是不能用二分查找的。

a[0]	a[1]	a[2]	a[3]	a[4]	a[5]	a[6]	a[7]	a[8]
12	32	5	20	28	18	25	38	3

因为数据大小顺序是乱序的。必须把数据按大小顺序重新组织，如由小到大排序如下所示：

a[0]	a[1]	a[2]	a[3]	a[4]	a[5]	a[6]	a[7]	a[8]
3	5	12	18	20	25	28	32	38

这样才能进行二分查找。二分查找时，第一次并不是比较 a[0]是否为 25，而是首先检查整个数组中间的一个元素。中间元素的下标用首尾下标相加除以 2 求得：(0+8)/2=4。因此第一次比较 a[4]与 25 的大小：发现 a[4]为 20 小于 25，虽然没找到但可得出结论，要找的 25 必在 a[4]之后，因为数组是由小到大排序的。这样 a[4]之前的 a[0]～a[3]这"一半"的数据以后都不用看了，而只需再检查 a[5]～a[8]，工作量减少一半。第二次比较的仍是 a[5]～a[8]中间的一个元素：(5+8)/2=6（整数除法直接舍小数），a[6]为 28 大于 25，再砍掉 a[7]～a[8]这一半。第三次比较 a[5]就找到了 25，总共比较了 3 次。

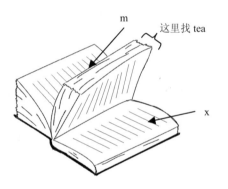

图 6-10　查词典的过程

实际上，我们在查英文词典时，也是按照一种类似二分查找的方式。如图 6-10，例如要在词典中找 tea 这个单词，我们不会从第一个单词 a 开始查找，而是大概翻到词典的一半。如果发现是 m 开头的单词，则不会再查词典的前一半。下次翻到词典后一半中的大概一半的位置，例如翻到了 x 开头的单词，此处之后的部分也不会再查了，因为 t 在 x 之前。所剩部分再翻到大概一半的位置……如此逐步缩小查找范围，最终找到 tea。然而这种查找有一个前提是词典中的单词是按字母表顺序 a～z 排列的。

二分查找每次比较都能"砍掉"一半的工作量，下次再"砍掉"一半中的一半……在最坏情况下它需要的比较次数是 $\log_2 n$，这比顺序查找的效率大大提高！二分查找的效率有多高呢？我们通过一个小游戏来说明。

小游戏　如图 6-11 所示，假设一张纸的厚度是 0.1 毫米，将它对折，厚度就变成 0.2 毫米，再对折，就变成 0.4 毫米…那么这样对折 100 次后，厚度变成多少了呢？1

米？100 米？还是 1000 米？都错！答案是：约 134 亿光年（1 光年约为 9 万 4600 亿千米）。

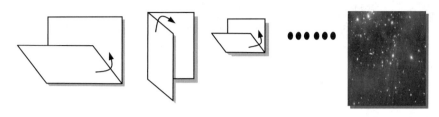

图 6-11　将一张纸对折 100 次

这么长的距离，让它再除以 0.1 毫米等于多少呢？恐怕这个数字已经巨大得砸破脑袋也无法形容了吧！如果我们有一个数组，有“134 亿光年/0.1 毫米”这么多个元素，用二分查找法查找其中的任意一个数据，最坏情况下仅需比较 100 次就足够了。这就是二分查找的威力！

【**程序例 6.9**】用二分查找在数组 a[9]中，查找有没有值为 25 的元素，数组 a[9]中的元素已按从小到大的顺序排序。

```
#include <stdio.h>
main()
{   int a[9]={3,5,12,18,20,25,28,32,38};
    int low=0, high=8;        /* 目前查找范围 a[low]~a[high] */
    int mid;                  /* 查找范围的中间元素的下标 */
    while (low<=high)
    {
        mid=(low+high)/2;
        if (a[mid]<25)
            low=mid+1;        /* 使下次找后半段: high 不变 */
        else if (a[mid]>25)
            high=mid-1;       /* 使下次找前半段: low 不变 */
        else                  /* a[mid]==25 的情况: 找到! */
            break;            /* 跳出 while */
    }
    if (low>high)             /* 有两种途径可跳出以上的 while */
        printf("没有找到25.\n");     /* ①low<=high 不成立跳出的 */
    else
        printf("找到25, 它的下标是%d", mid); /* ②执行 break 跳出的 */
}
```

程序的输出结果是：

找到 25，它的下标是 5

二分查找时每一步都要确定一个查找范围，首先需要确定的查找范围是整个数组，下次是此范围的一半（可能是前一半，也可能是后一半），再下次又是上次那一半的一半……我们设置两个变量 low 和 high，用于保存现在要查找的范围的起始和结束位置的下标。那么每次要检查的“中间”元素下标就是(low+high)/2（注意整数除法如有小数要直接舍去小数），将此下标存入变量 mid。如果 a[mid]就是 25，说明找到了，通过 break 跳出循环。如果 a[mid]不是 25，就根据它与 25 的大小关系确定下次是找 a[low]~a[high]的前一半还是后一半。当 low>high 时，查找范围已经越界，说明全部找完没有找到。

高手进阶

进行二分查找实际需要两个前提，一是数据必须排序，二是数据必须以数组的方式存储（也称顺序存储）。除数组外，在第 9 章会介绍数据还可以以链表的方式存储（也称链式存储），以链表存储的数据是不能进行二分查找的。

6.2.2　混乱之治——排序技术

排序就是按照各数据的大小，重新安排它们在数组中的位置，使它们由小到大或由大到小排列。一副新买的扑克牌就是排好序的。将牌洗乱后，再重新按照花色和 1～13 的顺序整理，使顺序恢复如初，这就是排序。

排序方法有很多，这里仅介绍其中的几种。排序方法是整个 C 语言学习过程中编程方法的难点之一。

1.（简单）选择排序法

介绍的第一种排序法是选择排序法（也称简单选择排序法），我们先给出它的程序，再分析其思路。

【程序例 6.10】将数组 b[5]中的 5 个元素按从小到大的顺序排序，并输出排序结果。

```
#define N 5
main()
{   int b[N]={5, 2, 8, 3, 1};
    int t, i, j;

    /* 每次循环找 b[i]～b[4]中的最小值，并将最小值存入空间 b[i] */
    for (i=0; i<N-1; i++)          /* 或 i<=N-2 */
        for(j=i+1; j<N; j++)       /* 或 j<=N-1，从 i 的下一个到最后一个 */
            if (b[i] > b[j])       /* 内层循环都与 b[i]比较   */
            { t=b[i]; b[i]=b[j]; b[j]=t; } /* 交换 b[i]和 b[j] */

    for (i=0;i<N;i++)              /* 输出排序结果 */
        printf("%d ",b[i]);
}
```

程序的输出结果为：

```
1 2 3 5 8
```

如图 6-12 所示，对 5 个元素的排序过程分为 4 个步骤进行（步骤数为：元素个数-1），由于数组下标从 0 开始，我们将这 4 步编号也从 0 开始，依次称第 0 步～第 3 步。

首先第 0 步是选取 5 个元素中的最小数据放到 b[0]的位置，其余 4 个数据可以随意安排在 b[1]～b[4]的 4 个位置中，然后不再考虑 b[0]，下一步第 1 步是从 b[1]～b[4]中选取最小数据放到 b[1]的位置，剩余 3 个数据随意安排在 b[2]～b[4]。第 2 步不再考虑 b[0]、b[1]，从 b[2]～b[4]中选取最小数据放到 b[2]的位置。最后一步即第 3 步不再考虑 b[0]、b[1]、b[2]，从 b[3]～b[4]中选取最小数据放到 b[3]的位置，剩余一个数据必在 b[4]，至此排序完成。

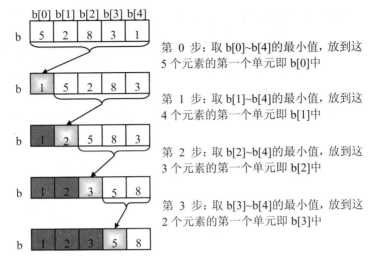

图 6-12 选择排序法的第 i 步：取 b[i] - b[4]的最小值，放到这些元素的第一个单元 b[i]中

观察这 4 步发现，虽然各个步骤所做的工作各不相同，但方法却是相似的。对第 i 步来说都是从 b[i]～b[4]中选取最小的数据放到 b[i]的位置，也就是放到这几个数据的"头一个"位置。4 步的区别仅在于其规模不同（从 5 个数据中选、从 4 个数据中选、从 3 个数据中选……），这与数学上的"相似三角形"很类似。相似三角形的角度、形状相似，只是大小不同，如图 6-13。这种把大问题分解为若干相似的、规模逐步减小的小问题的思想，是一种常见的编程思想。

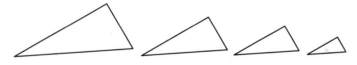

图 6-13 相似三角形的形状一致，只是大小不同

根据以上 4 个步骤，我们可以把整个排序过程表示如下：

```
for (i=0; i<4; i++)
    从 b[i]～b[4]中选取最小的数据放到 b[i]的位置;
```

下面考虑如何"从 b[i]～b[4]中选取最小的数据放到 b[i]的位置"。这是一个求最小值的问题，我们按照程序例 6.7 擂台赛的思路来解决这个问题。由于要找最小值，比赛规则是孰小孰胜。这里不设单独的变量如 min 来保存最小值，而直接让最小值保存到 b[i]中。

以取 b[0]～b[4]的最小数据放到 b[0]为例，把 b[0]这个位置看做擂主的"宝座"，开始"坐"在 b[0]的数据就是初始擂主。第一场比赛 b[1]上场与擂主比，如果 b[0]>b[1]，则 b[1]胜，交换擂主。交换擂主时，原擂主离开宝座，但也应为原擂主安排一个"普通"座位，不如就让它坐在 b[1]的位置好了，这样交换擂主只要交换 b[0]与 b[1]的值即可。第二场比赛 b[2]上场，仍然与擂主 b[0]比，如果 b[2]胜则 b[0]与 b[2]交换座位。第三场比赛 b[3]上场，仍与擂主 b[0]比，……如此下去，最后 b[4]上场。每人上场一次，均与宝座上的 b[0]比，新人胜则换座位。

如果是 b[i]～b[4]找最小值呢？b[i]是擂主宝座，每场比赛都与"宝座"上的 b[i]较量。b[i] 自己和自己就不用较量了，第一场比赛自然是 b[i]的下一个 b[i+1]上，可以将这个过程表示为：

```
/* 从 b[i]～b[4] 中选取最小的数据放到 b[i] 的位置 */
for (j=i+1; j<5; j++)
    if (b[i]>b[j]) 交换 b[i] 和 b[j];
```

用这两行程序替换前述 i 循环中的"从 b[i]～b[4] 中选取最小的数据放到 b[i] 的位置;",从而构成嵌套循环。而"交换 b[i] 和 b[j];"需要引入临时变量 t 进行（如读者对交换变量值的方法尚为陌生，请复习第 4 章 4.2.1 小节的内容）。因此排序的完整程序如下所示：

```
for (i=0; i<4; i++)
    for (j=i+1; j<5; j++)
        if (b[i]>b[j]) {t=b[i]; b[i]=b[j]; b[j]=t;}
```

高手进阶　在以上程序中，我们也可以将 t=b[i]; b[i]=b[j]; b[j]=t; 写为 t=b[i], b[i]=b[j], b[j]=t; （似乎是用逗号分隔的）。后者为逗号表达式语句，是 1 条语句，根据逗号表达式的特点，执行效果与前者 3 条语句的相同（如读者对逗号表达式的概念尚为陌生，请复习第 2 章 2.3.4 小节的内容）。

如果要从大到小排序，过程不变，只是每步均选取最大值放到"开头"，擂台赛中规则调整为"孰大孰胜"。因此从大到小排序，只要颠倒大小符号，将 if (b[i]>b[j]) 改为 if (b[i]<b[j]) 就可以了，目的是让 b[i] 小的时候交换。

窍门秘笈　选择排序法的原理有些复杂，初学者如不易理解，可以通过以下口诀记住编程方法。遇到排序问题，按照口诀，就可以把程序写出来了。

> 从小到大排序，
> 两层循环一起。
> 外层从头减 1，
> 内层接力到底。
> 外内两数相比，
> 外大交换完毕。

排序需要外、内两层嵌套的循环。外层循环表示大的步骤，步骤数与"元素个数-1"相等（如 5 个元素分 4 步），因此外层循环应从 0 循环到 N-2。"减 1"的意思是甩掉末尾一个元素，即甩掉 N-1，循环到 N-2。内层循环从外层的下一个值开始（接力），一直循环到最后一个元素（下标 N-1）。操作是将外层循环变量（如 i）的下标元素，与内层循环变量（如 j）的下标元素相比，如果外元素大则交换这两个元素。对于"从大到小排序"，只需要将最后一句的"大"字改为"小"即可，即"外小交换完毕"。

选择排序法的程序，还有一种写法。因为"从 b[i]～b[4] 中选取最小的数据放到 b[i] 的位置;"的擂台赛问题还可以通过"请裁判设置小黑板"方法解决。只要请裁判在小黑板上记下现在擂主的下标编号就可以了，而不必在比赛时频繁地交换座位这样"折腾人"。为了让擂主坐到 b[i] 的"宝座"上，决出擂主后，最后还要请擂主与 b[i] 上的原数据交换座位，但仅需要最后交换一次。

设变量 k 为裁判的"小黑板"。开始时设擂主为 b[i]，自然让 k=i; 从下一个人 b[i+1] 开始上场比赛，每场比赛都与擂主比，注意擂主是 b[k] 而不是 b[i] 了（以小黑板为准）。每场比赛不要交换座位，只要修改小黑板上的编号（修改 k 值）。全部比赛结束后，小黑板上编号的人与"宝座"b[i] 上原来的人交换座位一次，即交换 b[k] 与 b[i] 的值。修改后的排序程序如下所示：

```
/* 每次循环找 b[i]～b[4]中的最小值，并将最小值存入空间 b[i] */
for (i=0; i<N-1; i++)
{
    /* 确定擂主：找 b[i]～b[4]的最小元素，将其下标存入 k */
    k=i;        /* 设 int k;已定义 */
    for(j=i+1; j<N; j++)     /* 从 b[i]的下一个元素到最后一个元素 */
        if (b[k] > b[j]) k=j;

    /* 将最小元素即 b[k]的值存入 b[i]的位置，即交换 b[k]和 b[i] */
    t=b[k]; b[k]=b[i]; b[i]=t;
}
```

2. 冒泡排序法

排序方法有很多，以上选择排序法是其中的一种。下面我们再介绍一种冒泡排序法。在介绍冒泡排序法之前，先来做一个小游戏。

 小游戏　　气泡的旅行。

如图 6-14 所示，在河水中，从河底到河面有不同的物体：水草、石头、鱼等。现在水下有一个气泡，它紧邻的物体为水草，由于气泡轻于水草，气泡将上浮到水草之上。现在气泡遇到一块石头，同样由于气泡轻、石头重，气泡将上浮到石头之

图 6-14　小游戏：气泡的旅行

上。现在气泡的临近物体是一条鱼，同样由于气泡轻、鱼重，气泡将上浮到鱼之上……最终气泡浮出水面。

这个小游戏体现了"冒泡排序"的基本思想。回顾气泡的旅行过程，我们发现有这样一个规律：每次气泡都是与"眼前"最邻近的物体比较孰轻孰重，"太远"的物体看不到，这是冒泡排序的一个显著特点。

【**程序例 6.11**】用冒泡排序法按从大到小排序数组 b[5]中的 5 个元素，并输出排序结果。

```
#define N 5
main()
{   int b[N]={1, 5, 3, 2, 8};
    int t, i, j;

    /* 每次循环找 b[0]～b[N-i-1]中的最小值，并将最小值存入空间 b[N-i-1] */
    for (i=0; i<N-1; i++)           /* 或 i<=N-2 */
        for (j=0; j<N-i-1; j++) /* 或 j<=N-i-2 */
            if (b[j]<b[j+1])    /* 相邻元素比较 */
                { t=b[j]; b[j]=b[j+1]; b[j+1]=t; }

    for (i=0;i<N;i++)               /* 输出排序结果 */
        printf("%d ",b[i]);
}
```

程序的输出结果为：

```
8 5 3 2 1
```

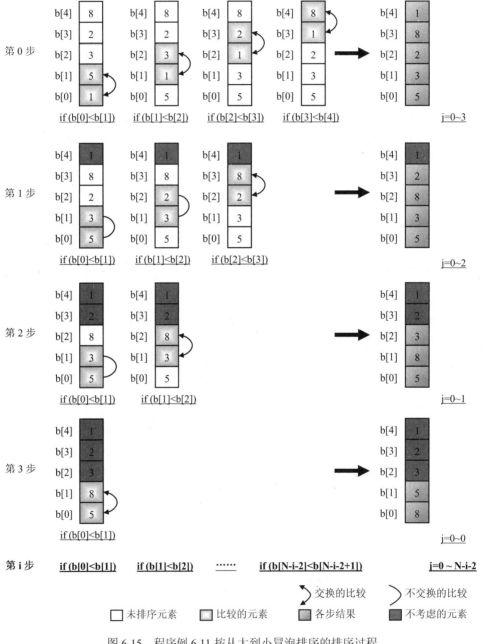

冒泡排序的整个过程如图 6-15 所示。我们把数组的元素按垂直方向排列，将各元素看做河水中的不同物体（注意 b[0] 在底端，应从下到上阅读数组；切不要从上到下从 b[4] 读到 b[0]）。

对于 5 个元素的冒泡排序过程也是要分 4 步进行（步骤数为：数据个数-1），每步浮出最小的数据到河面（本批数据的最后一个空间）。数据浮出后，在以后的步骤中就不考虑已浮出的数据了，仅处理剩余数据。

每步浮出最小数据的过程又是一个循环，因此整个排序也是一个嵌套的两层循环。外层 i 循环是步骤数，要循环"数据个数-1"个步骤（i 如从 0 开始则循环到"数据个数-2"），内层 j 循环都是从"河底" b[0] 开始的，循环次数已在图 6-15 中用带下划线的文字推导。

图 6-15　程序例 6.11 按从大到小冒泡排序的排序过程

冒泡排序的突出特点是在浮出最小数据的过程中，永远是相邻两个数据比较；而选择排序法每次均与本批数据的"开头"元素比较（如第 0 步均与 b[0] 比较）。从大到小排序时，b[j] 与 b[j+1] 比较，如果 b[j] 小就交换，这保证了下标越小的元素值越大。如果从小到大排序，也只要颠倒大小符号，将程序中的 if(b[j]<b[j+1]) 改为 if(b[j]>b[j+1]) 即可。

3.（直接）插入排序法

我们在生活中最常用的排序法应该是插入排序法。例如打扑克时，手中的牌一般需要按照花色和大小整理好，以便出牌。有人习惯每摸一张新牌，就将它插入到手上已有牌中的适当位置，使手中的牌总保持按花色和大小顺序整理好的状态，这就是插入排序的思想。

这里要介绍的插入排序属于直接插入排序，就是将新元素逐个插入到已排序好的序列中，当所有元素都插入完毕，排序也就完毕。如图 6-16 所示，初始状态的"已排好序的序列"是仅有一个元素的序列。每次将新元素插入时，要先找到它应插入的位置，将新元素与序列中的元素逐个比较，一旦找到第一个比它大的元素时，插入位置就应该在这个元素之前。插入时，按照数组元素的插入方法，后续元素逐个后移一格为新元素"腾"出位置（参见程序例 6.3）。

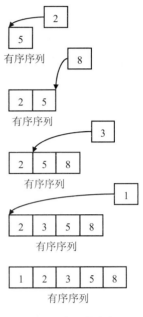

图 6-16　插入排序法

【程序例 6.12】用插入排序法按从小到大排序数组 b[5] 中的 5 个元素，并输出排序结果。

```c
#define N 5
main()
{    int b[N]={5, 2, 8, 3, 1};
     int i, j, k, data;

     for(i=1; i<N; i++)
     {
         /* 将 b[i] 插入到有序序列 b[0],b[1],……,b[i-1] 中，分 4 步：*/
         /* ① 备份要插入的数据 b[i] 到 data，要插入的数据也是 data */
         data=b[i];
         /* ② 在有序序列 b[0],b[1],……,b[i-1] 中找插入位置 => k */
         for (j=0; j<i; j++)           /* 有序序列下标范围是 0～i-1 */
             if(b[j]>data)  break;     /* 找到第一个比 data 大的元素 */
         k=j;                          /* 应插入到 b[j] 之前，即位置 j */
         /* ③ 将 b[k]～b[i-1] 的元素逐个后移一格（将覆盖原来 b[i] 的数据）
             即执行 b[i]=b[i-1]; b[i-1]=b[i-2]; ...; b[k+1]=b[k]; */
         for (j=i-1; j>=k; j--)
             b[j+1]=b[j];
         /* ④ 新值入位。在回到 i++ 后，有序序列加长一个元素 */
         b[k]=data;
     }

     for (i=0; i<N; i++) /* 输出排序结果 */
         printf("%d ",b[i]);
}
```

程序的输出结果为：

```
1 2 3 5 8
```

插入排序法的核心就是一个个地将新元素 b[i]插入到已排好序的序列中，这是一个循环的过程。而在每次插入时，一要找到插入位置需要一个循环，二要逐个移动元素"腾"出空位，又需要一个循环，这两个循环是被嵌套在内层的，然而这两个循环彼此是并列和顺序执行的，而不是嵌套的关系。因此插入排序也是一个两层循环的过程，外层循环内嵌套依次执行两个内层小循环。

本例使用同一数组既保存已排好序的序列，又保存未排序的数据。数组的前面部分为已排好序的序列（从 b[0]~b[i-1]），每次将 b[i]插入后，这部分随之延长。初始状态已排好序的序列只有一个元素 b[0]，下一步要从 b[1]开始一个个地插到这个序列中。所以外层 i 循环是从 1 开始，一直循环到数组的最后一个元素（下标 N-1）。

与程序例 6.3 要插入元素的数组后面位置是空位（值为 0）不同，由于我们使用同一数组保存未排序的数据，在移动元素为新数据"腾"空位时，b[i]会被覆盖，这样腾出空位后要插入的"新数据"b[i]就找不到了。因此事先应将 b[i]备份一下，程序中是先将 b[i]的值在变量 data 中复制了一份，再将 data 的值插入即可。

如果是从大到小排序，应在有序序列中找到第一个比新数据小的元素，新数据插到此处之前。因此只要把 if(b[j]>data)改为 if(b[j]<data)即可。

4．其他排序方法

排序的方法还有很多，本书就不一一介绍了，读者如有兴趣可参阅其他书籍。但这里把几种常见的排序方法的效率总结于表 6-1 所示。其中"累堆排序法"是几种方法中效率最高的排序方法。

表 6-1　排序法效率总结

排序法	最坏情况比较次数	平均情况比较次数	稳定性*
（简单）选择排序法	n(n-1)/2	n(n-1)/2	稳定性
冒泡排序法	n(n-1)/2	n(n-1)/2	稳定性
（直接）插入排序法	n(n-1)/2	n(n-1)/2	稳定性
快速排序法	n(n-1)/2	$n*\log_2 n$	不稳定性
（累）堆排序法	$n*\log_2 n$	$n*\log_2 n$	不稳定性
谢（希）尔排序法	n^r, 1<r<2	n^r, 1<r<2	不稳定性

＊稳定性排序是指排序后能使值相同的数据，保持原顺序中的相对位置，反之则称不稳定性排序。

【随讲随练 6.5】下列排序方法中最坏情况下比较次数最少的是（　　　）。

A．冒泡排序　　　B．简单选择排序　　　C．直接插入排序　　　D．堆排序

【答案】D

【随讲随练 6.6】冒泡排序在最坏情况下的比较次数是（　　　）。

A．n(n+1)/2　　　B．$n\log_2 n$　　　C．n(n-1)/2　　　D．n/2

【答案】C

高手进阶

这里将其他三种排序法，做简要介绍如下所示：

快速排序：任取序列中某个元素为基准，将序列划分为左右两个子序列，左侧子序列都小于或等于基准元素，右侧子序列都大于基准元素，接下来分别对两个子序列重复上述过程。

希尔排序：将原序列中相隔某个增量的那些元素构成一个子序列，在排序过程中，增量逐渐减小，当增量减小到 1 时，进行一次简单插入排序即可。

堆排序法：借助完全二叉树实现（二叉树将在第 11 章介绍），根的值是最小的，非根结点的数据 ≥ 父结点的数据。

6.3 立体升级——二维数组

6.3.1 二维数组的定义和引用

二维数组与一维数组的定义和使用都有许多共性，在定义变量时使用连续的两个[ ]，如下所示：

```
int a[3][4];
```

以上语句定义一个二维数组，a 为数组名。可以将它想象为一张二维表，其中行数、列数分别是在两个[ ]内指定的，这里为 3 行、4 列，共 12 个元素，相当于 12 个变量，如下所示：

	第 0 列	第 1 列	第 2 列	第 3 列
第 0 行	a[0][0]	a[0][1]	a[0][2]	a[0][3]
第 1 行	a[1][0]	a[1][1]	a[1][2]	a[1][3]
第 2 行	a[2][0]	a[2][1]	a[2][2]	a[2][3]

单个的变量通过变量名就能存取变量的值；而一维数组除要给出数组名外，还要以[ ]给出一个下标才能存取元素；二维数组除要给出数组名外，还要以连续的两个[ ]，分别给出行标和列标才能存取元素。如上例的二维数组中，第一个元素这个"变量"的变量名为a[0][0]，第 1 行第 2 列元素的"变量名"为 a[1][2]。行号和列号同样都是从 0 开始编号，最大到总行数-1 和总列数-1。注意没有 a[3][4]这个元素，定义时的"int a[3][4];"是指共有3 行、4 列。

以下二维数组的用法都是正确的：

```
int i=2, j=3;
a[0][3]=1;              /* 将第 0 行第 3 列的元素赋值为 1 */
scanf("%d", &a[2][3]); /* 从键盘输入数据存入第 2 行第 3 列的元素中 */
printf("%d", a[i][j]); /* 输出第 2 行第 3 列的元素值 */
```

与一维数组相同，在引用数组元素时可以使用变量，如上面程序段的最后一句。但在定义二维数组时决不能使用变量表示行数或列数，下面的定义是错误的：

```
int a[i][j];    /* 错误 */
```

无论定义还是引用，两个[ ][ ]之间都不能有空格。

在实际编程时，二维数组一般要和嵌套的两层循环结合使用，外层循环变化行标、内层循环变化列标。如下程序是按行、列输出数组各个元素的值：

```
for (i=0; i<3; i++)
{
    for (j=0; j<4; j++)        }   /* 输出第 i 行一行的 4 个元素 */
        printf("%d ", a[i][j]);
    printf("\n"); /* 输出每行的 4 个元素后，换行 */
}
```

【随讲随练 6.7】 如有定义 int a[2][3]; int i=0,j=1;下列语句在语法上哪些正确，哪些错误？

```
A. a[2][3]=5;        /* 错误，没有 a[2][3]这个元素  */
B. a=5;              /* 错误，不能对数组整体引用整体赋值，必须逐个元素赋值 */
C. a[0][0]=1;        /* 正确，给第 0 行第 0 个元素赋值为 1 */
D. a[i+1][j]=2;      /* 正确，引用时可使用变量，即 a[1][1]=2; */
E. int b[i+1][j];    /* 错误，此为定义数组，定义时不能使用变量 */
```

6.3.2 二维数组在内存中的存储形式

计算机内存是连续的和线性的，不能"弯折"为"二维表"的形式。二维数组在内存中存储时，是线性存储和按行排列的，即下一行尾随在上一行的连续空间之后连续存储。如有 int a[3][4];其存储方式如图 6-17（每个元素为整型变量，在 VC6 中每个元素占 4 字节）所示。

图 6-17　3 行 4 列的二维数组在内存中的存储形式

6.3.3 二维数组的初始化（定义时赋初值）

二维数组在定义时也可为各元素赋初值，初值也必须要写在一对{ }内。在{ }内的初值将按照行从上到下、列从左到右的顺序依次填入二维数组的各个"格子"中，例如：

```
int a[2][3]={80,75,92,61,65,71};
                /* 第 0 行为 80,75,92；第 1 行为 61,65,71 */
```

由于二维数组在概念上可想象为"分行"的形式，因此也可以在初值的{ }中再嵌套一层{ }，一个内层的{ }对应一行的元素，例如：

```
int a[2][3]={ {80,75,92}, {61,65,71}};
                              /* 第 0 行为 80,75,92；第 1 行为 61,65,71 */
```

这与刚才只有一层{　}的效果相同。但如果初值个数与元素个数不一致时，效果就不同了。

与一维数组的规定相同，对二维数组定义时赋初值，当初值个数少于数组元素个数时系统将自动补 0，当初值个数多于数组元素个数时则发生错误。例如下面是初值少补 0 的例子：

```
int x[3][3]={{1},{2},{3}};
int y[3][3]={{0,1},{},{3}};
int z[3][3]={{0,1},{2}};
```

3 个二维数组 x、y、z 的情况如图 6-18 所示。

x	0	1	2
0	1	0	0
1	2	0	0
2	3	0	0

y	0	1	2
0	0	1	0
1	0	0	0
2	3	0	0

z	0	1	2
0	0	1	0
1	2	0	0
2	0	0	0

图 6-18　二维数组 x、y、z 定义时赋初值的情况

在定义二维数组时，可否省略两个[ ]内的行数或列数呢？

在任何情况下，都不能省略列数（不能省略第二个[ ]内的数）；

在给出初值时，可省略行数（可省略第一个[ ]内的数）。

定义二维数组时能省略的是第一个[ ]内的行数，而不是第二个[ ]内的列数，初学者写起来可能有些不太习惯，请尤其注意。例如，上述 x、y、z 数组的定义还可以写为：

```
int x[][3]={{1},{2},{3}};
int y[][3]={{0,1},{},{3}};
int z[][3]={{0,1},{2}};
```

在语法上都是正确的，系统将以初值中有几个内层{　}确定数组有几行。因此数组 x、y 的效果与先前一致，但数组 z 将变为 2 行，这时 z 的情况如图 6-19 所示。

z	0	1	2
0	0	1	0
1	2	0	0

图 6-19　定义数组 z 省略行数时的情况

只有一层{ }时，也可以省略行数，但列数不能省略，这时系统将依次在“列宽”确定的数组中依次填入数据，填入数据完成，行数也就确定了。就像我们在写文章时，一般不能事先确定要写多少行，但拿到的白纸的宽度是确定的，我们只管写内容，写满一行的宽度时换行，这样一行一行地写，将要写的内容都写完，行数也就确定了，如图 6-20。正因如此，二维数组的列数是万万不能省略的，如果一张纸连宽度都不确定，谁还能用它写文章呢？

```
int m[][3]={1,2,3,4,5,6,7,8,9};        /* 9 元素 3 行 */
int n[][3]={1,2,3,4};                  /* 第二行属初值不足，系统自动补 2 个 0 */
```

初始化后数组 m 和 n 的情况如图 6-21 所示。其中数组 n 被补了 2 个 0，含 2 行 6 个元素。

【随讲随练 6.8】下面对二维数组的定义和初始化，哪些正确，哪些错误？

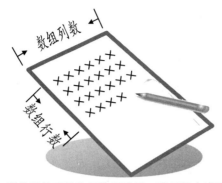

图 6-20　二维数组的列数和行数相当于一张纸的宽度和文章的行数　图 6-21　数组 m、n 初始化的情况

```
A. int a[2][3]={{1,2,3,4},{2,3,5}};  /* 错误,2 行 3 列,初值{1,2,3,4}多给一列 */
B. int a[2][3]={{1,2,3},{2,3,5},{1,2}};  /* 错误,2 行 3 列,初值{1,2}多给一行 */
C. int a[2][]={1,2,3};                    /* 错误,列数不能省略 */
D. int a[][3];                            /* 错误,若省略行数,后面须给出初值 */
E. int a[2][3]; a={1, 2, 3, 4, 5, 6};/*错误,只有定义数组同时赋初值才能用{ } */
```

【随讲随练 6.9】程序如下所示:

```
#include<stdio.h>
main()
{ int b[3][3]={0,1,2,0,1,2,0,1,2}, i, j, t=1;
 for (i=1;i<3;i++)
   for (j=1;j<=1;j++)  t+=b[i][b[j][i]];
 printf("%d\n", t);
}
```

程序运行后的输出结果是（　　　）。
A．1　　B．3　　　C．4　　D．9

【答案】C

【分析】t 在 1 的基础上依次累加 b[1][b[1][1]]即 b[1][1]（=1）和 b[2][b[1][2]]即 b[2][2]（=2），所以 t 最终为 4。

【程序例 6.13】现有北京、天津、上海 3 个城市四季的平均气温如表 6-2 所示，分别求各城市全年的平均气温。

表 6-2　北京、天津、上海 3 个城市四季的平均气温

	春	夏	秋	冬
北京	11.3	28.2	16.5	-7.1
天津	12.4	27.1	17.6	-5.7
上海	23.2	33.5	25.8	-1.3

【分析】3 个城市都有四季的 4 个气温，适合用二维数组保存数据。定义 3 行 4 列的二维数组 temp[3][4]保存表 6-2 中的数据。3 个城市每城市都要计算一年平均气温，共有 3 个年平均气温，适合用一维数组保存；再定义包含 3 个元素的一维数组 avg[3]保存计算结果。

```
#include <stdio.h>
```

```
main()
{   float temp[3][4]={
        {11.3,28.2,16.5,-7.1},
        {12.4,27.1,17.6,-5.7},
        {23.2,33.5,25.8,-1.3}
    };
    float avg[3];  int i, j;

    /* 求 3 个城市的年平均气温，结果存入数组 avg[3] */
    for (i=0; i<3; i++)             /* 循环 3 个城市 */
    {   avg[i]=0;                   /* 先求城市 i 的年总气温，存入 avg[i]*/
        for (j=0; j<4; j++)
            avg[i]+=temp[i][j];
        avg[i]/=4;                  /* 求城市 i 的年平均气温 */
    }

    /* 输出 3 个城市的年平均气温 */
    for (i=0; i<3; i++)             /* 循环 3 个城市 */
    {   switch(i)                   /* 输出城市名 */
        {
            case 0:  printf("北京"); break;
            case 1:  printf("天津"); break;
            case 2:  printf("上海"); break;
        }
        printf("的年平均气温是%5.2f 度\n", avg[i]);   /* 输出平均气温 */
    }
}
```

程序的输出结果是：

```
北京的年平均气温是 12.23 度
天津的年平均气温是 12.85 度
上海的年平均气温是 20.30 度
```

数学中的矩阵也是由行、列组成的，因此矩阵的问题也适合用二维数组处理。

【程序例 6.14】二维数组 a 中保存了一个 4×4 的矩阵，请将矩阵转置。

【分析】将矩阵转置就是行变为列，列变为行。如图 6-22 所示，原来第 0 行的 21、12、13、24，转置后变为第 0 列；原来第 1 行的 25、16、47、38，转置后变为第 1 列……。如何进行转置呢？实际上交换几对元素的值就可以了，所要交换的几对元素已用双箭头标注在图 6-22 中，注意对角线的元素（图中阴影部分的元素）是不需要交换的。

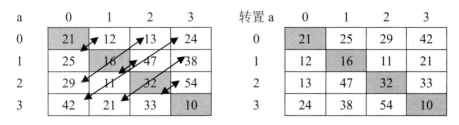

图 6-22　矩阵 a 的转置过程

所要交换的两两元素的下标都是 a[i][j] 与 a[j][i] 交换，即某元素和它的行标、列标反过来的另一元素进行交换。具体来说，需要交换的元素如下所示：

第 1 行有：a[1][0]～a[0][1]

第 2 行有：a[2][0]～a[0][2]、a[2][1]～a[1][2]

第 3 行有：a[3][0]～a[0][3]、a[3][1]～a[1][3]、a[3][2]～a[2][3]

注意第 0 行没有任何元素要交换（以矩阵的下半三角为基准）。

第 i 行有：a[i][0]～a[0][i]、a[i][1]～a[1][i]、...、a[i][i-1]～a[i-1][i]

i 从 1 变化到 3，因此矩阵转置过程可以表示为：

```
for (i=1; i<4; i++)
    交换 a[i][0]～a[0][i]、a[i][1]～a[1][i]、...、a[i][i-1]～a[i-1][i];
```

注意到循环体部分本身还是个循环，循环体部分应该表示为：

```
for (j=0; j<i; j++) /* 或 for (j=0; j<=i-1; j++) */
    交换 a[i][j]～a[j][i];
```

因此整个程序应是一个双层循环。完整的程序如下所示。

```
#include <stdio.h>
#define N 4
main()
{   int a[N][N]={   {21,12,13,24},{25,16,47,38},
                    {29,11,32,54},{42,21,33,10}};
    int i, j, t;
    for (i=1; i<N; i++)
        for (j=0; j<i; j++) /* 或 for (j=0; j<=i-1; j++) */
            { t=a[i][j]; a[i][j]=a[j][i]; a[j][i]=t; }

    /* 输出转置后的矩阵 a */
    for (i=0; i<N; i++)
    {
        for (j=0; j<N; j++)
            printf("%4d", a[i][j]);
        printf("\n");
    }
}
```

程序的输出结果为：

```
21  25  29  42
12  16  11  21
13  47  32  33
24  38  54  10
```

【随讲随练 6.10】 已知两个 3×3 的矩阵如图 6-23 所示，请编程求这两个矩阵的和（两个矩阵的和就是对应每个元素的和组成的 3×3 的新矩阵）。

$$\begin{bmatrix} 1 & 2 & 3 \\ 4 & 5 & 6 \\ 7 & 8 & 9 \end{bmatrix} \quad \begin{bmatrix} 0 & 1 & 2 \\ 1 & 9 & 7 \\ 2 & 3 & 8 \end{bmatrix}$$

图 6-23　随讲随练 6.10 的两个矩阵

```
#include <stdio.h>
#define N 3
main()
{   int a[N][N]={ {1,2,3}, {4,5,6}, {7,8,9} };
    int b[N][N]={ {0,1,2}, {1,9,7}, {2,3,8} };
    int c[N][N], i, j;
    for (i=0; i<N; i++)
```

```
        for (j=0; j<N; j++)
            c[i][j] = a[i][j] + b[i][j];

    /* 输出矩阵 c */
    for (i=0; i<N; i++)
    {
        for (j=0; j<N; j++)
            printf("%4d", c[i][j]);
        printf("\n");
    }
}
```

程序的输出结果为：

```
1   3   5
5  14  13
9  11  17
```

【随讲随练 6.11】已知 4 行 3 列的二维数组如图 6-24 所示，请编程按列的顺序将其中的数据依次存放到一个一维数组中，即一维数组应包含 12 个元素，元素依次为：1, 5, 9, 2, 6, 10, 3, 7, 11, 4, 8, 12。

$$\begin{bmatrix} 1 & 2 & 3 & 4 \\ 5 & 6 & 7 & 8 \\ 9 & 10 & 11 & 12 \end{bmatrix}$$

图 6-24　二维数组

【分析】按照数组收纳的编程套路（见 6.1.3.1 小节）可以很容易地编写这个程序，按先列后行的顺序循环二维数组的每个元素，然后依次将之收纳到一维数组中即可。

```
#include <stdio.h>
main()
{   int a[3][4]={  {1,2,3,4}, {5,6,7,8}, {9,10,11,12} };
    int b[12], i, j, k;
    k=0;
    for (i=0; i<4; i++)      /* 循环列标 */
        for (j=0; j<3; j++)  /* 循环行标 */
            b[k++]=a[j][i];  /* 注意 j 是行标, i 是列标, 勿写为 a[i][j]*/

    for (i=0; i<12; i++)     /* 输出数组 b 的结果 */
        printf("%3d", b[i]);
}
```

程序的输出结果为：

```
1  5  9  2  6 10  3  7 11  4  8 12
```

6.3.4　二维数组可被看做是由一维数组组成的

如果把单个变量看做一个点，则一维数组相当于一条线，它由多个点组成。二维数组则相当于一个平面，它由多条线组成。一维数组可看做是单个变量的延伸，而二维数组又可看做是一维数组的延伸，一个二维数组可被看做是由多个一维数组组成的，是"数组的数组"。

如有二维数组 int a[3][4];，把每行看做一个元素，则它是包含 3 个元素的一维数组，这三个元素分别是 a[0]、a[1]、a[2]，如图 6-25 左图所示，但这三个元素的每个元素不是保存一个数据的而且又是一个一维数组，如图 6-25 右图所示：

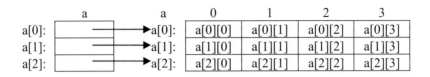

图 6-25   二维数组可被看做是由一维数组组成的

❑ a[0]是包含 4 个元素 a[0][0]、a[0][1]、a[0][2]、a[0][3]的一维数组，a[0]是一维数组名。

❑ a[1]是包含 4 个元素 a[1][0]、a[1][1]、a[1][2]、a[1][3]的一维数组，a[1]是一维数组名。

❑ a[2]是包含 4 个元素 a[2][0]、a[2][1]、a[2][2]、a[2][3]的一维数组，a[2]是一维数组名。

这类似于抽屉里放的不是一张银行卡，而是一本卡包，卡包里有 4 张银行卡，一本卡包就是一个一维数组，而有 3 个这样的抽屉。

我们知道如有数组 int b[3];则语句 b=1;是错误的，因为 b 是数组名不能以数组名引用元素。在二维数组中，a[0]、a[1]、a[2]也是一维数组的数组名，它们与 b 是同类事物，都不能当作数组元素使用，因此语句 a[0]=1; a[1]=1; a[2]=1;也都是错误的。只有 a[0][1]=1; a[2][3]=1;等才正确。也就是说，对于普通变量直接用变量名访问变量，一维数组要加一个 [ ]访问元素，二维数组要加两个 [ ]访问元素（一个[ ]是不行的）。在 C 语言中还可以定义三维、四维或更高维的数组，那么三维数组就应该用 3 个[ ]、四维数组就应该用 4 个[ ]访问元素……程序中使用高维数组会占用大量的内存空间，影响执行效率，因此一般应尽量不要使用二维以上的高维数组。

第7章 蒙着面干活——函数

小到手表、收音机、电脑，大到火车、飞机、航母，都包含了许多元器件，它们可以分别被维修、更新或替换，而不影响其他部分。类似地，在程序中我们也可以制造和使用自己的"元器件"——就是函数。一个个函数可被看做是"蒙着面干活"的"黑箱"，它们分别用于实现不同的功能，并随时听候我们调用，而我们在调用时则根本不必关心其内部细节。有了函数，不仅可大大简化编程的复杂度，还可以使程序逻辑更为清晰。

7.1 从讲故事开始——函数概述

先讲一个故事，星期天去公园转一转。首先准备东西，然后打辆出租车出发。出租车司机问我们去哪？我们告诉他去公园。之后"开车"的任务就由司机代劳，不需要我们亲自动手，我们只要坐在车里等待。待到公园后，我们的等待过程结束，开始"游览公园"，再后来肚子饿了，找一家餐厅点菜。服务员问吃什么，我们告诉她吃"鱼香鸡丝"。之后"做菜"的任务就由餐厅后厨代劳，也不需要我们亲自动手，我们仍是等待。不巧的是，后厨发现没有葱了，必须先去买葱，则做菜的过程暂停，厨师等待。如何去买葱呢？后厨也打辆出租车并告诉司机"去农贸市场"。待葱买回来后厨师的等待结束，做菜继续。而这段时间我们还是一直在等待。待菜做好后，服务员将做好的菜端给我们，我们的等待过程结束，可以"开吃了"。最后，打车回家，并告诉司机家的地址，然后我们又坐在车里等待，直至到家。

在这个故事中，"我们"是主体，某些事情由我们亲自来做（如"游览"、"吃饭"），但另外的一些事情则可以分别请别人代劳（如"开车"、"做菜"），后者在程序中称为**调用**，调用类似"派遣"、"指挥"。当我们"调用"别人做一些事情的时候，我们自己的状态是"等待"，我们必须等到别人将事情做完之后，自己才能进行下一步的动作。

在C语言中"我们"就是main函数，能够供我们派遣或调用的其他人，就是main外的其他函数。整个程序就是由多个函数组成，如同包含多个自然段的一篇文章。

```
打车(去哪)
{
    油门；
    转弯；
    刹车；
}
点菜(吃什么)
{
    if (葱没了) 打车(农贸市场买葱);
    洗菜；
```

```
        切菜;
        炒菜;
        return 做好的菜;
}
main()
{
        准备东西;
        打车(公园);
        游览公园;
        点菜(鱼香鸡丝);
        吃饭;
        打车(回家);
}
```

从以上程序中，可以发现 C 语言的函数有以下特点：

（1）C 源程序由函数组成，一个主函数 main() + 若干其他函数。

C 程序中的函数类似文章中的"段落"，但与段落不同的是，程序的执行是由 main 函数这一段起始，在 main 函数这一段中结束，而不是由第一个函数起始，在最后一个函数中结束。main 外的其他函数，是由 main 调用执行的。

（2）函数之间是调用的关系，调用某函数的函数称主调函数，被调用的函数称为被调函数。

主调函数　——调用——→　被调函数

像打车、去餐厅点菜就是函数的调用。main 函数（我们）是主体，有权派遣和调用其他函数，其他函数之间也可以相互调用以协调工作，例如餐厅也调用了打车。但其他函数决不能调用 main 函数，出租车司机和餐厅的厨师都不能给我们发命令，否则我们决不会答应。

（3）除 main 函数外，其他函数都不能独立运行；其他函数只有在被调用时才运行，不调用不运行。

如果没人打车，出租车只能漫无目的地穿梭在马路上。如果没人点菜，餐厅的厨师也只能歇在一旁。直到有人光顾，他们才会活动起来。

（4）同一函数，可被反复多次调用。

在上面的故事中，"打车"函数被我们调用了两次，还被"点菜"调用了一次。

（5）函数的返回，谁调用的返回谁。

这也容易理解，谁派遣他去做事，做完后自然向谁报告。谁打的车，自然找谁买单。这说明函数被调用后，不一定都返回 main 函数。餐厅后厨去买葱的打车，打车费应由餐厅支付，而不能由客人买单。设想我们去餐厅吃饭，如果刚刚点完菜，就闯进一位出租车司机找我们支付打车费，就让人莫名其妙了。

（6）函数分为两种，系统提供的库函数和自定义的函数。

系统提供的库函数如 printf()、getchar()、sqrt()、fabs()等，这些函数是由系统提供的，随时听命由我们派遣。我们不必关心其内部细节，要调用他们，只要包含相应的头文件（xxx.h）。但像"打车"、"点菜"这样的函数不是由系统提供的，要由我们自己写在程序中，属于自定义函数。对于自定义函数，其中的语句必须由我们详细地写出来，然后才能当成"黑匣子"再被调用。在本章中，我们将重点讨论这种自定义的函数。

（7）函数的参数和返回值。有的函数有 1～多个参数，有的没有参数。有的函数有 1 个返回值，有的没有返回值。

要调用函数，有时要给出参数。如求 30 度的正弦，调用 sin(30) 的 30 就是参数。打车(去公园);中的"去公园"、点菜(鱼香鸡丝);中的"鱼香鸡丝"也都是参数。这是调用函数要给出一个参数的情况，而调用另外一些函数如 printf() 函数就要给出多个参数了，如 printf("a=%d", a);中的"a=%d"、a 分别是 2 个参数。而有些函数的调用没有参数，如 getchar() 函数。

函数的返回值有些类似数学中函数的函数值，如 sin(30) 得到 0.5，0.5 就是函数 sin(30) 的返回值。60 度的正弦值为 0.866，0.866 是 sin(60) 的返回值。这说明参数不同，函数的返回值也可能不同。又如求平方根的函数 sqrt(4) 的返回值为 2，sqrt(9) 的返回值为 3。而有些函数又没有返回值，如上例的"打车"函数，它只用于实现一些功能，并不需要返回什么东西。注意函数如果有返回值，返回值最多只能有 1 个。

可见 C 程序中的函数与数学中的函数有很多相似的成分，但不能完全等同。

在 C 程序中调用库函数 sin 时，参数的单位应是弧度，sin(30) 实际求得的是弧度 30 的正弦值，而不是角度 30 度的正弦值；sin(60) 实际求得的是弧度 60 的正弦值，而不是角度 60 度的正弦值。在程序中求角度 30 度的正弦值，应写为 sin(30 * (3.14159/180.0))；求角度 60 度的正弦值，应写为 sin(60 * (3.14159/180.0))。以上是为了叙述方便，假定 sin 参数的单位为角度。

7.2　该是学写多段文章的时候了——函数定义和调用

7.2.1　自己创造函数——函数的定义

自己的函数必须先定义，然后才能使用。什么是函数的定义呢？像写文章一样，写出该函数所对应的一个"自然段"，就是函数的定义。定义自己函数的一般形式如下所示：

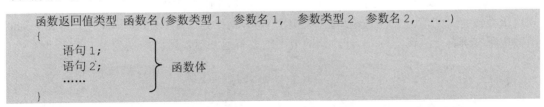

函数的定义由两部分组成：一是头部（第一行），头部不仅给出了函数名，还规定了函数的返回值类型和各个参数的类型及参数名；二是头部下面由{ }包起来的语句，也称

函数体，用于实现函数的功能。函数体中的语句与 main 函数中的语句写法相同，我们之前学习过的 C 语言的各种语句也都可以出现在自定义函数的函数体中。

例如，定义一个函数，用于求两个数中较大的数，并将较大数输出，如下所示：

```
int maxnum(int a, int b)
{
    int c;
    if (a>b) c=a; else c=b;
    printf("%d", c);
}
```

各个函数的定义是互相平行和独立的，以上内容必须与 main 函数或其他自定义函数并列，像文章的自然段与自然段并列一样。函数的定义不能嵌套，在一个函数体内部不允许再定义另一个函数，在一个自然段里又写另一个自然段还成何体统呢？例如下面的定义错误：

```
main()
{
    ……
    int maxnum(int a, int b)      /* 嵌套在 main 函数内定义，错误 */
    {
        int c;
        if (a>b) c=a; else c=b;
        printf("%d", c);
    }
    ……
}
```

而必须写为：

```
main()
{
    ……
}
int maxnum(int a, int b)          /* 正确 */
{
    int c;
    if (a>b) c=a; else c=b;
    printf("%d", c);
}
```

在定义函数时，对于函数的头部还应注意下面一些问题。

（1）返回值类型，应写在函数名之前，规定函数所返回的数据的类型，如 int、float、double、char 等。如果不写返回值类型，表示规定返回值类型为 int，不是没有返回值。要规定函数没有返回值，这一部分应写为关键字 void，而不是省略。例如，下面定义的 PrintStar 函数用于在屏幕上打印一行 * 号，该函数不需要有返回值，可以定义为：

```
void PrintStar()
{
    printf("**********\n");
}
```

（2）函数名是符合标识符命名规则（参见第 2 章 2.1.1 小节）的名称，但最好"见名知意"。

（3）函数名后的 ( ) 必不可少，即使函数没有参数，如上例 PrintStar()函数的定义。

（4）在( )内规定函数的参数，多个参数时参数之间以逗号分隔。参数的定义与变量的定义类似，也是"类型 + 参数名"的形式（实际上参数确实可以被看做变量），但与变量定义不同的是，每个参数都必须在参数名前写有类型，且不写分号(;)。下面函数定义是错误的：

```
int maxnum(int a, b)      /* 错误：在 b 之前也必须写出 b 的类型，不能省略 */
{
    ...
}
```

对于没有参数的函数，在函数的( )中也可写上 void 强调，例如：

```
void PrintStar(void)
{
    printf("**********\n");
}
```

两个 void 含义是不同的，第一个 void 规定函数没有返回值，第二个( )中的 void 强调了函数没有参数。无参函数的( )内写不写 void 都是可以的，但( )万万不可省略。

7.2.2　把自己写的"段落"用起来——函数的调用

1．函数的调用方法

调用，就是使用。如何使用函数呢？在马路上打车要招手"喊"出租车，在餐厅点菜要"喊"服务员。要调用函数，也是要"喊"函数的名字。例如要调用函数 PrintStar，执行语句如下所示：

```
PrintStar();
```

这样就可以在屏幕上打印一行 * 号，注意函数名后的( )必不可少。

这是对于无参数函数的调用方式。对于有参数的函数，不仅要"喊名"，还要给出参数。在打车时，除将出租车喊过来外还要告诉司机"去哪"。点菜时，除把服务员喊过来外还要告诉她"吃什么"。"去哪"、"吃什么"就是参数。如对 maxnum 的调用要给出两个参数如下所示：

```
maxnum(19, 8);
```

这表示求 19 和 8 的较大值。

除了通过"函数名+分号(;)"构成一条语句这种形式来调用函数外，对于有返回值的函数还可以在表达式中调用，例如：

```
Z = sqrt(4)*3;
```

表示计算 4 的平方根，再*3 后将 6 存入变量 z 中，其中"计算 4 的平方根"是通过调用有返回值的系统库函数 sqrt 完成的。对有返回值的自定义函数也可以用类似的调用方式。

这种调用方式就是将函数作为表达式的一部分，将来用函数的返回值替换这一部分参与表达式的计算。

调用函数有两种方式：（1）将函数调用作为独立的语句：函数名(参数，参数，…)+分号(;)，（2）在表达式中调用函数：表达式……函数名(参数，参数，…)。

对于有返回值的函数以上两种调用方式均可，只是若采用第（1）种方式函数所返回的值就没什么用了，返回值返回后会被直接丢掉（但函数中的语句还是被正常执行）。而对于无返回值的函数只能采用上面第（1）种调用方式，因为函数无返回值，表达式无法求值，如下所示：

```
z = 2 * PrintStar() + 1;
```

这个表达式的值是多少呢？由于 PrintStar()没有返回值，表达式无法求值，显然是错误的。

C 语言中不同的括号有不同的用途，调用函数时务必使用小括号( )，不能使用中括号[ ]或大括号{ }。如调用 maxnum 函数，不能写为 maxnum[19, 8]或 maxnum{19, 8}，而只能写为 maxnum(19, 8)。

脚下留心

2．形式参数和实际参数

在调用 maxnum 函数时，无论是通过独立语句的调用，还是通过在表达式中的调用，都需要给出参数 19、8。19、8 是函数 maxnum 的参数。在定义 maxnum 函数时，函数定义头部 int maxnum(int a, int b)中的 a、b 也是参数。这是两套截然不同的参数。

（1）在函数定义头部中的参数，称为形式参数，简称形参，如 a、b。在未调用函数时，它们没有具体的值，不知道要计算哪两个数的较大值。a、b 是一种形式，如同餐厅点菜的菜单，菜单本身是一种形式上的"菜"，是不能吃的。

（2）在调用函数时实际给出的具体参数，称为实际参数，简称实参，如 19、8。这套参数是实实在在的，具有确定的值。现在明确求 19 和 8 这两个数的较大值，而不求 20 和 9 的较大值。

形参（如 a、b）一定是变量，实参既可以是常量（如 19、8），也可以是变量或表达式。如下面程序段调用函数 maxnum，求 75 和 73 两个数的较大值，其中 75 是通过 x*3 求得的。

```
int x=25, y=73;
maxnum(x*3, y);
```

其中 x*3、y 是实参，这里的实参分别是表达式和变量。

在调用函数时，所给出的实参必须和形参在数量上、顺序上、类型上严格一致，或类型上可以进行转换。如下面对函数 maxnum 的调用是错误的：

```
maxnum(50);
```

maxnum 需要两个参数，但调用时只给出一个，是求 50 和谁的较大值呢？显然是错误的。

7.2.3　你歇着，我劳动——函数调用的过程

 窍门秘笈　对函数的调用过程，我们先总结口诀如下：

独立空间，激活形参。

当做变量，单向值传。

变量其间，同名不乱。

函数结束，全部完蛋。

具体来说，以下为函数的调用过程。

（1）每个函数都有自己独立的内存空间，函数中的变量包括形参都位于各自函数的内存空间中，互不干涉。被调用函数的内存空间只在函数被调用后运行时才存在，不调用不运行其空间不存在，称为"独立空间"。

（2）在调用函数时，主调函数暂停运行，程序转去执行被调函数。在转去执行被调函数之前的准备工作为：将"形参"当做变量，在被调函数自己的内存空间中开辟这些形参变量的空间，然后将"实参"的值单向地传递给对应的形参变量，即用实参值给形参变量赋值，称为"激活形参。当做变量，单向值传"。

$$实参 \xrightarrow{\text{单向传递}} 形参$$

（3）运行被调函数，逐条执行被调函数中的语句，这与在 main 函数中的执行方式一样。被调函数运行结束后，被调函数的空间包括其中所有的变量，也包括形参变量全部消失，它们的空间即刻被系统回收不再存在（但对有返回值的函数，返回值不会消失），称为"函数结束，全部完蛋"。

（4）返回到主调函数中刚才暂停的位置继续运行主调函数的后续程序。

（5）变量都要位于它所属函数的空间中，而不能位于其他函数的空间中。形参是被调函数中的变量，应位于被调函数的空间中，称为"变量其间"。由于不同的函数有各自不同的空间，因此在不同的函数中可以使用同名变量，若实参是主调函数中的变量，形参和实参也可以同名（形参是被调函数中的"变量"，二者分属不同的空间），称为"同名不乱"。

【**程序例 7.1**】以下程序为简单的函数调用。

```c
#include <stdio.h>
void fun(int p)
{
    int d=2;
    p=d++; printf("%d", p);
}
main()
{   int a=1;
    fun(a);
    printf("%d", a);
}
```

程序的输出结果为：

程序定义了一个 fun 函数,它没有返回值,但有一个 int 型的参数 p。函数 fun 和函数 main 各有自己独立的空间。程序先从 main 函数开始执行,起初只有 main 函数的空间存在,而 fun 函数的空间不存在,因为它还没有被调用运行。

在 main 的空间中定义变量 a 并赋初值 1。然后执行 fun(a);此时 main 函数的运行暂停,程序转去执行 fun 函数。准备工作为,开辟 fun 函数的空间(此时 fun 函数的空间才刚刚存在),然后把形参 p 当做变量,开辟在 fun 的空间中。实参是 a,将 main 中 a 的值 1 传递给 p,fun 中的"变量"p 被赋值为 1,如图 7-1 所示。

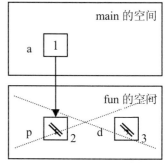

图 7-1   程序例 7.1 的函数空间

准备工作结束,开始运行 fun 中的语句。首先定义变量 d 并赋初值 2,变量 d 要位于 fun 的空间中。执行 p=d++; p 被赋值为 2,然后再将 d 的值自增 1 变 3,再执行 fun 的最后一条语句 printf,在屏幕上输出 p 的值 2。fun 的所有语句执行完毕,fun 函数结束,fun 的空间包括其中的形参变量 p,普通变量 d 全部消失(图 7-1 中的虚线叉表示此空间在函数结束后全部消失)。

返回到 main 函数刚才暂停的地方继续运行,即运行 printf("%d\n", a);输出变量 a 的值。由于此时已回到 main 函数中,这条 printf 语句属于 main 函数,应该在 main 自己的空间中找变量 a,输出 a 的值为 1。main 函数运行结束,整个程序结束。

屏幕上输出的内容是 21。其中 2 是由 fun 中的 printf 输出的,1 是由 main 中的 printf 输出的。两者之间没有空格和换行,因为两个 printf 的"%d"中都没有空格也没有\n。

【随讲随练 7.1】程序如下所示。

```
#include <stdio.h>
void func(int n)
{    int i;
     for (i=0; i<=n; i++)  printf("*");
     printf("#");
}
main()
{    func(3);  printf("????");  func(4);  printf("\n");    }
```

程序运行后的输出结果是(   )。

A. ****#????***#   B. ***#????****#   C. **#????*****#   D. ****#????*****#

【答案】D

【分析】应从 main 函数开始执行,首先调用 func(3);在 func 函数中 n 被传递值 3,在 for 循环中输出****(i=0~3,是 4 个值),再输出#。func 运行完毕,其空间包括变量 n、i 全部消失。返回 main 函数继续运行输出????,再次调用 func(4);再重新开辟 func 的空间(刚才消失的空间不能再恢复了),形参 n 被传递 4。运行 func 中的 for 循环输出*****,再输出#。func 运行完毕,其空间又被回收。返回 main 函数继续运行,最后输出"\n"换行。

【程序例 7.2】实参到形参的单向值传递。

```
void fun(int x, int y)                        /* x、y 为形参 */
```

```
{    printf("x=%d, y=%d\n", x, y);    /* 输出: 2 3 */
     x=10; y=15;                       /* 改变了形参 x、y 的值, 但实参 a、b 不会变化 */
     printf("x=%d, y=%d\n", x, y);    /* 输出: 10 15*/
}
main()
{    int a,b;
     a=2; b=3;
     printf("a=%d, b=%d\n",a, b);     /* 输出: 2 3 */
     fun(a, b);                       /* a、b 为实参 */
     printf("a=%d, b=%d\n",a, b);     /* 输出: 2 3 (a、b 值未变) */
}
```

程序的输出结果为:

```
a=2, b=3
x=2, y=3
x=10, y=15
a=2, b=3
```

当函数有多个参数时, 实参和形参是按顺序对应传递的。在调用 fun(a,b);时, 是将 a 的值传给 x, b 的值传给 y (而不能将 a 传给 y、b 传给 x)。

在函数中改变了形参的值, 对应实参值不会跟随变化。如图 7-2 所示, 在函数调用时实参值就单向地传了形参, 一旦将值传过去, 二者之间的联系就此中断。在函数执行过程中, 形参不能再将值传回实参。这好比将瓶子里的醋倒一些到碗中, 然后再在碗中加盐, 则只有碗中醋的味道改变了, 瓶中的醋不会"变咸", 这叫做瓶子到碗的液体的单向传递, 碗里的内容被改变, 不会影响瓶子。实参到形参的值传递也是单向的, 形参的值被改变, 也不会影响实参。

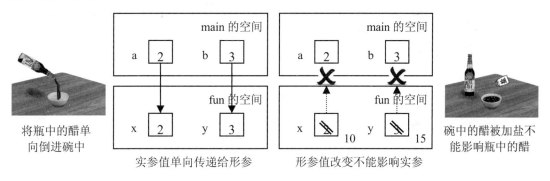

图 7-2 实参到形参的单向值传递

7.2.4 做好的菜端出来——函数的返回值

函数被调用后, 可以没有返回值, 也可以有 1 个返回值。如本章开始的例子中"打车"函数就没有返回值,"点菜"函数就有 1 个返回值, 返回值就是做好的菜。函数运行结束后的返回值, 就如餐厅后厨做好的菜, 它将被从后厨端出来拿给点菜的客人。

无论有无返回值, 函数均可被调用, 其调用过程也一致。函数结束后也都能返回到主调函数的调用处继续运行主调函数的后续程序。只不过对有返回值的函数, 在表达式中调用时，一般还要用返回值替换其中函数的调用部分，然后再计算表达式。例如 z=sqrt(4)*3；sqrt(4)的返回值为 2，用 2 替换"sqrt(4)"部分得 z=2*3；再执行此语句变量 z 被赋值为 6。

sqrt 是系统库函数，它的返回值是系统自动算出的。而对于自定义函数，要返回值，就要由我们自己通过 return 语句让函数返回一个值。return 是关键字，return 语句的形式为：

```
return 表达式;
```

表达式的值将被算出，并将表达式的值作为函数的返回值返回。其执行过程是：计算表达式的值，然后开辟一个临时空间，将表达式的值存入此临时空间，再将此临时空间中的值作为函数返回值返回给主调函数。这个临时空间，就如同做菜后"出锅装盘"的那个"盘子"。

return 语句的表达式也可以加括号，写为下面形式也是可以的：

```
return (表达式);
```

【程序例 7.3】用 return 语句使函数返回值。

```c
#include <stdio.h>
int max(int a, int b)
{   int c;
    if (a>b) c=a;   else c=b;
    return c;
}
void PrintStar()
{
    printf("**********\n");
}
main()
{   int x,y,z;
    PrintStar();
    printf("输入 2 数:\n");
    scanf("%d%d", &x, &y);
    z = max(x,y);
    printf("%d 较大\n",z);
    PrintStar();
}
```

程序的运行结果为：

```
**********
输入 2 数:
10 20↓
20 较大
**********
```

max 函数的功能是求两数的较大者，与前面的 maxnum 函数不同的是在 max 函数内并没有将较大数 printf，而是将较大数的值作为函数的返回值返回。在执行 max 中的语句 return c;时，将开辟临时空间，将 c 的值 20 存入临时空间，然后返回临时空间中的值，如图 7-3 所示。同时函数结束，变量 c、形参变量 a、b 都消失，但返回值这个临时空间是不会消失的，它的值 20 将被带回给主调函数的 z=max(x, y);替换其中"max(x, y)"部分，再执行 z=20;。

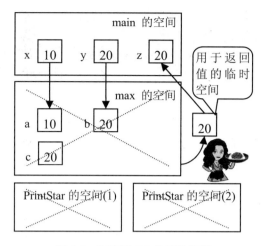

图 7-3　程序例 7.3 的函数空间

　　"函数结束，全部完蛋"是指函数结束后函数内的变量和形参变量空间都被回收，而返回值的临时空间不能被回收。做菜的中间过程要用到的锅、盘、碗、勺如同函数内的变量和形参变量，借用这些变量做好菜后，还要取一个干净的盘子"出锅装盘"，这个干净的盘子就如同为返回值开辟的临时空间。做好菜后后厨会将用过的锅、盘、碗、勺刷洗干净，但装有做好菜的这个盘子当然是不能被刷掉的！

　　程序两次调用 PrintStar 函数分别输出了两行*号，使输出更美观。这也说明同一函数是可以被多次调用的。函数随时待命，听候我们调遣，而 main 函数则充当"指挥官"的角色，指挥其他函数的运行，如图 7-4 所示：什么时候要输出*号了，就由 PrintStar 输出。什么时候要求较大值，就由 max 去比较，还有一些任务则可由 main 亲历亲做（如输入数据、输出结果等）。

　　可以把函数看做一个"蒙着面干活"的"黑箱"，在调用时只管参数进去，结果出来，而不必关心里面的细节。如同鱼肉罐头厂在生产罐头时，生鱼进去，鱼罐头出来，而工厂就是个黑箱，如图 7-5 所示。这里 max 函数也是个黑箱，两个数进去，较大值出来。

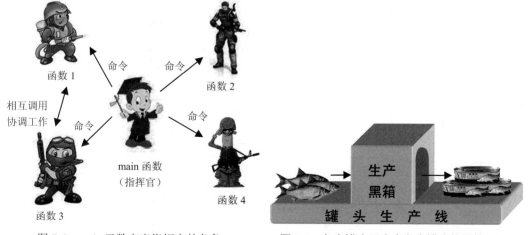

图 7-4　main 函数充当指挥官的角色　　　　图 7-5　鱼肉罐头厂生产鱼肉罐头的黑箱

我们在编程时应善于利用函数，将要解决的问题划分为一个个的小问题分别由不同的函数完成，这使程序逻辑清晰，便于阅读、修改、调试。例如可以修改 max 函数，用其他方法找较大者（如改用 ?:）也完全可以，只要能完成将较大值返回的任务即可，不会影响程序的其他部分。由于函数可被重复调用，将要多次执行的相同操作提出来编写为函数，使语句在函数中只写一次，如本例将 printf("**********\n");提出来编写为 PrintStar 函数。这也减少了代码编写的工作量，提高了编程效率。

脚下留心

函数的返回值和程序运行后在屏幕上输出的结果是两个截然不同的概念，return 语句只代表函数的返回值，它并不一定要在屏幕上显示。是否要在屏幕上显示，取决于任何函数中是否有 printf、putchar 等输出语句。例如，单独调用 y=sin(x);只是把 sin(x) 的值放到 y 里保存,屏幕上不会有任何内容显示。但如果执行 printf("%f", y); 或者 printf("%f", sin(x)); 就会在屏幕上显示出 x 的正弦值。

【随讲随练 7.2】以下程序运行后的输出结果是（   ）。

```c
#include <stdio.h>
int fun(int x, int y)
{   if(x==y) return (x);
    else return ((x+y)/2);
}
main( )
{   int a=4, b=5, c=6;
    printf("%d\n", fun( 2*a, fun(b,c) ) );
}
```

A. 3   B. 6   C. 8   D. 12

【答案】B

【分析】可将 fun 函数看做一个"黑箱"，两个数 x、y 进去，这两个数的平均值出来。fun(b, c)就得到 b、c 的平均值为 5（注意整数除法直接舍小数，11/2 为 5）；2*a 为 8，再调用 fun(8, 5) 得到 8、5 的平均值为 6（13/2 为 6），于是输出 6。

关于 return 语句，还应注意以下几点，如下所示：

（1）同一函数内允许出现多个 return 语句，但在函数每次被调用时只能有其中一个 return 语句被执行，函数只能返回一个值。

（2）一旦执行 return，函数立即结束，如果本函数内在 return 后还有其他语句则这些语句也不会被执行了。也就是说 return 兼有返回值和强行跳出函数的双重作用，它会使程序即刻返回到主调函数的调用处继续运行主调函数后面的程序，如图 7-6 所示。

return 有些类似 break，但比 break 更强大！嵌套循环内的 break 只能跳出一层循环；而如果 return 用在嵌套循环内，有多少层循环都能跳出来吧，因为整个函数都跳出啦！

对极了！但 return 的跳出也有层次性，它是在函数调用的层次上谁调用它返回谁，不能越级。例如 main 调用点菜，点菜调用打车，打车里的 return 只能返回到点菜，不能直接返回到 main。

图 7-6   return 语句跳出函数的作用

（3）return 语句还有一个用法，是：return;

这种用法没有表达式，不能返回值，仅起到强行跳出函数的这个作用。程序将直接跳出本函数，即刻返回到主调函数的调用处继续运行。这种用法只能用于没有返回值的函数。

什么叫有返回值的函数、无返回值的函数呢？这是由函数定义的头部决定的。

❑ 定义头部的函数名前未写 void 的函数是有返回值的函数（函数名前的类型省略不写也有返回值，与写 int 等同），无论如何函数必须返回一个值。

❑ 定义头部的函数名前写 void 的函数是无返回值的函数，无论如何函数不能返回值，在主调函数中坚决不能使用这种函数的函数值。

（4）没有返回值的函数既可以写 return;语句，也可以不写 return;语句（如前例 PrintStar 函数就没写 return;语句）。后者在函数语句全部运行完毕之后，函数会自动结束，自动返回到主调函数。因此函数有、无返回值和有无 return;语句并没有什么必然关系。

实际上，即使有返回值的函数，也可以没有 return 语句，这样在函数语句全部运行完毕之后，函数将返回一个随机值。但不建议这样做，对有返回值的函数应该写有 "return 表达式;" 的语句让它返回一个值。如希望不写 return，不如将函数定义为无返回值的（void）。

（5）如果函数有返回值，则实际返回值的类型应该和函数定义头部的函数名前的类型一致，如不一致，则以函数定义头部的函数名前类型为准，自动将 return 语句后的表达式值的类型转换为定义头部的类型然后再返回。

【小试牛刀 7.1】试分析下面程序的输出结果。

```
#include <stdio.h>
int F(int x, double y, char z)
{   printf("x=%d  y=%f  z=%c\n", x, y, z);
    return 1.5;
}
void main()
{   double u=F(3.5, 2, 65);
    printf("u=%f\n", u);
}
```

答案：程序的输出结果是：

```
x=3  y=2.000000  z=A
u=1.000000
```

【分析】参数传递时，实参和形参是按照位置的先后顺序一一对应的，对应的实参和形参的类型应一致。如不一致，则以形参类型（函数定义头部）为准，自动将实参转换为该类型。如图 7-7 所示，由于 x 为 int 型，3.5 被转换为 int 型，x 得到值 3，y 为 double 型，2 被转换为 double 型，y 得到值 2.0；z 为 char 型，65 被转换为 char 型，z 得到值'A'（ASCII 码为 65 的字符为'A'）。

在 return 语句中返回了 1.5，而函数 F 的定义头部的函数名前规定了函数 F 的返回值为 int 型，于是应将 1.5 强制转换为 int 型的 1，函数 F 的返回值为 1。回到 main 函数后，将 int 型的 1 赋值给变量 u；由于变量 u 为 double 型，再将 1 转换为 double 型的 1.0 存入 u，后者是由于我们在第 2 章学习过的 "变量定空间，塑身再搬迁" 的规则（参见第 2 章 2.2.2.4 小节）。

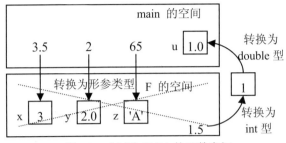

图 7-7　小试牛刀 7.1 的函数空间

高手进阶

main 函数实际也是一个自定义函数，我们通常对 main 函数的写法是：

```
main()
{
}
```

函数名 main 前的返回值类型省略，表示 main 函数是有返回值的且返回值是一个 int 型的数据。所以也可以将 main 函数写为：

```
int main()
{
}
```

以上二者是等效的。

main 的返回值用于在程序结束后返回给操作系统（如 Windows）表示程序运行情况。我们可以在 main 函数中用 return 0;或 return 1;等向操作系统返回一个值（程序若正常结束一般返回 0）。一般我们不必关心甚至也可以不向操作系统返回值，或者干脆规定 main 函数没有返回值，将 main 函数写为下面的形式也是正确：

```
void main()
{
}
```

显然一旦在 main 函数中执行了 return 语句，将跳出 main 函数，那么整个程序也就运行结束了。

【程序例 7.4】无返回值的函数使用 return 语句。

```
#include <stdio.h>
void fun(int p)
{   int a=2;
    a = a*p;
    printf("fun(1):%d\n", a);
    if (a>0) return;
    printf("fun(2):%d\n", a);
}
main()
{
    int a=10;
    fun(a);
    printf("main:%d\n", a);
}
```

程序的输出结果为：

```
fun(1):20
main:10
```

输出结果中并没有 "fun(2):20"，说明语句 "printf("fun(2):%d\n", a);" 被跳过了。这是由于 a>0 成立，执行了 return;立即跳出了 fun 函数，使 fun 函数中其后的语句没有被执行。

main 函数有变量名为 a 的变量，fun 函数也有变量名为 a 的变量，它们分别属于不同的空间中。它们除了名字相同外，彼此其实毫不相干，如图 7-8 所示。这说明 "变量其间，同名不乱"。那么在执行 printf 时究竟要输出哪个 a 的值呢？

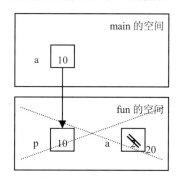

图 7-8　程序例 7.4 的函数空间

如果在同一个班里有两位同学都叫张三，则老师上课点名就是件麻烦事；但如果两位张三分别属于两个班，则老师上课就不会受影响。在一班上课点名张三时只有一班的张三答应，二班的张三是不可能从外面跑进来答应的；只有在二班上课点名张三时二班的张三才会答应。同理在执行 printf 时要输出哪个 a 的值，取决于 printf 在哪个函数中。如执行 fun 函数中的 printf 语句，就输出 fun 的 a 值。如执行 main 函数中的 printf 语句，就输出 main 的 a 值。

同一函数中不能使用同名变量。

7.3　喂！听到了吗——函数的声明

程序中函数之间是调用与被调用的关系，因此函数彼此出现的先后顺序无关紧要。程序例 7.4 是先写 fun 函数，后写 main 函数，能否改造一下，先写 main 函数，后写 fun 函数呢？道理上是没有问题的，然而改造后上机运行，发现系统报错，程序无法正常运行。

出错的原因如图 7-9 所示。尽管程序运行是从 main 函数开始，与函数先后顺序无关，但编译过程却是从整个源程序文件的第一行编译到最后一行，这就与函数的先后顺序有关了。如果交换了 fun 和 main 函数的先后顺序，编译系统就将先 "看" 到 main 中对函数的调用 fun(a);，这时它还不认识 fun 函数，于是报错并终止了编译过程，出现这种情况后不再继续编译，也再"看"不到后面 fun 函数的定义了。在程序例 7.4 改造前的程序中，编译系统是先"看"到的 fun 函数的定义，就先认识了 fun 函数，再在 main 中遇到调用时就不会报错。

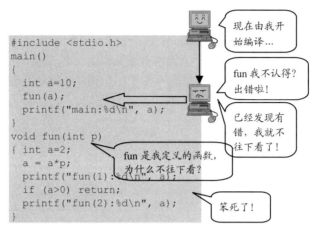

图 7-9　交换 fun 和 main 函数的先后顺序，编译出错

解决这个问题有两种方法：一是像程序例 7.4 先写函数 fun 的定义，然后再写 main 函数，在 main 中调用；还有一种方法是使用函数的声明。

7.3.1　函数声明的形式

函数的声明写法非常简单，就是函数定义的头部"照抄"，后面再加分号（;）就可以了。如上例对 fun 函数的声明如下所示：

```
void fun(int p);
```

它类似于一条语句，但不会产生任何操作，只是"告诉"编译系统，存在这样一个函数（可能在后面定义），让编译系统提前"认识"这个函数。函数的声明就如同有人用"喇叭"喊了一声"喂！编译系统，我的程序有这样一个函数，听到了吗？"

在改造后的程序中增加这样一条函数声明，程序就能正常编译运行了，如图 7-10。应将函数声明写在函数外，所有函数定义之前，这样编译系统从一开始就会认识这个函数。

函数的声明，也称函数的原型声明，像上面这样一条函数声明：

```
void fun(int p);
```

也称函数的原型。"原型"就是"样式"，它表示了函数的返回值类型、函数名、形参个数、顺序及每个形参的类型。声明函数就是"告诉"编译系统这种函数的"样式"，因为编译系统需要这些信息来认识这个函数。

注意在函数的原型中，有一样东西是可有可无的，就是形参的**名字**。也就是说，在函数的声明中，形参的名字可以省略，如上述对 fun 函数的声明也可写为以下语句：

```
void fun(int);
```

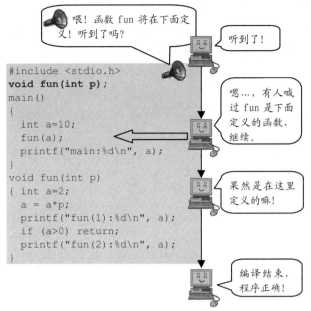

图 7-10　事先声明函数后，函数可先调用后定义

省略了形参名 p。注意在函数声明中，只有形参的名字才可以省略，除了形参名字之外，其他任何内容均不可省略。如下面形式的函数声明是错误的：

```
void fun(p);       /* 错误！因为省略了形参的类型 */
```

可以省略形参名而不能省略形参类型的写法，初学者可能不太习惯，应尤其注意。

【小试牛刀 7.2】有函数 min 的定义如下：

```
double min(double a, double b)
{
    if (a<b) return a;
    else return b;
}
```

下面对它的声明中，哪些正确，哪些错误？

```
(1)  double min(double a, double b);      /* 正确 */
(2)  double min(double a, double b)       /* 错误。不能省略分号 */
(3)  double min(a, b);                    /* 错误。不能省略形参类型 */
(4)  min(double a, double b);             /* 错误。不能省略返回值类型 */
(5)  double min(double, double);          /* 正确。可以省略形参名 */
```

7.3.2　函数声明的位置

函数的声明既可以出现在函数外，也可以出现在其他的函数体内。两者的区别如下所示：

- ❑ 在函数外声明：使编译系统从声明之处开始到本源程序文件的末尾的所有函数中，都"认识"该函数。

❑ 在函数内声明：使编译系统仅在本函数内、从声明之处开始"认识"该函数，但在本函数之外又不认识该函数；

【程序例 7.5】 在 main 函数内声明 add 函数。

```
#include <stdio.h>
main()
{
    float add(float x, float y);      /* 在main函数内声明add函数 */
    float a,b,c;
    scanf("%f, %f", &a, &b);
    c=add(a,b);                        /* 调用add函数  */
    printf("sum is %f", c);
}
float add(float x, float y)           /* add函数的定义  */
{   float a;
    a=x+y;
    return(a);
}
```

程序的输出结果为：

```
2.24,2.34↓
sum is 4.580000
```

add 函数的声明被写到 main 的函数体内，而不是在函数外，声明的有效范围只在 main 函数中，它使在 main 中是可以正常调用 add 函数的。本程序中 add 函数还有与 main 函数同名的变量 a，两个变量 a 分别位于不同的函数空间，它们互不影响。

【随讲随练 7.3】 有以下程序，请在下划线处填写正确语句，使程序可以正常编译运行。

```
#include <stdio.h>
_____
main()
{   double x,y;
    scanf("%lf%lf", &x, &y);
    printf("%f\n", avg(x,y));
}
double avg(double a, double B)
{   return((a+B)/2);    }
```

【答案】 double avg(double a, double B); 或 double avg(double, double);

程序中函数的声明不是一定要有的。只有先调用函数，后出现函数定义的时候，才需要在调用之前声明函数。如果先出现函数的定义，后调用函数，就可以不必声明（如程序例 7.1～程序例 7.4），当然这种情况下声明函数也不会出错。无论如何，我们的目的是在调用函数之前让编译系统"认识"这个函数，定义可以让它认识，声明也可以让它认识。对同一函数还可以声明多次，但定义只能出现一次。

主函数 main 函数是不需要声明的，因为它不存在被其他函数调用的问题。函数的定义、声明和调用的区别如表 7-1 所示。

声明表示函数存在，定义表示函数如何去运行，而调用是实际运行函数。

【小试牛刀 7.3】 下面调用程序例 7.3 定义的 max 函数，求 10 和 20 的较大值，调用正确吗？

```
z=int max(10, 20);
```

答案：错误。函数的调用是不能写返回值类型的，应直接喊名 z=max(10, 20); 。

表 7-1　函数的定义、声明和调用的区别

	函数头部	有无{ }和函数体	出现位置	出现次数
函数的定义	函数头后无";"	有{ }，要完整地写出函数体语句	只能在其他函数外定义函数，函数不能嵌套定义	只能出现一次
函数的声明	函数头后有";"	无{ }，无函数体语句	既可以出现在函数外，也可以出现在函数内	可出现多次
函数的调用	调用只"喊名"并给出实参即可，不写返回值类型，不写参数类型	无{ }，无函数体语句	只能在函数内调用函数	可出现多次，但每次调用都会执行该函数一次

高手进阶

　　调用系统库函数，也需提前声明函数。但系统库函数的函数声明已被事先写到头文件（.h）中了，我们通常用#include 命令在程序中包含对应的头文件，就是把对应函数的声明包含到我们的程序中。这就是为什么在调用库函数之前，一定要包含对应头文件的原因。例如要调用库函数 sqrt( )，就需包含头文件 math.h，因为 math.h 中有 sqrt 函数的声明。

7.4　函数的嵌套调用和递归调用

7.4.1　函数里的函数——函数的嵌套调用

　　定义函数不允许嵌套，但调用函数可以嵌套，即在被调函数中又调用其他函数。本章开始"游览公园"的例子中就有函数的嵌套调用，我们调用点菜函数，点菜又调用打车函数。

【程序例 7.6】函数的嵌套调用。

```
#include <stdio.h>
void fun1();
void fun2();
main()
{   fun2();
    printf("main\n");
}
void fun1()
{   printf("fun1\n");
}
void fun2()
{   fun1();
    printf("fun2\n");
}
```

程序的输出结果为：

```
fun1
fun2
main
```

该程序执行过程如图 7-11 所示。main 函数调用 fun2，在被调用函数 fun2 中又调用函数 fun1，形成函数的嵌套调用。无论在哪个函数中，只要调用其他函数，则这个函数就会暂停，程序转去执行被调函数，待被调函数结束后再回到调用它的上一级函数的断点处继续。需要注意被调函数结束后，只能返回调用它的上一级函数，不能越级返回。例如 fun1 结束后只能返回到调用它的 fun2，不能直接返回到 main。

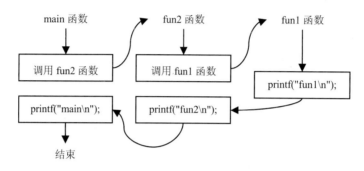

图 7-11　程序例 7.6 的函数调用关系

7.4.2　克隆函数——函数的递归调用

我们知道，在一个函数中可以调用其他函数，那么如果在一个函数中调用自己这个函数本身又会如何呢？在程序设计中，函数自己调用自己不仅是合法的，而且是一个非常重要的程序设计技巧，称为递归。例如：

```
int fun(int x)
{   ……
    fun(y);
    ……
}
```

在函数 fun 的内部又调用了函数 fun，而所调用的函数 fun 正是它本身，这就是递归。我们通过以下例子来理解递归。

【程序例 7.7】用递归法计算 n 的阶乘：n! = n * (n-1) * (n-2) * … * 3 * 2 * 1。

由于(n-1)! = (n-1) * (n-2) * … * 3 * 2 * 1，因此 n!可用下述公式表示：

$$n!=\begin{cases} 1 & (当 n=0 \ 或 1 时) \\ n*(n-1)! & (当 n>1 时) \end{cases}$$

图 7-12 所示的方式是一种"懒人算阶乘"的方式：main 要计算 4!，向"赵"发出命令。"赵"是懒人，不愿做连乘，他将 4!的计算任务转化为 4*3!。但 3!仍要连乘，如何求得呢？"赵"再找一个人"钱"，让"钱"去做 3!。"赵"只等"钱"把 3!求出后，再将结

果乘 4 就可以完成任务了。这样连乘的麻烦归到了"钱"的头上，他怎么办呢？"钱"也是懒人，不愿做连乘，他将 3!的计算任务转化为 3*2!，并再找一个人"孙"去算 2!。"孙"也是懒人，再找一个人"李"去算 1!……这样一直找下去，并都在等待下一个人的计算结果来完成自己的任务，直到"李"计算 1!可直接得出答案 1，再将答案按原路一个一个返回去：

- □ "李"立即算出 1!的结果为 1，并将此结果给"孙"。
- □ "孙"直接用"李"的计算结果 1 去乘 2，完成了 2!的计算任务，将结果 2 给"钱"。
- □ "钱"直接用"孙"的计算结果 2 去乘 3，完成了 3!的计算任务，将结果 6 给"赵"。
- □ "赵"直接用"钱"的计算结果 6 去乘 4，完成了 4!的计算任务，将结果 24 给 main。

图 7-12　用递归法计算 4! 的过程

实际上，"赵"、"钱"、"孙"、"李"尽管是 4 个人，但他们的想法都是相同的，都是"我不做连乘。如果有人问我 1 或 0 的阶乘，我就直接回答 1。如果有人问我 1 以上数 n 的阶乘，我就再找一个人去算(n-1)的阶乘，等算完我再乘 n 就好了。"

我们可以用一个函数来代表这样的一个人：

```
求阶乘的人(要算几的阶乘?)
{
    if (问 1 或 0 的阶乘)
        结果=1;
    else
    {
        再找个人求(n-1)的阶乘;
        结果=n*他算的(n-1)的阶乘;
    }
    return 结果;
}
```

　　如何将上述思路转化为程序呢？其中的语句并不多，但关键是"再找个人求(n-1)的阶乘"如何办到。假设已经将上述思路转化和已经做好了一个函数 fact：

```
long fact(int n)
{
    ......
}
```

　　则 fact 就可以被看做一个"黑箱"，它的功能是求阶乘。只要给它一个参数 n，它就能给出 n! 的结果。例如 fact(1) 就可以得到 1 的阶乘，fact(2) 就可以得到 2 的阶乘，fact(n) 就可以得到 n 的阶乘……那么"求(n-1)的阶乘"就应写为 fact(n-1)。把这个结论再写进 fact 函数体如下所示：

```
long fact(int n)
{   long r;
    if (n==0 || n==1)
        r = 1;
    else
        r = n * fact(n-1);
    return r;
}
main()
{   int n;  long y;
    printf("input an integer number:");
    scanf("%d", &n);
    y = fact(n);
    printf("%d!=%ld", n, y);
}
```

　　在尚未编写 fact 函数时，假设 fact 函数已经编写好，并使用了 fact 函数（求 n-1 的阶乘）来编写 fact 函数本身，从而"巧妙"地解决了问题，这就是递归的思想。
　　以上将 main 函数也一并给出了，是本例的完整程序。其运行结果如下所示：

```
input an integer number:4↓
4!=24
```

　　如何分析递归程序的执行过程呢？显然图 7-12 的"赵"、"钱"、"孙"、"李"是 4 个不同的人，而不是一个人，尽管在程序中都用同一个函数 fact 代表。因此分析递归程序的关键是：尽管函数调用自身（同一函数），但要把每次所调用的函数都看做是不同的函数，这些函数具有相同的参数、返回值和语句。
　　我们可以把程序中的 fact 函数连同其中的语句照抄 3 遍，如图 7-13 所示。这样连同 main 函数，就是一个由 5 个函数组成的程序。为了区别，将照抄的 3 个 fact 函数分别更名为 fact'、fact''、fact'''（注意这里仅为思考的过程，C 程序中的函数名是不能带 ' 的）。则递归调用就可被转换为对这 5 个函数的嵌套调用：main→fact→fact'→fact''→fact'''，5 个函数分别具有 5 个独立的空间，其中有同名变量 n、r，但"同名不乱"。按照前面介绍的一般嵌套函数的调用过程，就能分析出递归的执行过程了。函数空间情况如图 7-13 所示。

　小游戏　　Hanoi（汉诺）塔问题。

　　如图 7-14，一块板上有三根针，分别为 A、B、C。A 针上套有 n 个大小不等的圆盘，大的在下，小的在上。要把这 n 个圆盘从 A 针移到 C 针上，每次只能移动一个圆盘，移动可以借助 B 针进行。但在任何时候，任何针上的圆盘都必须保持大盘在下，小盘在上。你能求出移动的步骤吗？

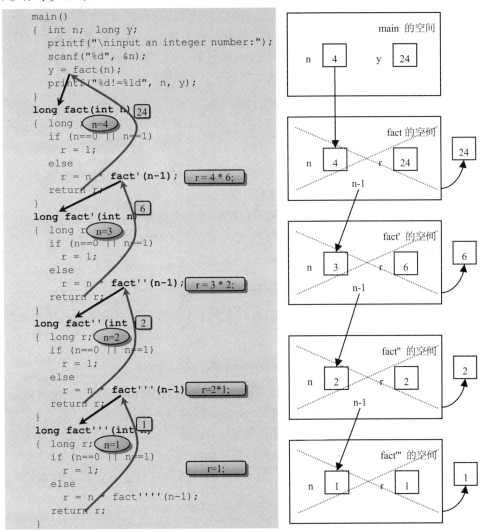

图 7-13　程序例 7.7 递归的分析过程和函数空间情况

【分析】如果 A 上仅有 1 个盘子，则将该盘直接从 A 移动到 C 即可，无须借助 B。

如果 A 上有 2 个盘子，则需分 3 个步骤进行如下所示：

（1）将 A 上的第 1 个圆盘移到 B 上。

（2）再将 A 上的第 2 个圆盘移到 C 上。

（3）最后将 B 上的那个圆盘移到 C 上。

当 A 上有 3 个或 3 个以上的盘子时，与有 2

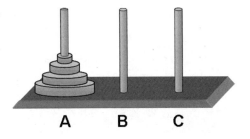

图 7-14　Hanoi（汉诺）塔问题

个盘子的移动方式是类似的。我们可以归纳为当 A 上有 n 个盘子（n 大于等于 2）时，都需分 3 步进行。

（1）把 A 上方 n-1 个圆盘移到 B 上（中间过程可借助于 C，移动后 C 针仍为空）。

（2）把 A 的最后一个圆盘移到 C 上（移动后 A 针为空）。

（3）把 B 的那 n-1 个圆盘移到 C 上（中间过程可借助于 A，移动后 A 针为空）。

其中第（2）步最容易进行，但第（1）步和第（3）步该如何做呢？我们编写一个函数实现"Hanoi（汉诺）塔问题"，函数如下所示：

```
move(int n,char x,char y,char z)
{
    ……
}
```

其中参数 n 表示有几个圆盘，x、y、z 分别表示 3 根针，其含义是函数将把 x 针上的 n 个圆盘移到 z 针上，中间可借助 y 针进行。

假设该函数已经编写成功，则我们可以把它当做"黑箱"，只要给它 n、x、y、z 四个参数，就能实现移动。例如若把 n 个圆盘从 A 针移到 C 针，中间借助 B 针，只要调用以下函数：

```
move(n, 'A', 'B', 'C');
```

函数就会帮我们完成了。那么要把 A 针上的 n-1 个圆盘移到 B 针上，中间借助 C 针，该如何做呢？只要调用以下语句：

```
move(n-1, 'A', 'C', 'B');
```

仅此一句我们就完成了第（1）步。因为递归的思想使我们可以在 move 函数还没有编写好的情况下，就使用 move 函数来编写 move 函数本身。如同程序例 7.7，"赵"要求 n!，但并不亲自连乘，他又找了一个人"李"把求(n-1)!这个较复杂的任务交给"李"来做，于是对于"赵"来说只要调用 fact(n-1)就可以算出(n-1)!了。

同样道理，第（3）步是把 B 针上的 n-1 个圆盘移到 C 针上，中间借助 A 针，这只需要调用以下函数：

```
move(n-1, 'B', 'A', 'C');
```

【程序例 7.8】汉诺（Hanoi）塔问题求解程序。

```
move(int n,char x,char y,char z)        /*n 个圆盘从 x 针借 y 针移到 z 针*/
{   if(n==1)
        printf("%c-->%c\n",x,z);        /*把 x 的一个圆盘直接移到 z,无须借助 y*/
    else
    {
        move(n-1, x, z, y);             /*把 x 的 n-1 个圆盘移到 y(借助 z)*/
        printf("%c-->%c\n",x,z);        /*把 x 的一个圆盘移到 z*/
        move(n-1, y, x, z);             /*把 y 的 n-1 个圆盘移到 z(借助 x)*/
    }
}
main()
{   int n;
```

```
    printf("请输入圆盘数：");
    scanf("%d", &n);
    printf("%3d 个圆盘的移动步骤是：\n", n);
    move(n, 'A', 'B', 'C');
}
```

程序的运行结果为：

```
请输入圆盘数：4↓
    4 个圆盘的移动步骤是：
A-->B
A-->C
B-->C
A-->B
C-->A
C-->B
A-->B
A-->C
B-->C
B-->A
C-->A
B-->C
A-->B
A-->C
B-->C
```

当 A 针上有 4 个盘子时，需要移动 15 次。如果 A 针上有 64 个盘子，要完成汉诺塔的搬迁，需要的移动次数是：$2^{64}-1 = 18446744073709551615$

如果每秒移动一次，人们不吃不喝不睡，一年有 31536000 秒，也需要花费 5849 亿年的时间。假定计算机以每秒 1000 万个盘子的速度进行搬迁，也要花费 5 万 8 千年的时间。

要那么久？世界末日肯定到了，震撼！不是吧？！

脚下留心

必须在函数内设置终止递归调用的手段，以避免一个函数无休止地调用自身，否则函数将逐层调用下去，永远不能返回，程序无法终止，称为死递归（但不是死循环）。常用的办法是在函数中加条件判断，如果满足某种条件就不再调用自身了，并最终使该条件满足，然后函数可逐层返回。例如求阶乘时 n==0 || n==1 的条件、汉诺塔问题中 n==1 的条件。

递归是将一个较大的问题归约为一个或多个类似子问题的求解方法。而这些子问题在结构上与原问题相同，但比原问题简单。通过递归可以巧妙地解决很多相对复杂的问题，然而递归的缺点是函数逐层调用，其执行的时间和空间开销都比较大。

【随讲随练 7.4】程序如下所示。

```
int fun(int k)
{   if (k<1) return 0;
    else if (k==1) return 1;
    else return fun(k - 1) + 1;
```

```
}
main()
{   int n;  n=fun(3);  printf("%d", n);   }
```

程序的输出结果为：（　　　　　），fun 函数被执行了（　　　）次

【答案】3　　　3

7.5　变量的时空范围——变量的作用域及存储类别

世间万物，皆有生灭，变量也不例外。例如函数的形参和在函数内定义的变量，其空间只有在函数被调用时才被开辟，在函数结束后就被回收，这就是这些变量从生到灭的过程，称为变量的生存期。变量的生存期就是变量从其空间被开辟，到该空间被释放所经历的时间。生存期反映了变量的时间作用范围。

变量还有作用域，作用域是指变量在程序中能够起作用的地域范围。例如不同的函数有各自独立的空间，不同函数的变量分属各自的函数空间中，在一个函数中无法通过其他函数中的变量名直接访问其他函数中的变量。我们说变量的有效范围仅在这个函数内。例如 main 函数调用 fun 函数，在 fun 函数中则不能直接使用 main 函数中的变量，尽管这时 main 函数中的变量空间并未被消灭。作用域反映了变量的空间作用范围。

7.5.1　空间范围——局部变量和全局变量

变量既可以在函数内定义，也可以在函数外定义。在函数内定义的变量为局部变量（也称内部变量），在函数外定义的变量为全局变量（也称外部变量）。

1．私人财物——局部变量（内部变量）

至此我们学习的变量都是定义在函数内部的，均为局部变量。形参在函数被调用时，也作为函数内的局部变量。我们回顾一下，这些变量都有什么特点呢？

（1）只在本函数内有效，在其他函数中都不能直接使用。如图 7-15 是 3 个函数组成的程序，各函数内均只能使用自己内部定义的变量，不能使用其他函数内的变量。

（2）局部变量若在定义时未赋初值，初值为随机数。

（3）不同函数中可使用同名变量，它们互不干扰。形参和实参也可以同名。

（4）函数执行结束后，变量空间被回收。

局部变量是在函数内定义的变量，还可以让它更"局部"一些，在复合语句（一

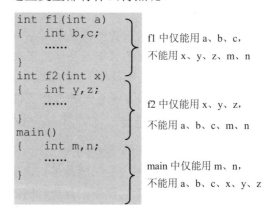

图 7-15　局部变量的作用域

对{　}括起的语句）内还可以定义局部变量。这种局部变量的作用范围更小，仅在所在的

复合语句范围内有效，而且其生存期也在复合语句范围内，一旦复合语句执行结束，其空间就被回收。

【程序例 7.9】在复合语句内使用局部变量。

```
main()
{   int i=2,j=3,k;                         }  外 k 作用域
    k=i+j;
    {
        int k=8;                           }  内 k 作用域、
        k=k+i;                                生存期
        printf("%d\n",k); /* 输出 10 */
    }
    printf("%d\n",k); /* 输出 5 */         }  外 k 作用域
}
```

{ i,j 作用域、生存期　外 k 生存期 }

程序的输出结果为：

```
10
5
```

在 main 函数中定义了变量 k 并赋值为 i+j 的和 5。在复合语句{ }内又定义了同名变量 k 并赋初值 8。复合语句{ }也有独立的空间，是嵌入在 main 函数中的小空间，如图 7-16。

{ }小空间内的同名变量 k 不会与外面的 k 混淆，正在运行何处的语句，就用何处的变量。如将 main 的空间比作客厅，则{ }如同卧室。客厅和卧室都有窗户，若在客厅说"关窗户"则关客厅的窗户，在卧室说"关窗户"则关卧室的窗户。由于 k=k+i;是{ }内的语句，应用{ }内的 k。但其中的 i 应使用{ }外的 i，因为{ }内没有 i。如同卧室没有冰箱，要在卧室说"从冰箱取东西"，还是要跑到客厅从客厅的冰箱中去拿。{ }内的 printf 也会输出{ }内的 k 值 10，最后一条 printf 语句回到了"客厅"中，它输出的应是{ }外的 k 值 5。

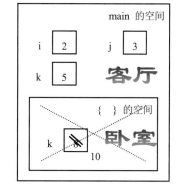

图 7-16　程序例 7.9 的函数空间

{ }内的小空间也不是一开始就存在的，当程序执行到复合语句的 { 时，此空间才被刚刚开辟。当执行到复合语句的 } 时，{ }的小空间连同其中的变量 k 就全部消失了。因此说最后一条 printf 也只能访问到外面的 k，因为这时{ }里面的 k 已经不存在。

我们可以总结局部变量的生存期和作用域如下所示。

（1）生存期：在函数或复合语句开始被执行后，起始于变量的定义处，终止于其定义所在函数的 } 或复合语句的 }。

（2）作用域：起始于变量的定义处，终止于其定义所在的函数的 } 或复合语句的 }（如其所在层还内嵌有下一层的复合语句，内嵌复合语句中的同名变量会屏蔽其部分作用范围）。

2．公共设施——全局变量（外部变量）

在函数外定义的变量为全局变量（也称外部变量）。全局变量有两个重要特点，如下所示：

（1）顾名思义，这种变量的作用范围是"全局的"，从它定义处开始到本源程序文件末尾的所有函数都共享此变量。

（2）如定义时未赋初值，初值自动为 0，而不是随机数。

【**程序例 7.10**】使用全局变量。

```
#include <stdio.h>
int sum;
void fun1()
{    sum+=20;  }
int a;
void fun2()
{    a=20;   sum+=a;  }
main()
{    sum=0;
     fun1();
     a=8;
     fun2();
     printf("sum=%d, a=%d", sum, a);
}
```

程序的输出结果为：

```
sum=40, a=20
```

变量 sum、a 都是在函数外定义的，它们都是全局变量。sum 可供 fun1、fun2、main 三个函数共享，a 可被 fun2、main 两个函数共享。sum 和 a 两个变量在定义时都未赋初值，初值均为 0。函数空间和变量值的变化情况如图 7-17 所示。

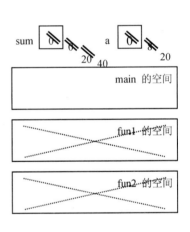

图 7-17   程序例 7.10 的函数空间

如果把局部变量比作私人财务，则全局变量就类似于公共设施，由大家共享，谁都可以访问或改变它的值。老一辈的人都知道，过去人们主要居住的是平房，家里并没有卫生间，一个胡同的所有人家只能使用胡同口的公共卫生间。随着社会进步，人们住进了楼房，每家每户在家里都有了自己的卫生间，这就不必再使用公共的了，这叫做自己家里的卫生间"屏蔽"了公共的卫生间。类似地，全局变量也可以被"屏蔽"，如果函数内有局部变量与全局变量同名，则在该局部变量的作用范围内将使用该局部变量，同名全局变量被屏蔽不起作用。

【**程序例 7.11**】全局变量的屏蔽。

```
int a=3,b=5;      /*a、b 为全局变量*/
max(int a,int b)
{   int c;
    if (a>b) c=a; else c=b; /* 形参 a、b(局部变量)屏蔽全局变量 a、b */
    return(c);
}
main()
```

```
{   int a=8;      /* 局部变量 a 屏蔽全局变量 a */
    printf("a=%d\n", a);    /* 使用局部变量 a */
    printf("b=%d\n", b);    /* 使用全局变量 b */
    printf("max=%d\n", max(a,b));
}
```

程序的输出结果为：

```
a=8
b=5
max=8
```

本程序有两个全局变量 a、b，初值分别为 3、5（定义时未赋初值的初值才为 0）。

main 函数中有同名的局部变量 a，这使在 main 函数中全局变量 a 被屏蔽，在 main 函数中"变量 a"均指本函数自己的变量 a，然而 main 函数中没有同名的局部变量 b，于是在 main 函数中说"变量 b"还是要使用公共的全局变量 b。

max 函数的形参名也为 a、b，这与全局变量 a、b 同名。由于形参在函数执行时就是函数内的局部变量，使在 max 函数中，全局变量 a、b 也被屏蔽。在 max 函数中"变量 a"、"变量 b"均指形参，不会使用全局变量。函数空间情况如图 7-18 所示。

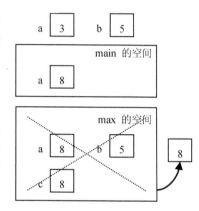

图 7-18　程序例 7.11 的函数空间

全局变量的优点是在多个函数中都能同时起作用，在一个函数中对某变量值的改变可被带到其他函数中，所以通过全局变量可在不同函数间传递数据。但全局变量的副作用也是很明显的，函数功能将依赖于函数之外的公共变量，其他函数都可随意篡改变量的值，导致函数的执行结果不可预知。这降低了函数的独立性和可移植性，实际上是违背结构化程序设计原则的。因此除非特别必要，我们在编程时应尽量少用或不用全局变量。当需要在不同函数间传递数据时，应通过参数向被调函数传递数据，通过函数的返回值向主调函数传递数据。

我们总结全局变量的生存期和作用域如下所示：

（1）生存期：起始于整个程序的开始运行，终止于整个程序的运行结束，全局变量的空间在整个程序运行期间一直存在。

（2）作用域：起始于变量的定义处，终止于本源程序文件末尾，这个范围内的所有函数均可共享使用该变量（用 extern 还可扩大其作用域，见下一小节）。

3. 扩大全局变量的作用域

全局变量供大家共享，本是毋庸置疑的，然而全局变量的作用域却有一个限制，就是只能从变量的定义之处之后才能被使用。例如在程序例 7.10 中，fun1 函数是不能使用全局变量 a 的，因为 a 在 fun1 之后才定义。如果一定要在 fun1 函数中使用全局变量 a，能不能办到呢？可以！这需要用关键字 extern 来扩大其作用范围。extern 是用来声明全局变量的，在用 extern 声明全局变量之后，就可以使用该全局变量了（尽管它可能在以后才被定义）。声明的写法与变量定义的写法基本相同，只是在之前加 extern，例如：

```
extern int a;
```

以上语句声明了全局变量 a。与函数的声明类似，它实际也是"告诉"编译系统有这样一个全局变量a存在，变量a可能将在本源程序文件的稍后定义，或者在其他源程序文件中定义（见下）。注意变量的声明与变量的定义不同，声明不会开辟变量的存储空间，而定义就要开辟存储空间了。因此全局变量的声明可出现多次，而定义只能是一次。

要在fun1中使用全局变量a，需改造程序如下所示：

```
#include <stdio.h>
extern int a;
int sum;
void fun1()
{    sum+=20;
     /* 在 fun1 函数中可以使用全局变量 a */
}
int a;
void fun2()
......以下从略......
```

只有先使用全局变量，后定义的才有必要声明。如果全局变量是先出现的定义，而后才使用的，可不必声明（如变量sum），当然如果声明了也不会出错。

4．多文件编程的指挥艺术

本书我们学习的用C编写的程序大部分是规模比较小的程序，一般一个程序对应一个源程序文件（.c）就足够了。但在实际应用中，一个规模较大的C程序往往会包含很多函数，把这些函数统统"挤"到一个源程序文件中是不现实的。

把一个大型程序拆分为多个源程序文件是十分必要的。将不同的函数按功能分别放在不同的源程序文件中。例如把进行数值处理的函数放到一个文件中，把与用户界面有关的函数放到另一个文件中（注意同一函数不允许被拆分为多个文件）。这就可将一个程序的编写任务分工给多人完成，每人负责其中的一个或几个源程序文件，各个源程序文件可分别编译互不影响。当某函数需要修改时，也可以只改动其所在的那一个文件并重新编译那一个文件，其他文件不变。当所有源程序文件均编译正确后，就可以组装起来，链接和运行了。

例如，下面是由两个源程序文件组成的C程序：file1.c、file2.c。这个C程序包含两个函数：main函数、fun函数。其中main函数被放入file1.c中，fun函数被放入file2.c中。

【file1.c 文件】

```
int a;   /* 全局变量 */
extern void fun();
main()
{
    a=10;   /* 使用全局变量a */
    printf("(1)a=%d\n", a);
    fun();
    printf("(2)a=%d\n", a);
}
```

【file2.c 文件】

```
extern int a;
    /* 声明在其他文件中定义的全局
       变量，本文件将使用该全局变量*/
void fun()
{   a=20;   /* 使用 file1.c 文件中的
             全局变量 a */
    printf("fun 中 a=%d\n", a);
}
```

在一个文件中定义了全局变量，有时希望在其他文件中也能使用该全局变量。这时要在使用该变量的其他文件中声明该变量。例如上例在 file1.c 中定义了全局变量 a，在 file2.c 中应该先用 extern 声明全局变量 a，才能在 file2.c 中使用 file1.c 中的 a。程序的输出结果是：

```
(1)a=10
fun 中 a=20
(2)a=20
```

当一个 C 程序由多个源文件组成时，注意多个源文件组成的是一个程序，而不是多个程序。因此只能在一个源文件中有 main 函数，且只能有一个 main 函数。上例既已在 file1.c 中有了 main 函数，若在 file2.c 中还有 main 函数则是错误的。

如同一个国家有多个城市，应选择一个城市作为首都。惟一的皇帝位于首都，不能每个城市都有一个皇帝。

不仅使用其他文件中定义的全局变量要声明，调用其他文件中定义的函数也要声明。上例在 main 函数中调用了其他文件的 fun 函数，因此在 file1.c 的第二行事先声明了 fun 函数。

```
extern void fun();
```

这时的 extern 用在函数声明前，它表示该函数是在其他文件中定义的。extern 也可以省略，编译系统会自动先查找本文件中有无此函数的定义，如未找到再到其他文件中查找。

在函数定义头部还可以加 extern 以强调该函数允许被其他文件调用，如上例在 file2.c 中对函数 fun 的定义还可写为：

```
extern void fun()
{   a=20;    /* 使用 file1.c 文件中的全局变量 a */
    printf("fun 中 a=%d\n", a);
}
```

通常函数定义前的 extern 可以省略，其效果是相同的。

 窍门秘笈 总结 extern 的用法和作用如下所示：

（1）全局变量的声明或函数的声明前加 extern，表示该全局变量或函数是其他文件中定义的，或是本文件稍后定义的，这里 extern 用于扩大作用域范围。注意声明并不开辟变量空间。

（2）函数定义前加 extern 或不写 extern，都表示该函数允许被其他文件调用。

如果不让其他文件调用本文件定义的全局变量或函数，该如何做呢？在全局变量的定义或函数定义前加 static，可限制其只能在本文件中使用，不允许在其他文件中使用，例如：

```
static int a;
```

以上语句定义了全局变量 a，并使 a 只能由本文件中的函数共享，a 不能被其他文件使用，即使在其他文件中用 extern 声明也不行。

限制某一函数不能在其他文件中被调用，也必须在函数定义前加 static。例如：

```
static int MyFun(int a, int b)
{  ......  }
```

函数 MyFun 只能在本文件中被调用，不能在其他文件中被调用，即使在其他文件中声明该函数也不行。我们将上例程序改造一下，如下所示：

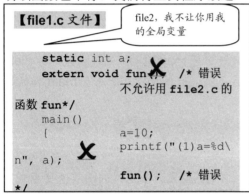

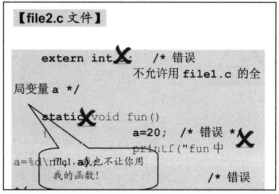

由于 file1.c 在定义全局变量 a 的语句中有 static，限制了全局变量 a 只能在 file1.c 文件中被使用，不能在其他文件中被使用。由于 file2.c 的 fun 函数定义头部有 static，也限制了 fun 函数只能在 file2.c 文件中才能被调用，不能在其他文件中被调用。

允许被其他文件调用的函数称外部函数；不允许被其他文件调用的函数称内部函数。

我来总结一下吧，全局变量和函数是否能被其他文件使用：在定义时写 static 的不允许被其他文件使用，不写 static 的就允许被其他文件使用。若允许被其他文件使用，函数在定义时不写 static 也可以，或加 extern 强调也可以。但对于全局变量，定义时只能不写 static，不能加 extern 强调。如果加了就是声明变量而不是定义变量了，会导致变量未定义的错误。

窍门秘笈　总结 static 的用法和作用如下所示：

（1）全局变量定义时或函数定义时加 static，表示限制其只允许在本文件内被使用，不允许在其他文件中被使用。

（2）局部变量定义前加 static，表示静态变量（该用法我们将在稍后介绍）。

全局变量和函数都有"声明"和"定义"，请注意区分"声明"和"定义"的含义：

（1）声明：不分配内存，可出现多次。

（2）定义：分配内存、写出执行语句，只能出现一次。

extern、static 修饰词用于声明还是用于定义，其作用是不同的，不要搞混。

7.5.2　时间范围——变量的存储类别

变量不仅有不同的数据类型，还可以有不同的存储类别。存储类别表示变量在计算机中的存储位置，有 3 种存储位置分别为：（1）内存动态存储区；（2）内存静态存储区；（3）CPU 寄存器，如图 7-19 所示。存储在不同位置的变量有不同的生存期，如果说局部变量和全局变量反映了变量在空间上的作用范围，则存储类别反映了变量在时间上的作用范围。

在定义变量时，如何指定变量的存储类别呢（这里仅指局部变量，全局变量除外）？

（1）在定义变量时，变量名前用关键字 auto，则变量将位于内存动态存储区，这种变量也称自动（auto）型变量。

（2）在定义变量时，变量名前用关键字 static，则变量将位于内存静态存储区，这种变量也称静态（static）型变量。

（3）在定义变量时，变量名前用关键字 register，则变量将位于 CPU 寄存器，这种变量也称寄存器（register）型变量。

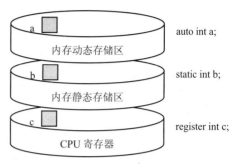

图 7-19　变量的三种存储类别

CPU 是计算机的运算核心，寄存器是位于 CPU 中的存储单元，但这些存储单元很少，只能保存很少的数据。如果把内存比作书架，把 CPU 比作学习用的书桌，则寄存器就相当于书桌角落上的一块空白，它只用于寄存当下学习要用到的少数几本书，更多的书还是要从书架上存取。CPU 中的寄存器也是为了服务当下计算，使当下计算的常用数据存取快捷。因为从寄存器存取数据要比从内存快得多。由于寄存器数量有限，是弥足珍贵的，我们不能过多地定义 register 型的变量。实际上在程序中用 register 定义变量也只是给编译系统的建议，如果所提要求不合适，编译系统可能并不采纳，而仍将变量分配为 auto 型。

在实际编程时，没有必要把变量定义为 register 型，因为编译系统有优化功能，当它识别出某个变量适合做寄存器变量时（例如要被频繁使用的），会自动将其分配为寄存器型变量。

auto 可以省略，也就是说，如在定义变量时没有写出以上 3 种关键字的任何一种，则该变量为 auto 型，与写出 auto 是等效的。我们在本章之前定义变量时，都不写这 3 种关键字，因此以前我们定义的变量都是 auto 型的，都位于内存动态存储区中（全局变量除外）。

以下定义了 3 个变量：

```
auto int a;     /* 或写为 int a;  auto a; */
static int b;   /* 或写为: static b; */
register int c; /* 或写为: register c; */
```

3 个变量 a、b、c 分别位于内存动态存储区、内存静态存储区和 CPU 寄存器中。其中 auto 可以省略，在写出 auto、static 或 register 且变量为 int 型时，int 也可以省略。

位于 CPU 寄存器中的变量，是没有在内存中的，当然也没有地址，因此不能用&取地址。

脚下留心

为什么要关注变量的存储类别呢？这是因为不同存储类别的变量具有不同的特点，这些特点总结于表 7-2。

表 7-2   不同存储类别变量的特点

	auto	static	register
存储位置	内存动态存储区	内存静态存储区	CPU 寄存器(没在内存)
作用域	所在函数内，或所在复合语句 { } 内有效(全局变量除外)		
生存期	离开函数或{}就消失	永久保留(至程序结束)	同 auto
初值	随机数，重新初始化	值为 0，只初始化一次	同 auto

注：register 型变量的速度要远远快于其他存储类别的变量。

其中"重新初始化"是指：如果函数中的一个变量在定义时赋了初值，则每次调用这个函数都要重新为变量赋初值。"只初始化一次"是指在本函数被多次调用时，只有第一次被调用才给变量赋初值，该函数以后再被调用不会再给变量重新赋初值。下面结合实例来说明。

【**程序例 7.12**】使用 static 变量。

```
f(int a)
{   auto b=5;
    static c=3;
    b=b+1;
    c=c+1;
    return(a+b+c);
}
main()
{   int a=2, i;
    for(i=0;i<3;i++)  printf("%d ",f(a));
}
```

程序的输出结果为：

```
12 13 14
```

在 main 函数中有一个 for 循环，循环体的 printf 共被执行 3 次（i=0,1,2）。每次执行都要调用一次 f 函数，所以 f 函数要被调用 3 次。

在 f 函数中，变量 b 是 auto 型的（定义时省略了关键字 int，是 int 型变量），语句 auto b=5;在 3 次 f 函数的调用中每次都会被执行，每次都会为变量 b 分配新的空间并每次都会赋初值 5。

语句 static c=3;在 3 次 f 函数的调用中只有第一次调用才被真正执行，分配 c 的空间并为它赋初值 3。在以后的 2 次调用中这条定义语句不会再被执行而直接被跳过，这是 static 型变量的特点。因为 static 型变量在内存中一直存在，在第一次调用 f 函数时，其空间已被开辟，后面再调用 f 函数时就不必再重新开辟了，而且赋初值"=3"也不会再被执行了，目的是维持变量 c 当下的值，因为变量 c 的空间是一直在内存中存在的。

函数空间情况如图 7-20 所示。3 次调用 f 函数每次都要重新开辟 f 函数的空间，函数结束后再销毁 f 的空间。只是其中变量 c 的空间要被一直保留，并使 c 包含在每次的 f 函数的空间中。

**窍门秘笈** 可通过如下口诀来记忆不同存储类别变量的特点：

auto 类型可缺省，

离开 } 扫干净。

有赋初值重新赋，

未赋初值值不定。

static 静态型，

永久保留内存中。

有赋初值只一次，

未赋初值值为 0。

"可缺省"的含义是在定义变量时，关键字 auto 可以省略，不指定 auto、static 或 register 的变量都是 auto 型的。"离开 } 扫干净"实际是前面函数口诀的"函数结束，全部完蛋"的翻版，函数结束就是离开函数最后的 }，这里又增加了复合语句中的 auto 型变量离开复合语句的 } 其变量空间也被回收，总之是离开它所在层的 } 就被"扫干净"。static 的变量"永久保留内存中"是相对的，在整个程序执行期间其空间一直存在（不会因某个函数结束而回收这些空间），但整个程序运行结束，其空间还是要被回收。

【随讲随练 7.5】程序如下所示：

```
#include <stdio.h>
int fun()
{   static int x=1;
    x*=2; return  x;
}
main()
{   int i, s=1;
    for (i=1; i<=2; i++)  s=fun();
    printf("%d\n", s);
}
```

程序运行后的输出结果是（   ）。
A. 0   B. 1   C. 4   D. 8

【答案】C

【分析】fun 函数共被调用 2 次，最终 s 的值为第二次调用 fun 函数时 fun 函数的返回值。由于 fun 函数中有静态变量 x，它的空间一直被保留，这样 fun 的返回值实际为上一次 x 的值的 2 倍。即第一次调用 fun 它返回 2，第二次调用 fun 它返回 4，如果第三次调用它将返回 8……注意 static int x=1;只有在第一次调用 fun 时才被执行；第 2 次及以后再调用 fun 时这条定义语句不会再被执行，x 并不能再变回 1。函数空间情况如图 7-21 所示。

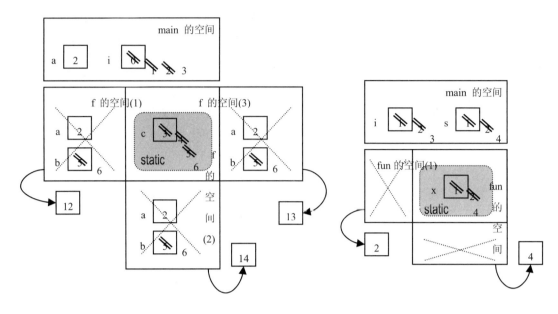

图 7-20　程序例 7.12 的函数空间　　　　图 7-21　随讲随练 7.5 的函数空间

7.5.3　时空统一——局部变量和全局变量的存储类别

局部变量和全局变量表达了变量的空间作用范围，变量不同的存储类别则表达了变量的时间作用范围，二者之间有何关系呢？这里总结局部变量和全局变量都能具有哪些存储类别，如下所示：

（1）全局变量：只能是 static 型的，即只能位于内存静态存储区。

（2）函数中，或 { } 中的局部变量：可以是 auto、static 或 register 型的。

（3）函数的形参：可以是 auto 或 register 型的，不能为 static 型。

前面学习过全局变量也是一直被保留在内存中的，并且如果在定义全局变量时没有给它赋初值其初值也自动为 0 而不是随机数。全局变量的这个特点根本原因在于全局变量都是 static 型的。注意反过来说是不行的，static 型的变量不一定都是全局变量。

【小试牛刀 7.4】如有全局变量 a、b，在函数外定义如下所示：

```
static int a;
int b;
main()
{
    ……
}
```

下面的说法是否正确："a 是 static 型的变量，b 是 auto 型的变量。"

答案：不正确。a、b 都是 static 型的变量，因为它们都在函数外定义，都是全局变量，全局变量都是 static 型的。变量 a 定义前的 static 的含义是该变量不允许被其他源文件使用，而只能在本源文件中使用（当一个程序由多个源文件组成时）。注意在定义全局变量时，有无 static 都是静态的，如有 static 则是另外的含义，它不允许被其他源文件使用。如读者有些迷惑，可参见 7.5.1.4 小节对关键字 static 用法的总结。

7.6　给编译做点儿手脚——预编译处理

预编译处理，也称编译预处理。顾名思义，就是在编译之前所做的工作，如图 7-22 所示。预编译处理有三类：包含文件（#include）、宏定义（#define、#undef）和条件编译（#if, #elif, #else, #ifdef, #ifndef, #endif）。预编译处理不是执行语句，只能称其为"命令"。

（1）预编译命令单独占一行，以 # 号开头，后无分号（;）。

（2）先预处理，再编译。

（3）预编译命令本身不编译。

第 1 章学习过 C 源程序的运行要经过"编译→链接"两个阶段。这里讲的预编译在编译之前，也就是"预编译处理→编译→链接"。可是在上机操作时，我是直接单击【编译】按钮的，为什么之前不需先单击一个【预编译】按钮呢？

编译系统一般都是把预编译、编译两个阶段一起完成，因此在上机操作时一般我们感觉不到预编译的存在。直接单击【编译】就可以了，编译系统会自动先预编译，再编译。

图 7-22　编译系统一般都是把预编译、编译两个阶段一起完成

7.6.1　潜伏代号——宏定义

我们学习过的符号常量就是一种宏定义，例如：

```
#define  PI  3.14
```

它的含义是将 PI 定义为文本 3.14 的代替符号，源程序中所有 PI 都将首先被替换为文本 3.14，然后再编译，这样所编译的内容中就不再有 PI 而只有 3.14，编译的是 3.14 而不是 PI。

#define 命令的用法是：

```
#define  宏名  替换文本
```

它是一个命令，而不是语句，称为宏定义。宏定义的含义是用一个宏名去代替一个替换文本。宏名是个标识符，符合标识符命名规则的任意名称都可以。在编译预处理时，将对源程序中的所有"宏名"都用"替换文本"去代换，称为宏代换或宏展开，然后再对代换后的内容进行编译。#define 命令必须写在函数外，其作用域为从命令起到源程序结束。例如在定义 PI 为 3.14 后，源程序中的语句如下所示：

```
area = PI*r*r;
angle = 30*PI/180;
```

宏展开后为：

```
area = 3.14*r*r;
angle = 30*3.14/180;
```

在编译之前，编译系统首先将语句变为后者的形式，然后再编译。即将来编译的是后者的内容。

1．无参宏定义

宏定义的"替换文本"可以是任意文本，而不仅限于数字。预处理时不做语法检查，只有在宏展开以后编译时，再对宏展开以后的内容做语法检查。前面将 PI 定义为 3.14 就是一种无参宏定义，这里再举几例如下所示：

（1）有宏定义如下：

```
#define  M  (y*y+3*y)
```

它的含义是，将之后源程序中的"M"首先都替换为"(y*y+3*y)"，然后再编译。若源程序中有语句：

```
s=3*M + 4*M;
```

宏展开后为：

```
s=3*(y*y+3*y) + 4*(y*y+3*y);
```

之后在编译时再检查上句的语法错误，并计算、运行。

（2）有宏定义如下：

```
#define  M  y*y+3*y
```

则源程序中的语句为：

```
s=3*M+4*M;
```

宏展开后为：

```
s=3*y*y+3*y + 4*y*y+3*y;
```

注意这是将"M"这 1 个字替换为"y*y+3*y"这 7 个字，在替换时不要随便加括号。这可能与本意不符，替换后将先计算 3*y*y 然后再相加了，那也只能如此。若希望先相加，后做 3*，应在#define 的定义中，在替换文本的适当位置加( )，像（1）一样。

【小试牛刀 7.5】下面程序的输出结果如下所示：

```
#define N 3+5
main()
{
    printf("%d", 2*N);
}
```

答案：程序输出 11。源程序中"N"这 1 个字被替换为"3+5"这三个字，printf 语句宏展开后为：printf("%d", 2*3+5); 之后再编译、运行，自然输出 11。注意宏展开时没有任何计算的过程，千万不要认为 N 就是 8、2*8 输出 16。

 窍门秘笈　对于宏展开，一定要牢记口诀:

文本替换，不会计算

这是一种纯文本的替换，没有任何计算过程。在做宏展开时，把自己想象为一名尚未学过数学的"学龄前的小孩子"反而不容易出错。

　　　在源程序中引号之内的宏名是不会被替换的。例如若有定义#define N 3+5 则语句 printf("N"); 仍在屏幕上输出 N 本身，引号内的 N 不会被替换为 3+5。

高手进阶

在宏定义命令的行尾是不加分号（;）的。若加分号（;），对宏定义命令本身系统并不报错，只不过在宏展开时，分号也会被视为替换文本的一部分，将跟随一起替换。只要保证替换后的内容无语法错就可以了。

【程序例 7.13】 带分号的宏定义。

```
#define  PRINT  printf("OK\n");
main()
{
    PRINT
}
```

程序是正确的，输出 OK。"PRINT"将被替换为"printf("OK\n");"，替换后的内容是一个完整的语句。注意在 main 函数的"PRINT"后不要再有分号，否则替换后将有两个分号了。

2．带参宏定义

在宏定义时还允许像函数那样带有参数，但仍需注意的是参数也是纯文本的替换，不会为参数开辟变量的存储空间，没有值的传递，更没有计算的过程。

【程序例 7.14】 带参宏定义。

```
#define  F(x, y)  3*x+y
main()
{   printf("%d", F(1, 2));
}
```

程序的输出结果是：

```
5
```

本例 printf 语句的宏展开要分两步进行：

（1）将 printf 语句中的 F(...)形式替换为"3*x+y"这 5 个字:

```
printf("%d", 3*x+y);
```

（2）#define 的定义中指定 F 的参数为 x、y（也称形式参数）；调用时 F 的参数为 1、2

（也称实际参数）。按照顺序依次对应，它的含义是将第（1）步结果中的"x"这1个字替换为"1"这1个字，"y"这1个字替换为"2"这1个字：

```
printf("%d", 3*1+2);
```

再编译运行，输出5。

带参宏的宏展开，与函数的实参到形参的值传递有本质的不同，这里没有"形参激活为变量"也没有"变量的值"，它仍然只是纯文本的替换，是用调用时实参的文本替换为定义时对应的形参文本。因此在带参宏中，参数无类型，也不会在调用时为参数分配变量的空间。

高手进阶

宏名和替换文本之间，是以空格（或 Tab 符）作为分界的。因此在带参宏定义中，宏名和形参表之间不能有空格（或 Tab 符），否则这个空格（或 Tab 符）将被认为是分界符。如将程序例 7.14 的宏定义改写为：

```
#define  F   (x, y) 3*x+y
```

则将认为 F 是宏名（没有参数），"(x, y)   3*x+y"是替换文本。宏展开后将得到：

```
printf("%d", (x, y)  3*x+y(1, 2));
```

显然再编译这条语句会出现语法错误。

【随讲随练 7.6】程序如下所示：

```
#include <stdio.h>
#define  S(x)  4*(x)*x+1
main()
{   int k=5, j=2;  printf("%d\n", S(k+j));  }
```

程序运行后的输出结果是（   ）。
A. 197   B. 143   C. 33   D. 28

【答案】B

【分析】在宏代换时，第（1）步先将 printf 语句变为 printf("%d\n", 4*(x)*x+1); 第（2）步由于调用的是 S(k+j)，定义是 S(x)，对应"x"的是"k+j"，应以"k+j"这 3 个字替换"x"这 1 个字，再变为 printf("%d\n", 4*(k+j)*k+j+1);（注意只是纯文本的替换不要随便加( )）。

【小试牛刀 7.6】如将 printf 语句改为：printf("%d\n", S((k+j))); 则程序输出结果是（   ）。

答案：197。宏展开时，第（1）步不变。由于这次调用是 S((k+j))，定义是 S(x)，对应"x"的是"(k+j)"这 5 个字，应以"(k+j)"这 5 个字替换"x"这 1 个字，变为 printf("%d\n", 4*((k+j))*(k+j)+1); 再编译执行后输出 197。

3. 嵌套的宏定义

在替换文本中，还可以用已经定义的宏名，成为嵌套的宏定义。宏展开时将层层代换。如：

```
#define  PI 3.14
#define  S PI*y*y
```

则对语句

```
printf("%f", S);
```

宏展开后为

```
printf("%f", 3.14*y*y);
```

若要取消先前的宏定义可用#undef 命令，例如：

```
#define  PI  3.14
fun( )
{   printf("%f\n", PI*2*2); }
#undef  PI
main( )
{   fun();
    printf("%f\n", PI*3*3); /* 错误：因 PI 不再有效 */
}
```

由于在 main 之前已用#undef PI 取消了对 PI 的定义，PI 在 main 函数中不再有效，PI 只在 fun 函数中有效，只在 fun 函数中能被替换为 3.14。

7.6.2　程序的自动复制粘贴——文件包含

文件包含命令是#include，它也是预编译处理的一种。例如：

```
#include <stdio.h>
#include "math.h"
```

文件包含是指将另一文件的内容包含到当前文件的#include 命令的地方，取代#include 命令行。如同将另一个文件打开、全选、复制，再到#include 命令的地方粘贴一般。

所包含文件的文件名可用一对<>括起，也可用" "括起。其区别为：< >表示所包含的文件位于系统文件夹中；" "表示位于用户文件夹中（一般与本C 源程序同一文件夹），当使用" "时，若在用户文件夹中没有找到要包含的文件，计算机会自动再去系统文件夹中查找。

设头文件 stdio.h 中的内容为"内容 B"，my.c 文件中的内容为"内容 A"。在 my.c 文件中的"内容 A"之前有#include <stdio.h>命令，则包含文件后的 my.c 文件中的内容为"内容 B+内容 A"（不再有#include <stdio.h>命令行，它已被"内容 B"替换），如图 7-23 所示。

所包含的文件可以是另一个 C 源程序文件（.c），也可以是一个头文件（.h），但一般是包含头

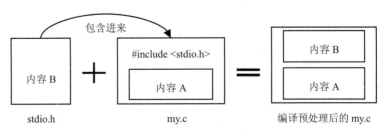

图 7-23　文件包含的原理

文件。文件的包含也可以嵌套，如 a.c 中包含 b.h，b.h 中又可以包含 c.h。

　　包含文件实质上是将另一文件的内容"拿来"供本文件使用。如果在多个源程序文件中都要声明某些函数或声明某些全局变量，可事先把这些函数或全局变量的声明写到一个头文件中，在编写每个源程序文件时就不必再重写这些声明了，而可用一条#include 命令把这个头文件包含进来即可。这既节省了编程工作量，又保证了正确性，因为同样的内容写得次数越多，出现错误的机会也就越多。

7.6.3　早知当初，何必如此——条件编译

　　条件编译也是预编译处理的一种，与我们学习过的 if 语句有些类似，也是根据条件分支判断。条件编译在条件不成立时，语句也不会被执行，但条件编译与 if 语句有本质的不同，if 语句是一定要被编译的，可执行文件中包含有对应的机器指令只是不执行而已，而条件编译是根本不会编译这些语句，可执行文件中没有对应的机器指令，当然也无法被执行。

　　条件编译命令有#if、#elif、#else，#ifdef、#ifndef 和#endif。前 3 个命令分别类似于 if、else if、else，它们用于判断某个条件是否成立，决定是否进行编译（条件必须是常量表达式）。#ifdef、#ifndef 也是判断某个条件是否成立，决定是否编译，但专门用于"符号是否被#define 定义过"这类条件。#ifdef、#ifndef 分别表示某个符号被定义过则编译、某个符号未被定义过则编译。#if、#ifdef、#ifndef 都要以#endif 作为结束，像三明治一样把要被编译或不被编译的语句夹在中间，不能用{ }把要被编译或不被编译的语句括起来，这也是与 if 语句的区别。

　　【程序例 7.15】条件编译。

```
#include <stdio.h>
#define DEBUG 1                    /* 定义了符号 DEBUG，替换文本为 1 */
main()
{    int a=1;
#if DEBUG==1
     printf("debugging...\n");     /* DEBUG==1 成立，此句被编译 */
#endif

#ifdef DEBUG
    printf("a=%d\n", a);           /* 符号 DEBUG 被定义过，此句被编译*/
#else
     printf("a+1=%d\n", a+1);      /* 此句不被编译 */
#endif
}
```

程序的输出结果为：

```
debugging...
a=1
```

　　注意#if、#ifdef 都要以#endif 结束。语句 printf("a+1=%d\n", a+1); 没有被执行，原因是它根本没有被编译。

第8章 璀璨的星星——指针

当你从网页复制一段文本，再到你想要的地方随意粘贴的时候；当你在 Excel 表格中插入几行数据的时候；当你不知怎的突然遭到被弹出"xx 程序错误，单击确定立即关闭"的时候；当你用游戏修改软件锁定生命值，让游戏中的角色成为"金刚不死之躯"的时候……知道吗？这些都是与指针息息相关！

指针可是程序设计的一个强大工具，使用指针不仅可以表示很多重要的数据结构、高效地使用数组、方便地处理字符串、另类地调用函数……而且还可以直接访问内存，赋予我们广大的自由度和"至高无上"的权利！编程高手们常说"无指针，不自由"就是这个道理。因此指针也是学习 C 语言最重要的一环，可以说如果不会使用指针编程，就不是真正掌握了 C 语言。

有人说指针也是学习 C 语言最困难的一部分，但本书持相反意见。只要学习方法得当，实际上指针也并没有听起来那么难学。在本章我们会介绍很多技巧和方法，一步步带领大家攻克指针的壁垒。

8.1 内存里的门牌号——地址和指针的基本概念

"编号"是人们常用的手段。例如，现在你翻到本书的这一页就有一个页码编号。编号的例子还有很多，如超市的存包箱有箱号，电影院座位有座次号，楼房的房间有房间号等。通过编号我们可以准确地找到位置。

计算机的内存是由一个个字节组成的，每个字节可以保存 8b（8 个 0 或 1）。计算机内存的字节数可以有很多，例如一台有 2GB 内存的计算机就有多达 2 147 483 648 个字节（2×1024×1024×1024=2 147 483 648）。如何有条不紊地管理这些字节，必须有个合适的手段。人们仿照生活中为事物编号的方式，也为计算机内存的每个字节编号。把第一个字节编为 0 号（从 0 开始，与数组下标有点像），第二个字节编为 1 号……，最后一个字节是 2G-1 即 2 147 483 647 号，如图 8-1 所示。

与我们把房间号称为地址类似，计算机内存中的字节编号也称为地址，地址也称为指针。

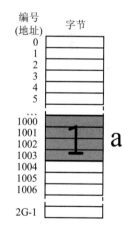

图 8-1 计算机内存的每个字节也有编号，这些编号称为地址，也称指针

本章讲"指针"，但不要畏惧！我们先把"指针"的含义搞清楚，就成功一半了。什么是指针呢？指针就是地址，地址就是编号，也就是内存中字节的编号。

变量位于内存中，如定义变量 int a; 则变量 a 要占用内存中的 4 个字节（在 Visual C++ 6.0 环境下）。变量 a 要占用哪 4 个字节呢？这是由计算机分配的，我们不能左右，而且在不同的计算机上运行程序或在同一计算机的不同时刻运行程序，变量被分配到的位置也不同。然而位置是可以假设的，假设变量 a 占据了内存中编号为 1000～1003 的 4 个字节，则这 4 个字节就被标记名称为"a"。用变量 a 保存一个整数，就是用这 4 个字节保存一个整数。例如执行语句 a=1; 则 1 就被保存到这 4 个字节中（转换为二进制，前补 0 占满 4 个字节），如图 8-1 所示。

如果财务处位于办公楼的 305，我们称财务处的地址是 305，如果财务处比较大，占用了 305-307 三间房间，习惯上我们仍称财务处的地址为 305，即取第一间房间号为地址。对于变量 a，它占用了编号为 1000～1003 的 4 个字节，我们说变量 a 的地址为 1000，也取它的第一个字节的编号作为变量的地址。注意变量 a 的地址为 1000，变量 a 并不一定只占用编号为 1000 的这一个字节。在分析程序时，我们不必像图 8-1 那样画出每个字节，而可以采用图 8-2 的方式，在变量空间的左下角写出变量的地址就可以了。请注意"变量的地址"和"变量的值"，这是两个完全不同的概念。

- ❑ 变量的地址：变量位于存储空间的"门牌号"（写在变量的空间外、左下角），在整个程序运行期间，地址永久不变；
- ❑ 变量的值：变量空间中所保存的数据内容（写在变量的空间内），在程序运行期间，变量的值是可以变化的。

又如，定义变量 double b=2.8; 变量 b 为 double 型，它在内存中占用 8 个字节。我们假设它占用了 2000～2007 的 8 个字节，则变量 b 的地址为 2000，也表示如图 8-2 所示。

图 8-2　分析程序时，带地址的变量空间表示

注意这里变量的地址都是假设的，实际运行程序时其地址不一定是 1000、2000。例如变量 a 的实际地址可能是 2031132，变量 b 的实际地址可能是 3209356（而且一般以十六进制表示，分别为 0x001efe1c、0x0030f88c）。

在本书中，遇到变量我们都将其地址依次假设为 1000、2000、3000、…，并且也将地址写为十进制，这都是为了分析程序的方便。这种假设变量地址的方法，是学习指针克敌制胜的一个重要"法宝"，希望读者悉心掌握、善于利用。

学习本章之前，我们只能通过变量名来访问变量（访问就是存取变量的值）。现在有了变量的地址，访问变量就有了两种方式：（1）通过变量名，（2）通过变量的地址。

8.2　别拿地址不当值——指针变量

地址本身也要被保存起来，就像把一个房间的门牌号写在纸上，把各章节的页码写在书的目录页中。在程序中地址也需要变量来保存，然而地址不能被保存在普通变量中。C 语言提供有一种特殊的专有变量专门用来保存地址，这种变量称为指针变量，指针变量也可简称为指针。

什么是"指针"呢？"指针"准确含义应该有两个意思：一是地址，二是指针变量。

8.2.1　找张字条记地址——定义指针变量

例如定义了整型变量 a 并为其赋初值为 1：

```
int a=1;
```

假设 a 占用 1000～1003 的 4 个字节，则 a 的地址为 1000。为了将 a 的这个地址 1000 保存起来，需要定义专用于保存地址的变量——指针变量。

定义指针变量与定义普通变量的形式类似，只需在变量名前加*号：

```
int *p;
```

*号是一个标志，有了*号才表示所定义的是指针变量，才能保存地址，如果没有*号，则 p 与 a 相同，都是 int 型的普通变量，将只能保存普通的整型数据不能保存地址。注意指针变量的定义形式如下所示：

❑ 变量名是 p，不是*p。
❑ 变量 p 的类型是 int *，不是 int。

变量名叫 p 不叫*p，* 永远不可能作为变量名的一部分。因为变量名只能由字母、数字、下划线组成，变量名是永远不能含 * 号的。

p 也不是 int 型，a 才是 int 型呢。p 专用于保存地址，p 的类型应是 int * 型。

可以通过如下语句将 a 的地址保存到 p 中：

```
p = &a;
```

其中&表示取地址，我们在 scanf 语句中也使用过这个符号。&a 表示变量 a 的地址，p = &a;则表示将 a 的地址赋值给指针变量 p，变量空间情况如图 8-3 所示。

下面的做法是不行的：

```
int x;
x = &a; /* 错误，x 不能保存地址 */
```

x 不是指针变量，不能保存地址。尽管内存中的字节编号是"整数"的，也不能用一个 int 型的变量来保存这种字节编号。反过来说，下面的做法也不行：

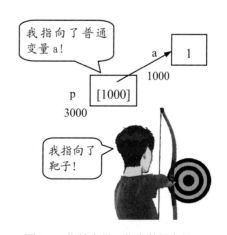

图 8-3　指针变量 p 指向普通变量 a

```
p = 1;   /* 错误，p 不能保存普通整数 */
```

C 语言是很"讲究"的，必须做到"专变量专用"。

❑ 由于变量 a 和变量 x 的定义语句分别是 int a; int x; 都没有*号，所以 a、x 都是普通变量，它们只能保存普通数据，不能保存地址。

❑ 由于变量 p 的定义语句是 int *p; 有 * 号，所以 p 是指针变量，它只能保存地址，不能保存普通数据。

指针变量也是变量，普通变量的特性指针变量同样具有。指针变量的空间也要位于内存中，就像书的目录页与书的正文页同样都位于同一本书中。一个指针变量的空间有多大呢？规定指针变量一律都占用 4 个字节，这类似于各种书的目录页所占的页数一般是固定的。

指针变量 p 占用哪 4 个字节呢？它在内存中的位置也是由计算机分配的，但我们仍然可为其假设一个位置。假设指针变量 p 占据 3000～3003 的 4 个字节，这样也可以说，指针变量 p 的地址是 3000。3000～3003 的 4 个字节将用于保存一个地址，而不是用来保存普通数据的。

指针变量用于保存地址，但指针变量本身也有地址，请读者注意区分这"两个地址"。前者是指针变量里面所保存的内容，内容可变，后者是指针变量本身所在的"门牌号"，是不变的。如图 8-3 对指针变量 p 空间的画法，前者画在方框内，后者画在方框左下角。如同一本书的目录页是指针变量，其内容是目录中所列出的各章节位于第几页，而目录页的地址一般是个罗马数字的页码如第 II 页。

窍门秘笈　普通变量 a 的地址是 1000，它的值是整数 1。指针变量 p 的地址是 3000，它的值还是个地址，是 1000。为了区分在指针变量中所保存的内容是个地址，而不是普通数据，我们在分析程序画出指针变量的空间时，可在空间中画出一对"[ ]"，将地址[1000]括在里面，如图 8-3 所示。"[ ]"可提醒我们，其中保存的内容是个地址，而普通数据不能装进去。记住在指针变量的空间中都要画出一对"[ ]"，而普通变量的空间中不画"[ ]"，这样在分析程序时就不容易出错了，本书后续章节都将沿用这种约定。

就像射箭运动员将弓箭对准靶子，指针变量 p 保存了普通变量 a 的地址，就是"对准了"普通变量 a，因为将可通过 p 中所保存的这个地址来访问变量 a（就是存取变量 a）。我们称：

指针变量 p 指向了变量 a

或称

p 是指向变量 a 的指针变量

由于指针变量还可以简称为指针，后一句还可称为"p 是指向变量 a 的指针"。

在一条定义语句中可以同时定义多个指针变量，也可以同时定义普通变量与指针变量，例如：

```
double *m, *n;
int *x, y, *z;
```

　　m、n、x、z 都是指针变量，因为它们前面都有 * 号，y 不是指针变量，它是普通的 int 型变量，因为它前面没有 * 号。变量空间如图 8-4 所示。虽然还未给各变量赋值，在图 8-4 中，已在所有指针变量的方框内画上了一对[ ]，是在提醒我们这些变量中只能存放地址不能存放普通数据。只有变量 y 是存放普通整数的，不能存放地址。

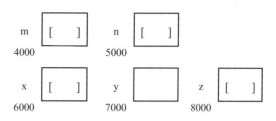

图 8-4　一些指针变量和普通变量的空间

8.2.2　这可不是说我——指针变量的基类型

　　我们知道，如果定义了指针变量 int *p; 则变量 p 的类型是 int * 类型的。"int *类型"是什么含义呢？它表示指针变量 p 所指向的数据的类型是 int 型，也就是说将来 p 要保存一个地址，但这个地址有讲究，必须是一个 int 型数据的地址才能被保存。

```
int a, b;
double c, d;
int *p;  /* p 中只能保存 int 型数据的地址 */
```

则下面都是正确的语句：

```
p = &a;  /* 正确，将 a 的地址保存到 p 中，a 是 int 型变量 */
p = &b;  /* 正确，将 b 的地址保存到 p 中，b 是 int 型变量 */
```

下面都是错误的语句：

```
p = &c;  /* 错误，p 不能保存 c 的地址，因 c 是 double 型不是 int 型 */
p = &d;  /* 错误，p 不能保存 d 的地址，因 d 是 double 型不是 int 型 */
```

而要想保存 c、d 的地址，要定义：

```
double *q;   /* q 中只能保存 double 型数据的地址 */
```

这样，才可以把 c 或 d 的地址保存到 q 中，但却不可以把 a 或 b 的地址保存到 q 中。

```
q = &c;  /* 正确，将 c 的地址保存到 q 中，c 是 double 型变量 */
q = &d;  /* 正确，将 d 的地址保存到 q 中，d 是 double 型变量 */
q = &a;  /* 错误，q 不能保存 a 的地址，因 a 是 int 型不是 double 型 */
q = &b;  /* 错误，q 不能保存 b 的地址，因 b 是 int 型不是 double 型 */
```

　　可以看到，C 语言是很讲究的，不仅用专门的指针变量保存地址，而且不同类型的数据还专用不同类型的指针变量。如果某人准备了几本不同的通讯录，一本只记家人的联系方式，一本只记同学的联系方式，一本只记朋友的联系方式，不同类的人用不同的本儿，坚决不记在同一本上，那么这个人确实很讲究！C 语言的指针变量就是如此。

　　在定义指针变量时，*号之前的类型如 int * 中的 int 是表示该指针变量将保存何种类型数据的地址，换句话就是说指针变量所能指向的数据的类型，该类型称为指针变量的基类型。指针变量要保存的地址必须是基类型这种类型数据的地址，指针变量只能指向同基类型的数据。

我们在打扑克时，有"超级"牌——大小王，如图 8-5 所示，它们能代替任意普通牌。指针变量里是否也有"大小王"呢？有的！这就是 void 基类型的指针。如有定义：

```
void *pt;
```

pt 可以保存任意类型数据的地址，而无论数据是什么类型的。下面语句均正确：

```
pt = &a;   pt = &b;   pt = &c;   pt = &d;
```

图 8-5 C 语言指针中的大小王，是 void 基类型的指针

我们在学习函数时曾学习过将 void 写在函数定义头部的函数名之前，表示函数没有返回值，或者写在函数定义的( )内表示函数没有参数。这里的 void 又表示指针变量的基类型可以是任意类型。这又是 C 语言中典型的"一词多义"现象，同样的一个词或一个符号，用在不同的场合有不同的含义，读者一定不要混淆。

8.2.3 把地址记下来——为指针变量赋值

为指针变量赋值，既可以通过赋值语句的方式，也可以在变量定义时赋初值。
（1）通过赋值语句为指针变量赋值。

```
int a=1;
int *p;
p=&a;   /* 不能写为 *p=&a, 变量名是 p 不是 *p */
```

下面的做法是错误的，

```
p = a;   /* 错误，p 不能保存普通整数 */
```

它表示把 a 的值 1 赋值给变量 p，但 p 中只能保存地址不能保存普通数据 1，所以错误。

同普通变量类似，在为指针变量赋值之前，指针变量的值也是不确定的，也是随机数。指针变量是保存地址的，这也就是说，它里面保存的是个随机地址。如上例在执行 p=&a; 之前，p 中所保存的地址是个随机地址。

千万不要使用未赋值的指针变量中所保存的随机地址。指针变量未赋值前值就是随机地址，情况与普通变量类似，但严重性可不一样。在使用普通变量时，就算无意使用了普通变量里的随机数，顶多也就是程序运行后得不到正确结果。而如果不小心使用了保存随机地址的指针变量，就没有那么幸运了。因为地址是随机的，谁知道它指向哪里呢？也许它正好指向 QQ 密码，也许正好指向网上账户信息，也许正好指向系统运行所必须的一个很重要的数据……如果谁敢通过此地址改动它所指向的数据，后果是很严重的，不但程序趴窝，甚至还会导致整个系统的崩溃！

在定义指针变量的同时为其赋初值（见下面（2）），是个不错的做法。因为它避免了指针变量中那种"随机地址"的危险状态。

（2）定义指针变量时赋初值（定义时初始化）。

```
int *p = &a;
```

与为普通变量赋初值的做法类似，但要注意指针变量的初值必须为一个地址（这里是 &a 是变量 a 的地址）。另外尤其注意在这种赋值中，其含义仍是"p=&a;"而不是"*p=&a;"，* 是与 int 结合的，变量的类型为 int *，不要将 * 看做是与 p 结合的，变量名不为*p。

（3）指针变量之间彼此互相赋值。所赋的值是其中保存的地址，这类似于把一张字条上所记录的朋友家的地址，抄一份誊在另一张字条上。赋值要求两个指针变量基类型必须相同。

```
int *q;
q = p;   /* 则 q、p 均保存了变量 a 的地址，q、p 均指向了变量 a */
```

注意不要写为"q=&p;"、"*q=p;"等，这就是两个变量之间的赋值。

```
float *r;
r = p;   /* 错误，r 与 p 的基类型不同，不能彼此赋值 */
```

（4）不允许把一个"数"当做地址直接赋值给指针变量，下面的赋值是错误的：

```
int *p;
p=1000;  /* 错误，即使我们知道某个变量的地址是 1000 也不能这么干 */
```

但特殊地，允许把数值 0 直接赋值给指针变量，但仅此特例。下面的做法是正确的：

```
p=0;     /* 正确，唯独可直接赋值为 0 */
```

系统在 stdio.h 头文件中定义有符号常量 NULL（#define NULL 0），因此也可写为：

```
p=NULL;        /* 正确，NULL 是 0 的代替符号，仍是 p=0 的意思 */
```

注意 NULL 四个字母必须全部大写。

为什么可以给指针变量直接赋值为 0 呢？系统规定，如果一个指针变量里保存的地址为 0，则说明这个指针变量不指向任何内容，叫做空指针，如图 8-6 所示。

内存中分明有编号为 0 的字节，指针变量值为 0，不是指向该位置么，为什么说它不指向任何内容呢？

内存中编号为 0 的空间是极特殊的，对系统来说极其、极其重要。任何程序胆想想修改其中的内容，甚至看一看其中的内容，都会立即被"枪毙"！遇到过类似右图那样的提示吧，那就是某些程序胆敢访问此空间的后果，只能在单击【确定】后被强制关闭，不留任何余地！

胆敢"读"地址为 0 的空间的后果

胆敢"写"地址为 0 的空间的后果

图 8-6　无论哪个程序试图访问（无论存取）地址为 0 的空间，都会立即被系统强制关闭，不留余地

指针变量未赋值和赋 0 值是不同的，指针变量未赋值时，其保存的地址是随机地址，是不能使用的。而将指针变量赋 0 值，其保存的地址是 0，是确定的，它不指向任何内容。

在定义指针变量时，如果不能确定它所指向的位置，可以先将其初始化为 0 或 NULL，以免指针变量的随机指向。例如：

```
int *p = 0;
```

8.2.4　指针运算俩兄弟——两个运算符

（1）& 取地址运算符。获取变量的地址，写做 "& 变量名"。& 运算符既可以取普通变量的地址，也可以取指针变量的地址。例如对图 8-3 中的变量，&p 得到的地址是 3000，&a 得到的地址是 1000。

（2）* 指针运算符（或称间接访问运算符）。获取或改写以 p 为地址的内存单元的内容，写做 "* 指针变量名"。它就是"按图索骥"，按照 p 中所保存的地址，找到数据的意思。

例如对图 8-3 中的变量执行：

```
printf("%d", *p);
```

将输出 a 的值 1，因为 p 保存的是 a 的地址，*p 就找到了变量 a 的内容。如果去掉 * 号写为 printf("%d", p); 则将输出 p 本身的值（输出 a 的地址），而得不到 a 的值。

如果已定义 int b; 还可以执行：

```
b = *p;
```

以上语句是将 a 的内容 1 赋值给 b。但如写为 "b = p;" 是错误的，因为它是把 p 中所保存的地址本身赋值给 b，而变量 b 是不能保存地址的。

*像是一位快递员，可以帮我们收取物品，只要告诉地址（如 p）就可以了。显然 * 运算只能用于指针变量，如用于普通变量（如 *a）是错误的。

以上是通过 * 获取数据，通过 * 还能改写数据。如同快递员除了可以帮我们收取物品外，还能帮我们寄送物品。同样只要把地址给他，他就能把物品送到我们指定地址的地方，在程序中就是将一个数据送到指定地址的变量中，从而改变变量的值。如执行语句：

```
*p = 2;
```

以上语句是将 2 送入 p 所指向的变量中，即 a 被赋值为 2，它等价于语句 a=2;。但如写为 p=2; 是错误的，因为后者是把变量 p 本身赋值为 2，而变量 p 只能存地址，不能存普通整数 2。

实际上 *p 等价于 a，用 *p 或用 a 都能存取 a 这个变量；前者是通过地址的"门牌号"访问变量，后者是通过变量名访问变量。正因为有此用法，赋值（=）的完整规则可归纳为如下所示：

赋值（=）左边必须为"变量"，或"* 指针变量"

& 和 * 都是单目运算符，结合方向"自右至左"。& 和 * 互为逆运算，即一个 & 和一个 * 可以相互抵消，如果有 p=&a; 则：

&*p ⇔ p ⇔ &a　　*&a ⇔ a　　&*&*p ⇔ p　　*&&*p ⇔ *p ⇔ a

尤其注意的是：前面定义指针变量时变量名前的*，与这里所讲的*是完全不同的，如图 8-7 所示。虽然"长相"一致，但是两种符号，它们之间也没有什么关系。在程序中，如何区分这两种符号呢？

（1）在变量定义时写*就是指针变量的标志（前有 int、double 等类型说明符），如 int *p; 的*，它没有任何"取数据"或"改数据"的含义；

（2）在执行语句中写*（前没有 int、double 等类型说明符）才是"取数据"或"改数据"的含义。

图 8-7　定义指针变量时的*和执行语句中运算符的*是完全不同的，它们是两种符号

```
int *p=&a;    /* 正确*/
*p=&a;        /* 错误 */
p=&a;         /* 正确 */
```

以上程序第一句的 * 是指针变量定义的标志，是正确的。第二句的 * 是"改数据"的含义，*p 表示变量 a，它只能被赋值为普通数据，不能被赋值为地址&a。

这又是 C 语言中典型的一符号多用现象，现在总结*号在 C 语言中的所有用法，如下所示：

（1）定义指针变量时，*是一个标志，标志着所定义的是指针变量，不是普通变量。例如：int *p;（特点：有 int 等类型说明符）。

（2）取指针变量所指向的内容，或改写所指向的内容，例如 printf("%d", *p);或*p =2;（特点：无 int 等类型说明符；* 后有一个量，*前无内容）。

（3）算术表达式中，*是乘法运算符，如：a*b（特点：*前后各有一个量）。

（4）指针变量做函数形参、函数返回值类型时，含义同（1），例如：int *fun(int *p, int *q) {...}（特点：位于函数的形参表中，或函数定义的函数名之前）。

实际上&也是一符号多用。&有"取地址"和"按位与运算"（参见 2.4.1 小节）的双重含义：仅右边有一个量时为取地址，两边都有量时为"按位与"。

【程序例 8.1】&和*运算符的用法。

```
main()
{   int a=1,x=2,*p;
    p=&a;
    x=*p;      /* ⇔ x=a; */
    *p=5;      /* ⇔ a=5; */
    printf("%d %d ", a, x);
    printf("%d", *p);    /* ⇔ printf(" %d", a); */
}
```

程序的输出结果为：

```
5 1 5
```

总结一下程序中指针变量到底该不该写 *，如下所示：

（1）定义指针变量时（前有 int、double 等类型说明符为定义）必须写 *，否则将定义普通变量而不是指针变量了。例如 int *p;

（2）使用指针变量时（前无 int、double 等类型说明符为使用）可以写 *，也可以不写 *，但二者是截然不同的。

- 写 * 表示取指针变量所指向的内容或改写所指向的内容。例如 printf("%d", *p); 或 *p=2;
- 不写 * 表示指针变量本身所保存的地址。例如 q=p;是赋值指针变量本身所保存的地址，就像把朋友家的地址另抄了一份誊在另一张字条上。

【小试牛刀 8.1】你能指出在图 8-3 中，执行语句中的 p、&p、*p（前无 int、double 等类型说明符时）各表示什么？

- p：表示指针变量 p 本身所保存的值（是个地址）是地址 1000。
- &p：表示指针变量 p 本身的地址，是 p 本身所在的位置，是地址 3000。
- *p：表示指针变量 p 所指向的数据，是变量 a。

【程序例 8.2】输入 a 和 b 两个整数，分别输出较大值和较小值。

```
main()
{   double *p1, *p2, *p, a, b;
    p1=&a; p2=&b;
    scanf("%lf%lf", &a, &b);
    if (a<b) { p=p1; p1=p2; p2=p; }
    printf("max=%lf,min=%lf\n",*p1,*p2);
}
```

程序的运行结果为：

```
2.4 3.4↓
max=3.400000,min=2.400000
```

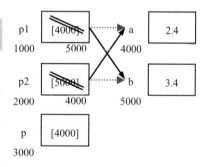

图 8-8   程序例 8.2 的变量空间

程序中定义了 3 个指针变量 p1、p2、p 和普通变量 a、b。起初让 p1 保存 a 的地址，p2 保存 b 的地址。如果所输入的 a 值较小，就通过 if 语句交换 p1 和 p2 所保存的地址（以 p 为临时变量），使 p1 总指向较大值，最后输出*p1 就是较大值，*p2 就是较小值。变量空间情况如图 8-8 所示，注意交换的是 p1、p2，并未交换 a、b。

用 scanf 为 double 型的变量输入数据，必须写为%lf，注意是字母[el]不是数字[yi]。不能写为%d（%d 是为 int 型变量输入数据用的），也不能写为%f（%f 是为 float 型变量输入数据用的）。

【小试牛刀 8.2】以上程序中的 scanf("%lf%lf", &a, &b); 还可以写为以下形式：
（1）scanf("%lf%lf", &p1, &p2); （2）scanf("%lf%lf", p1, p2); （3）scanf("%lf%lf", a, b);
答案：仅（2）正确，（1）（3）都不正确。scanf 后面要求地址，（3）显然是错误的，

（1）也不正确，p1、p2 已经是 a、b 的地址了，直接写为 p1、p2 即可，就不要再取地址 &p1、&p2。

高手进阶

程序例 8.2 如将最后的 printf 语句写为 printf("max=%d,min=%d\n", p1, p2); 则屏幕上将输出 p1、p2 两个变量的值，即输出两个地址。地址是计算机分配的，在不同的计算机上或在不同时刻运行程序都可能会有所不同，在笔者的计算机上运行时输出的是 max=1245028,min=1245036，这是两个地址。读者如自行运行程序其输出结果可能会有所不同。

【随讲随练 8.1】程序如下所示。

```
#include <stdio.h>
main()
{   int m=1,n=2,*p=&m,*q=&n,*r;
    r=p; p=q; q=r;
    printf("%d,%d,%d,%d\n", m, n, *p, *q);
}
```

程序运行后的输出结果是（   ）。

A. 1,2,1,2   B. 1,2,2,1   C. 2,1,2,1   D. 2,1,1,2

【答案】B

8.3 原来咱俩是一个朋友圈的——数组与指针

8.3.1 下一站到哪了——指针变量的运算

指针变量可以保存一个变量的地址，当然也可以保存同基类型的一个数组元素的地址：

```
int a[5];       /* 定义整数数组，每元素占 4 字节，设起始地址为 1000 */
int *p;         /* 定义指针变量 p，用于指向一个整型变量 */
p=&a[0];        /* 把 a[0]的地址赋给 p，p 指向 a[0]，p 的值为地址 1000 */
p=&a[1];        /* 又把 a[1]的地址赋给 p，p 现指向 a[1]，p 值为地址 1004 */
```

假设数组 a 的起始地址为 1000，则数组元素 a[0] 的地址为 1000。在 Visual C++ 6.0 中，int 型数组每个元素占 4 字节，a[0]应占据 1000～1003 的 4 个字节。由于数组元素连续存储，a[1]应占据 1004～1007 的 4 个字节，a[1]的地址为 1004，a[2]应占据 1008～1011 的 4 个字节，a[2]的地址为 1008……依次写出数组各个元素的地址如图 8-9 所示。

数组的每个元素都可被当做普通变量，其地址都可以被放到指针变量 p 中保存。上例先后将元素 a[0]和 a[1]的地址放到 p 中保存。

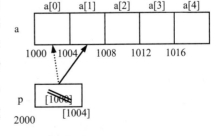

图 8-9 指向数组元素的指针变量

应当注意，因为数组的每个元素都为 int 型，指针变量的基类型也必须为 int 型，如下所示：

```
double *q;
```

不能用 q 来保存数组 a 的元素的地址，下面的语句是错误的：

```
q=&a[1];       /* 错误，q 只能保存 double 型数据的地址 */
```

1. 指针变量加减整数

如图 8-10 所示，京沪高铁从北京到上海会经过许多站。在乘坐京沪高铁的旅途中，我们关心的是下一站到哪，距离我的目的地还有几站，不关心的是距下一站还有多少公里，距我的目的地还有多少公里。

如果把数组比作京沪高铁，则各个数组元素就相当于沿途中的各站，每个元素所占的字节数就相当于每站公里数。设指针变量指向当下所在的位置，如下所示：

```
p = &a[0];
```

图 8-10　京沪高铁

说明现在正位于 a[0] 这一站，p 中保存的是 a[0] 的地址 1000。如果执行以下语句：

```
p = p+1;       /* 或 p++; 或 ++p; */
```

则 p 的值为多少呢？它不是地址 1001，而是地址 1004，即 p 指向了下一站 a[1]。从 p 的值本身来看，p 的值实际是被+4，因为这里一个数组元素占 4 字节。如果再执行以卜语句：

```
p = p+2;
```

则 p 的值变为地址 1012，指向了再下 2 站的 a[3]。从 p 值本身来看，p 值在 1004 的基础上又被+8，即 2 个元素的字节数 4*2=8。如果再执行以下语句：

```
p--;       /* 或 --p; 或 p=p-1;*/
```

则 p 值又变为地址 1008，指向了上一站 a[2]，p 值是被 -1 个元素的字节数 4。因此，指针变量加（减）整数 p±n 不是简单地将 p 中所保存的地址加（减）整数 n，而是加（减）n 个"单位"，即 n 个"数组元素"的字节数。n 如同京沪高铁的"站"数，p ± n 是前进（或后退）n 站，一站不一定是 1 公里，而可能相隔数公里甚至更远。这就是 C 语言中特有的指针变量加（减）整数的运算法则：

$$p ± n = p 中保存的地址值 ± (每元素字节数 * n)$$

那么对于 char 型数组每元素占 1 字节（一站一公里），p±n 就恰好是 ±n 个字节了：

```
char c[10], *pc;      /* 设数组 c 起始地址为 3000, 每元素占 1 字节 */
pc=&c[2];             /* pc 指向元素 c[2], pc 的值为地址 3002*/
pc=pc+2;              /* pc 的值为地址 3004, 指向元素 c[4] */
pc++;                 /* pc 的值为地址 3005, 指向元素 c[5] */
```

pc±n 也是前进（或后退）n 个数组元素，但数组 c 为 char 型，pc 的基类型也为 char 型，char 型数据每个元素占 1 字节，因此 pc±n 恰好是前进（或后退）1*n=n 字节。

2. 指针变量之间相减

```
double d[6];      /* 设数组 d 起始地址为 4000, 每元素占 8 字节 */
double *p1, *p2;
p1 = &d[1];       /* p1 指向元素 d[1], p1 的值为 4008 */
p2 = &d[3];       /* p2 指向元素 d[3], p2 的值为 4024 */
```

在这个例子中，无论指针变量 p1 还是 p2，它们加（减）整数 n 都会前进（后退）8*n 个字节，因为它们的基类型都是 double 型，每个 double 型数据占 8 个字节。

```
p2 - p1
```

以上语句的值是多少呢？它的值应为 2，这也不能单单用 4024-4008 得到 16。如同在京沪高铁上问从"德州东"到"天津南"相距有几站呢？我们关心的是"站"数，而不是从德州东到天津南有几公里。这是 C 语言特有的指针变量之间进行减法运算的运算法则：

$$p2 - p1 = (p2\ 中保存的地址编号\ -\ p1\ 中保存的地址编号) / 每元素字节数$$

两指针变量相减，结果为两个地址之间相差的单位个数（数组元素个数），而不是相差的字节数。只有在每元素占 1 个字节的 char 型数组中，结果才与所相差的字节数相等。

```
char s[6];   /* 设数组 s 起始地址为 5000, 每元素占 1 字节 */
char *p3, *p4;
p3 = &s[1]; /* p3 指向元素 s[1], p3 的值为 5001*/
p4 = &s[4]; /* p4 指向元素 s[4], p4 的值为 5004 */
```

则 p4 – p3 的值为 3，相差 3 个数组元素，也恰好是 3 个字节。

窍门秘笈　数组元素的地址转换为下标：假设指针变量 p 指向了数组 a 的某个元素（保存了某个元素的地址），如何通过指针变量 p，得到它所指元素的数组下标呢？

p - 数组 0 号元素的地址

因为 p 所指元素的下标恰好在数值上等于该元素与 0 号元素相差的"元素个数"。如定义指针变量 q，且 q=&a[0]；使 q 保存 0 号元素的地址，通过"p-q"即可得到 p 所指元素的下标。也可以直接通过"p-a"得到这个下标（稍后要介绍数组名 a 就是 0 号元素的地址）。

例如设已定义数组 int a[10]；并已赋值，已定义 int *p, *q=&a[0]；则依次输出数组元素的程序如下所示：

```
for (p=q; p-q<10; p++)
    printf("下标为%d 的元素是%d\n", p-q, *p);
```

指针变量 p 将逐一指向数组的每个元素，用 *p 即获得目前所指元素的值。用 p-q 获得

p 目前所指元素的下标，循环的条件是该下标<10。程序还同时输出了 p 目前所指元素的下标。也可以省去指针变量 q，直接用数组名 a 来代表数组元素 a[0]的地址&a[0]：

```
for (p=a; p-a<10; p++) printf("下标为%d的元素是%d\n", p-a, *p);
```

用 p-a 直接可以获得 p 所指元素的下标（可以认为 a 与&a[0]是等效的，稍后将介绍）。

3. 指针变量相互比较大小

两指针变量还可以用>、<、==、!=等关系运算符进行大小的比较，所比较的即是其中所保存的地址编号的相对大小。

```
p2 > p1
```

以上语句为真，即 p2 所保存的地址编号大。p2、p1 指向同一数组的不同元素时，p2 > p1 的意义就是 p2 所指元素位于 p1 所指元素之后。

若有 char *r=&s[1]; 则：p3 == r 为真，它表示 p3 和 r 这两个指针变量指向同一数组元素。

【程序例8.3】 逆置数组 a 中 7 个元素的值。数组 a 中 7 个元素的原始排列为 1、2、3、4、5、6、7，逆置后使其排列为 7、6、5、4、3、2、1。

```
#define N 7
main()
{   int a[N]={1,2,3,4,5,6,7};
    int i, t;
    int *p=&a[0], *q=&a[N-1];
    while (p < q)
    {   t=*p; *p=*q; *q=t;
        p++; q--;
    }
    for (i=0; i<N; i++)
        printf("%d  ", a[i]);
    printf("\n");
}
```

程序的输出结果为：

```
7 6 5 4 3 2 1
```

逆置数组元素，实际是分别对调第 1 个和最后 1 个元素、第 2 个和倒数第 2 个元素、第 3 个和倒数第 3 个元素……如图 8-11 所示。定义两个指针变量 p、q，先使它们分别指向第 1 个元素和最后 1 个元素，对调 p、q 所指的两个元素，然后 p 向右移动一个元素（p++;），q 向左移动一个元素（q--;），再对调 p、q 所指的两个元素。然后 p 再向右移动一个元素，q 再

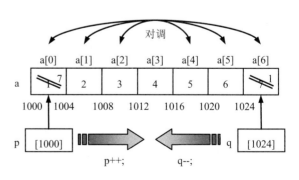

图 8-11　用两个指针变量逆置数组元素的值

向左移动一个元素，重复这个过程，直到 p、q 相遇或 p 越过 q 为止（p>=q）。若 p<q，说明 p 所指元素还位于 q 所指的之前，就继续循环。

交换两个变量值的方法是设置临时变量 t 进行中转，并有口诀"临时变量分两边，首尾相连在中间"（如读者对此方法尚为陌生，请参见第 4 章 4.2.1 小节）。这里要对调的两个变量是通过指针访问的，分别为*p 和*q。

指针变量还可以与 0 进行相等或不等的比较。设 p 为指针变量，则如下所示：

（1）p==0 或 p==NULL 表示 p 是空指针（保存的地址为 0），它不指向任何内容。

（2）p!=0 或 p!=NULL 表示 p 不是空指针（保存的地址不为 0），它正指向某个数据。

指针变量加（减）整数、两个指针变量相减以及比较大小，一般只对指向数组元素的指针变量进行。另外，两指针变量进行加法、乘法、除法运算是没有意义的。

void 类型的指针变量不能做加（减）整数的运算（包括++、--），也不能做两个指针变量相减的运算，因为它可以指向任意类型的数据，每个元素所占字节数是不确定的。

高手进阶

8.3.2　我原来是指针变量——一维数组的指针

1．一维数组名是"指针变量"

一维数组大家都不陌生了，如定义 int a[5]; 则 a 是包含 5 个元素的一维数组。现在我们不讨论其中的数组元素，而讨论一维数组的数组名 a。下面几点请读者务必记住：

（1）a 是数组名（一维数组的数组名）。

（2）a 是一个假想的"指针变量"。

（3）指针变量 a 所"保存"的值为数组的首地址，也即元素 a[0]的地址。

（4）指针变量 a 本身的地址（a 所在内存字节编号）是数组的地址，数值上与元素 a[0]的地址相等。

（5）a 值不可被改变，是常量。

对比一下，如有 int *p; 则 p 是指针变量，现在说数组名 a 也是指针变量，也就是 a 与 p 为同类事物，都是保存地址的。然而 a 与 p 的不同之处在于，数组名 a 这个指针变量是"假想的"，并不真实存在，而指针变量 p 是货真价实的变量。

如图 8-12 所示，假设数组元素 a[0]的地址为 1000，则"假想的指针变量"a 中所保存的地址就为 1000，且"变量"a 本身的地址也为 1000（写在假想 a 的空间左下角）。似乎 a 与 a[0]的地址重叠，但并不矛盾，因为"指针变量"a 是假想的，位于虚拟世界中，真实世界地址为 1000 的空间，就是数组元素 a[0]。

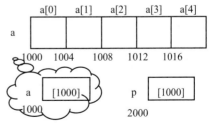

图 8-12　一维数组的数组名 a 可被看做是假想的指针变量，与指针变量 p 是同类事物

正因为这种"假想"的特性，造就了"指针变量"a 的值是不可以被改变的。数组定义后，它的值就确定了，它的值永远为数组元素的首地址（即元素 a[0] 的地址）。它的值只能被获取，而永远不能被改变。凡试图改变"指针变量"a 的值的行为，都是非法行为（如想把 a 的值 1000 改为 2000 是门也没有的），因此有人也称数组名 a 为指针常量。

如有 int *p; 执行以下语句：

```
p=a;
```

以上语句把 a 当做"指针变量"，则问题迎刃而解，不过是两个指针变量间的赋值，就是把一张字条上的地址抄一份誊在另一张字条上，p 的值也为地址 1000，如图 8-12所示。

如果执行 p=&a[0]; 是取元素 a[0] 的地址赋值给 p，也能达到与 p=a; 完全相同的效果。

2．语法糖——两个重要的公式

数组名 a 是"指针变量"，具有指针变量的所有特性（只要不改变 a 的值）。上一小节介绍的指针变量加减整数的运算规则也不例外，a±n 也是移动 n 个元素，在 Visual C++ 6.0中，每个 int 型的数据占 4 字节，a±n 的值就是 1000±4*n，如下所示：

```
a+0 ⇔ &a[0] ⇔ a：为地址 1000
a+1 ⇔ &a[1]：为地址 1004
a+2 ⇔ &a[2]：为地址 1008
……
```

也就是：

$$a+i \Leftrightarrow \&a[i]$$

两边同时做 * 运算，右边的 & 将和 * 相互抵消，如下所示：

$$*(a+i) \Leftrightarrow a[i]$$

我们所熟悉的数组元素的写法 a[i] 居然是 *(a+i)。请读者一定牢记以上两个公式，它们是打开指针之门的钥匙。这两个公式也是"万能公式"，它们不仅适用于数组名，也适用于指针变量，而且适用于所有类型的"指针变量"（包括后面要介绍的"二级指针"乃至更高级别的指针变量）。

窍门秘笈　如何记住这两个公式呢？这两个公式实际是一个公式，因为第一个公式两边同时做 * 就可以导出第二个，第二个公式两边同时做 & 也可以导出第一个。数组元素 a[i] 的写法大家都不陌生，它等价于什么呢？如果说等价于去掉 [ ] 后二者相加的形式 "a+i" 是纯属胡说吧？虽然胡说但是说对了一半！只要再整体用( )括起来加个 * 就对了：*(a+i)。请牢记 a[i] ⇔ *(a+i)。两边同时做&，&和*相互抵消，就能导出第一个公式&a[i] ⇔ a+i。

C 语言规定，对于数组元素的 [ ] 下标的写法：

```
a[0]、a[1]、d[2]、……
```

同样适用于指针变量，如下所示：

p[0]、p[1]、p[2]、……

p 是指针变量，却也可以当做"数组"来用。这种写法是什么意思呢？以上公式同样适用于 p，因此 p[0] ⇔ *(p+0)、p[1] ⇔ *(p+1)、p[2] ⇔ *(p+2)……。如果 p 的值与 a 的值相等（例如执行过 p=a; 则二者均为地址 1000），则 p+i 的值就与 a+i 的值相等，*(p+i)就与 *(a+i)的值相等，而后者就等价于 a[i]。因此：

p[0]就是 a[0]、p[1]就是 a[1]、p[2]就是 a[2]……

哈哈，又学会了一种数组元素的写法，以后再用数组元素时，不仅可以写为 a[0]、a[1]、a[2]，还可以写为 p[0]、p[1]、p[2]，想写哪种就写哪种。因为二者是完全一样的。

实际上，当在程序中写 a[i]或 p[i]的时候，C 语言并不区分"[ ]"前的内容究竟是数组名、还是指针变量。在编译时，它们都将被编译系统变换为"*(a+i)"或"*(p+i)"的形式，然后再执行，因为后者才是它们的本来面貌，如图 8-13 所示。

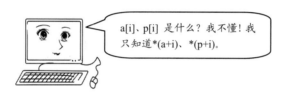

图 8-13　在编译时 a[i]、p[i]都将被变换为*(a+i)、*(p+i)

那么我们所熟悉的 a[i]、p[i]的写法就会成了多余的。实际上，在程序中本应该不存在 a[i]、p[i]的写法，需要时直接写作它们的本来面貌*(a+i)、*(p+i)就足够了，这也免去再由编译系统变换的麻烦。那么为什么在 C 语言的语法中还保留着 a[i]、p[i]的写法呢？

你不觉得*(a+i)、*(p+i)的写法总是容易被"星星"撞得有些晕，而 a[i]、p[i]的写法却很容易理解，直接就能看出是数组的第 i 个元素吗？日本著名的"毒舌程序员"前桥和弥将 a[i]、p[i]称之为*(a+i)、*(p+i)的语法糖，形象地说明了这个用意。C 语言语法之所以保留着看似冗余的 a[i]、p[i]的写法，目的仅仅是为了让我们人类容易理解。a[i]、p[i]的写法不过是*(a+i)、*(p+i)的"糖皮外衣"，有了 a[i]、p[i]的确可以让我们感受到编程语言的甜蜜味道（容易理解），因此将 a[i]、p[i]称为*(a+i)、*(p+i)的语法糖，如图 8-14 所示。

图 8-14　数组元素的下标表示法是语法糖

谈论语法糖，根本目的还是让我们记住上述这两个公式（公式同时适用于数组名和指针变量）。我们一定永远牢记：a[i]就是*(a+i)、p[i]就是*(p+i)、&a[i]就是 a+i、&p[i]就是 p+i。无论程序多么复杂，这种等价关系是永恒不变的！因为它们是编译系统的等价变换。

高手进阶

　　　　既然是一种编译系统的等价变换，a[i]是不是可以写为 i[a]，p[i]是不是可以写为 i[p]呢？当然可以！因为它们同样被变换为*(i+a)、*(i+p)，而后者当然和*(a+i)、*(p+i)是一样的。但是，在程序中最好不要写为 i[a]、i[p]，否则会让人觉得"怪怪的"。讨论这个意思，还是为了让读者记住语法糖公式的等价变换，这是一种永恒的等价变换，把握这种等价变换对掌握指针一章是非常关键的。

3. 指针变量与一维数组名是等效的

　　前面刚刚讨论的是，如定义了指针变量 int *p; 且执行了 p=a; 则 p 中所保存的值与 a 中所"保存"的值相等（都是地址 1000）。那么 a+i 的值就与 p+i 的值相等，*(a+i)的值就与*(p+i)的值相等。按照语法糖公式，*(a+i) ⇔ a[i]、*(p+i) ⇔ p[i]，如下所示：

```
p[0]  就是 a[0]
p[1]  就是 a[1]
p[2]  就是 a[2]
……
```

　　这样不仅可用数组名 a 访问数组元素，还可用指针变量 p 来访问。因此我们说：指针变量与一维数组名是等效的。

　　需要注意的是，要达到这种等效效果是有两个前提条件的。

　　（1）指针变量 p 的值可以被改变，"指针变量" a 的值永远不能被改变，在不改变 a 的值的前提下，p 与 a 二者才能等效。

　　（2）p 的值必须为数组 a 的首地址，也即元素 a[0]的地址，也即等于 a 的值。一般须事先将指针变量 p 赋值为数组的首地址，如执行语句 p=a; 或 p=&a[0]; 之后 p 与 a 才是等效的。

　　例如，下面语句都是正确的：

```
p=a;    p=&a[1];    p++;    p=0;    p=NULL;
```

　　而下面语句都是错误的（因为 a 的值不能被改变）：

```
a=p;    a=&a[1];    a++;    a=0;    a=NULL;
```

　　【随讲随练8.2】设有定义 double a[10], *s=a；以下能够代表数组元素 a[3]的是（　　　　）。

　　A．(*s)[3]　　　　B．*(s+3)　　　　C．*s[3]　　　　D．*s+3

【答案】B

　　【分析】a 是假想的指针变量，s 是真实的指针变量，s 被赋值为 a 的值，二者值为相等的。因此 s 与 a 等效，数组元素 a[3]既可表示为 a[3]也可表示为 s[3]。按照语法糖公式，a[3]等价于*(a+3)，s[3]等价于*(s+3)。因此共有 4 种表示法：a[3]、s[3]、*(a+3)、*(s+3)，B 选项恰是其中的一种。A 选项(*s)不是指针而是普通数据，无法做[ ]。C 选项 s[3]不是地址，而是普通数据，无法做 *。D 选项的语法正确，但它的含义是 s[0]这个数组元素的值与整数 3 的和。

小游戏 猜猜它是谁？如有定义double a[10], *s=&a[2]; 则s[1]是数组a中的哪个元素，s[3]又是数组a中的哪个元素呢？

答案：s[1]是数组元素a[3]，s[3]是数组元素a[5]。因为现在s的值是a[2]的地址，不与a的值（a[0]的地址）相等。s与a不等效，s跑得快一些，比a的下标快2。

有些迷糊？不要紧！请读者注意，无论如何，两个语法糖公式的等价变换是永恒不变的，指针变量±整数的运算规则也是永恒不变的（±1是±一个数组元素的字节数）。用假设地址法，再抓住上面不变的规则，就可以不变应万变！

假设数组a起始地址为1000，每double型元素占8字节，则a[2]的地址为1016，s=&a[2]; s被赋值为地址1016。s+1为1024（+8*1），是a[3]的地址；而s+3为1040（+8*3），是a[5]的地址。因此s[1]或*(s+1)是a[3]、s[3]或*(s+3)是a[5]。

4．间接访问运算符与++、--谁更优先？

【程序例8.4】间接访问运算符与++、--运算符的优先级。

```
main()
{   int a[]={1,3,5,7}, *p=a+1;
    printf("%d, ", *p++);
    printf("%d, ", ++*p);
    printf("%d, ", (*p)++);
    printf("%d\n", *++p);
}
```

程序的输出结果为：

```
3, 6, 6, 7
```

按图索骥的间接访问运算符（*）与++、--是同一优先级的，当它们同时出现时，应按照"从右至左"的顺序计算：即先计算右边的运算符，再计算左边的运算符（有括号除外）。本例变量空间情况如图8-15所示。

数组名a是"假想的"指针变量，其中"保存"的地址是1000。指针变量p被赋初值为a+1，a+1的值为1004（计算a+1并没有改变a的值，是合法的），p初值为1004。

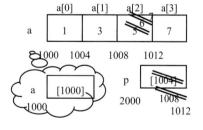

图8-15 程序例8.4的变量空间

p++应先计算右边的++，然后再计算左边的，即同于*(p++)。(p++)表达式的值为p目前的值是地址1004，要以此表达式的值"地址1004"去做 * 取内容得到3，应输出3。然后再将p的值++，前进一个单位，p变为1008。

此时p的值为地址1008，++*p也是先计算右边的*再计算左边的++。以1008为地址做 * 取内容得到a[2]，再做++，相当于++a[2]。应把a[2]的值首先变为6，++a[2]表达式的值为6，输出6。但这次p的值未变，仍为地址1008。

(*p)++先计算( )中的*p,亦得到 a[2]。(*p)++相当于 a[2]++,先取 a[2]的值 6 作为 a[2]++ 表达式的值,然后再将 a[2]的值++变为 7,输出的是表达式的值 6。这次 p 的值也未变。

*++p 先计算右边的++,再计算 *。++p 先使 p 的值前进一个单位的字节数变为 1012, ++p 表达式的值为地址 1012。*++p 则相当于"*[1012]"取得 a[3]的值为 7,输出 7。

8.3.3 我是你的上级——二维数组的指针和行指针

1. 字条也要收起来——二级指针变量

如图 8-16 所示,朋友家的地址位于 xx 大街 2 号,把这个地址记在一张字条上,这张字条就相当于"指针变量"了。现把这张字条放到写字台的抽屉中。我们再找一张字条,上面写上"写字台抽屉",则第 2 张字条也相当于"指针变量",上面保存着地址"写字台抽屉"。然而第 2 张字条与第 1 张字条的层次是不同的,通过第 2 张字条的"写字台抽屉"这个地址并不能直接找到朋友家,而只能找到抽屉。在抽屉中翻出第 1 张字条,再按照第 1 张字条上所记的地址才能找到朋友家。

按照第 2 张字条要通过两个层次才能找到朋友家。因此,第 2 张字条这个指针变量应称为"二级指针变量","写字台抽屉"这个地址称为"二级地址"。按照

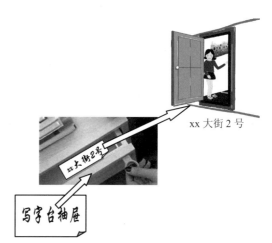

图 8-16 将记有朋友家地址的字条放到写字台抽屉中,再另找字条记"写字台抽屉"

这个地址只能找到第 1 张字条,找到的还是个地址。换句话说,"写字台抽屉"是第 1 张字条上所记的"xx 大街 2 号"这个地址的地址,二级地址就是地址的地址。而把记录着"xx 大街 2 号"的第 1 张字条这个指针变量称为"一级指针变量","xx 大街 2 号"称为"一级地址",按照这个地址一步就可以找到朋友家。在本节之前,我们学习的 int *p;这样的指针变量,都属于一级指针变量。

如图 8-17 所示,有 int a=1; int *p=&a; 指针变量 p 本身也占用存储空间,p 也有地址,假设 p 的地址是 2000。为了把 p 的地址 2000 也保存起来,我们需要再定义一个指针变量 q 来保存 p 的地址 2000。地址 2000 是二级地址(它是 1000 这个地址的地址),q 应该是个二级指针变量。而 p 是一级指针变量,p 的值 1000 是一级地址。

通过地址找数据的间接访问运算符(*)如用于二级指针变量,用一次只能获得一级地址,要连

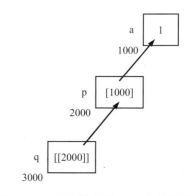

图 8-17 二级指针变量 q、一级指针变量 p 和普通变量 a

续用两次才能获得实际数据。

（1）*q 取出的还是个地址，是一级地址 1000，它不能取到 a 的值 1；

（2）**q 是对*q 再做一次 *，即对一级地址 1000 再做一次 * ，它取到的才是 a 的值 1。

脚下留心

二级地址与一级地址尽管都是地址，但它们是完全不同的两种地址。二级指针变量与一级指针变量尽管都是指针变量，但它们也是完全不同的两种指针变量，二者决不能互换使用，更不能彼此间赋值。指针变量 p 只能保存一级地址不能保存二级地址，指针变量 q 只能保存二级地址不能保存一级地址。要将 p 的值（地址 1000）保存到 q 中是不行的，因为 1000 是一级的。反过来说，要将 q 的值（地址 2000）保存到 p 中也是不行的，因为 2000 是二级的。p 和 q 之间更不能彼此赋值，如执行 p=q; 或 q=p; 也都是错误的，原因就是地址的"级别"不同。

窍门秘笈　二级地址与一级地址是完全不同的。本节之前我们在指针变量的空间中画出一对"[　]"，以强调其中只能保存地址，不能保存普通数据。这种一层"[　]"实际表示一级指针变量和一级地址。对二级指针变量，我们可在它的空间中画上两层"[[　]]"，例如图 8-17 的变量 q。可以强调变量 q 是二级指针变量，里面必须保存二级地址。如将 p 的一级值"[1000]"存到 q 中就显然与 q 的两层"[[　]]"对不上。在分析二级指针的程序时，这种两层"[[　]]"的程序分析手段同样很有效，本书后续章节都将沿用这种约定。

2．二维数组名是"二级指针变量"

我们学习了一维数组的数组名是假想的指针变量，它是假想的一级指针变量。那么二维数组的数组名呢？二维数组名也是假想的指针变量，不过它是"二级指针变量"了。例如：

```
int b[3][4]={ {1,2,3,4}, {5,6,7,8}, {9,10,11,12} };
```

以上语句 3 行 4 列的二维数组 b 可表示为图 8-18。设数组的起始地址为 1000，在 Visual C++ 6.0 中每个 int 型元素占 4 字节，可依次写出数组 b 的 12 个元素的地址，如图 8-18 所示。数组在内存中是"线性存储、按行排列"的，b[1][0]是紧挨在 b[0][3]之后的下一个空间，b[2][0]是紧挨在 b[1][3]之后的下一个空间。现在我们讨论二维数组的数组名 b，以下几点请读者务必记住。

（1）b 是数组名（二维数组的数组名）。

（2）b 是一个假想的"二级指针变量"，它"保存"另一指针变量的地址（地址的地址）。

（3）指针变量 b 所"保存"的值为数组首地址，即数组第 0 行的地址，数值上与元素 b[0][0]的地址相等，不过它是二级的。

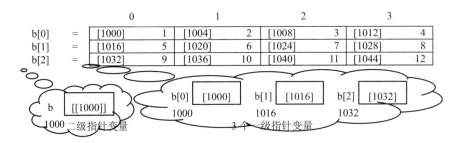

图 8-18　二维数组 a 各元素的地址、数据和数组名"指针变量"

（4）指针变量 b 本身的地址（b 所在内存字节编号）是二维数组的地址，数值上与元素 b[0][0]的地址相等。

（5）b 值不可被改变，是常量。

数组名 b 这个假想的"指针变量"的空间情况如图 8-18 所示，注意其中所保存的地址 1000 是个"二级地址"，需要有两层"[[　]]"。

假想的指针变量 b 的地址（上面第④条）实际是个"三级地址"，因为 b 中所保存的数据为"二级地址"，所以说 b 本身的地址就是"二级地址"的地址，那么就是三级的。这个"三级地址"在数值上与 b[0][0]的地址相等（也是 1000），但它是三级的，要写为"[[[1000]]]"。三级及以上的地址和指针变量已超出本书的范畴，读者如有兴趣可参考其他书籍做深入学习。

前面曾介绍过，一个二维数组可以被看做是由多个一维数组组成的（第 6 章 6.3.4 小节）。因此二维数组 b 可以被分解为 3 个一维数组：b[0]、b[1]、b[2]（也即 3 行），每个一维数组又包含 4 个元素。例如数组 b[0]是个一维数组，它是由 b[0][0]~b[0][3]这 4 个元素组成的一维数组，这个一维数组的数组名是 b[0]。

这里 b[0]、b[1]、b[2]是分解后的一维数组的数组名（别看有了一个[ ]，它们还是数组名而不是元素，它们与 int a[4];中的 a 是同类事物）。既然是一维数组的数组名，同样适用于前面在介绍一维数组的指针时，总结的一维数组名的 5 个要点（8.3.2.1 小节）：b[0]、b[1]、b[2]都是假想的指针变量，但是一级指针变量，它们所"保存"的地址分别是这 3 个一维数组的首地址，也即分别为元素 b[0][0]的地址、b[1][0]的地址、b[2][0]的地址。b[0]、b[1]、b[2]这三个"指针变量"的空间情况如图 8-18 所示。注意，b[1]的值是地址 1016，b[2]的值是地址 1032，都不是 1000，因为 b[1]、b[2]这两个数组的第一个元素分别是 b[1][0]、b[2][0]，b[1][0]的地址是 1016，b[2][0]的地址是 1032。这三个"指针变量"的值同样不能被修改。

小结一下，这里实际上存在着"三种级别"的变量，如下所示：

（1）b 为二级（画出两层"[[　]]"）。

（2）b[0]、b[1]、b[2]为一级（画出一层"[　]"）。

（3）b[0][0]、b[0][1]、b[2][3]等保存整数数据，不是指针（不画"[　]"），可看做零级。

b 和 b[0]在数值上是相等的，都是地址 1000，然而它们的"级别"不同。b 为"二级"，b[0]为"一级"。C 语言规定，赋值语句中，只有级别相同的指针变量才能彼此之间赋值。

如定义了指针变量 int *p;　则 p 是一级指针变量，下面的赋值语句都是正确的：

```
p=b[0]; p=b[1];
```

而下面的语句都是错误的，因为=号两边的"级别"不同：

```
p=b;    p=b[0][0];
```

　　p=b[0][0]; 是错误的，其原因可解释为：b[0][0]是个整数数据，不能把整数数据放到指针变量里来保存。指针变量 p 只能保存地址不能保存普通数据。这是本节之前的解释。学过本节知识，可以知道这种错误用法的本质原因是由于"级别"不同。p 为一级，b[0][0]为零级。现在，我们可以按照级别来判断赋值更加容易。

3. 我为二维数组名而生——行指针

　　那么既然 p=b; 由于级别不同是错误的，如希望将 b 中"保存"的这个二级地址[[1000]]保存到指针变量中，该如何做呢？像 p 那样的指针变量就爱莫能助了，需要定义另外一种专用的指针变量来专门保存二维数组名的这种"二级"地址。这种指针变量称为行指针。行指针的定义方式稍显复杂，如下所示。

```
int (*q)[4];
```

　　注意，*、( )、[4] 三者都不可缺少，我们先不管这些"零碎"都是做什么的，先抓住这种指针变量定义形式的含义。虽然"零碎"很多，但它的含义却很简单。就是定义一个指针变量 q，用于保存二级地址。如果谁敢说 int (*q)[4];表示定义一个数组、定义一个指针数组、定义 4 个变量、定义 4 个指针变量等都是错误的，没有那么复杂！

　　这样，就可以将 b 中的二级地址 [[1000]] 保存到变量 q 中了：

```
q=b;
```

　　但下面的语句都是错误的，同样是因为"级别"不同：

```
q=b[0]; q=b[1]; q=b[0][0];  q=p;
```

　　我们知道，int *p;这样的指针变量或一维数组名±n，是前进或后退 n 个元素（如同京沪高铁的 n 站，参见 8.3.1.1 小节）。那么 int (*q)[4];这样的二级指针变量 q±n 或二维数组的数组名 b±n 又是什么含义呢？请记住它们±n 既不是±n 个字节，也不是±n 个元素，而是±n 行。

　　二维数组名±n 或 行指针±n = 地址值 ± 数组每行元素个数 * 每元素字节数 * n

　　b+1 或 q+1 的值为：二级地址 [[1016]] （注意计算 b+1 并没有改变 b 的值）
　　b+2 或 q+2 的值为：二级地址 [[1032]] （注意计算 b+2 并没有改变 b 的值）
　　b[0]+1 的值为：一级地址[1004]，这是之前介绍的一维数组名±n 前进 n 个元素的情况。
　　显然，在指针变量中有这样的规律：指针变量±整数后，"级别"不变。
　　二维数组名 b 和这种二级指针变量 q，它们±1 都是移动一行的。对于数组名 b 来说，从数组的定义 int b[3][4];中就能获知每行有 4 个元素。那么对于指针变量 q，如何得知 q 的每行有几个元素呢？终于可以理解定义行指针时的 int (*q)[4];中，看似累赘的"[4]"的含义了，它表示这个指针变量 q 对应每行有几个元素。因为 q±n 是移动 n 行，所以在定义 q 时必须明确每行有几个元素，否则是算不出 q±n 的值的。因此"[4]"并不累赘，而是必不可少的。而( )也不能省略，否则就是后面要介绍的定义指针数组，而不是定义行指针。* 是定义指针变量的标志也不可缺少。现在总结 int (*q)[4]; 的确切含义如下所示：

定义一个指针变量 q，保存二级地址，它可以指向每行 4 个元素的整型二维数组的一行

这种指针变量强调"行"的概念，其±n 就是移动 n 行，所以名为"行指针"。

【随讲随练 8.3】若有定义 int (*pt)[3]; 则下列说法正确的是（   ）。

A. 定义了基类型为 int 的三个指针变量

B. 定义了基类型为 int 的具有三个元素的指针数组 pt

C. 定义了一个名为*pt、具有三个元素的整型数组

D. 定义了一个名为 pt 的指针变量，它可以指向每行有三个整数元素的二维数组的一行

【答案】D

在某些教科书中说："行指针 q 指向每行 4 个元素的二维数组"，或"行指针 q 保存了二维数组的地址"，这些说法都不确切。行指针指向的是二维数组的一行，而不是二维数组本身；行指针只能保存一行的地址（一行是个一维数组），而不是保存二维数组的地址。因为二维数组的地址是三级的（一维数组的地址是二级的，数组元素的地址是一级的）。准确的说法是"行指针指向二维数组的一行"，或"行指针保存二维数组的首地址"（首地址就是指第 0 行这一行的地址）。

注意行指针和二维数组都有"一行几个元素"的概念，在指针变量赋值时要小心。如果"一行几个元素"不同，即使指针变量的级别相同也是不能赋值的，下面的赋值是错误的。

```
int x[3][10];
int (*q)[4];
q=x;
```

尽管 q 与 x 的"级别"相同，但 q 所对应的一行有 4 个元素，而 x 一行有 10 个元素，它们一行几个元素不同，所以不能赋值。

我们总结一下，判断两个指针变量间的赋值正确与否，需要注意的问题如下所示：

（1）"级别"相同（二级分两类，这两类要看做不同级，稍后介绍二级的第二类）。

（2）对于行指针和二维数组，还要确保每行的元素个数相同。

（3）两个指针变量的基类型相同，例如都是指向 int 型，或都是指向 double 型。

（4）数组名（无论一维数组、二维数组）是假想的指针变量（或称常量），它不能被赋值，因其值不能被改变。

4．行指针与二维数组名是等效的

我们曾介绍过，int *p; 这样的指针变量与一维数组名可以是等效的（8.3.2.3 小节）。现在，int (*q)[4]; 这样的指针变量与二维数组名 b 也可以是等效的。在程序中不仅可以用数组名 b 访问数组元素，还可以用指针变量 q 来访问。

```
q[0][0]  就是 b[0][0]
q[0][1]  就是 b[0][1]
q[1][2]  就是 b[1][2]
……
```

因为 q[0][0]、q[0][1]、q[1][2]以及 b[0][0]、b[0][1]、b[1][2]这样的写法同样是语法糖，编译系统会把它们都统统变成 * 运算的等效形式。把 q[i]或 b[i]看成一个整体，如下所示：

```
q[i][j]  ⇔ *(q[i]+j)     b[i][j]  ⇔ *(b[i]+j)
```

再将 q[i]变换为*(q+i)，将 b[i]变换为*(b+i)：

```
q[i][j]  ⇔ *(*(q+i)+j)    b[i][j]  ⇔ *(*(b+i)+j)
```

因此，当 q 与 b 的值相等时，q[i][j]就是 b[i][j]。一个[ ]的形式也相同：q[i]就是 b[i]。

高手进阶

要访问数组元素 b[i][j]，除了上面几种写法外，还可以写作：
（1）(*(b+i))[j]。因为(*(b+i)) ⇔ b[i]，(*(b+i))[j] ⇔ b[i][j]
（2）*(&b[0][0]+4*i+j)。因为&b[0][0]是一级地址[1000]，这个一级地址[1000]+1 是移动 1 个元素（4 字节），让它+ "4*i+j"，就是移动 "4*i+j" 个元素，刚好是 b[i][j]的地址，再做 * 取得 b[i][j]的值。
以上两种写法中的 b 写作 q 也是可以的。

因此我们说：针指针与二维数组名是等效的。

需要注意的是，要达到这种等效效果，两个前提条件如下所示：

（1）指针变量 q 的值可以被改变，"指针变量" b 的值永远不能被改变，在不改变 b 的值的前提下，q 与 b 二者才能等效；

（2）q 的值必须为二维数组的首地址，即第 0 行的地址，也即等于 b 的值。一般须事先将指针变量 q 赋值为二维数组的首地址，如执行语句 q=b;或 q=&b[0]; 之后 q 与 b 才是等效的。

例如，下面语句都是正确的：

```
q=b;     q=&b[1];     q++;     q=0;     q=NULL;
```

而下面语句都是错误的（因为 b 的值不能被改变）：

```
b=q;     b=&b[1];     b++;     b=0;     b=NULL;
```

我们在 8.3.2.3 小节介绍过 int *p;这样的指针变量与一维数组名的那一对，现在 int (*q)[4]; 与二维数组名是另一对，两两之间都有着相似的逻辑！

【小试牛刀 8.3】你能写出 q[0][0]或 b[0][0]的 * 运算的等价形式吗？

答案：q[0][0] ⇔ *(*(q+0)+0) ⇔ **q，b[0][0] ⇔ *(*(b+0)+0) ⇔ **b。显然，由于 q、b 都是二级指针变量，必须连续做两次 *，才能取得一个数组元素的数据。

【小试牛刀 8.4】试问：（1）*b 或 *q 表示什么？（2）&b[1] 或 &q[1] 表示什么？

答案：（1）*b 或 *q 都是 &b[0][0]，即元素 b[0][0] 的地址，这是个一级地址。因为 *b ⇔ *(b+0) ⇔ b[0]，而 b[0] 是二维数组第 0 行这个"一维数组"的数组名，是假想的指针变量（参看图 8-18），其中"保存"的内容就是一级地址[1000]，即元素 b[0][0] 的地址。

本题也可以这样考虑：*b 或 *q，都是 *[[1000]]，那么对二级地址做一次 * 得到的必然是个一级地址（如同按照写着"写字台抽屉"的第二张纸条去找，找到的必将是写着"xx 大街 2 号"的第一张纸条，后者是个一级地址），那么就去 1000 的地方找个一级地址出来吧！参见图 8-18，1000 这个地方要找一级地址只能找 b[0] 这个假想的空间，于是找到了 b[0] 里面"保存"的值：一级地址[1000]（*[[1000]]就得到[1000]，就像把[[ ]]"包了一层皮"）。

（2）按照语法糖公式：&b[1] ⇔ b+1，b+1 的值就是 b 中"保存"的地址移动一行的字节数，就是二级地址[[1016]]；&q[1] ⇔ q+1，q+1 的值就是 q 中保存的地址移动一行的字节数，也是二级地址[[1016]]。

本题也可这样考虑：&b[1] 就是 b[1] 的地址，而 b[1] 是个假想的一级指针变量，它的地址是 1016（参看图 8-18 中假想 b[1] 空间的左下角）。这个地址是一级指针变量的地址，是地址的地址，故是二级的[[1016]]。q 既与 b 等效，&q[1] 也就与 &b[1] 相同，都是二级地址[[1016]]。

从这两个小试牛刀可以看出，指针问题的解题方法有很多，这使学习指针反而是件容易的事，从任一角度都能解题！只要读者抓住不变的规则，以不变应万变。这些不变的规则是：语法糖公式永恒不变，指针变量±整数 n 的规则永恒不变（一级指针变量是移动 n 元素，行指针是移动 n 行）、一维、二维数组名是假想的指针变量的规则永恒不变。

8.3.4　来自星星的数组——指针数组和指针的指针

我们在 8.3.2 和 8.3.3 小节，分别介绍了两对指针变量：一维数组名（假想的一级指针变量）和 int *p; 的一级指针变量，二维数组名（假想的二级指针变量）和 int (*q)[4]; 的二级指针变量（行指针）。两两可以等效使用，只是数组名"指针变量"不能被修改。本小节，我们再介绍一对，它们也是一个数组名和一种指针变量，与上述这两对也都有着相似的逻辑。

1．一本通讯录——指针数组

一个数组，各元素都是指针变量，每元素保存一个地址，这样的数组称为指针数组。指针数组的定义方式，与普通的一维数组类似，只是在定义时的数组名前加 *。

```
int *r[3];
```

以上语句表示定义了一个指针数组，数组名是 r，它有 3 个元素。由于 r 前有 * 标志，数组每个元素都将是一个指针变量，分别保存一个地址。指针数组 r 的情况如图 8-19 所示。

指针数组的定义也可写为以下语句：

```
int *(r[3]);
```

因为[ ]优先级高于*（[ ]与( )优先级是相同的，
都是最高的），但写为下面形式是不行的：

```
int (*r)[3];
```

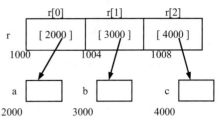

图 8-19 指针数组

因为这是定义我们刚刚学习过的"行指针"，不
是指针数组，其含义就大相径庭了。

如果把一个指针变量比作一张可以记录一位朋友家地址的字条，则指针数组则类似一
本通讯录，它由若干张这种字条"订"成一本，其中每一页可以记录一位朋友家的地址。
例如：

```
int a, b, c;
r[0] = &a;
r[1] = &b;
r[2] = &c;
```

以上语句 a、b、c 三个变量的地址分别被保存在指针数组 r 的 3 个元素中，如图 8-19
所示。我们可以将 r[0]、r[1]、r[2]当做 3 个指针变量来用：

```
scanf("%d", r[0]);        /* 注意不能写为 &r[0]，因 r[0]已是地址 */
b = *r[0];                /* 为 b 赋值为 r[0]所指变量的值，即 b=a; */
printf("%d", *r[1]);      /* 输出 r[1]所指变量的值，即 b 的值 */
```

显然，指针数组各元素的基类型必须相同，都是在定义指针数组时所规定的类型（本
例为 int），同一数组的各元素都要指向相同类型的变量。

指针数组的每个元素占用多少字节呢？由于指针变量都是占用 4 个字节，因此指针数
组的每个元素必然也都占用 4 个字节，且与指针数组的基类型无关。例如定义：

```
double *dd[3];
```

则 dd[0]、dd[1]、dd[2]这三个指针变量也都占用 4 个字节，因为它们都保存一个地址。
double 是指这些地址所指向的数据的类型，不是说 dd[0]、dd[1]、dd[2]本身是 double。如
同无论朋友家的房屋是 50 平米，还是 100 平米，记录他家地址的这张字条都是 A4 这么大。

【随讲随练 8.4】定义语句 int *p[4];以下选项中与此语句等价的是（   ）。

A．int p[4];　　　　　　　B．int **p;

C．int *(p[4]);　　　　　　D．int (*p)[4];

【答案】C

2．指针数组名是"二级指针变量"

指针数组也是数组，普通数组的规律仍适用于指针数组。下面讨论指针数组的数组
名 r。

（1）r 是数组名（指针数组的数组名）。

（2）r 是一个假想的"二级指针变量"，它"保存"另一指针变量的地址（地址的地址）。

（3）指针变量 r 所"保存"的值为指针数组的首地址，也即元素 r[0]的地址（二级地址）。

（4）指针变量 r 本身的地址（r 所在内存字节编号）是指针数组的地址，数值上与元素 r[0]的地址相等。

（5）r 值不可被改变，是常量。

如图 8-20 所示，指针数组的数组名 r 也是个"二级"指针变量，但这种"二级"与前面介绍的二维数组名及行指针的那种"二级"是不同的，因为行指针±1 是要移动一行的，而这里没有任何行的概念。r 应被看做是第二类的"二级"指针变量（二级指针变量分两类）。

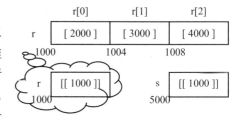

图 8-20　指针数组名 r 和指向指针的指针 s

高手进阶

假想的指针变量 r 的地址（上面第④条）实际是个"三级地址"，因为 r 中所保存的数据为"二级地址"，所以说 r 本身的地址就是"二级地址"的地址，那么就是三级的。这个"三级地址"在数值上与 r[0]的地址相等（也是 1000），但它是三级的，要写为"[[[1000]]]"。三级及以上的地址和指针变量已超出本书的范畴，读者如有兴趣可参考其他书籍做深入学习。

3. 字条放哪了——指向指针的指针

由于指针数组的数组名 r 是"第二类"的二级指针变量，与行指针不同，因此如定义 int (*q)[4]; 也不能通过执行语句 q=r; 来保存 r 的值（两类二级之间也应看做不同的级）。如何保存 r 这种"第二类"的二级指针变量的值呢？需要定义另一种专用的指针变量：

```
int **s;
```

即在定义指针变量时，在变量名前加上连续的两个 *。这两个 * 都是标志，这种指针变量称为指向指针的指针。这种指针变量是第二类的二级指针变量，存放的也是二级地址，可专用于保存指针数组的数组名这种二级地址。可以执行以下语句：

```
s = r;
```

将指针数据名 r 这个二级指针变量的值赋值给 s 保存，如图 8-20 所示。

int *p;这样的指针变量或一维数组名±n 是前进或后退 n 个元素（参见 8.3.1.1 小节），int (*q)[4];这样的二级指针变量或二维数组的数组名±n 是前进或后退 n 行（参见 8.3.3.3 小节）。那么 int **s; 这样的第二类二级指针变量或指针数组名±n 又都是什么含义呢？这类指针变量±n 的含义是最简单的，都是前进或后退 4*n 个字节：

$$指针数组名±n \text{ 或 } 指针的指针±n = 地址值 ±4*n$$

无论是指针数组名 r，还是指针的指针 s，它们同样适用于语法糖公式：r[i] ⇔ *(r+i)、s[i] ⇔ *(s+i)，因此有如下语句：

```
r ⇔ r+0 ⇔ &r[0]      即数组元素 r[0]的地址：[[1000]]
r+1 ⇔ &r[1]          即数组元素 r[1]的地址：[[1004]]
r+2 ⇔ &r[2]          即数组元素 r[2]的地址：[[1008]]
……
```

如指针数组 r 的首地址是[[1000]]，则 r[1]的地址必然是[[1004]]，r[2]的地址必然是[[1008]]（都是二级的，因为是地址的地址，r[0]、r[1]、r[2]元素的内容就是地址），而无论指针数组 r 的基类型（因为指针变量都占 4 字节）。如无论朋友家的房屋有多少平米，都用通讯录的一页纸记录他的地址，而通讯录的每一页纸的大小都是相同的。因此，r+1 必然前进 4 字节，r+2 必然前进 8 字节。s 与 r 同类，s±n 也必然前进 4*n 字节，这个 "4" 是固定的。

如图 8-17 所示，有 int *p; p 是一级指针变量，如希望将 p 本身的地址 2000 保存到一个指针变量中，也应使用这种第二类的二级指针变量来保存，q 应定义为 int **q; 而不能用行指针。

```
int a=1, *p=&a;
int **q;
q=&p;                /* 用 q 保存指针变量 p 本身的地址 */
printf("%d\n", *q);  /* 输出变量 p 的值，也是 a 的地址 */
printf("%d\n", **q); /* 输出变量 a 的值 1 */
```

指针变量 q 保存另一个指针变量的地址，所以这种二类二级指针变量得名为指向指针的指针。

4．指针的指针与指针数组名是等效的

我们曾经介绍过，int *p;这样的指针变量与一维数组名可以是等效的（8.3.2.3 小节），int (*q)[4]; 这样的指针变量（行指针）与二维数组名可以是等效的（8.3.3.4 小节）。现在 int **s; 这样的指针变量（指向指针的指针）与指针数组名 r 也可以是等效的！在程序中不仅可用数组名 r 访问指针数组的各个数组元素，还可以用指针变量 s 来访问。

```
s[0] 就是 r[0]
s[1] 就是 r[1]
s[2] 就是 r[2]
……
```

因为 s[0]、s[1]、s[1]以及 r[0]、r[0]、r[1]同样是语法糖，编译系统会把它们都变成 * 运算的等效形式：s[i] ⇔ *(s+i)，r[i] ⇔ *(r+i)。如果 s 的值与 r 的值相等，那么 s[i]就是 r[i]。

因此我们说：指针的指针与指针数组名是等效的，s 怎么样就是 r 怎么样。

需要注意的是，要达到这种等效效果，有两个前提条件如下所示：

（1）指针变量 s 的值可以被改变，"指针变量" r 的值永远不能被改变，在不改变 r 的值的前提下，s 与 r 二者才能等效。

（2）s 的值必须为指针数组的首地址，也即元素 r[0]的地址，也即等于 r 的值。一般须事先将指针变量 s 赋值为指针数组的首地址，如执行语句 s=r; 或 s=&r[0]; 之后 s 与 r 才是等效的。

8.3.5 指针三家人——指针小结

我们将用一小节的篇幅，小结一下前面所学的知识，帮助读者捋清思路。至此我们已经学习了两种级别的指针变量：一级指针变量和二级指针变量，如果再把之前学习过的普通变量看做零级，则共有三种级别的变量了，现将它们总结于表8-1。

表 8-1 指针变量小结

	空间画法	±1 的含义	定义方式
二级指针	[[　　]]	移动一行	int (*q)[4]; (每行 4 个元素)
			int b[3][4];中的 b　　q 与 b 可以等效
	[[　　]]	必移动 4 字节（因指针变量都占 4 字节）	int **s;
			int *r[3];中的 r　　s 与 r 可以等效
一级指针	[　　]	移动一个数组元素的字节（int 型 4 字节，char 型 1 字节……）	int *p;
			int a[2];中的 a　　p 与 a 可以等效
普通变量（零级）	[　]	变量值±1	int x;

指针变量赋值时，只有级别相同的指针变量才能彼此赋值。注意二级指针分为两类，虽然这两类同属二级，但也要看做不同的级别。

两种级别的指针变量是 3 对，它们都是一种数组名和一种指针变量配成的一对；指针变量和对应的数组名还都可以等效。请读者牢记表 8-1 的这 3 对，哪种指针变量和哪种数组是配对的，要把它们两两捆绑起来，再牢记语法糖公式和不同类指针变量 ±1 的含义，抓住这几个要点，就可以彻底掌握指针这一章。

窍门秘笈 一眼看级：掌握下面的规则，就可以直接观察指针变量的级别：

（1）在指针变量的定义语句中，一个 * 升一级，一个 [ ] 升一级。

（2）在执行语句中，一个 * 降一级，一个 [ ] 降一级，一个&升一级。

（3）在执行语句中，指针变量±整数，级不变。

下面举几个例子来说明这种窍门的用法如下所示：

定义语句中的例子：

❑ int *p; 的定义中有一个 *，升一级，p 是一级的。

❑ int a[2]; 的定义中有一个 [ ]，升一级，a 是一级的。

❑ int (*q)[4]; 的定义中有一个 * 升一级、一个 [ ] 再升一级，q 是二级的。

❑ int **s; 的定义中，一个 * 升一级、另一个 * 再升一级，s 是二级的。

在执行语句中的例子（设已定义 int x; int b[3][4];）：

❑ x=*p; p 为一级，一个*降一级，=右边为零级；=左边 x 也为零级，两边同级，正确。

❑ p=&b[0][1]; b 是二级，两个 [ ] [ ] 连降两级成为零级，一个 & 再升一级成为一级；=左边也为一级，两边同级，正确。

❑ *r[0] = a[1];　r 为二级，一个[ ]降一级，一个 * 再降一级，=左边为零级；a 为一
　　　级，一个[ ]降一级，=右边也为零级，两边同级，也正确。

【随讲随练 8.5】若有定义 int a[4][10], *p, *q[4]; 且 0<=i 且 i<4，下列错误的赋值语句
是（　　）。

　　A．p=a;　　　B．q[i]=a[i];　　C．p=a[i];　　D．p=&a[2][1];　　E．q=a;　　　F．p=q;

【答案】AEF

【分析】级别相同的指针变量才能彼此赋值。从定义中可以看出，a 为二级，p 为一级，
q 为二级（一个[ ] 或 一个 * 均升一级）。

　　A 选项=左边为一级，=右边为二级，级别不同所示错误。

　　B 选项 q 为二级，q[i]被降一级，=左边为一级；=右边 a[i]也为一级，级别相同，正确。
q 为指针数组，有 4 个元素。a[i]是二维数组中第 i 行的"一维数组"的数组名，是假想的
指针变量，值为该行这个"一维数组"的首地址。此句含义是将该首地址赋值到 q[i]元素
中保存。

　　C 选项=左边为一级，=右边 a[i]也为一级，所以正确。此句含义是将数组 a 第 i 行这个
"一维数组"的首地址，赋值到指针变量 p 中保存。如将选项 C 看做是将该首地址保存到
"一张字条"上，则选项 B 是将该首地址保存到一本"通讯录（q）"的一页上。

　　D 选项=左边为一级，=右边的 a[2][1]为零级，&a[2][1]再升一级为一级，=两边均为一
级，所以正确。此句含义是将元素 a[2][1]的地址（一级地址），赋值到指针变量 p 中保存。

　　E 选项 q 为二级，a 虽也为二级，但 q 属于二级的第二类，a 属于二级的第一类，它们
仍要被看做不同的级别（分属表 8-1 的二级指针的两行中），所以仍认为级别不同而错误。
另一个错误原因是，q 是数组名，是假想的指针变量（是常量），值不能改。

　　F 选项 p 是一级，q 是二级，级别不同所以错误。

　　　　　　有了这个窍门，直接观察级别就能解决很多看上去似乎极近复杂的指针
　　　　　　问题了，这些问题正是我们觉得常常会被撞得很晕的问题！现在有了窍门，
　　　　　　我们再不会晕头转向了！

【随讲随练 8.6】若定义语句：char s[3][10], (*k)[3], *p; 以下赋值语句正确的是（　　）。

　　A．p=s;　　　B．p=k;　　　C．p=s[0];　　　　D．k=s;
　　E．s=k;　　　F．s[0]=p;　　G．p=&s[1][2];　　H．k=&s[1][2];

【答案】CG

【分析】从定义语句可以看出，s 是二级的，k 是二级的，p 是一级的。选项 A、B、H
均错误，因为 = 两边的级别不同。选项 D 是错误的，虽然 = 两边级别相同，但每行元素
的个数不同。k 对应每行 3 个元素，而 s 是每行 10 个元素。选项 E、F 的 s、s[0]均是数组
名，它们都是假想的指针变量（是常量），值不能改变。

　　选项 C 正确，s[0]是二维数组 s 第 0 行这个"一维数组"的数组名，是假想的指针变
量，值为第 0 行这个"一维数组"的首地址。此句含义是将这个首地址放入 p 中保存。

　　选项 G 正确，此句含义是将 s[1][2]这个数组元素的地址放到 p 中保存。

【小试牛刀 8.5】如果将题目的"(*k)[3]"改为"(*k)[10]"，则 D 选项是否正确呢？（答
案：正确）选项 E 是否正确呢？（答案：仍不正确，因为 s 的值不可被改）。

有了上面的窍门，指针的级别已经直接能够看出，但表 8-1 中定义方式的那一列仍然让人觉得有点眼花缭乱，如何区分各种定义方式均是什么含义呢？不必着急，下面的窍门会帮我们的忙。

窍门秘笈 定义形式逆序阅读法：掌握下面的阅读规则，可立即读出指针变量各种定义形式究竟是什么含义。

我们可以逆序阅读一个指针变量的定义形式，则它的含义立刻显示！为什么要逆序阅读呢？C 语言是基于英语的语法，英语的习惯是逆序，因而我们也要逆序阅读。为了符合中文的语言习惯，我们将几种符号的阅读说明如下：

先读变量名/函数名，后接"是…"

* 读作"指针，指向……"。

[ ] 读作"数组，每元素是…"（[ ]内为元素个数）。

( ) 读作"函数，返回值是…"（( )内为函数的参数）。

int 以最后的语义为准（变量或数组类型为 int，指针为指向 int，函数为返回值是 int）

另外注意阅读的先后顺序，[ ]的优先级与( )一致，都是最高的。而*的优先级相对略低，因而当同时出现 [ ] 和 * 时，应先读 [ ]，后读 *。

下面举几个例子说明如何从定义语句中读出它们的含义：

❑ int x; 读作：x 是 int。

❑ int *p; 读作：p 是指针，指向 int;（注意先读 * 后读 int）。

❑ int a[2]; 读作：a 是数组（数组有 2 个元素），每元素是 int。

❑ int (*q)[4];读作：q 是指针，指向数组（被指数组有 4 个元素(每行)），被指数组每元素是 int。

❑ int b[3][4]; 读作：b 是数组（数组有 3 个元素），每个元素又是数组（后者数组有 4 个元素），后者数组每元素是 int（这是说二维数组是由一维数组组成的，二维数组每行又是个一维数组）。

❑ int *r[3]; 读作：r 是数组（数组有 3 个元素），每元素是指针，都指向 int。

❑ int **s; 读作：s 是指针，指向指针，后者指针指向 int（这是说指针的指针）。

这种窍门是一种通用的窍门，不只对于我们学习过的一、二级指针变量，对于函数、函数的指针、返回指针的函数，乃至读者如有兴趣做深入学习的三级及以上的指针，同样适用。关于函数的例子（( )读作"函数"的例子）我们将在下一小节讨论。

8.4 有了地址也可以找我帮忙啊——函数与指针

8.4.1 地址给我，我来帮忙——指针变量做函数参数

指针变量也可以做函数的参数，向函数传递地址。先说个小插曲吧，下课后，小明和小红两位同学互相拿错了作业本各自回到宿舍。老师发现后，请班长去找他们将作业本换

回来。如图 8-21 所示，这时老师只需告诉班长两位同学的宿舍地址就可以了，班长按照宿舍地址找到两位同学换回作业本。在这个例子中，老师相当于 main 函数，班长相当于 swap 函数，老师告诉班长宿舍地址的过程就是参数的传递。而这里的参数只是个门牌号，并不是作业本本身，这就是地址做函数参数的例子。

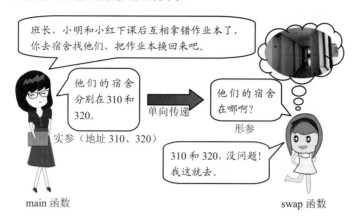

图 8-21　老师将宿舍地址告诉班长，班长去换作业本

【**程序例 8.5**】输入两个整数，分别输出较大值和较小值。今用函数处理且用指针作参数。

```
swap(double *p,double *q)      /* 形参p、q是指针变量 */
{
    double temp;
    temp = *p;          /* 通过指针访问了main空间的内容 */
    *p = *q;            /* 通过指针访问和修改了main空间的内容 */
    *q = temp;          /* 通过指针修改了main空间的内容,
                        并把swap函数的数据temp传回了main */
}
main()
{   double a, b, *p1, *p2;
    p1=&a; p2=&b;
    scanf("%lf%lf", &a, &b);
    if(a<b) swap(p1, p2);    /* 也可写为 if (a<b) swap(&a, &b); */
    printf("max=%lf,min=%lf\n", a, b);
}
```

程序的运行结果为：

```
2.4 3.4↓
max=3.400000,min=2.400000
```

main 函数需保持变量 a 的值较大，b 的值较小，如果所输入的 a 值较小，b 值较大，就交换 a 和 b 的值。交换 a 和 b 的值是通过 swap 函数实现的。

swap 函数的形参名 p 和 q 前都有 * 号标志，表明当函数被调用时，p 和 q 将作为 swap 函数的指针变量（而不是普通变量），p 和 q 中只能保存地址，不能保存普通数据。这里形参名（变量名）为 p 和 q，注意不能说为*p 和*q。main 函数对 swap 函数的调用语句是 swap(p1, p2); 因此将 p1 的值（地址）传递给 p，将 p2 的值（地址）传递给 q，如图 8-22 所示。

swap 函数通过参数 p、q 获得了 a、b 的地址，在 swap 函数中通过这两个地址就可以任意存取 a、b 这两个变量了，而不论这两个变量位于哪个函数。

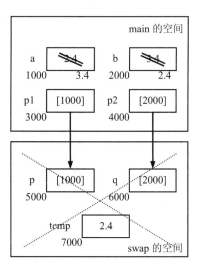

图 8-22　程序例 8.5 的函数空间

- 通过 *p 即可获得地址为 1000 的数据 2.4，通过 temp = *p; 将 2.4 保存到 temp 中。
- *p=*q; 先到 q 所指的位置即地址为 2000 的位置，获取数据 3.4，再将 3.4 赋值到 p 所指的空间中即地址为 1000 的空间中，于是在 swap 函数中不仅获得了 main 函数的变量 b 的值，还将它赋值给 main 函数的变量 a，改变了变量 a 的值。
- 最后通过 *q = temp; 将 temp 的值赋值到地址为 2000 的空间中，这样又改变了 main 函数中变量 b 的值。

脚下留心

注意在 swap 函数中不能直接使用变量名 a、b 来访问 main 中的变量 a、b，如在 swap 中写为 temp=a; a=b; b=temp; 是不行的。在 swap 中只能通过地址的方式访问它们。

指针变量做函数参数，所传递的内容永远是一个 4 字节的地址，而无论其所指向的数据空间有多大。在本例中，变量 a、b 都是 double 型的，均占 8 个字节，然而它们的地址仍是 4 个字节，只向 swap 函数传递 4 个字节的地址。但需要注意实参和形参的"基类型"必须相同。

【小试牛刀 8.6】如将 swap 函数改为以下形式，还能实现预定功能，交换 a、b 的值吗？

```
swap(double *p,double *q)
{    int *temp;
     temp=p;
     p=q;
     q=temp;
}
```

答案：不能。修改后的 swap 函数只是交换了 swap 空间内 p、q 本身的值，并没有修改其所指向的值，并且对 p、q 本身的修改也不能反向传回实参 p1、p2。如图 8-23 所示。

【小试牛刀 8.7】如将 swap 函数改为以下形式，还能实现预定功能，交换 a、b 的值吗？

```
swap(double *p,double *q)
{    double *temp;
     *temp=*p;     /* 此语句有问题，未知空间被修改 */
     *p=*q;
     *q=*temp;
}
```

答案：不能。*p 得到 2.4 没有问题，但 *temp=*p; 是将 2.4 赋值给哪个空间呢？指针变量 temp 初值为随机地址，如果 temp 中保存的地址正指向系统中的一个重要数据，要把它改为 2.4，可就遭殃了！因此这个方法也不靠谱。

【小试牛刀 8.8】如将 swap 函数改为以下形式，并将 swap 的调用语句改为 swap(a, b);
还能实现预定功能，交换 a、b 的值吗？

```
swap(double x,double y)
{   int temp;
    temp=x;
    x=y;
    y=temp;
}
```

答案：不能。修改后的 swap 函数所传递的是普通 double 型的数据，且单向传递。swap
函数内只是交换了形参的值，修改不能传回实参。函数空间情况如图 8-24 所示。

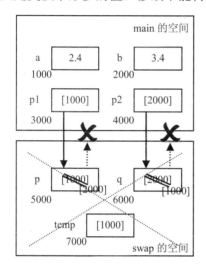

图 8-23　小试牛刀 8.6 的函数空间

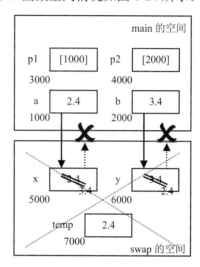

图 8-24　小试牛刀 8.8 的函数空间

只有一种情况可以交换 a、b 的值，那就是通过指针变量做函数参数传递地址，并且在
函数中通过类似 ***p=...;** 和 ***q=...;** 的语句，按照地址改变参数所指向的数据。

在本例中，通过 *q = temp; 修改了 q 所指向的变量 b，而变量 b 是位于 main 函数中的。
因此 *q = temp; 实际也可以看做是"把 swap 函数中的数据 temp 传回了 main 函数"。

我们在第 7 章学习了通过函数的返回值（return 语句），可以向主调函数传回数据。实
际上，向主调函数传回数据还有第二种方式。在这种方式中，形参需是个指针变量，借此
指针变量把主调函数中的一个变量的地址"告诉"被调函数，之后被调函数通过"*指针变
量 = 数据;"的方式，直接修改主调函数中的这个变量的值从而传回数据。

【程序例 8.6】通过函数 fun 计算两个整数的和、两个整数的差。

```
int fun(int x, int y, int *p)
{   int sum, sub;
    sum = x + y;
    sub = x - y;
    *p = sub;          /* 通过指针 p 传回数据（差） */
    return sum;        /* 通过 return 语句返回数据（和） */
}
main()
{   int a, b, m1, m2;
    printf("Please input two numbers: ");
```

```
    scanf("%d%d", &a, &b);
    m1 = fun(a, b, &m2);
    printf("sum is %d, sub is %d\n", m1, m2);
}
```

程序的运行结果为：

```
Please input two numbers: 17 12↓
sum is 29, sub is 5
```

通过 fun 函数既要计算两个整数的和，又要计算两个整数的差。然而一个函数只能有一个返回值，函数计算完成后，如何能同时返回和、差的两个结果呢？我们可以让两个结果中的一个（和）用函数返回值返回，另一个（差）用第二种方式即指针的方式传回。要通过指针的方式，函数需要有一个指针类型的参数 int *p，用于"告诉"函数要接收"差"这个结果的空间的地址，本例"告诉"它的是 m2 变量的地址&m2。在 fun 函数中通过 *p = sub; 就直接修改了该空间的值，从而将"差"的结果直接存到了 main 函数的变量 m2 中。

*p = sub;和 return sum; 两句的先后位置不能颠倒，因为执行到语句 return sum; 时，函数就结束了，return sum; 后面的语句是执行不到的。

请注意无论如何参数都只能沿"实参→形参"的方向单向传递，而永远不能沿"形参→实参"进行反向传递。在第二种通过指针传回数据的方式中，将 main 函数的变量的地址传给被调函数的过程仍是单向的。尽管班长能够到宿舍交换作业本，但老师告诉班长宿舍门牌号的过程本身只能是单向的，班长并没有反向告诉老师什么。再次强调：通过指针传回数据是通过在被调函数内执行类似"*指针变量=...;"的语句实现的，并没有通过"形参→实参"传递实现。

当然本例也可以让"和"、"差"都通过指针的方式传回，将 fun 函数修改为如下语句：

```
void fun(int x, int y, int *p, int *q)
{   int sum, sub;
    sum = x + y;
    sub = x - y;
    *p = sum;    /* 通过指针 p 传回数据（和） */
    *q = sub;    /* 通过指针 q 传回数据（差） */
}
```

这样 fun 函数就不再需要有返回值了。在 main 函数中对 fun 函数的调用应对应修改为如下语句：

```
fun(a, b, &m1, &m2);
```

可见，通过函数返回值（return 语句）只能返回一个值，而通过指针的方式，可以传回任意多的数据；但传回几个数据，就要对应地设置几个指针类型的参数来告诉函数几个地址。

【随讲随练 8.7】 程序如下所示：

```
#include<stdio.h>
void fun (char *c, int d)
{   *c=*c+1; d=d+1;
    printf("%c,%c,",*c,d);
}
main()
{   char b='a',a='A';
    fun(&b,a);  printf("%c,%c\n",b,a);
}
```

程序运行后的输出结果是（　　）。

A. b,B,b,A　　　　B. b,B,B,A　　　　C. a,B,B,a　　　　D. a,B,a,B

【答案】A

8.4.2　吃葡萄不抓葡萄粒，抓住葡萄的把柄——数组做函数参数

下面程序使用数组名作为函数的参数，用 aver 函数计算 main 数组 a 中数据的平均值。

【程序例 8.7】 数组 a 中存放了一名学生 5 门课的成绩，求平均成绩。

```
float aver(float b[5], int n)
{   float av,s=0;  int i;
    for(i=0;i<n;i++)
        s=s+b[i];
    av = s/5;
    return av;
}
void main()
{   float a[5]={97.0, 85.0, 90.5, 70.5, 75.0};
    float av;
    av = aver(a, 5);
    printf("average score is %5.2f",av);
}
```

程序的输出结果为：

```
average score is 83.60
```

在上例程序中，显然在 aver 函数中计算的是数组 b 的 5 个元素的平均值，不是要求 main 函数中数组 a 的平均值吗？为什么在 aver 函数中计算数组 b 就可以了呢？这是因为数组 b 与数组 a 为同一个数组。注意千万不要认为将实参数组 a 的所有 5 个元素逐一传给了形参数组 b，a、b 是同一个数组，而并不是两个数组，如图 8-25 所示。

要理解数组 b 与数组 a 为同一数组，关键一是要把数组名 a 看做"假想"的指针变量，二是要理解数组做函数的形式参数的真正含义：

C 语言规定，即使将函数的形式参数写为数组的形式，形式参数仍是一个指针变量。下面对函数 aver 定义头部的几种写法都是完全等效的。

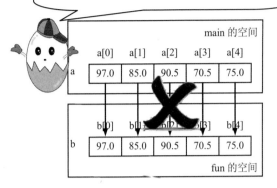
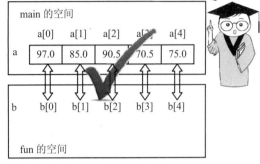

图 8-25   数组做函数参数时，并不是向函数传递整个数组

```
float aver(float b[5], int n)
```

或

```
float aver(float b[ ], int n)
```

或

```
float aver(float b[500], int n)
```

或

```
float aver(float b[123], int n)
```

它们都与下面的形式等效：

```
float aver(float *b, int n)
```

注意到在数组的形式参数中，数组参数[ ]内的数组元素个数可以省略，甚至可以随便写上一个元素个数（如以上 500、123 等），因为它的等效形式 float *b 中无法体现数组元素个数，因此[ ]内的元素个数"形同虚设"，将被编译系统忽略。所以数组形参的[ ]内写几都是可以的，不写也可以。

正因为如此，一般在用"数组"做函数参数的时候，还必须同时再设置一个普通的整型参数用于传递数组的元素个数（本例为参数 n）。因为 b 仅仅是个地址，b 后面[ ]内的数字也将被忽略，仅仅依靠 b 无法向函数传递"数组有几个元素"的信息，需另设参数（n）来帮忙。

脚下留心

数组[ ]内的元素个数"形同虚设"，可以省略、也可以随便给出一个数，因为它本质上是一个指针变量。注意这种情况只限于将"数组"作为函数的形式参数（写在函数的定义头部时）才可以。在程序的语句中使用数组时，数组就是数组，指针变量就是指针变量，这是两个完全不同的概念。定义数组必须按照第 6 章介绍的法则，[ ]内的元素个数是实实在在的将被开辟的空间个数，是不能随便写一个数的，而且除非在定义数组的同时给出元素初值，否则也不能省略[ ]内的元素个数。

程序的执行过程是怎样的呢？将参数 b 写作等效形式 float *b 后，就不难分析了。这个程序与上一小节介绍的指针变量做函数参数实际上是一回事，main 函数调用 aver 函数 av = aver(a, 5); 仅向 aver 函数传递了一个地址而已。所传递的地址是 a，a 是数组名，将之看做"假想"的指针变量（参见 8.3.2.1 小节），a 值为数组的首地址，因此所传递的地址就是数组 a 的首地址。函数空间情况如图 8-26 所示。

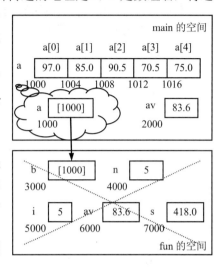

图 8-26　程序例 8.7 的函数空间情况

仅向 aver 函数传递了一个地址而已，注意并没有传递整个数组。那么为什么 b 与 a 为同一数组，在 aver 中计算数组 b 的平均值就是计算数组 a 的平均值了呢？b 在函数 fun 中是指针变量，b 虽然是指针变量，却也可以用[ ]写为数组元素的形式，考虑在函数 fun 中的 b[i] 是什么意思呢？因为 b[i] 是 *(b+i) 的语法糖（如读者对此概念尚为陌生，请复习 8.3.2.2 小节）。系统会将 b[i] 自动转化为 *(b+i) 的形式如下所示：

- ❑ i=0 时，b[0] ⇔ *(b+0) ⇔ *b 就是 *[1000] 就是 a[0]。
- ❑ i=1 时，b[1] ⇔ *(b+1) 就是 *[1004] 就是 a[1]。
- ❑ i=2 时，b[2] ⇔ *(b+2) 就是 *[1008] 就是 a[2]。
- ❑ ……

因此，b[i] 就是 a[i]，二者是同一数组，内存空间也是相同的。我们应该记住以下结论：

数组做形参，就是指针变量做形参。只要实参传递数组首地址，在函数中的"形参数组"与实参数组就是同一数组。在函数中对形参数组所做的任意处理，就是对主调函数中的实参数组在做处理。

再强调一点，"形参数组" b 与实参数组 a 是同一数组的前提是：形参 b 的值（地址值），必须被传递为数组 a 的首地址。在程序中是通过 av = aver(a, 5); 调用 aver 函数的，形参 b 被传递了"假想"指针变量 a 的值，就传递了数组 a 的首地址，如图 8-26。实际上，只要完成将数组 a 的首地址传递给形参 b 都能达到同样的效果。本程序对函数 aver 的调用还可以是下面两种形式：

```
av = aver(&a[0], 5);          /* 传递元素 a[0]的地址也是传递数组首地址 */
```

或

```
float *p;
p = a;                        /* 或写为 p = &a[0]; */
av = aver(p, 5);              /* 传递指针变量 p 的值，也是传递数组首地址 */
```

当需要向函数"传递数组"时，形参可以写为数组的形式：

```
float aver(float b[N], int n)  /* N 可写为任意值或不写 */
```

也可写为指针变量的形式（后者才是它的本质）：

```
float aver(float *b, int n)
```

调用函数时,对应的实参可以用数组名 aver(a, 5); 也可以用 0 号元素的地址 aver(&a[0], 5); 或者通过一个指针变量传递数组首地址。只要将实参数组的首地址传给形参,就能在函数中直接把形参"当做数组名"处理形参数组了,对形参数组的任意处理都是在对实参数组做处理。

【程序例 8.8】某网店打折促销,全部商品 8.5 折销售,且单件商品满 500 元有礼品赠送。数组 price 中保存了打折前的全部商品的价格,请编写函数 discount,修改全部商品价格为 8.5 折的价格,并找出其中单件大于 500 元的商品,将这些商品价格存入形参 g 所指数组中。

```c
#include <stdio.h>
#define M 6 /* 共有商品数 */
void discount(float *p, int n, float *g)
{   int i, j=0;
    for(i=0; i<M; i++)
    {   p[i]=p[i]*0.85;
        if (p[i]>500) g[j++]=p[i];
    }
    g[j]=-1;
}
void main()
{   float price[M]={238.0, 958.0, 1050.0, 599.0, 799.0, 198.0};
    float gift[M+1];   int i;
    printf("打折前的价格是: \n");
    for (i=0; i<M; i++) printf("%7.1f", price[i]);

    discount(price, M, gift);
    printf("\n\n 打折后的价格是: \n");
    for (i=0; i<M; i++) printf("%7.1f", price[i]);
    printf("\n 打折后单件满 500 元的价格有: \n");
    for (i=0; gift[i]>=0; i++) printf("%7.1f", gift[i]);
    printf("\n");
}
```

程序的输出结果是:

```
打折前的价格是:
  238.0  958.0 1050.0  599.0  799.0  198.0

打折后的价格是:
  202.3  814.3  892.5  509.1  679.2  168.3
打折后单件满 500 元的价格有:
  814.3  892.5  509.1  679.2
```

main 函数通过语句 discount(price, M, gift);调用 discount 函数,传递的是 price、gift 两个数组的首地址分别给形参 p、g,这样在 discount 函数中可将指针变量 p、g 当做"数组名"来用(写作 p[i]、g[j]),并将这两个数组看做是与 price、gift 相同的数组。在 discount 函数中对 p、g 两个数组的处理,就是对 main 函数中 price、gift 两个数组的处理,无论是获取 price 数组的数据,还是修改 price 数组和 gift 数组的数据。当然 discount 函数的定义头部还可写为以下语句:

```
void discount(float p[], int n, float g[])
```

或

```
void discount(float p[M], int n, float g[M])
```

形参数组[ ]内的任何数值（如 M）都将被忽略，所以还需要另设参数 n 来向函数传递数组 price 的元素个数。

discount 函数还将挑出打折后超过 500 元的商品，将其价格存入数组 g。这是一个"数组收纳"的问题，用第 6 章 6.1.3.1 小节介绍的数组收纳的编程套路可以很容易解决（如读者对此套路尚为陌生，请先复习这一小节）。收纳的条件是 p[i]>500，收纳到数组 g 中。

数组 g 最终收纳的数据个数是 j，下一个可用空间是 g[j]。但本程序没有从函数返回所收纳的"个数"，而是将 g 数组的下一个可用空间 g[j]赋值为一个负数（如-1）作为结束标志。这样从 gift[0]开始一个一个元素地输出，直到遇到一个为负数的数据就表示结束了。所以输出结果的 for 语句的表达式 2 不是类似"i<n"那样的条件，而是 gift[i]>=0。

【随讲随练 8.8】程序如下所示：

```
#include <stdio.h>
void exch(int t[])
{ t[0]=t[5]; }
main()
{   int x[10]={1,2,3,4,5,6,7,8,9,10}, i=0;
    while(i<=4) {exch(&x[i]); i++; }
    for(i=0; i<5; i++) printf("%d ", x[i]);
    printf("\n");
}
```

程序运行后的输出结果是（　　　）。
A. 2 4 6 8 10　　　　B. 1 3 5 7 9　　　　C. 1 2 3 4 5　　　　D. 6 7 8 9 10

【答案】D

【分析】要将 void exch(int t[])看做 void exch(int *t)，参数 t 为指针变量。main 对 exch 函数的调用在 while 循环中，exch 共被反复调用了 5 次（i=0, 1, 2, 3, 4）。设数组 x 的起始地址为 1000，则在这 5 次调用中，t 分别被传递了 x[0]的地址 1000、x[1]的地址 1004、……、x[4]的地址 1016。将 t[0]=t[5]看做*t=*(t+5)，按地址换算位置则本题不难答出。注意 t+5 是移动 5 个元素，而一个 int 型元素在 VC 中占 4 字节，故 t+5 移动 4*5=20 字节。例如当 t 被传递地址 1008 时，t+5 的值为 1028，*(t+5)获得的是 x[7]的值 8，如图 8-27 所示。最后输出 x 中前 5 个元素的值。

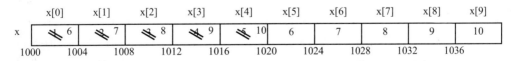

图 8-27　随讲随练 8.8 的数组 x 在调用 exch 函数前后的情况

以上介绍了一维数组做函数参数的情况。一维数组做函数参数时，与形如 int *p;的一级指针变量做参数是等价的，只会向函数传递一个地址，不是将整个数组传递到函数。如果是二维数组或指针数组做函数参数呢？情况类似，它们也等价于指针变量做参数，仍是只会向函数传递一个地址。然而后者所等价的指针变量就不是"一级指针变量"了。

在函数的形参中，以下写法是等价的（注意必须在函数的形参中才有此规律）：

（1）int a[N] ⇔ int *a，[ ] 内的 N 可写为任意值或省略不写。

（2）int b[N][4] ⇔ int (*b)[4]，第一个[ ]内的 N 可写为任意值，或省略不写，但第二个[ ]内必须写明确定的值。

（3）int *c[N] ⇔ int **c，[ ] 内的 N 可写为任意值，或省略不写。

实际每一对的等价写法，刚好是 8.3.5 小节表 8-1 中总结的"指针三家人"的那三对。

其中（3）指针数组做参数用于通过函数处理多个字符串的情况较多，将在 8.5.3.6 和 8.6 小节再给出实例。下面我们给出（2）二维数组做函数参数的例子。

【程序例 8.9】 二维数组做函数参数，如下所示：

```
void fun(int p[2][3], int m, int n)
{   int i,j;
    for(i=0; i<m; i++)
    {   for(j=0; j<n; j++)
            printf("%d ", p[i][j] );
        printf("\n");
    }
}
main()
{   int a[2][3]={1,3,5,7,9,11};
    fun(a, 2, 3);
}
```

程序的输出结果为：

```
1 3 5
7 9 11
```

本例用 fun 函数输出 main 函数中二维数组 a 的各元素值，fun 函数的参数 int p[2][3] 是个二维数组，它等价于 int (*p)[3]，实际形参 p 是个指针变量（行指针）。对函数的调用如下所示：

```
fun(a, 2, 3);
```

形参 p 被传递了 a，a 是二维数组名，是假想的二级指针变量，值为该数组的首地址（如读者对此概念尚为陌生，请先复习本章 8.3.3.2 小节）。因此仅向函数传递了数组 a 的首地址，而并没有向函数 fun 传递数组 a 的全部 6 个元素。形参 p 的值为数组 a 的首地址。这样，在函数 fun 中可以把 p 当做"二维数组名"来用，对 p[i][j]进行操作，就是对 a[i][j]进行操作，p 和 a 是同一数组。因为 p[i][j]是*(*(p+i)+j)的语法糖，a[i][j]是*(*(a+i)+j)的语法糖，当 p 的值与 a 的值相等时，*(*(p+i)+j)与*(*(a+i)+j)相同，自然 p[i][j]与 a[i][j]相同。

正因为参数 p 是一个指针变量，而不是一个数组，需要另设两个参数 m、n 向函数传递二维数组的行数和列数信息。因为一个指针变量参数只能传递一个地址，仅通过一个指针变量参数无法向函数传递数组行数和列数的信息。参数 p 即使写为 int p[2][3]，其中的行数 2 也是形同虚设的，2 可以省略或写为其他任意值，这与一维数组做函数参数的情况是类似的。所不同的是二维数组做参数所等价的指针变量是行指针 int (*p)[3]（而不是一级指针 int *p），而且其中的列数 3 永远不能省略。

【随讲随练 8.9】程序如下所示：

```
#include <stdio.h>
#define N 4
void fun(int a[][N], int b[])
{   int i;
    for(i=0; i<N; i++)  b[i]=a[i][i];
}
main()
{   int x[][N]={ {1,2,3}, {4}, {5,6,7,8}, {9,10} }, y[N], i;
    fun(x, y);
    for (i=0; i<N; i++)  printf("%d,", y[i]);
    printf("\n");
}
```

程序运行后的输出结果是（   ）。
A. 1,2,3,4,   B. 1,0,7,0,   C. 1,4,5,9,   D. 3,4,8,10,

【答案】B

【分析】应将 fun 函数的两个参数看做 int (*a)[N], int *b，参数是两个指针变量。对函数的调用是 fun(x, y)；分别向函数传递数组 x、y 的首地址。这样，在函数 fun 中对数组 a 的元素 a[i][i]的操作，就是在对 x 数组的元素 x[i][i]进行操作，a 与 x 为同一数组。在函数 fun 中对数组 b 的元素 b[i]的操作，就是在对 y 数组的元素 y[i]进行操作，b 与 y 为同一数组。fun 函数将数组 x 主对角线的元素分别赋值到数组 y 的 4 个元素中。

【随讲随练 8.10】下面函数 fun 定义头部中形参的写法正确吗？如不正确，请改正。

```
#define N 4
fun(int (*a)[ ], int m) /* 请检查并改正此行的错误 */
{
    /* ……函数体从略…… */
}
main()
{   int *q[N]; int n;
    /* ……其他语句从略…… */
    fun(q, n);
}
```

【答案】不正确，应改为 fun(int *a[ ], int m)或 fun(int **a, int m)

【分析】在分析函数的"形参"写法是否正确时，应对照调用函数的"实参"来看。形参必须与实参在数量、顺序、类型上一一对应。形参 m 与实参 n 是对应的，但形参 a 与实参 q 就不对应了。实参 q 是指针数组，形参 a 也应是指针数组，或为与指针数组对应的那种指针变量。与指针数组对应的指针变量是"指针的指针"（int **a）而不是"行指针"（int (*a)[ ]）。在形参中，行指针是与二维数组对应的而不是与指针数组对应的。

8.4.3　指针私房菜——返回地址值的函数

一个函数的返回值也可以是一个地址。如果函数的返回值是地址，在定义函数时，需要在函数名前加 * 号标志。函数调用方式和执行过程与返回普通数据的情况均一致。

【程序例 8.10】通过返回地址值的函数，求两个整数的较大值。

```c
#include <stdio.h>
double *pmax(double *p, double *q); /* 函数声明 */
main()
{   double a, b, *pm;
    scanf("%lf%lf", &a, &b);
    pm = pmax(&a, &b);
    printf("max=%lf \n", *pm);
}
double *pmax(double *p, double *q)
{
    if ( *p > *q ) return p; else return q;
}
```

程序的运行结果为：

```
2.4 3.4↓
max=3.400000
```

pmax 函数名前的*号表示它是一个返回指针的函数。double 表示所返回指针的基类型，即所返回的地址指向的数据的类型。main 函数通过 pm = pmax(&a, &b); 调用 pmax 函数，由 pmax 函数求出较大值的地址，返回此地址，再将地址赋值到 pm，最终输出 pm 所指向的数据就可以了。

脚下留心

　　　　请注意本程序第 2 行函数声明的写法，如写为 double *pmax(double *, double *); 也是正确的，但不能写为 double *pmax(p, q);、double pmax(double, double);，函数名前和参数名前的类型 double、星号 * 都不能省略。

无论是 pmax 函数的声明，还是它的定义头部，按照我们在 8.3.5 小节介绍的"定义形式逆序阅读法"可以直接读出它的含义：

```
double *pmax(double *p, double *q)
```

先读 pmax，后接"是……"。由于( )优先级高于*，后面应先读( )，后读*。故应读作：pmax 是函数（括号内为它的参数），函数返回值是指针指向 double。函数返回变量 a、b 间较大的一个的地址，不就是一个指向 double 的指针吗？

8.4.4　函数遥控器——函数的指针

函数是由语句组成的，语句也要被存储在计算机的一段连续的内存空间中。它们存储在什么地方呢？函数名就是该内存区的首地址。我们也可以把函数的这个首地址放到一个指针变量中保存起来，使指针变量指向该函数。其好处是以后调用此函数就有了两种方法，不但可以通过函数名来调用函数，更可以通过指针变量来调用这个函数，就像既可以通过变量名，也可通过变量的地址访问一个变量一般。然而这种指针变量是专用于保存函数的地址的，它与前面介绍的保存变量或数组地址的那些指针变量都不相同。这种指针变量称为指向函数的指针变量。例如：

```
int (*pf)();
```

以上语句就是定义了一个这种类型的指针变量，它可以保存一个函数的地址，但只能保存函数的地址，要保存一个变量的地址或数组的地址都是不行的。这种指针变量定义时(*pf)的( )和后面的一对( )都不能省略。在后面的一对( )中也可以写上函数的参数。

```
int (*pf)(int a, int b);
```

为什么这种指针变量的定义要带着两对小括号( )呢？用我们在 8.3.5 小节介绍的"定义形式逆序阅读法"则很容易找到答案：

❑ int (*pf)(); 有( )先读( )内的部分，读作：pf 是指针，指向函数，函数返回值是 int。

❑ int *pf(); ( )比*优先，先读( )后读*，读作：pf 是函数，返回值是指针，指向 int。

因此前者才是指向函数的指针变量，而后者是上一小节介绍的"返回地址值的函数"。

❑ int pf(); 先读( )，读作：pf 是函数，函数返回值是 int。

这是我们第 7 章学习过的函数声明的读法。

因此第 1 个的( )会导致含义完全不同，而第 2 个( )是函数参数的小括号，均不能省略。

如有函数 fun，函数的声明如下所示：

```
int fun(int, int);
```

定义函数指针 pf 时的定义写法，与函数的声明基本一样，只是以(*pf)代替函数名 fun 而已。

至此我们已经学习了很多种指针变量了，除 8.3.5 小节的表 8-1 中总结的"指针三家人"外，再加上函数的指针、返回指针的函数、普通函数，感觉很乱码？不！只要抓住 8.3.5 小节介绍的"定义形式逆序阅读法"，无论见到什么样的定义，只要读出来，就既不会看错，也不会写错了！

你能看出下面这一行是什么意思吗？

```
int atexit(void (*func)(void));
```

高手进阶

它读作：atexit 是函数（( )内为它的参数），函数返回 int。

( )内它的参数是 func，再将 func 的含义读出来：形参 func 是一个指针，它指向函数（( )内的 void 表示所指向的这个函数无参数），所指向的函数也没有返回值。连起来说：函数 atexit 返回值是 int，参数是个函数的指针，这个指针用于指向一个既无参数也无返回值的函数。所以这是一个 atexit 函数的声明。

让指针变量指向函数的方法如下所示：

```
pf=函数名;
```

注意是一种"干干净净"的形式，不要加任何"零碎"，不要写为"pf=&函数名;"、"*pf=函数名;"等。

通过指针变量调用函数的方法如下所示：

```
(*pf)(参数, 参数, ……);
```

或：

```
pf(参数, 参数, ……);
```

注意调用函数时用(*pf)或直接用 pf 均可。(*pf)的 * 仍然是一个标志，不是取内容（虽然这不是在定义指针变量的语句中），这是函数指针的特殊用法。

【程序例 8.11】用函数的指针实现对函数的调用。

```
int max(int a,int b)
{
    if(a>b)return a; else return b;
}
main()
{   int max(int a,int b);          /* 函数声明 */
    int (*pmax)();                 /* 定义函数的指针变量 */
                                   /* 也可写为 int (*pmax)(int,int);*/
    int x,y,z;
    pmax=max;                      /* 让指针变量指向函数 max */
    printf("input two numbers: ");
    scanf("%d%d",&x,&y);
    z=(*pmax)(x,y);                /* 通过指针变量调用函数 max */
    printf("maxmum=%d",z);
}
```

程序的运行结果为：

```
input two numbers: 1 2↓
maxmum=2
```

【随讲随练 8.11】假设有以下函数：

```
void fun(int n, char *s) { …… }
```

则下面对函数指针的定义和赋值均正确的是（　　　）。

A．void (*pf)(); pf=fun;　　　　　B．void *pf(); pf=fun;

C．void *pf(); *pf=fun;　　　　　D．void (*pf)(int, char); pf=&fun;

【答案】A

高手进阶

通过函数的指针调用函数，而不是直接通过函数名调用，其好处是一个指向函数的指针变量其值是可以变化的，它可以先后保存不同函数的地址。通过它调用函数就可以实现它保存哪个函数的地址，就调用哪个函数。

如"(*pf)(参数, 参数, ……);"这样一条调用语句，它会调用哪个函数呢？将在程序运行中动态确定。在程序运行时，如给变量 pf 赋值为"函数 1"的地址，它就调用"函数 1"；如给 pf 赋值为"函数 2"的地址，还是同样这条语句将调用函数 2。这使程序在运行中可以动态选择要调用的函数了。

8.5　一两拨千斤——字符串的指针

8.5.1　字符串的存储

在第 2 章我们曾介绍过（2.2.4 小节），字符串常量是用双引号（"　"）引起来的一串字符（可含 0～多个字符），例如"iPhone"、"BMW 530i"、""等。C 语言没有字符串变量，在程序中要存储字符串，应通过以下两种方式。

1. 用 char 型数组保存字符串

字符串由多个字符组成，可用一个 char 型的一维数组来保存一个字符串，注意一个数组只能保存一个字符串。

char 型数组也是数组，它具有一般数组的所有特征。保存字符串只是 char 型数组的一种应用，但 char 型数组不一定都要保存字符串。在第 2 章我们曾强调过，字符串末尾必须有'\0'这个字符表示字符串的结束。因此，如果用 char 型数组保存字符串，数组中必须有'\0'元素，否则它只是一个数组而已，数组可以做它用，但没有保存字符串。例如：

（1）char c[ ]={'B', 'M', 'W', ' ', '5', '3', '0', 'i'};

定义了一个数组 c，[ ]内没有给出元素个数，但在{ }内给出了初值。初值有 8 个字符，因此数组 c 将有 8 个元素。由于其中没有'\0'元素，所以数组 c 没有保存字符串，这个数组可以另作他用，但不能被当作字符串来用。数组 c 的情况如图 8-28 所示。注意第四个元素为空格，空格也是一个字符。

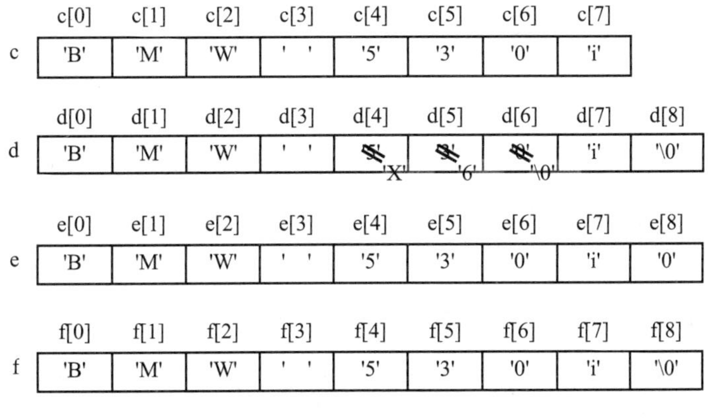

图 8-28　没有保存字符串的数组 c、e 和保存了字符串的数组 d、f

（2）char d[ ]={'B', 'M', 'W', ' ', '5', '3', '0', 'i', '\0'};

在定义数组 d 时给出了 9 个初值，因此数组 d 将有 9 个元素，数组 d 的情况如图 8-28 所示。由于最后一个初值就是'\0'，因此数组 d 保存了字符串，字符串是"BMW 530i"。显然，用数组保存的字符串是由一个个数组元素组成的，可通过修改数组元素，来达到修改字符串的目的。例如，执行语句如下所示：

```
d[4]='X';    d[5]='6';    d[6]='\0';
```

执行以上语句后，数组 d 中保存的字符串将变为"BMW X6"，如图 8-28 所示。尽管 d[7] 的值仍为'i'，但由于 d[6]为'\0'，已表示字符串结束，在讨论字符串时 d[7]及以后的内容就不再考虑了。

（3）char e[ ]={'B', 'M', 'W', ' ', '5', '3', '0', 'i', '0'};

数组 e 中也有 9 个元素，与数组 d 的区别是，数组 e 的最后一个元素是'0'而不是'\0'（'0' 的 ASCII 码是 48，'\0'的 ASCII 码是 0，这是两个完全不同的字符）。数组 e 中由于没有'\0' 元素，因此数组 e 也没有保存字符串，这个数组可以另作他用，但不能被当作字符串来用。数组 e 的情况也如图 8-28 所示。

（4）char f[9]={'B', 'M', 'W', ' ', '5', '3', '0', 'i'};

在定义数组 f 的[ ]内给定了元素个数为 9，而{ }中的初值只有 8 个，这属于初值不足，最后一个元素 f[8]被自动补了 0（'\0'），如图 8-28 所示。因此 f 也保存了字符串"BMW 530i"。

不明白为什么数组 c 没有'\0'，而数组 f 有'\0'吗？如果有 int 型数组的定义：

```
int c1[ ]={1, 2, 3, 4, 5, 6, 7, 8};
int f1[9]={1, 2, 3, 4, 5, 6, 7, 8};
```

则数组 c1 最后是否有一个值为 0 的元素呢？数组 f1 的最后是否有一个值为 0 的元素呢？char 型数组也是数组，与 int 型数组的规律都是一致的。

以上定义 char 型数组赋初值是一个一个地将字符串中的每个字符写出，十分麻烦！C 语言还允许通过如下方式给 char 型数组赋初值，这是当 char 型数组保存字符串时的特殊用法：

```
char d[]={"BMW 530i"};
```

省略{ }的语句如下：

```
char d[]="BMW 530i";
```

与以上②的写法是完全等效的。

窍门秘笈　这种以字符串常量（" "）为 char 型数组赋初值的方式，可以想象为一种"盖章"的过程。如上例 char d[ ]="BMW 530i"; 是先将"BMW 530i"做成"印章"，去盖一个"不知元素个数"的数组 d 这张"白纸"，如图 8-29 所示。盖出什么样子，数组 d 就是什么样子（元素个数、初值均与"印章"完全一致）。由于"BMW 530i"有'\0'（字符串末尾都有'\0'），所以刻好的印章就有'\0'，所以数组 d 中也有'\0'。

又如 char g[10]="iPhone"; 用"盖章法"为数组 g 赋初值的过程如图 8-30 所示。这次数组 g 是确定有 10 个元素的，即"白纸"g 是先被预先"打好了格"的（10 个格）。然而用 "iPhone"刻好的印章只有 7 个数据（含'\0'），属于白纸长、印章短。那么将从白纸的最左端开始盖章，因此只有前 7 个格子（g[0]~g[6]）能被盖上数据，后 3 个格子（g[7]~g[9]）没有被盖上，属于初值不足，将被系统自动补'\0'。这样数组 g 保存字符串"iPhone"。字符串没有占满数组 g 的 10 个空间，但在讨论字符串时将以第一个'\0'即 g[6]作为字符串的结束，g[7]~g[9]不会被考虑。

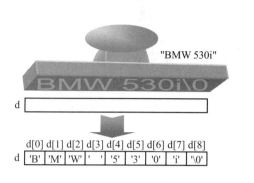

图 8-29　用"盖章法"为数组 d 赋初值

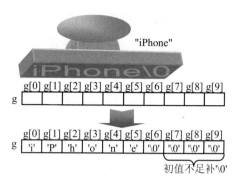

图 8-30　用"盖章法"为数组 g 赋初值

在这种写法中，注意要么省略[ ]内的数组元素个数，使元素个数由"印章"决定，要么一定让[ ]内的元素个数"充足"。如果[ ]内的个数少于字符串字符个数+1（'\0'），将导致"印章大、纸张小"，这属于初值过多，将导致错误。例如：

```
char r[6]="program";   /* 错误 */
```

印章"program"有 8 个字节（含'\0'），而数组 r 却只有 6 个空间，初值多、空间少所以错误。正确的写法是省略[ ]内的 6，元素个数将与印章大小一致。而要在[ ]内写个数，至少应写 8。另外注意这种用法只限于数组定义的同时赋初值，即必须在定义数组的同一语句中（前有 char）。不能在数组定义完成后，再通过语句单独为数组赋值为字符串。以下语句都是错误的：

```
d={"BMW 530i"}; /* 错误 */
d="BMW 530i";   /* 错误 */
```

【随讲随练 8.12】下面是有关 C 语言字符数组的描述，其中错误的是（　　　）。
A. 不可以用赋值语句给字符数组名赋字符串
B. 字符数组中的第一个'\0'元素就表示字符串的结束
C. 字符数组中的内容不一定是字符串
D. 字符数组只能存放字符串

【答案】D

2. 以 char *型指针变量保存字符串的首地址

无论如何，没有一个变量可以保存整个的一个字符串。但在 C 语言中，可以将字符串的首地址赋值给一个 char *类型的指针变量，在指针变量中保存字符串的首地址。

在学习这种用法之前，请牢记规定：一个" "引起来的字符串常量可被看做是表达式，表达式的值就是字符串常量的首地址。

下面给出几个例子，如下所示：

```
（1）char *ps="iPhone"; /* 定义时：指针变量定义时赋初值 */
```

将"iPhone"看做表达式,值为这个字符串的首地址。如假设"iPhone"被保存在地址1000开始的一段内存空间,如图8-31所示,则"iPhone"这个表达式的值就是地址1000。以上语句相当于char *ps=[1000];则不难理解其含义是定义一个指针变量ps同时为其赋初值1000。

```
(2) char *ps;
    ps="iPhone";      /* 使用时:通过赋值语句为指针变量赋值 */
```

在定义指针变量 ps 后,通过赋值语句为其赋值。仍将"iPhone"看做表达式,其值为"iPhone"这个字符串的首地址1000。将ps赋值为地址1000,效果与(1)相同,如图8-31所示。

脚下留心

类似以上(1)和(2)的写法特别容易将ps误认为是个"字符串变量",将以上语句误认为是为"字符串变量 ps 被赋值字符串"。一定要注意,并没有将"iPhone"整个字符串存入变量ps中,变量ps只保存了字符串的首地址。ps只占4个字节,是存不下一个字符串这么多的内容。ps是指针变量,不是"字符串变量"!

```
(3) char s[]="iPhone";
    char *ps;
    ps=s;   /* 使用时 */
```

先定义数组 s 并用"iPhone"初始化它(盖章法),s 包含 7 个元素(含'\0')。s 是一维数组的数组名,是"假想的指针变量",其值为数组 s 的首地址(参见 8.3.2.1 小节)。语句 ps=s;则相当于指针变量之间的赋值,将 s 中保存的数组首地址"誊一份"存到 ps 中,如图8-32所示。

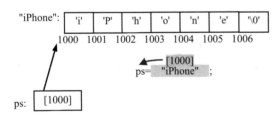

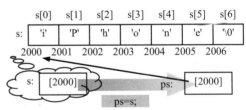

图 8-31　用 char *型指针变量保存字符串首地址　　图 8-32　用 char *型指针变量保存数组首地址

【小试牛刀 8.9】试判断下列程序段中的语句是否正确?

char c[ ]="BMW Z4";	正确
char *ps="BMW X5";	正确
c="BMW 530i";	错误
ps="BMW 530i";	正确

【分析】只有第 3 句是错误的,因为 c 是数组名,是"假想"指针变量,它的值不能改变。如假设"BMW 530i"的首地址是 3000,第 3 句相当于 c=[3000];试图为 c 赋值 3000,因而是错误的。注意第 3 句与第 4 句的区别,第 4 句相当于 ps=[3000];由于 ps 是有血有肉、货真价实的指针变量,它的值是可被改变的。再注意第 3 句与第 1 句的区别,第 1 句是在

定义数组时用字符串为数组赋初值的特殊用法（盖章法），这种用法只能挤到数组定义语句中才正确。

8.5.2　字符串的输出和输入

1. 字符串的输出

如何将一个字符串显示到屏幕上呢？除了逐个输出字符串的每个字符之外，还可以直接调用两个系统库函数，一次性地输出整个字符串。这两个函数列于表 8-2。

表 8-2　用于输出字符串的常用函数

函数	功能	是否自动换行
printf("%s"，一级地址);	从一级地址开始，逐个字符输出，直到遇到'\0'为止（'\0'不输出）	输出字符串后不会自动换行
puts(一级地址);		输出字符串后自动换行（即自动再输出一个'\n'）

使用表 8-2 中的两个函数，应包含头文件 stdio.h。在使用这两个函数输出字符串时，参数都是字符串的首地址（一级地址）。当在 printf 中用%s 即可输出字符串。但要注意的是，%s 是 printf 中的惟一一个特例。当在 printf 中用%s 时，后面要给出的是个"一级地址"，而不是普通数据。这与 printf 的其他%格式控制（如%d、%c、%f 等）后面应给出普通数据是不同的。

若有 int a=1; 要输出 a 的值，当然应写为 printf("%d",a); 而从来不会写为 printf("%d",&a); 因为 printf 中一般都要给出普通数据。但%s 却是唯一一个特例，%s 后要给出的是"一级地址"而不是普通数据。

在第 3 章我们学习的 printf 的口诀中，有"字串 s 要牢记"（3.3.1.2 小节）。但在第 3 章并没有学习其%s 的用法，因为只有在学习了指针之后，才能理解它。

如有字符变量 char ch; 一维数组 char a[10]; 二维数组 char b[5][10]; 则以下语句均错误：

```
printf("%s", ch); printf("%s", b); puts(ch); puts(b);
```

因为 ch 是普通变量（零级），b 是二级指针，都不是一级的。而以下语句均正确：

```
printf("%s", a); printf("%s", b[1]); puts(b[0]);
```

因为 a、b[1]、b[0]都是一级的，b[i]是二维数组第 i 行的首地址（参见 8.3.3.2 小节），第 2 句和第 3 句分别输出的是二维数组 b 中第 1 行的字符串和第 0 行的字符串。

在输出变量 ch 的值或输出数组的一个元素时，不要忘记应使用%c 输出单个字符。

```
printf("%c", ch);        /* 不要写为&ch，%c 不要写地址 */
printf("%c", a[1]);      /* 不要写为&a[1]，%c 不要写地址 */
printf("%c", b[2][3]);   /* 不要写为&b[2][3]，%c 不要写地址 */
```

【程序例 8.12】 输出字符串。

```
#include <stdio.h>
main()
{   char s[]="iPhone";
    char *ps;
    ps=s;
    printf("%s\n", s);        /* 或 puts(s); */
    printf("%s\n", ps);       /* 或 puts(ps); */
    printf("%s\n", s+1);      /* 或 puts(s+1); */
    printf("%s\n", &s[2]);    /* 或 puts(&s[2]); */
    ps=ps+2;
    printf("%s\n", ps+3);     /* 或 puts(ps+3); */
    printf("%c\n", s[0]);     /* 输出单个字符不能用 puts */
    printf("%c\n", ps[2]);    /* 输出单个字符不能用 puts */
}
```

程序的输出结果为：

```
iPhone
iPhone
Phone
hone
e
i
n
```

程序中用 printf 的%s 输出字符串，其后均要给出一级地址。其中可以是一维数组的数组名 s，也可以是一个指针变量 ps，或用一个数组元素的地址代表如&s[2]。printf 都会从这个地址开始逐个输出字符，一直到'\0'为止。中间 3 句%s 后的“地址”不是"iPhone"字符串的首地址，而是中间某个字符的地址，因此将从字符串中间开始输出，输出了"iPhone"的后半部分。

最后两句 printf 是%c 而不是%s，这两句并没有输出字符串，而仅输出一个单个字符，因此后面要给出一个数组元素如 s[0]、ps[2]等，而不要再写地址了。

puts 与 printf 的%s 的功能基本一致，不同之处在于用 puts 输出字符串时，最后会自动换行，而 printf 的%s 则不会。用 puts 时，不写\n 就可自动换行；而用 printf 时，必须人工写出\n 才能达到换行的效果。如用 puts 也可以完成以上程序的部分功能，其用法见程序中的注释。

```
puts(x); ⇔ printf("%s\n", x);
```

 小游戏　请上机运行下面的程序，你会得到什么样的输出结果呢？

```
#include <stdio.h>
main()
{   char a[4]={'a', 'b', 'c', 'd'};
    printf("%s\n", a);
}
```

在笔者的机器上运行，得到的输出结果是：

abcd 烫烫烫烫☺

"烫"是什么意思？为什么还有"笑脸"呢？

数组 a 有 4 个元素，但没有一个'\0'。printf("%s\n", a);是从数组的首地址开始逐个输出其中的字符，直到输出完'd'还没有遇到'\0'所以仍然会继续下去，而内存中'd'后面的内容就不得而知了，它不是我们程序的内容，因此继续就会输出乱码。乱码的内容是随机的，因为要看'd'后面的内存是什么。在笔者的机器上是"烫"和"笑脸"，"笑脸"之后也许恰好碰到个'\0'而终止了输出。在不同的机器上运行，或不同时刻运行程序，可能就是其他内容，什么时候能碰到'\0'也不一定，所以乱码的长度也不得而知。这就是字符串中没有'\0'的后果！它失去了结束标志，将会一直下去。我们在实际编程时，一定不要编写这样的程序。

2. 字符串的输入

如何通过键盘输入一个字符串，存入程序中的一个数组中保存呢？在 C 语言中，也可以调用两个系统库函数，列于表 8-3。

表 8-3　用于输入字符串的常用函数

函数	功能	是否能读空格或 Tab 符
scanf("%s", 一级地址);	读入从键盘键入的一个字符串（最后要键入回车表示结束，但不键入'\0'），存入"一级地址"开始的一段内存空间（回车符不存入），并自动在最后添加'\0'	遇空格或 Tab 结束，即只能读入空格或 Tab 之前的部分（不读空格或 Tab 本身）
gets(一级地址);		空格或 Tab 也能被一起读入并不中断，gets 只会遇到回车才结束读入

使用这两个函数，应包含头文件 stdio.h。这两个函数的参数也都是一级地址，它表示所输入的字符串要被"存到哪"，一般给出一个 char 型数组的首地址就可以了。

在第 3 章我们学习的"scanf，键盘输入，后为地址，不能输出。"（3.3.2.3小节），说明 scanf 后面永远是"地址"，这是永恒不变的，对用%s 输入的字符串也不例外。

如有字符变量 char ch; 一维数组 char a[10]; 二维数组 char b[5][10]; 则以下语句均错误：

```
scanf("%s", ch); scanf("%s", b); gets(ch); gets(b);
```

因为 ch 是普通变量（零级），b 是二级指针都不是一级的。而以下语句均正确：

```
scanf("%s", a); scanf("%s", b[1]); gets(b[0]);
```

因为 a、b[1]、b[0]都是一级的，b[i]是二维数组第 i 行的首地址（参见 8.3.3.2 小节）。注意不要写为&a、&b[1]、&b[0]，因为 a、b[1]、b[0]已经是一级地址，不要再加&。

而要为变量 ch 输入一个字符，或为数组的一个元素输入一个字符时，应使用%c。

```
scanf("%c", &ch);        /* 不要写为 ch, ch 不是地址 */
scanf("%c", &a[1]);      /* 不要写为 a[1], a[1]不是地址 */
scanf("%c", &b[2][3]);   /* 不要写为 b[2][3], b[2][3]不是地址*/
```

觉得有些复杂吗？用 8.3.5 小节介绍的"一眼看级"的方法，可以轻松搞定！判断各种写法的"级"，看到哪个是一级的就对，不是一级的就错！例如 ch、a[1]、b[2][3]都是零级，b 是二级，&b[1]也是二级，而&ch、a、b[1]、&a[1]、&b[2][3]都是一级。

注意 scanf 和 gets 的区别是：scanf 不能读入空格或 Tab，而 gets 函数可以。

【程序例 8.13】 输入字符串。

```
#include <stdio.h>
main()
{   char s[100];
    printf("请输入您所使用的手机名称: ");
    scanf("%s", s); /* 或写为 &s[0], 但不要写为 &s */
    printf("您使用%s 的手机\n", s);
}
```

程序的运行结果为：

```
请输入您所使用的手机名称: iPhone 5S↓
您使用 iPhone 的手机
```

　　程序中定义了一个包含 100 个元素的足够大的数组 s，用于保存用户输入的手机名称字符串。程序运行后，用户输入的字符串是 iPhone 5S，然而却只输出了 iPhone，这是因为 scanf 不能读入含空格的字符串，它只能读入空格之前的部分。被保存到数组 s 中的字符串是"iPhone"，而不是"iPhone 5S"（字符串并没有占满数组 s 的 100 个空间，'e'的下一个元素是'\0'）。

　　如果把程序中的语句 scanf("%s", s); 改为 gets(s); 则程序运行结果为：

```
请输入您所使用的手机名称: iPhone 5S↓
您使用 iPhone 5S 的手机
```

说明 gets 函数可读入包含空格的字符串。

【随讲随练 8.13】 程序如下所示：

```
#include <stdio.h>
main()
{   char a[30], b[30];
    scanf("%s", a);
    gets(b);
    printf("%s\n%s\n", a, b);
}
```

程序运行时若输入 how are you? I am fine ↓ ，则输出结果是（　　　）。

A.　how are you?　　　　　　　　B.　how
　　I am fine　　　　　　　　　　　　are you? I am fine
C.　how are you? I am fine　　　　D.　how are you?

【答案】B

【分析】how 后输入了一个空格，scanf 只能读入 how 之前的部分，数组 a 中的字符串为"how"。剩余的"空格+are you? I am fine"被存入缓冲区。在执行 gets(b);时从缓冲区中读取。gets 不受空格影响，将读取缓冲区中的全部内容，数组 b 中的字符串为"空格 are you? I am fine"。

8.5.3　字符串处理技术

1. 字符计数和字符转换

字符串是由一个个字符组成的，对字符串的处理就是要对这些字符进行处理。字符串一般要保存在 char 型数组中，可逐一访问和处理每个数组元素，一直遇到字符串结束标志 '\0'的元素为止（'\0'元素本身不必参与处理）。

窍门秘笈　以数组处理字符串的编程套路是（设字符串已保存在 char 型数组 s 中）：

```
for (i=0; s[i]!='\0'; i++)  /* 也可写为 for (i=0; s[i]; i++) */
    用 s[i] 处理每个字符;
```

s[i]!='\0'就是 s[i]!=0，由于非 0 值本身就表示"真"，s[i]!=0 也可直接写为 s[i]，二者是等效的。其中"用 s[i]处理每个字符;"依题意而定，写出应对一个字符 s[i]处理的程序即可。

【程序例 8.14】统计字符串所包含的字符个数（即字符串的长度）。

```
#include <stdio.h>
main()
{   char str[20]="iPhone 5S";
    int i, count=0;
    for (i=0; str[i]!='\0'; i++)
        count++;
    printf("字符串的长度为: %d", count);
}
```

程序的输出结果是：

```
字符串的长度为: 9
```

以数组处理字符串的编程套路，可以很容易地写出这个程序。其中"用 s[i]处理每个字符;"仅是计数，并不需要具体处理 s[i]，看到一个 s[i]就让 count 加一个就可以了。

这里 count 和 i 的值实际是始终相等的，因此也可省略变量 count，最后输出 i 的值。

【小试牛刀 8.10】如果要统计字符串所包含的小写字母的个数，你能写出对应的程序吗？

答案：只需为 count++;增加小写字母的判断条件，使 count++;有条件地执行即可。如下所示：

```
int i, count=0;
for (i=0; str[i]!='\0'; i++)
    if (str[i]>='a' && str[i]<='z') count++;
printf("字符串所包含的小写字母个数为: %d", count);
```

输出结果为 5，表示有 5 个小写字母。注意在该问题中不能省略变量 count 了，因为 count 和 i 的值并不始终相同。i 负责扫描每个字符，count 负责真正的计数。

 窍门秘笈　请读者牢记:

判断一个字符 x 是否为大写字母（'A'~'Z'）的方法是: x>='A' && x<='Z'

判断一个字符 x 是否为小写字母（'a'~'z'）的方法是: x>='a' && x<='z'

判断一个字符 x 是否为数字字符（'0'~'9'）的方法是: x>='0' && x<='9'

【随讲随练 8.14】 程序如下所示:

```
#include <stdio.h>
main()
{   char s[ ]="012xy";
    int i,n=0;
    for(i=0;s[i]!=0;i++)
        if (s[i]>='0' && s[i]<='9') n++;
    printf("%d\n",n);
}
```

程序运行后的输出结果是（　　）。

A. 0　　　　　　　B. 3　　　　　　　C. 7　　　　　　D. 8

【答案】 B

【分析】 本题显然是按照数组处理字符串的编程套路编写的程序，条件 s[i]>='0'&&s[i]<='9'是判断 s[i]是否是一个数字字符，程序是统计字符串 s 中的数字字符个数。

除了通过数组处理字符串的方式外，还可以通过指针处理。一个 char *型的指针变量可以指向字符串中的一个字符，通过"指针变量++;"可使其指向下一字符，这样使指针变量依次指向字符串中的每一个字符，指向一个处理一个，一直到指向'\0'结束。

 窍门秘笈　以指针处理字符串的编程套路如下所示（设已定义 char *p ）:

```
p=字符串首地址;        /* 即 p 指向字符串的第一个字符 */
while (*p! ='\0')      /* 也可写为 while (*p) 因为非 0 值本身已表示真 */
{
    用*p 处理每个字符;
    p++;               /* 使 p 指向字符串的下一个字符 */
}
```

其中"用*p 处理每个字符;"依题意而定，写出应对一个字符处理的程序即可（字符是*p）。

例如统计小写字母个数的程序也可通过指针实现，如下所示:

```
    char *p;
    p=str;   /* 将 p 赋值为字符串首地址，即指向第一个字符 */
    while (*p)
    {   if (*p>='a' && *p<='z') count++;
        p++;
    }
```

【程序例 8.15】统计一行字符串中包含的英文单词个数，规定各单词之间用空格隔开（间隔的空格可能含有连续的 1 到多个）。

```
#include <stdio.h>
main()
{   char str[80], *p=str;
    int n=0, flag=0;
    printf("请输入一行字符串: \n"); gets(p);
    while (*p)
    {   if (*p==' ')
            flag=0; /* 遇到空格，则设置标志 flag=0 */
        else    /* 遇到非空格，则仅在标志 flag 为 0 时才计数单词 */
        {   if (flag==0) n++;
            flag=1; /* 遇到非空格，则设置标志 flag=1 */
        }
        p++;
    }
    printf("单词的个数是: %d\n", n);
}
```

程序的运行结果为：

```
请输入一行字符串:
This is a C   language   program↓
单词的个数是: 6
```

本例按照指针处理字符串的编程套路，可以先把 while (*p) {…… p++;}这个框架写出来，然后考虑如何处理其中的每个字符*p。

单词之间由空格隔开，要统计单词个数就是要看一看*p 是不是空格（' '）。但由于单词之间可能含有多个空格，显然遇到 1 个空格就计数 1 个单词是不合适的。那么应该在什么情况下计数呢？以所输入的字符串为例，应在每个单词的第一个字母即 T、i、a、C、l、p 处分别计数 1 次，得 6 个单词。也就是说，应在上一字符是空格的、一个非空格字符处计数，且第一个字母 T 也要计数。为表示"上一字符是不是空格"，程序中设置了一个标志变量 flag。当 flag 为 0 时，表示上一字符是空格；当 flag 为 1 时表示上一字符非空格。综上所述，对*p 的处理如下所示：

❑ 当*p 为空格时，不计数，仅将 flag 设置为 0。

❑ 当*p 为非空格时，看一看"上一字符是不是空格"（即看一看 flag 是否为 0），是则计数；并无论如何都将 flag 设置为 1，因为现在的*p 不是空格，要更新标志。

为了使第一个 T 也要计数，将 flag 的初值设为 0 就可以了(假设 T 的前一字符是空格)。

以上介绍了字符串中字符计数的编程方法：按照套路编程，仅考虑应对每个字符的处理就可以了。数组方式时每个字符是 s[i]，指针方式时是*p。

对于字符转换，也可使用同样的编程套路。我们在第 2 章曾学习过如何将一个字母字

符进行大小写的转换：大写字母字符+32 可得到对应的小写字母字符，小写字母 − 32 可得
到对应的大写字母。例如'A'+32 可得到'a'，'b'-32 可得到'B'。如要将一个字符串中的所有字
母进行大小写转换，显然还是按照编程套路，将每个字符逐一转换。

【程序例 8.16】将数组 s 保存的一个字符串中所有的大写字母都转换为小写。

【分析】按照数组处理字符串的编程套路，不难写出以下程序：

```
for (i=0; s[i]!='\0'; i++)
    s[i] = s[i] + 32;
```

然而要注意的是，字符串中的字符不一定全是大写字母，如"BMW 530i"中就有空格、
数字 5、3 及小写字母 i 等。如果对字符串中的所有字符统一"+32"，就会发生错误。因此，
语句 s[i]=s[i]+32;应有条件地执行，即当 s[i]是大写字母的时候，再执行以下语句：

```
#include <stdio.h>
main()
{   char s[80]; int i;
    printf("请输入一个字符串: "); gets(s);
    for (i=0; s[i]!='\0'; i++)
        if (s[i]>='A' && s[i]<='Z') s[i] = s[i] + 32;
    printf("将大写字母变为小写, 新字符串是: %s\n", s);
}
```

程序的运行结果是：

```
请输入一个字符串: BMW 530i↓
将大写字母变为小写, 新字符串是: bmw 530i
```

用 gets 函数由用户输入字符串（gets 可以读入含空格的字符串），然后将其中的大写
字母转换为小写。输入任意字符串程序都能将其中的大写字母转换为小写，而其他字符
不变。

【随讲随练 8.15】请编写一个函数 fun，其原型如下所示：

```
void fun(char *ss);
```

其功能是将形参 ss 所指字符串中的所有下标为奇数位置上的小写字母转换为大写（若
该位置不是小写字母，则不转换，偶数位置上的字母也不转换），字符串中第一个字符的下
标为 0（偶数）。例如，若 ss 所指字符串是"abc4EFg"，则转换后的字符串应为"aBc4EFg"。

【分析】本题是通过函数处理字符串，函数形参为 char *ss，这样可以向函数传递一个
char 型的一维数组的首地址。在函数中可以将 ss 当做数组名用，直接对 ss[i]进行操作，就
是对这个一维数组进行操作（如读者对此概念尚为陌生，请复习 8.4.2 小节的内容）。例如
若 main 函数中用数组 char str[80];保存了一个字符串，则可调用 fun(str);处理字符串。

```
void fun(char *ss)
{   int i;
    for (i=0; ss[i]!='\0'; i++)
        if (i % 2==1 && ss[i]>='a' && ss[i]<='z') ss[i] -= 32;
}
```

【随讲随练 8.16】有以下程序。

```
#include <stdio.h>
```

```
void fun(char *c)
{   while (*c)
    {   if(*c>='a'&&*c<='z')  *c=*c-('a'-'A');
        c++;
    }
}
main()
{ char s[81]; gets(s);  fun(s);  puts(s); }
```

当执行程序时从键盘上输入 Hello Beijing↓，则程序的输出结果是（　　　）。

A．hello beijing　　　　　　　　B．Hello Beijing
C．HELLO BEIJING　　　　　　　D．hELLO Beijing

【答案】C

　　【分析】本题也是通过函数处理字符串，向函数传递一维数组的首地址。在调用 fun(s);
进行参数传递时，c 已被赋值为字符串 s 的首地址。函数 fun 中的语句则是以指针处理字符
串的编程套路，对每个字符*c 的处理是 if(*c 为小写字母)则执行*c=*c-('a'-'A');　即*c=*c-32;
不难看出 fun 的功能是将 c 所指字符串中的所有小写字母转换为大写。

　　【随讲随练 8.17】请编写一个函数 fun，其原型如下所示：

```
long ctod(char *s);
```

　　其功能是形参 s 所指字符串由数字字符组成，将该字符串转换为对应面值相等的整数，
作为函数值返回。例如，若 s 所指字符串为"32486"，则函数应返回整数 32486。

　　【分析】注意字符串"32486"与整数 32486 是不同的，前者占 6 个字节（含'\0'），是字符
串，后者占 4 个字节，是一个整数。显然作为整数才能进行数学运算，如 32486+12345 可
得 44831，而"32486"+"12345"是两个地址相加，毫无意义。

　　如何将前者字符串转换为后者对应面值的整数呢？应将字符串的每个字符分别转换
为整数的各位，可按照字符串处理的编程套路逐个字符转换。我们在第 2 章学习过，单个
的一个数字字符转换为对应面值整数的方法是数字字符-'0'（或数字字符-48，参见第 2 章
2.2.3.2 小节）。

```
long ctod(char *s)
{   long d = 0;
    while (*s)
    {   if ( *s>='0' && *s<='9' ) d = d*10 + *s-'0';
        s++;
    }
    return d;
}
main()
{
    char str1[10]="32486", str2[10]="12345";
    printf("str1 转换整数为%d; str2 转换整数为%d; 两数之和为%d\n",
        ctod(str1), ctod(str2), ctod(str1)+ctod(str2));
}
```

高手进阶　直接调用 C 语言提供的系统库函数来将字符串转换为对应面值的数值。

atoi 函数：将字符串转换为对应面值的整数。例如 atoi("12345")将返回整数 12345；atoi("-67890")将返回整数-67890。

atof 函数：将字符串转换为对应面值的浮点数（double 型）。例如 atof("98.76")将返回 double 型的浮点数 98.76。

调用 atoi 和 atof 函数，应包含头文件 stdlib.h。

小游戏　编程对字符串进行加密。看看加密后的字符串能被别人轻易看穿吗？

加密的方式是对每个字符，转换为它的 ASCII 码+3 后的字符。用数组处理字符串的编程套路可编程如下：

```
#include <stdio.h>
main()
{   char s[80]; int i;
    printf("请输入原文字符串: "); gets(s);
    for (i=0; s[i]; i++) s[i]=s[i]+3;
    printf("加密后的字符串为: "); puts(s);
}
```

程序的运行结果为：

```
请输入原文字符串: I love you!↓
加密后的字符串为: L#oryh#|rx$
```

2. 字符串中字符的定位与字符串的连接

字符串以'\0'作为结束标志，找到'\0'的位置是很多字符串处理的关键。在用指针处理字符串时，如何能找到'\0'的位置呢？

窍门秘笈　让一个 char *型的指针变量 p 指向字符串末尾'\0'的方法如下所示：

先使 p 指向字符串的第一个字符（即将 p 赋值为字符串的首地址），然后执行以下程序段：

```
while(*p) p++;
```

【程序例 8.17】 将字符串 t 连接到字符串 s 的末尾，连接后的内容仍存入 s。

```
#include <stdio.h>
main()
{   char s[20]="iPhone", t[ ]=" 5S";
    char *ps=s, *pt=t;   /* 指针变量分别指向两字符串的第一个字符 */
    while (*ps)  ps++;   /* 使 ps 指向 s 的'\0'，即连接位置 */
    while (*pt)          /* 从连接位置开始逐个拷贝 t 的字符 */
    { *ps=*pt; ps++; pt++; }
    *ps='\0';            /* 结束连接后的字符串 s */
    printf("连接后的字符串是: %s\n", s);
}
```

程序的输出结果是：

连接后的字符串是：iPhone 5S

（1）要连接字符串首先是找到连接位置，即 s 中的'\0'。这是我们刚刚介绍的技巧。

```
while (*ps)  ps++;
```

（2）从这个位置开始，将 t 中的字符逐个复制，t 的第一个字符' '将覆盖 s 这个位置的'\0'，如图 8-33。复制时需两个指针，ps 指向 s 中要复制的位置，pt 指向 t 中要复制的一个字符。ps、pt 同时向后移动，直到 pt 遇到'\0'为止。

```
*ps=*pt;
```

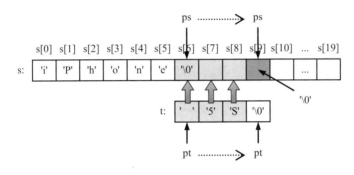

图 8-33　字符串的连接

以上语句就是将 pt 所指向的字符赋值给 ps 所指向的空间。

（3）但最终并没有把字符串 t 末尾的'\0'也复制过来，因此还需为连接后的 s 设定字符串结束标志'\0'。而此时 ps 恰好指向在 s 中应该设定'\0'的位置，因此只要执行以下语句：

```
*ps='\0';
```

另外还需注意的是，s 数组要有足够大的空间，以容纳连接 t 后的所有内容。

【小试牛刀 8.11】将以上程序的中间部分改写为下面的形式可以吗？

```
while (*ps)  ps++;   /* 使ps指向 s 的'\0'，即连接位置 */
while (*ps=*pt)      /* 从连接位置开始逐个拷贝 t 的字符 */
{ ps++; pt++; }
```

答案：可以。*ps=*pt 是赋值表达式，表达式的值为*pt 的值，将以表达式的值是否非 0 来决定是否继续执行循环体。这个表达式同时起到了两个作用：（1）将*pt 赋值到*ps 中。（2）判断*pt 是否非 0 决定是否继续。while (*ps=*pt)实际还可写为 while ((*ps=*pt) !='\0')，作用完全相同，只不过前者更简洁。要注意的是，当 pt 指向'\0'时，*pt 为 0，此时应该结束 while 循环了，但也会在先将*pt 赋值到*ps 中后，才发现*pt 为 0 结束 while 循环。因此这种写法会将 t 数组最后的'\0'一同复制到 s 中，这样最后不必再为 s 手工添加'\0'即不必再执行*ps='\0';了。

【小试牛刀 8.12】如果要将 t 中的内容复制到 s 中，覆盖 s 先前的内容该如何做呢？

答案：程序类似，只要不做第（1）步寻找'\0'的操作就可以了。即删除以上程序中的语句 while (*ps) ps++;其余程序不变。这样 s 将从第一个字符位置逐个被复制 t 的字符，最终 s 与 t 的内容相同，s 最终的内容也为" 5S"。

窍门秘笈 让一个 char *型的指针变量 p 指向字符串的最后一个字符的方法如下所示：

字符串的最后一个字符，也就是'\0'的前一个字符。只要先使 p 指向'\0'，再向回移动一个位置（p--;）就可以了。先使 p 指向字符串的第一个字符（字符串首地址），然后执行以下程序段：

```
while(*p) p++;  /* 先指向 '\0' */
p--;    /* 再回指一个字符，就指向了字符串的最后一个字符 */
```

高手进阶 当 p 指向字符串的第一个字符时，若执行以下语句：

```
while (*p++);
```

以上语句表示使 p 指向字符串'\0'的下一个字符，这样 p 就"越界"了。但我们可以在循环结束后，马上执行一次 p--;，就可让 p 指回'\0'的位置。因此指向字符串末尾'\0'的又一种方法是：

```
while (*p++); p--;
```

注意循环体是空语句（;）并不是 p--;。p--;只会在循环结束后仅执行一次。要使 p 指向字符串的最后一个字符的程序还可以是以下语句。

```
while (*p++); p--; p--;
```

【程序例 8.18】判断一个字符串是否为"回文"。"回文"是指正读和倒读都一样的字符串，例如，字符串 LEVEL 是回文，而字符串 123312 就不是回文。

【分析】正读和倒读都一样，就是说第 1 个和最后 1 个字符相同、第 2 个和倒数第 2 个字符相同、第 3 个和倒数第 3 个字符相同……因此这个问题实际与我们学习过的逆置数组元素属同一个问题（参见本章 8.3.1.3 小节程序例 8.3）。只不过在本例中，不是"逆置数组元素"，而是仅比较一下"逆置时应交换"的两个元素是否相同。另外还要注意的是，由于字符串长度不一定，字符串的"最后一个字符"不一定是下标为 N-1 的元素，而需用上面的技巧来定位。

```
#define N 80
main()
{   char s[N];
    char *p, *q;/* 分别指向正读的一个字符、倒读的一个字符 */
    printf("本程序判断字符串是否是回文，请输入一个字符串：\n"); gets(s);

    p=s; q=s;       /* 使 p 指向字符串的第一个字符，准备 q 的操作 */
    while(*q) q++;
    q--;            /* 使 q 指向字符串的最后一个字符 */

    while (p < q)
    {   if (*p != *q) break;
        p++; q--;
```

```
    }
    if (p >= q) printf("是回文! \n"); else printf("不是回文!\n");
}
```

程序的运行结果为:

```
本程序判断字符串是否是回文, 请输入一个字符串:
LEVEL↓
是回文!
```

与逆置数组的程序例 8.3 类似, 设两个指针变量 p、q, 一个从前向后移动, 一个从后向前移动, 直到 p、q 相遇或 p 越过 q 为止 (p>=q)。中间的操作是比较 p、q 所指的两个字符是否相同, 如发现有一个不同, 则必不是回文, 后面的也不需要再比, 立即用 break 跳出 while。

与判断素数的方法类似 (参见第 5 章程序例 5.13), break 使跳出 while 有两种途径: (1) p<q 不成立时 (即 p>=q); (2) 执行了 break 语句 (此时 p<q 必成立)。显然第 (1) 种途径表示 "坚持到底", 说明是回文; 第 (2) 种途径中途被截, 表示非回文。在 while 的下一条语句通过 if 分支判断, if 的条件恰好是 while 表达式的相反条件 (p<q 的相反条件是 p>=q), 如果这个条件成立, 就表示是第(1)种途径; 否则 (else) 就是第 (2) 种途径。

【小试牛刀 8.13】试写出反转字符串的程序, 例如将字符串"abcde"反转后为"edcba"。

```
char *p, *q, t;         /* 正序字符指针、倒序字符指针、临时变量 */
p=s; q=s;               /* 使 p 指向字符串的第一个字符, 准备 q 的操作 */
while(*q) q++;
q--;                    /* 使 q 指向字符串的最后一个字符 */
while (p < q)
{  t=*p; *p=*q; *q=t;   /* 对调 *p、*q */
   p++; q--;
}
```

我们已经学习了让指针变量指向字符串中的'\0'和最后一个字符的方法。该方法还可以扩展为让指针变量指向字符串中 "符合条件" 的中间任意一个字符的方法。

窍门秘笈　让一个 char *型指针变量 p 指向字符串中 "符合条件" 的中间任意一个字符的方法是: 先使 p 指向字符串的第一个字符 (字符串首地址), 然后执行以下程序段:

```
while(*p 这个字符不符合条件) p++;
跳出循环后, 按需可能再执行 p--;
```

【小试牛刀 8.14】设有 char *p; 且 p 已指向字符串"****A*BC*DEF*G"的第一个字符:
(1) 请写出使 p 指向其中第一个非*字符 (即字符 A) 的语句: while (*p == '*') p++;
(2) 请写出使 p 指向前导*中最后一个*号的语句: while (*p == '*') p++; p--;
(3) 请写出使 p 指向字符串中第一次出现的字符 C 的语句: while (*p != 'C') p++;

【随讲随练 8.18】有以下程序。

```
#include<stdio.h>
```

```
void  fun( char *a, char *b)
{   while (*a=='*') a++;
    while(*b=*a) { b++; a++; }
}
main()
{   char *s="*****a*b****", t[80];
    fun (s , t); puts(t);
}
```

程序的运行结果是（   ）。

A. a*b****　　　B. ab　　　C. *****a*b　　　D. a*b

【答案】A

【分析】本例向函数传递两个字符串的首地址 s、t 分别给形参 a、b。函数 fun 中的第一个 while 语句显然是移动 a 指针使它指向字符串 s 中的第一个不是 * 的字符即字符 a。fun 中的第二个 while 语句是小试牛刀 8.11 中介绍的字符串复制，从 a 现在的位置开始逐个将 a 中的字符复制到 b 中，而且 a 最后的'\0'也将一同复制。因此 b 的内容应该得到"a*b****"。

本题实际是删除字符串 s 的前导*号，这一删除问题可转化为"复制"问题。除了前导*号外，将其他内容复制给 b 就可以了。

3. 字符串的截断

我们再考虑这样一个问题，如有指针变量 pstr 已指向一个字符串，如下所示：

```
char *pstr="iPhone 5S";
```

如何截断这个字符串，只保留前 6 个字符即变为"iPhone"呢？由于'\0'表示字符串的结束，只要将第 7 个字符（原来空格的位置）设为'\0'就可以了。

```
*(pstr+6)='\0';
```

第 7 个字符的地址是 pstr+6。原来为空格，现需改为'\0'，如图 8-34 所示。之后的内容（'5'、'S'、'\0'）虽仍存在但并不影响，因为作为字符串在前面的新'\0'处已经结束。

【程序例 8.19】删除字符串 str 尾部的若干个*号（字符串首部和中间的*号不删除）。

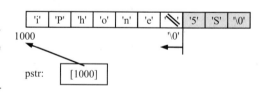

图 8-34　字符串的截断

```
#include <stdio.h>
fun(char *s)
{   while (*s!='\0') s++;     /* 找到字符串结束符'\0'的位置 */
    s--;                      /* 找到字符串的最后一个字符位置 */
    while (*s == '*') s--;    /* 找到尾部*的前一个字符（即'!'）位置 */
    s++;                      /* 找到尾部的第一个*号位置 */
    *s='\0';                  /* 截断字符串 */
}
main()
```

```
{    char str[20]="**I*Love*You!****";
     fun(str);
     printf("删除末尾*号后的字符串为：%s\n", str);
}
```

程序的输出结果是：

删除末尾*号后的字符串为：**I*Love*You!

删除字符串的尾部*号，本质是个"截断"问题，就是要在尾部一串*号的第一个*号处设置'\0'截断字符串。因此只要找到这一位置让 s 指向它，再执行*s='\0';则大功告成。在函数 fun 中，参数 s 已指向字符串的起始位置，用 s 先找到字符串的最后一个字符位置，再从此处开始向前移动到第一个非*号字符（!），则它的下一个位置就是要截断的位置。

在本例程序中，指针变量 s 被"来回移动"。先从第一个字符向后移动到 '\0'，再向前移动一个位置到字符串的最后一个字符，再向前移动一直到 ! 的位置，又向后移动一个位置到尾部*串的第一个*。这是 C 程序中用指针处理字符串的常用技巧，可以形象地将之看做"指针游走"。

4. 字符串中字符的删除和复制

字符串保存在数组中，很多对字符串的处理实际就是对数组的处理。在字符串中删除一部分字符的问题，就是我们在第 6 章曾介绍过的数组多元素删除的问题（参见 6.1.3.2 小节）。因此字符串中字符删除的编程套路本质上就是数组多元素删除的编程套路。

窍门秘笈 字符串中字符删除的编程套路如下所示（设字符串已保存在 char 型数组 s 中）：

```
j=0;
for (i=0; s[i]!='\0'; i++)  /* 也可写为 for (i=0; s[i]; i++) */
        if (要保留字符 s[i]) s[j++]=s[i];
s[j]='\0';
```

要注意的是，字符串的尾部必须有'\0'表示字符串的结束。在删除字符后，字符串的长度会变化，'\0'的位置也要跟随变化，因此一般最后都要执行 s[j]='\0'; 以设置新的结束位置。

这是删除字符后，将新字符串存回原数组中的套路。如需将删除后的新字符串存到另一数组中（原数组不变），例如要存到另一数组 t 中，只需将 s[j++]=s[i];改为 t[j++]=s[i];且最后执行 t[j]='\0';。当结果存入另一数组，并且当所有字符都保留时，实际就是字符串的复制。

【程序例 8.20】删除字符串 str 中的所有空格（包括首尾空格及中间空格）。

```
#include <stdio.h>
fun(char *s)
{   int i, j;
    j=0;
    for (i=0; s[i]; i++)
        if (s[i]!=' ') s[j++]=s[i];
```

```
        s[j]='\0';
}
main()
{   char str[20]="  I Love You!   ";
    fun(str);
    printf("%s\n", str);
}
```

程序的输出结果是：

```
ILoveYou!
```

本例也是通过函数处理字符串，向函数传递一维数组的首地址。在函数 fun 中，将形参 s 当做数组名直接对 s[i]进行操作就可以了（参见 8.4.2 小节）。程序可以完全按照套路编写。注意 if 条件是"保留"的条件，而不是删除的条件，不要写为 if (s[i]==' ')。

高手进阶

以上介绍的字符删除的编程套路是基于数组的，也可以用指针处理，如下所示：

```
char *p=s;                      /* p 相当于 j 的角色 */
while (*s)                      /* s 相当于 i 的角色 */
{   if (*s!=' ') *p++=*s;       /* 相当于 s[j++]=s[i]; */
    s++;
}
*p='\0';
```

【随讲随练 8.19】请编写一个函数 fun，其原型如下：

```
void fun(char *ss);
```

其功能是将形参 ss 所指字符串中所有下标为偶数且 ASCII 值为奇数的字符删除，字符串中第一个字符的下标为 0（偶数）。例如字符串"ABCDEFG12345"，删除后应为"BDF12345"。

```
void fun(char *ss)
{   int i, j;
    j=0;
    for (i=0; ss[i]; i++)
        if (! (i%2==0 && ss[i]%2==1)) ss[j++]=ss[i];
    ss[j]='\0';
}
```

【随讲随练 8.20】请编程将数组 s 中保存的字符串的所有数字字符按顺序提出，组成新字符串存入数组 t 中。例如，若 s 为"asd123fgh5##43df"，则处理后 t 应为"123543"。

【分析】本题看上去虽然比较复杂，但仍是一个"字符删除"的问题。可以看做：将 s 中所有"非数字"字符删除，结果存到数组 t 中，按照编程套路可以很容易地写出程序。

```
main()
{   char s[20]="asd123fgh5##43df", t[20];
    int i, j;
    j=0;
    for (i=0; s[i]; i++)
        if (s[i]>='0' && s[i]<='9') t[j++]=s[i];
    t[j]='\0';
```

```
    printf("%s\n", t);
}
```

【随讲随练 8.21】 编程将字符串 s 中除前导和尾部的*号外，其他*号全部删除。例如字符串"****A*BC*DEF*G********"，删除后的字符串应当是"****ABCDEFG********"。

【分析】 字符要被删除的条件是：s[i]位于中间部分且 s[i]是'*'。"s[i]位于中间部分"应该怎样表示呢？"中间部分"是字符 A 到 G 的部分，应首先用两个指针变量分别指向这两个位置（按照前面 8.5.3.2 介绍的字符定位的方法）。如果有指针变量 h、p 已分别指向了字符 A 和字符 G，则字符 A 在数组中的下标就是 h-s，字符 G 在数组中的下标就是 p-s（参见 8.3.1.2 小节数组元素的地址转换为下标的方法），那么字符要被删除的条件如下所示：

```
    i>=h-s && i<=p-s && s[i]=='*'
```

在字符删除的编程套路中，if 条件应写"保留"的条件，即以上条件的相反条件，将以上条件用( )括起后再取非（!）即可。

```
main()
{   char s[81]="****A*BC*DEF*G********";
    char *h, *p;  int i, j;

    h=s; p=s;
    while (*h=='*') h++;      /* 使 h 指向第一个不是*的字符即 A */
    while (*p) p++;  p--;     /* 使 p 指向最后一个字符（最后的*） */
    while (*p=='*') p--;      /* 使 p 指向尾部*的前一个字符即 G */

    j=0;                      /* 用字符删除的编程套路删除字符 */
    for (i=0; s[i]; i++)
        if ( !(i>=h-s && i<=p-s && s[i]=='*') ) s[j++]=s[i];
    s[j]='\0';

    printf("%s\n", s);
}
```

```
    !(i>=h-s && i<=p-s && s[i]=='*')
```

去括号后的等价形式不是：

```
    i<h-s && i>p-s && s[i]!='*'
```

去括号后，除大小于符号取反外，&&也应变为 ||。等价形式应是：

```
    i<h-s || i>p-s || s[i]!='*'
```

【小试牛刀 8.15】 要删除字符串的前导*号，在随讲随练 8.18 中介绍了一种方法（将之转换为复制问题），请试用字符删除的编程套路再完成随讲随练 8.18 的程序功能。

```
    char *h; int i, j;
    h=s;
    while (*h=='*') h++;      /* 使 h 指向第一个不是*的字符即 A */
    j=0;                      /* 用字符删除的编程套路删除前导*号 */
    for (i=0; s[i]; i++)
```

```
        if ( !(i<=h-s && s[i]=='*') ) s[j++]=s[i];
    s[j]='\0';
```

5. 字符串处理函数

C 语言系统还提供了一些字符串处理库函数，常见的一些字符串处理工作我们可以通过直接调用这些函数完成，而不必自己动手编写程序了。常用的函数列于表 8-4。

表 8-4   C 语言常用字符串库函数

函数	含义	功能详细说明
strlen(地址)	求字符串长度	函数返回值为字符串的长度，即从地址开始到'\0'的字符个数（不计'\0'，但其中空格、Tab 符、回车符等都计数）
strcat(串 1 地址，串 2 地址)	字符串连接 “串 1=串 1+串 2”	把从串 2 地址开始到'\0'的内容，连接到串 1 的后面（删去串 1 最后的'\0'），结果仍存入串 1 地址开始的空间中，并在结果字符串末尾自动添加新'\0'（串 1 地址的空间应足够大）
strcpy(串 1 地址，串 2 地址)	字符串复制 “串 1=串 2”	把从串 2 地址开始到'\0'的内容，复制到串 1 地址开始的空间中，'\0'也一同复制（串 1 地址的空间应足够大）
strcmp(串 1 地址，串 2 地址)	字符串比较 “串 1>串 2” “串 1<串 2” “串 1==串 2”	两个字符串的大小结果由函数返回值说明： 若函数返回值 >0，说明 串 1> 串 2； 若函数返回值 <0，说明 串 1< 串 2 若函数返回值 == 0，说明 串 1 == 串 2；

使用表 8-4 的函数，应包含头文件 string.h。这些函数的参数均要求是字符串的地址，该地址必须是 char *型的一级地址，不能是二级地址，更不能是一个 char 型的字符。C 语言没有字符串变量，字符串的赋值、连接、比大小等操作需要自己动手编写程序，或需要调用库函数完成，不能直接用=、+、>、<等。表 8-4 中的阴影部分是为了直观说明函数的"含义"，阴影部分的内容均不能直接写在程序中。

strcmp 函数用于比较字符串的大小，字符串何为大、何为小呢？英文词典中单词的排列顺序，就是按照单词由小到大的顺序排列的。具体来说，两个字符串都从第一个字符开始，逐个字符比较，以第一个不同字符的 ASCII 码的大小决定整个字符串的大小。例如：

```
"abcg" 小于 "abde"    "ABCDE" 小于 "a"
"abcd" 大于 "abc"     "abcd" 等于 "abcd"
```

显然，只有每个字符对应地都相同并且长度也相同的两个字符串才是相等的字符串。

【程序例 8.21】用字符串库函数实现密码验证，若密码正确再判断用户名中的字符个数。

```
#include <stdio.h>
#include <string.h>
main()
{   char pw[80], name[80], str[90];
    printf("请输入密码："); gets(pw);        /* 密码字符串可以包含空格 */
    if (strcmp(pw, "good")==0)              /* 需通过 strcmp 实现 pw=="good" */
    {
```

```
            printf("欢迎使用本系统！\n请输入您的名字: ");
            gets(name); /* 名字字符串可以包含空格 */
            strcpy(str, "您好, ");          /* 需通过 strcpy 实现 str="您好, " */
            strcat(str, name);              /* 需通过 strcat 实现 str=str+name */
            printf("%s\n", str);
            printf("您的名字中有%d 个字符。\n", strlen(name));
        }
        else
            printf("密码不正确，禁止使用本系统。\n");
}
```

程序的运行结果为:

```
请输入密码: good↓
欢迎使用本系统！
请输入您的名字: Sunny↓
您好, Sunny
您的名字中有 5 个字符。
```

密码为 good，首先要求用户输入密码字符串存入数组 pw 中，之后判断如果 pw 中的内容为"good"则允许用户使用，否则提示密码不正确拒绝使用。在判断 pw 中的内容是否为"good"时，使用了字符串比较函数 strcmp，因为不允许在程序中直接用>、<、==比较两个字符串的大小（如写为 pw=="good"是不行的）。当 pw 中的内容为"good"时，strcmp 函数返回 0 值，否则，无论 pw 中的字符串大于或者小于"good"，strcmp 函数返回值或大于 0 或小于 0，都会执行 else 部分。例如，若程序运行时输入的密码为 abc，运行结果如下。

```
请输入密码: abc↓
密码不正确，禁止使用本系统。
```

密码正确时，进入 if 分支，要求用户输入名字并拼接欢迎信息字符串存入 str 中。需要先将 str 赋值为"您好, "。数组名不能通过赋值语句赋值（不能写为 str="您好, ";)，而用 strcpy 函数完成这个功能。接下来连接姓名字符串，也不能通过 + 来连接，而要通过 strcat 函数完成，最后输出名字中的字符个数，通过 strlen 函数直接统计字符串的字符个数。

【随讲随练 8.22】下列选项中能满足"若字符串 s1 等于字符串 s2，则执行 ST"要求的是（　　）。

A．if (strcmp(s2,s1)==0) ST;　　　B．if (s1==s2) ST;
C．if (strcpy(s1,s2)==1) ST;　　　D．if (s1-s2==0) ST;

【答案】A

【随讲随练 8.23】若有：char s[10]="1234\0abcd"，则 strlen(s)的值是（　　）。

【答案】4

【分析】字符串以'\0'结束，s 中的第一个'\0'已经表示结束了，后面的内容不再考虑。

【小试牛刀 8.16】如有 char c[10]={'V','C','+','+','\0','V','B'}; char d[ ]="6.0"; 则执行 strcat (c, d);语句后，数组 c 保存的字符串是？

答案："VC++6.0"。字符串连接也以'\0'作为结束标志，应在 c 中第一个'\0'处连接"6.0"。这使得原来 c 中的'V'、'B'都被抹掉，strcat 会在新字符串"VC++6.0"的末尾自动添加新的'\0'。

在 C 语言中，还有一个求字符串所占字节数的方法，如下所示：

`sizeof` (数据或类型说明符)

sizeof 是关键字，这个用法很像函数，但 sizeof 不是函数而是运算符，因此使用 sizeof 不必包含任何头文件。

　　所有字符串操作都以'\0'结束（无论是连接字符串、复制字符串、比较字符串、求字符串长度等），而 sizeof 是个例外，它计算总共占用的字节数，是计算'\0'的，因为'\0'也占一个字节。

例如 strlen("abc")的值为 3，sizeof("abc")的值为 4。随讲随练 8.23 中，sizeof(s)为 10。除求字符串所占字节数外，sizeof 还可求任何数据所占用的字节数，包括数组。例如：

```
int a=10; double b=6; float c[5];
char *p;  char x[]="STRING";
int s, t, r;
s=sizeof(a);  t=sizeof(b);  r=sizeof(c);
printf("%d, %d, %d\n", s, t, r);     /* 输出 4, 8, 20 */
printf("%d, %d, %d\n", sizeof(p), sizeof(x), strlen(x) );
                                     /* 输出 4, 7, 6 */
printf("%d, %d, %d\n", sizeof(char),sizeof(int),sizeof(float));
    /* 输出 1, 4, 4 （在 Visual C++ 6.0 环境下） */
```

p 为指针变量，指针变量都占 4 个字节，char 只是它的基类型，是所指向数据的类型，不是 p 本身的类型。数组 x 保存字符串"STRING"，字符串长度为 6，但占 7 个字节（含'\0'）。最后一句说明 sizeof 的( )中，还可直接给出类型名，而求这种类型的数据所占字节数。

　　C 语言系统还提供了一些常用字符函数，列于表 8-5。前面介绍的判断一个字符是否是大写字母、小写字母、数字字符以及字母大小写转换等（8.5.3.1 小节），这些操作除了可以自己动手编程实现外，也可通过直接调用库函数完成。

表 8-5　C 语言常用字符函数

函数	说明	等效语句
isupper(ch)	检查 ch 是否为大写字母字符，是返回 1，否返回 0	ch>='A' && ch<='Z'
islower(ch)	检查 ch 是否为小写字母字符，是返回 1，否返回 0	ch>='a' && ch<='z'
isdigit(ch)	检查 ch 是否为数字字符，是返回 1，否返回 0	ch>='0' && ch<='9'
isalpha(ch)	检查 ch 是否为字母字符，是返回 1，否返回 0	(ch>='A' && ch<='Z') || (ch>='a' && ch<='z')
isspace(ch)	检查 ch 是否为空白分隔符，即是否为空格、跳格(Tab, '\t')、换行符('\n')、回车符('\r')、换页符('\f')5 种之一。是这 5 种之一返回 1，否则返回 0	ch==' ' || ch=='\t' || ch=='\n' || ch=='\r' || ch= '\f'
toupper(ch)	将 ch 转换为大写字母，函数返回转换后的字符	if (ch>='a' && ch<='z') return ch-32; else return ch;
tolower(ch)	将 ch 转换为小写字母，函数返回转换后的字符	if (ch>='A' && ch<='Z') return ch+32; else return ch;

　　使用表 8-5 中的函数，应包含头文件 ctype.h。这些函数的参数均是一个 char 型的字符，不能是一个地址。

6. 字符串数组与多个字符串的处理

在程序中处理多个数据，往往要用到数组。例如要计算 10 名学生的平均分，就需要定义一个包含 10 元素的 float 型的数组来保存学生成绩。要在程序中处理多个字符串，也需要通过数组完成。与数值型数据不同的是，C 语言没有字符串变量，在程序中存储和处理多个字符串要通过以下两种方式。

（1）一个字符串本身就需要一个 char 型的一维数组保存，那么多个字符串就需要一个 char 型的二维数组保存。一个 char 型的二维数组每行保存一个字符串，可被看做是一个"字符串"的"一维数组"，例如：

```
char ke[4][9]={"ShuXue", "YuWen", "YingYu", "ZhengZhi"};
```

ke 是 4 行 9 列的二维数组，每一行都用"盖章法"（参见 8.5.1.1 小节），分别用 4 个字符串赋初值。如图 8-35 所示。二维数组 ke 保存了 4 门课程名称的字符串，每一行是一门课程名称的字符串，因此 ke 也可被看做是含 4 个元素的"字符串的一维数组"。在二维数组中，每个字符串（每行）包含的字符个数可能不同，整个二维数组的宽度至少要为最长那个字符串的长度+1（含'\0'）；其他行不足此长度的字符串，后面的空间可以不用（图 8-35 中未填数据的单元）。

ke	0	1	2	3	4	5	6	7	8
1000 ke[0]:	'S'	'h'	'u'	'X'	'u'	'e'	'\0'		
1009 ke[1]:	'Y'	'u'	'W'	'e'	'n'	'\0'			
1018 ke[2]:	'Y'	'i'	'n'	'g'	'Y'	'u'	'\0'		
1027 ke[3]:	'Z'	'h'	'e'	'n'	'g'	'Z'	'h'	'i'	'\0'

图 8-35　用二维数组保存多个字符串，可看做是"字符串的一维数组"

在这种方式中，以"二维数组名[下标]"来表示一个字符串，如 ke[0]表示"ShuXue"、ke[1]表示"YuWen"，注意 ke[0]、ke[1]都是字符串的首地址，并不是字符串内容本身。

（2）用指针数组处理多个字符串，指针数组的每个元素分别保存每个字符串的首地址，例如：

```
char *pke[4]={"ShuXue", "YuWen", "YingYu", "ZhengZhi"};
```

这里每个字符串要当成一个表达式，如"ShuXue"应看做表达式，其值是该字符串的首地址如 2000，应以地址 2000 为数组元素 pke[0]赋初值。pke 的情况如图 8-36 所示。

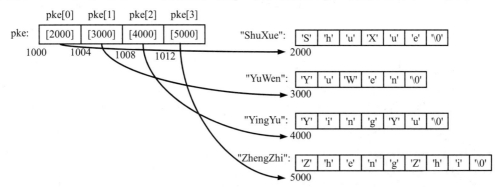

图 8-36　用指针数组保存多个字符串的首地址

在这种方式中，以"指针数组名[下标]"来表示一个字符串，如 pke[0]表示"ShuXue"、pke[1]表示"YuWen"，注意 pke[0]、pke[1]都是字符串的首地址，并不是内容本身。

多个字符串的处理，实际还是利用一维数组的那些处理技术，只要将之看做"字符串的一维数组"就可以了。这个"一维数组"的各个元素如下所示：

ke[0]、ke[1]、……、ke[二维数组最大行标]

或：   pke[0]、pke[1]、……、pke[指针数组最大下标]

二维数组和指针数组表示字符串方式类似，但 ke[i]与 pke[i]有本质的不同：ke[i]是二维数组中一行的"一维数组"的数组名，是假想的指针变量，值不能改。pke[i]是一个指针变量，是数组 pke 的一个元素，占 4 个字节。

【程序例 8.22】找出 4 门课程中名称最长的课程。

```c
#include <stdio.h>
#include <string.h>
main()
{   char ke[4][9]={"ShuXue", "YuWen", "YingYu", "ZhengZhi"};
    int i, m=0;                    /* 最长的课程名位于数组 ke 的第 m 行 */

    printf("四门课是: \n");
    for (i=0; i<4; i++)
        printf("%s\n", ke[i]);  /* 或写为 puts(ke[i]); */

    for (i=1; i<4; i++)
        if ( strlen(ke[i]) > strlen(ke[m]) ) m=i;
    printf("最长名称的课程是:%s, 长度为:%d", ke[m], strlen(ke[m]));
}
```

程序的输出结果为：

```
四门课是:
ShuXue
YuWen
YingYu
ZhengZhi
最长名称的课程是:ZhengZhi, 长度为:8
```

程序中有两个 for 循环，第一个 for 循环相当于依次输出"一维数组"元素 ke[0]～ke[3]，第二个 for 循环就是求"一维数组"元素最大值的"擂台赛"过程（参见第 6 章 6.1.3.3 小节）。注意要用 strlen 函数获得每门课程名字符串的长度，比较的是长度而不是比较字符串本身。

【随讲随练 8.24】四门课程名已存入二维数组 ke 中，请编程删除串长小于 6 的课程名。

【分析】本题本质还是数组元素删除的问题，用第 6 章 6.1.3.2 小节介绍的数组多元素删除的编程套路即可编出该程序。将 ke 看做是由 ke[0]~ke[3]四个元素组成的一维数组，保留元素 ke[i]的条件是 strlen(ke[i])>=6。注意 ke[j++]=ke[i]; 的功能要用 strcpy 函数完成。

```c
#include <stdio.h>
#include <string.h>
main()
{   char ke[4][9]={"ShuXue", "YuWen", "YingYu", "ZhengZhi"};
```

```
    int i, j;
    j=0;
    for (i=0; i<4; i++)
        if ( strlen(ke[i])>=6 ) strcpy(ke[j++], ke[i]);
    printf("删除后的课程名为：\n");
    for (i=0; i<j; i++)              /* 删除后剩余字符串个数为 j */
        printf("%s\n", ke[i]);    /* 或写为 puts(ke[i]); */
}
```

【**程序例 8.23**】将 5 个城市的名称按字母顺序排列输出。

```
#include <string.h>
#include <stdio.h>
#define N 5
void sort(char *s[N], int n);     /* 函数声明 */
main()
{   char *pcs[N]={"shanghai", "guangzhou", "beijing",
               "tianjin", "chongqing"};    int i;
    sort(pcs, N);               /* 调用 sort 函数排序，调整 pcs 各元素值 */
    printf("排序结果为:\n");
    for (i=0; i<N; i++) printf("%s\n", pcs[i]);
}
void sort(char *s[N], int n)
{   char *t;  int i, j;
    for(i=0; i<n-1; i++)
        for(j=i+1; j<n; j++)
            if( strcmp(s[i],s[j])>0 )
                {t=s[i]; s[i]=s[j]; s[j]=t;}     /* 交换 s[i]和 s[j] */
}
```

程序的输出结果为：

```
排序结果为:
beijing
chongqing
guangzhou
shanghai
tianjin
```

　　pcs 是一个指针数组，包含 5 个元素。pcs[0]~pcs[4]分别存放 5 个城市名的字符串的首地址。main 函数调用 sort 函数完成排序，sort 的形参 char *s[N]的等效形式是 char **s。因此形参 s 实际是个二级指针变量，main 函数并没有向 sort 函数传递整个数组，而仅传递了一个数组首地址而已。在 sort 函数中可将 s 当做数组名用，对 s[0]~s[4]的处理，就是对 pcs[0]~pcs[4]的处理（如读者对此概念尚为陌生，请先复习 8.4.2 小节的内容）。

　　sort 函数并没有对 5 个字符串的内容本身排序，而只排序 pcs 数组的内容——字符串各地址在数组中的排列。调整 pcs 数组各元素所保存的地址，让 pcs[0]~pcs[4]依次保存由小到大的字符串的地址，即最终让 pcs[0]保存最小字符串"beijing"的地址，pcs[1]保存次小字符串 "chongqing" 的地址，pcs[4]保存最大字符串 "tianjin" 的地址。最后依次输出 pcs[0]~pcs[4]地址对应的字符串，就从小到大依次输出了这 5 个字符串。函数空间如图 8-37 所示。

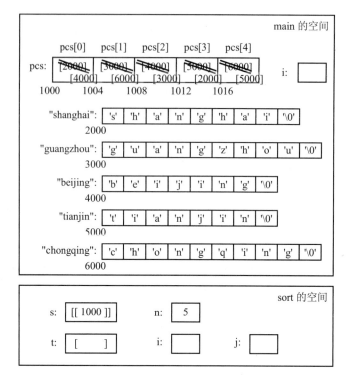

图 8-37 程序例 8.23 的函数空间

sort 函数中的排序方法是选择排序法（参见 6.2.2.1 小节），按照选择排序法的口诀可以很容易地写出 sort 函数的程序。注意 s[i]、s[j]所对应两个字符串的大小比较，需要通过库函数 strcmp 完成。因为 s[i]、s[j]是两个地址，不得写为 if (s[i]>s[j])。交换 s[i]、s[j]中所保存的地址，临时变量是一级指针变量 t，因为 s[i]、s[j]都是一级的，它们分别就是数组元素 pcs[i]、pcs[j]。

8.6 另类运行程序——main 函数的参数

一般的 C 程序，main 函数是没有参数的。实际上 main 函数既可以没有参数，也可以有参数，如果有参数，其参数如下所示：

```
main (int argc,char *argv[])
```

按照本章 8.4.2 小节介绍的数组形参等效于指针变量形参，因此 main 函数的参数本质如下：

```
main(int argc, char **argv)
```

以上语句是一个普通的 int 型变量，也是一个二级指针变量（指针的指针）。

这两个参数是什么含义呢？这两个参数的参数值是从命令行上获得，并由操作系统（如 Windows）传递过来的。例如在通过命令行运行可执行程序 ex824.exe 时，命令行如下所示：

```
ex824.exe ZhangSan 20 iPhone
```

命令行包含 4 个字符串（可执行文件名 ex824.exe 是第一个字符串，后 3 个字符串称命令行参数），这 4 个字符串将通过 main 函数的参数传递到我们的程序中，可以认为是由操作系统调用了 main 函数并传递了这些参数，main 函数所接收到的参数如图 8-38 所示。

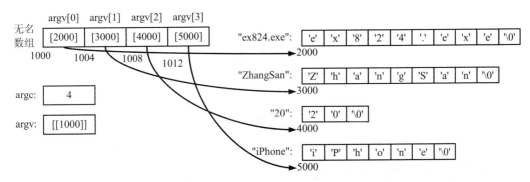

图 8-38　main 函数接收到的参数

argc 的值是 4，表示命令行中共有 4 个字符串。argv 是"二级指针变量"，所保存的地址是一个指针数组的首地址。这个指针数组是个"无名数组"，其中有 argc 个也就是 4 个元素，每个元素分别保存这 4 个字符串的首地址。在被调函数中（即 main 函数中），用 argv[0]～argv[3]就可直接处理这个数组（如读者对此概念尚为陌生，请先复习 8.4.2 小节的内容）。argv[0]～argv[3]分别就是这 4 个数组元素的值，也就分别是这 4 个字符串的首地址。

原理略显复杂，我们只要记住以下结论：

当 main 函数有参数时，只要将 argv[0]、argv[1]、argv[2]等当做几个字符串来用就可以了（均是字符串的首地址）。共有 argc 个这样的字符串，最大到 argv[argc-1]。这些字符串是通过命令行运行程序时的命令行内容，其中 argv[0]是可执行程序文件名本身。

argv 所指向的数组实际应包含 5 个元素，元素 argv[4]实际上是存在的，它所保存的地址值为 0，也就是说数组元素 argv[argc]总是个空指针。由于 argv[argc]不指向任何内容，在实际应用中，当然只能使用 argv[0]~argv[argc-1]的数组元素。另外，参数 argv、argc 的名字是任意的，但类型必须分别是 int 和 char **。如将 main 函数的头部写为下面的形式也正确：main (int a, char *b[ ])。

【程序例 8.24】由 main 函数的参数向程序传递信息。

```
main(int argc, char *argv[])
{   if (argc<3)
        printf("请指定至少 3 个命令行参数运行程序。\n");
    else
    {   printf("您好！%s\n", argv[1]);
        printf("您的年龄是：%s\n", argv[2]);
        printf("您使用%s 的手机。\n", argv[3]);
    }
}
```

　　编译并链接程序，如果 C 源程序文件保存在 E:\MYC\ex824\目录下的 ex824.c 文件中，则编译并链接后，在此目录下会自动生成一个子目录 Debug，在 Debug 目录下可找到可执行文件 ex824.exe，如图 8-39 所示。现在通过命令行的方式运行 ex824.exe。

　　首先启动控制台窗口，单击【开始】|【运行】，输入 cmd，单击【确定】，如图 8-39 所示。在控制台窗口中，先用 E:和 cd 命令切换到 E:盘和 E:\MYC\ex824\Debug 目录下，再执行以下命令行：

```
ex824.exe ZhangSan 20 iPhone
```

　　运行结果如图 8-39 所示。其中姓名、年龄和所用手机名称的字符串都是在以上命令行中给出的，这就是在程序运行前，通过命令行向程序传递信息。但如果执行命令：ex824.exe 运行程序，则 argc 的值将为 1，这时 argv[1]及下标 1 以上的数组元素不存在，程序执行 if 分支，给出参数不够的提示信息而不能使用 argv[1]、argv[2]等，运行结果如图 8-39 所示。

图 8-39　通过命令行参数运行可执行程序

第9章 我的类型我做主——结构体与共用体

如果把变量比作收纳物品的盒子，则变量的类型就是盒子的类型，它规定了盒子的规格和大小。C 语言中变量的类型有 int、float、double、char 等有限的几种，那也就是说即使定义千千万万的变量，它们的大小和规格的种类是有限的。庆幸的是，C 语言允许我们自己"设计"新的数据类型，新数据类型具有与 int、float、double、char 等同的作用，也可用于定义变量。用新数据类型定义的变量使用我们所设计的新的规格和大小，使程序中"盒子"的种类不再单调。

9.1 多功能收纳盒——结构体

9.1.1 绘制收纳盒设计图——定义结构体类型

要生产一种新型产品，首先需要绘制设计图纸，然后按照设计图纸才能投入生产。在 C 语言中为新数据类型绘制设计图纸称为数据类型的定义，注意它不是变量的定义。

如何设计一种新型的数据类型呢？它不是随便设计的，必须基于已有的数据类型（int、float、double、char 等）创造和组装，这种新数据类型称为结构体。注意结构体不是变量，而是一种数据类型。这种类型是由我们自己设计的，是一种自定义的类型。

通过以下方式，可由我们自己设计一种全新的数据类型——结构体类型：

```
struct student
{
    int num;
    char name[10];
    char sex;
    float score;
};
```

以上是结构体类型的定义（注意不是变量的定义），struct 是关键字，struct 后面的 student 是我们为新类型所起的名字。然后有一对 { }，在其中像定义变量一样定义的几个元素称为结构体的成员，如 num、name、sex、score 等，它们都必须基于已有的数据类型，所以这种新类型的设计更像是在"组装"，将各种各样的已有类型组合起来形成新类型，这就是结构体。

脚下留心

注意新类型的名字是 struct student，而不是 student。在 C 语言中，提及结构体的类型名，必须带有 struct 关键字，不能单独说 student。

还要注意的是，在结构体类型的定义中，} 后的分号（;）必不可少。这对 { } 与复合语句和 switch 语句的 { } 都不同，结构体定义中 } 后的分号（;）一定不要漏写！

9.1.2　收纳盒制作——使用结构体变量

1．结构变量的定义和使用

现在，除了 int、float、double、char 等 C 语言与生俱来的类型外，我们还有了 struct student 这样一种类型，如图 9-1 所示。我们可以随意选用一种类型来定义变量。例如现在我们用 struct student 这种类型来定义变量：

```
struct student boy1, boy2;
```

以上语句定义了两个变量 boy1、boy2，与定义整型变量的写法 int a, b; 类似，只是这里变量不是 int 型而是 struct student 型。boy1、boy2 是结构体类型的，称结构体变量。注意类型必须要写为 struct student，如写为下面形式是不行的：

```
student boy1, boy2; /* 错误 */
```

图 9-1　现在我们所拥有的数据类型

两个变量 boy1、boy2 的空间情况如图 9-2 所示。它们的空间都比较"大"，里面由 4 部分组成：num、name、sex、score（其中 name 还是一个包含 10 元素的数组）。这些组成部分就是按照结构体类型定义时所规定的各个成员来组织的，就像按照设计图纸生产产品一样。这种变量更像是一个带隔断的多功能收纳盒，被划分为不同的区域，每个区域可分别用于存放不同的物品。在这里 num 区域可存放一名学生的学号，name 存放姓名，sex 存放性别，score 存放分数，即用一个这种类型的变量就可以存储一名学生一整套的信息。boy1、boy2 两个变量就能分别存储两名学生的两套信息，二者互不干扰。

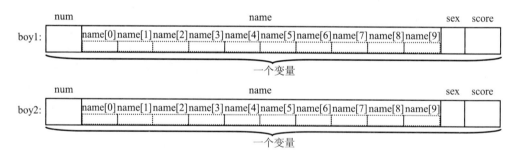

图 9-2　两个结构体变量 boy1、boy2 的空间

将物品放到带隔断的收纳盒中时，要明确放到哪个隔间。在程序中用 boy1、boy2 保存数据时，也要指明用其中的哪个成员来保存。C 语言用结构体变量名+符号点（.）+成员名来表示一个结构体变量的"隔间"。例如将学号 101 保存到 boy1 的 num 成员中，需要执行以下语句：

```
boy1.num=101;
```

这里的符号点（.）称为成员选择运算符，它相当于"的"。上面语句的含义就是将"boy1 的 num 部分"赋值为 101。注意下面写法是不行的：

```
boy1=101;              /* 错误，因未说明要将 101 放到 boy1 的哪个成员中 */
```

要将其他数据放到 boy1 中的相应"隔间"保存，也是同样的方法，例如：

```
boy1.sex='M';   /* 性别用'M'表示男(Male)，用'F'表示女(Female) */
boy1.score=85.0;
strcpy(boy1.name,"Zhao");
```

注意最后一句写为 boy1.name="Zhao";是不行的，因为 name 是数组名，它不能被赋值为字符串（参见第 8 章 8.5.1 小节），要用 strcpy 函数实现将字符串保存到数组中的功能。

赋值后变量 boy1 的情况如图 9-3 所示。如再执行以下语句：

```
boy2.num=boy1.num;
strcpy(boy2.name, boy1.name);
scanf("%f", &boy2.score);
```

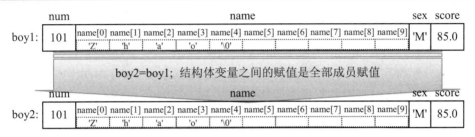

图 9-3　使用结构体变量保存数据和结构体变量之间的赋值

执行以上语句，则 boy2 的 num 也为 101，boy2 的 name 也为"zhao"，并可为 boy2 的 score 输入分数。

执行下面的语句则依次输出 boy1 各成员的值，如下所示：

```
printf("%d\n", boy1.num);      /* 输出 101 */
printf("%f\n", boy1.score);    /* 输出 85.000000 */
printf("%s\n", boy1.name);     /* 输出 zhao */
printf("%c\n", boy1.name[1]);  /* 输出一个字符 h */
```

可见，用结构体变量保存数据时，只需用点（.）指明某一成员（如 boy1.num），然后将整体看做一个变量。对简单变量可以进行的操作，对结构体变量同类型的成员都可以进行。

2. 结构变量的彼此赋值

结构体变量之间还允许彼此赋值，如：boy2=boy1;则将 boy1 的所有内容（包括 num、name、sex、score）全部复制到 boy2，boy2 各成员的内容将与 boy1 完全相同，如图 9-3 所示。这是结构体变量的特殊用法，请牢记：结构体变量之间赋值，就是其中所有成员全部赋值。

同一程序中可以有多种不同的结构体类型，两个变量的类型必须相同，才能彼此赋值。

如果把数组比作卡包，则结构体变量就像是多功能收纳盒。卡包每页的大小一致，都只能放一张卡，而多功能收纳盒可在其中拥有大小不同的隔间，分别存放不同的物品。同一数组各元素的类型必须一致（如要么都是 int 型，要么都是 float 型），而一个结构体变量的各成员类型可以不一致（如 num 是 int 型，score 是 float 型）。因此当需要保存相同类型的一组数据时应使用数组，当需要保存不同类型的一组数据时（如一个人的各种信息）应使用结构体变量。

数组名与结构体变量名也是不同的，数组名之间不允许赋值（因都是假想的指针变量，值不能改），而两个结构体变量名之间允许赋值，会将全部内容复制过去。

3．结构类型和结构体变量

struct student 是结构体类型，boy1、boy2 是结构体变量，"结构体类型"和"结构体变量"之间的关系如同 int a;中的"整型 int"和"整型变量 a"之间的关系。类型相当于设计图纸，不被分配内存空间，是不能保存数据的，变量才是依据设计图制作出来的产品，才被分配内存空间，才可保存数据。下面是错误的写法：

```
student.num=102;    /* 错误 */
student.score=90.0; /* 错误 */
```

因为 student 中是没有可以保存数据的 num、score 的空间，struct student 是结构体类型，它只是一张图。只有 boy1.num、boy1.score 或 boy2.num、boy2.score 才能保存数据。东西要放到盒子里，自然不能放到图纸上。

但特殊地，在用 sizeof 求一个结构体变量占多少字节时，既可以用一个实物变量来求，也可以直接用类型求，如有 int a; 则 sizeof(a)和 sizeof(int)都是求整型变量的所占字节数。在 Visual C++ 6.0 中，都能得到 4（参见第 8 章 8.5.3.5 小节）。同样，用于结构体类型时，下面写法均正确：sizeof(boy1)、sizeof(boy2)、sizeof(struct student)。如同在求收纳盒的体积时，是具体拿个收纳盒实物过来量一量，还是直接用图纸上的尺寸进行计算，都能把体积求出来。

注意 sizeof(student)是不正确的，因为类型名是 struct student 而不是 student。

结构体变量所占的字节数，本应该是其所有成员所占字节数的相加之和，如 sizeof(boy1)、sizeof(boy2)、sizeof(struct student)都应求出 19（num 占 4 字节+name 占 10 字节 + sex 占 1 字节 + score 占 4 字节），然而事实并非如此。
在实际运行程序时，sizeof(boy1)、sizeof(boy2)、sizeof(struct student)都会得到 20 而不是 19，这是因为在系统中有一种字节对齐的现象，sex 虽占 1 字节，但在后面添加了额外的 1 字节，然后才是 score 的空间。

结构体类型属于自定义类型，不像 int、float、double、char 等类型是 C 语言与生俱来的，因此结构体类型不能直接就定义变量。而必须先由我们亲自动手把类型定义好（先把图纸画好），然后再用这种类型来定义变量。在程序中定义时可以有三种方式，如下所示。

（1）先定义结构体类型，再定义结构体类型的变量：

```
struct student
{   int num;
    char name[10];
    char sex;
    float score;
};
struct student boy1,boy2;
```

（2）在定义结构体类型的同时定义结构体变量：

```
struct student
{   int num;
    char name[10];
    char sex;
    float score;
}boy1,boy2;
```

（3）同时定义结构体变量，但省略类型名：

```
struct
{   int num;
    char name[10];
    char sex;
    float score;
}boy1,boy2;
```

前面定义两个变量 boy1、boy2 的方式是第（1）种。第（2）种方式是在定义类型的同时定义变量，将 boy1、boy2 "挤" 到定义类型时的右大括号（}）之后、分号（;）之前。第（3）种与第（2）种类似，也是在定义类型的同时定义变量，只是省略了类型名（即 struct 后的 student）。

第（2）种与第（3）种方式的区别是第（2）种方式有类型名，在定义语句的分号（;）之后还可以用 struct student 再定义这种类型的其他变量如 struct student boy3；而第（3）种方式在分号（;）之后再想定义这种类型的其他变量就办不到了，因为没有类型的名字。当在程序中确定只会用到该类型的有限个变量时（如只会用 boy1、boy2 这两个变量而一定不会再用这种类型的其他变量），可用第（3）种方式定义，省略类型的名字，但要将这种类型的所有变量一次定义齐全。

4．结构体变量的初始化

与普通变量可以在定义的同时初始化（赋初值）类似，结构体变量在定义的同时也可对其初始化，方法是将各成员的值按类型定义时各成员的顺序，依次写出放到一对{ }内。

```
struct student boy2, boy1={101, "Zhao", 'M', 85.0};
```

通过以上语句将 101、"Zhao"、'M'、85.0 依次被存入 boy1 的 num、name、sex、score 中，且只有 boy1 的各成员被初始化，boy2 中的内容仍是随机数。

【小试牛刀 9.1】在以上变量 boy2、boy1 的定义句后，如何让 boy2 具有与 boy1 的所有成员都相同的内容呢？（答案：执行语句 boy2=boy1; 即可）

【随讲随练 9.1】 设以下定义。

```
struct complex { int real, unreal; } data1={1, 8}, data2;
```

则以下赋值语句中错误的是（　　　　）。

A．data2=data1;

B．data2=(2, 6);

C．data2.real=data1.real;

D．data2.real=data1.unreal;

【答案】 B

【分析】 本题是定义结构体类型同时定义变量（第（2）种方式）。data1 被赋初值，其 real 成员为 1，unreal 成员为 8。data2 的这两个成员均为随机数。A 选项是全部成员赋值，使 data2 的 real 为 1、unreal 为 8。B 选项错误无此写法。C 选项使 data2 的 rcal 为 1。D 选项使 data2 的 real 为 8。

9.1.3　一本通讯录——结构体类型的数组

一个数组，其各元素也可以是结构体类型，称结构体数组。数组的各元素均是同一种结构体类型的结构体变量。如果把一张记录朋友联系方式的纸条（包括姓名、住址、电话、QQ 号等）比作一个结构体变量，则一个结构体数组就是由若干张这样的纸条订成的一本通讯录，其中每一页记录着一位朋友的信息，如图 9-4 所示。

图 9-4　结构体数组类似一本通讯录

【程序例 9.1】 计算学生的平均分和不及格的人数。

```
#define N 5
struct student
{   int num;
    char name[10];
    char sex;
    float score;
} boy[N]={{101,"Zhao",'M',85}, {102,"Zhang",'F', 65.5},
    {103,"Li",'M',42}, {104,"He",'F',97}, {105,"Wang",'F',58}};
main()
{   int i, c=0;                       /* c 用于存放不及格人数 */
    float ave, s=0;                   /* ave 和 s 分别用于存放平均分和总分 */
    for(i=0;i<N;i++)
    {   s+=boy[i].score;              /* 求分数总和 */
        if(boy[i].score<60) c+=1;     /* 统计不及格人数 */
    }
    ave=s/N;                          /* 求平均分 */
    printf("平均分=%f    不及格人数=%d\n", ave, c);
}
```

程序的输出结果为：

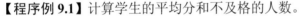

平均分=69.500000　　不及格人数=2

本程序用结构体数组保存 5 名学生的 5 套信息，其中不仅有分数，还有学号、姓名、性别。数组 boy[5]是在定义结构体类型的同时定义的，并为数组赋初值。一个数组元素就是一个这种类型的结构体变量，含有一套数据，所以结构体数组的初值要被套在嵌套的两层{ }中，一个内层{ }表示一个数组元素。赋初值后的数组 boy 的情况如图 9-5 所示。

	boy[0]				boy[1]				boy[4]			
	num	name	sex	score	num	name	sex	score		num	name	sex	score
boy:	101	zhao\0	'M'	85.0	102	zhang\0	'F'	65.5	······	105	wang\0	'F'	58.0

图 9-5　程序例 9.1 的结构体数组

当对全部元素赋初值时，也可不给出数组长度，即省略定义数组时“boy[5]”中的“5”。结构体数组的用法与普通数组是类似的，注意要访问 boy[i]的分数，应写为 boy[i].score。

【程序例 9.2】查找某书的库存信息。根据输入的书号，查找书库中是否有该书，如果有显示该书的库存信息，如果没有给出提示。

```
#define N 5
struct book
{   int isbn;              /* 书号 */
    char *name;            /* 书名 */
    float price;           /* 单价 */
    int stock;             /* 库存量 */
};
main()
{   struct book bks[N]={{978,"C 程序设计",28.0,125},
            {730,"数据结构",29.0,182}, {228,"操作系统",17.5,224},
            {310,"数据库系统",18.5,282}, {102,"网络技术",42.0,334}};
    int n, i;
    printf("请输入要查询的书号: "); scanf("%d", &n);

    for (i=0; i<N; i++)
        if (bks[i].isbn==n) break;

    if (i>=N)
        printf("查无此书! \n");
    else
    {   printf("书号\t 书名\t\t 单价\t 库存量\n");
        printf("%d\t%s\t", bks[i].isbn,bks[i].name);
        printf("%-6.1f\t%d\n", bks[i].price,bks[i].stock);
    }
}
```

程序的运行结果为：

请输入要查询的书号: 978↓
书号 书名 单价 库存量
978 C 程序设计　　 28.0　　　 125

一本书包含书号、书名、单价、库存量等一套信息，适合用一个结构体变量来保存。书库中多本书的信息就适合用一个结构体数组来保存。查询方法是顺序查找法（参见第 6 章 6.2.1.1 小节）。输出图书信息的\t 表示输出跳格符（Tab），它使各字段对齐，输出更美观。

本例"书名"成员是用一个 char 型基类型的指针变量 char *name 保存"书名"字符串的首地址。这是在结构体变量中保存字符串成员的另一种做法。注意 bks[i].name 中保存的是个地址，不是字符串本身。

9.1.4　结构体的弓箭手——结构指针变量

一个结构体变量的地址也可以被保存在一个指针变量中,这种指针变量称结构指针变量。结构指针变量的定义方式与普通指针变量相同,只是基类型是一个结构体类型,例如:

```
struct student *pstu;
```

然后可以把一个结构体变量的地址赋给指针变量 pstu:

```
pstu=&boy1;
```

注意不能把"结构体类型名"的地址赋给指针变量，下面语句是错误的:

```
pstu=&student;   /* 错误, 类型名没有内存空间, 没有地址 */
```

下面语句也是错误的:

```
pstu=&boy1.num; /* 错误 */
```

它是将成员 num 的地址赋给指针变量 pstu。虽然第一个成员 num 的地址在数值上与变量 boy1 的地址相同,但 num 是 int 型的,与 pstu 的基类型不同。pstu 只能保存 struct student 型数据的地址,不能保存 int 型数据的地址,故错误。要保存 num 成员的地址,应该:

```
int *p; p=&boy1.num;              /* 正确 */
```

访问结构体变量既可通过变量名，也可通过地址。然而在访问成员时这两种方式的成员选择符是不同的。通过变量名访问成员时用点号（.),通过地址访问成员时应用减号和大于号组成的类似箭头的符号（->),不能用点号（.)。例如:

```
pstu->num=101;            /* 不能写为 pstu.num */
pstu->sex='M';            /* 不能写为 pstu.sex */
strcpy(pstu->name,"Zhao"); /* 不能写为 pstu.name */
scanf("%f", &pstu->score); /* 不能写为 pstu.score */
```

可将箭头号（->)想象为一支"弓箭",由指向一个结构体变量的指针"射向"它其中的成员。这是只有指针变量才有的符号,请与结构体变量访问成员时的点号（.)互相区别:

```
boy1.num=101;             /* 不能写为 boy1->num */
boy1.sex='M';             /* 不能写为 boy1->sex */
strcpy(boy1.name,"Zhao"); /* 不能写为 boy1->name */
scanf("%f", &boy1.score); /* 不能写为 boy1->score */
```

用"*指针变量"可得到所指向的变量,也就是说"*指针变量"与结构体变量是等价的。由于"*指针变量"不再是地址,通过它访问成员时,也应使用点号（.):

```
(*pstu).num=101;          /* 不能写为 (*pstu)->num */
(*pstu).sex='M';          /* 不能写为 (*pstu)->sex */
```

```
strcpy((*pstu).name,"Zhao");    /* 不能写为(*pstu)->name */
scanf("%f", &(*pstu).score);    /* 不能写为(*pstu)->score */
```

注意(*pstu)必须加括号，如写为*pstu.num 是不行的，因为后者将先进行点（.）的运算，后取*了。我们可以牢记，C 语言中有 4 种运算符具有"至高无上"的优先级，它们与小括号( )的优先级相当。4 种运算符是小括号(   )、中括号[ ]、点号 . 、箭头号 -> 。因此*pstu.num 会先算点号（.），只有(*pstu).num 才能先取*获得结构体变量，再算点（.）找到num 成员。

现将点号（.）和箭头号（->）的使用方法再总结如下：

❑ 通过结构体变量访问成员，只能用点（.）：结构体变量.成员。

❑ 通过结构指针变量访问成员有两种方式：①指针变量->成员；②(*指针变量).成员。

【随讲随练 9.2】假设有以下程序段。

```
struct MP3
{   char name[20];
    char color;
    float price;
} std, *ptr;
ptr=&std;
```

若要引用结构体变量 std 中的 color 成员，写法错误的是（　　　）。

A．std.color　　　　B．ptr->color　　　　C．std->color　　　　D．(*ptr).color

【答案】C

结构指针变量也可以指向结构体数组的元素，与普通数组的情况相同。语句如下所示：

```
struct student boy[5], *pstu;
pstu=boy;
```

则 boy 也是"假想"的指针变量，"保存"数组的首地址。现 pstu 指向 boy[0]，如执行以下语句：

```
pstu = pstu + 1;
```

则 pstu 也将移动"一个数组元素"的字节数，使 pstu 指向 boy[1]。

9.1.5　重口味与轻口味——结构体类型数据做函数参数

（1）重口味——结构体变量做函数参数

用结构体变量做函数参数时，是将全部成员整体传送，即将实参结构体变量中的所有成员一一复制给形参。当结构体类型包含的成员很多时，函数"吃"进来的内容非常之多，其传送的时间和空间开销是很大的。但由于实参到形参是单向传递(参见第 7 章 7.2.3 小节)，在函数中如果改变了形参的值，是不会影响实参的。

（2）轻口味——结构体指针做函数参数

当用"指向结构体变量的指针变量"做参数时，是将实参结构体变量的地址传给形参，地址只有 4 个字节。无论结构体类型有多复杂、包含的成员有多少，函数只"吃"进来 4 个字节，因此这种效率是比较高的。但由于函数得到了地址，如果在函数中通过地址改变了它所指向的数据，则实参的值也被修改了。

【程序例9.3】结构体类型的变量和指针做函数参数。

```c
#include <string.h>
struct student
{   int num;
    char name[10];
    char sex;
    float score;
};
void fun1(struct student t)        /* 结构体变量做参数 */
{
    t.num=102;  strcpy(t.name,"Zhang");
    t.sex='F';  t.score=90;
}
void fun2(struct student *p)        /* 结构体指针做参数 */
{
    p->num=102; strcpy(p->name,"Zhang");
    p->sex='F'; p->score=90;
}
main()
{   struct student x={101,"Zhao",'M',85};
    struct student y={101,"Zhao",'M',85};

    printf("(1)x: %d %s %c %f\n", x.num,x.name,x.sex,x.score);
    fun1(x);
    printf("(2)x: %d %s %c %f\n", x.num,x.name,x.sex,x.score);

    printf("(1)y: %d %s %c %f\n", y.num,y.name,y.sex,y.score);
    fun2(&y);
    printf("(2)y: %d %s %c %f\n", y.num,y.name,y.sex,y.score);
}
```

程序的输出结果为：

```
(1)x: 101 Zhao M 85.000000
(2)x: 101 Zhao M 85.000000
(1)y: 101 Zhao M 85.000000
(2)y: 102 Zhang F 90.000000
```

首先定义了一个结构体类型 struct student，main 函数中有两个这种类型的变量 x、y，函数空间如图 9-6 所示。

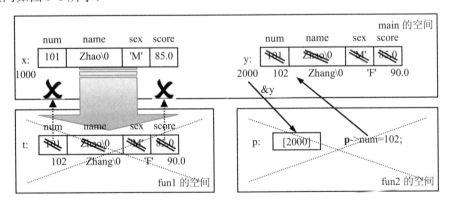

图 9-6   程序例 9.3 的函数空间

由于函数 fun1 的形参是这种类型的结构变量 struct student t,"口味比较重",会将实参 x 的全部成员传递复制给形参 t,空间开销很大,然而在函数 fun1 中对 t 的修改,是不会反向传回 x 的。在函数 fun1 结束后,t 的空间就被回收,而 x 没有任何改变。

由于函数 fun2 的形参是这种结构体类型为基类型的指针变量 struct student *p,"口味比较轻",虽然实参 y 所包含的成员比较丰富,但调用函数 fun2 时只会传递 y 的地址 2000 (4 字节)。但在 fun2 中用 "p->成员=…" 就可以修改 p 所指向的数据,于是修改了实参 y。

 为什么 y 的值可以被修改呢?实际上 "p->成员=…" 就是 "(*p).成员=…",这正是我们曾在第 8 章 8.4.1 小节中所总结过的,通过指针传回数据的唯一一种方式:在被调函数内执行类似 "*p=...;" 的语句。

【随讲随练 9.3】程序如下所示:

```c
#include <stdio.h>
struct stu
{ int num; char name[10]; int age;};
void fun(struct stu *p)
{ printf("%s\n", p -> name); }
main()
{ struct stu x[3] = { {011, "Zhang", 20}, {012, "Wang", 19}, {013, "Zhao",
18} };
  fun(x+2);
}
```

程序运行后的输出结果是(   )。

A. Zhang   B. Zhao   C. Wang   D. 19

【答案】B

【分析】x 是数组名,是假想的指针变量,它的值是数组首地址也就是 x[0] 的地址。x+2 是移动 2 个元素的字节数,是 x[2] 的地址,因此调用 fun(x+2);将传递 x[2] 的地址给形参 p。在 fun 中输出 p 所指向数据中的 name 成员,自然是输出 x[2] 的 name,为 Zhao。

需要注意的是,各学生的学号并不是 11、12、13。"数前添零进制八"(参见第 2 章 2.2.1.1 小节),这里的 011、012、013 是八进制的 11、12、13,换算为十进制是 9、10、11,后者才是他们的学号。由于在生活中实际学号、工号等常以 0 开头,有些 C 语言教科书将此类问题程序中的学号也以 0 开头书写,误认为程序中以 0 开头的学号也是十进制的就不正确了。

结构体类型的变量也可以做函数的返回值,见下面的程序例。

【程序例 9.4】计算两个复数的加法:(1+2i)+(3+4i)。

```c
#include <stdio.h>
struct complex
{   int real;
    int unreal;
};
struct complex add(struct complex a, struct complex b)
{   struct complex r;
```

```
        r.real = a.real + b.real;
        r.unreal = a.unreal + b.unreal;
        return r;
}
main()
{    struct complex x={1,2}, y={3,4}, z;
     z=add(x,y);
     printf("z=%d+%di\n", z.real, z.unreal);
}
```

程序的输出结果为：

```
z=4+6i
```

复数由实部和虚部组成，如复数 1+2i 的实部为 1，虚部为 2。因此，一个复数适合用一个结构体类型的变量来保存。程序中定义了一个结构体类型 struct complex，所包含的两个成员 real 和 unreal 分别表示一个复数的实部和虚部。在 main 函数中定义了 3 个这种类型的变量 x、y、z。x 表示复数 1+2i，y 表示复数 3+4i，z 将保存它们相加的结果。

两个复数的和依然是复数，它的实部是原来两个复数的实部的和，虚部是原来两个虚部的和。程序中通过 add 函数计算两个复数的和，形参 a、b 都是结构体变量，不是指针，因此空间开销会比较大，x 的全部成员将传递给 a，y 的全部成员将传递给 b，如图 9-7 所示。

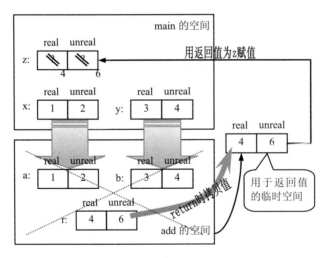

图 9-7   程序例 9.4 的函数空间

add 函数的返回值也是这种结构体类型的数据。在执行 return 语句时，要开辟临时空间，将要返回的数据存入临时空间，然后再返回临时空间的值。如同餐厅后厨在做好菜后，要取干净的盘子出锅装盘，然后再将此盘子端给客人（参见第 7 章 7.2.4 小节）。因此，add 函数返回的不是变量 r 本身的空间，而是再开辟一个临时空间，将 r 的值复制到临时空间，然后返回临时空间的值，如图 9-7 所示。

在执行语句 z=add(x,y);时，相当于执行了 "z=临时空间的值;"，这是两个同类型结构体变量之间的赋值，会将全部成员整体复制（参见 9.1.2.2 小节），z 将得到与临时空间完全相同的值,于是 z 的 real 和 unreal 成员分别得到了 4 和 6。

【随讲随练 9.4】程序如下所示:

```
#include <stdio.h>
#include <string.h>
struct A
{   int a; char b[10]; double c;  };
struct A f(struct A t);      /* 函数声明 */
main()
{   struct A a={101, "ZhangDa", 1098.0};
    a=f(a); printf("%d, %s, %6.1f\n", a.a, a.b, a.c);
}
struct A f(struct A t)
{   t.a=102;  strcpy(t.b, "ChangRong");  t.c=1202.0;  return t;}
```

程序运行后的输出结果是(　　)。

A. 101, ZhangDa, 1098.0　　　　　　B. 102, ZhangDa, 1202.0

C. 101, ChangRong, 1098.0　　　　　D. 102, ChangRong, 1202.0

【答案】D

【分析】函数 f 的参数是结构体类型的,实参 a 将整体传送,在 f 中改变 t 不会影响实参 a。但为什么最终 a 的值还是被改变了呢?这是因为函数的返回值是结构体类型的,函数返回值是选项 D 的内容。在执行 f(a)时,a 的值还没有变化,但在执行 a=返回值;时,a 就被赋值为选项 D 的值,也就是说 a 的值是在用函数的返回值赋值时才被改变的。如果在 main 函数中再定义另一变量 struct A b;并将程序中的 a=f(a);改为 b=f(a);则最终 a 的值不会变化,b 变为选项 D 的值。

9.1.6 大收纳盒里套小收纳盒——结构体类型的嵌套

小收纳盒也可被放进一个大收纳盒的某个隔间中,称为收纳盒的嵌套。类似地,结构体类型也可以嵌套。嵌套时,某个成员的类型不是 int、char 等基本类型而又是结构体类型。

```
struct point
{   double x;
    double y;
};
struct circle
{   struct point center;
    double r;
};
```

以上语句定义了两个结构体类型,相当于绘制了两种收纳盒的设计图。其中 struct circle 这种收纳盒中的 center 部分是一个 struct point 类型的小收纳盒。现在制作一个 struct circle 的收纳盒,如下所示:

```
struct circle cc;
```

则变量 cc 的空间情况如图 9-8 所示。

当收纳盒嵌套时，要找小收纳盒内的物品，应先到大收纳盒的对应隔间中找到小收纳盒，再到小收纳盒的隔间找到物品。类似地，嵌套结构体变量要访问其中嵌套的成员，也要用点（.）或箭头号（->）逐级找到最低级的成员才能使用。如要访问变量 cc 中的成员 x，应写作 cc.center.x，不能是 cc.x；要访问 y 也应写作 cc.center.y；访问 r 时才可写作 cc.r。以下程序段是为 cc 赋值为一个圆心在(1, 2)、半径为 3 的圆，并输出。

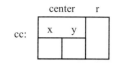

图 9-8 嵌套结构体变量 cc 的空间

```
cc.center.x=1;
cc.center.y=2;
cc.r=3;
printf("圆心在(%f,%f),半径为%f\n",cc.center.x,cc.center.y,cc.r);
```

高手进阶 成员的类型可以是某个结构体类型，但不能是它本身所在结构体的结构体类型，而只能是其他的结构体类型。如在 struct circle 类型的定义中，包含成员 struct circle s; 是不正确的。但允许本结构的指针作为自己的成员，如在 struct circle 类型的定义中，包含成员 struct circle *p; 则是正确的。

如通过指针变量访问 center 和 r，应使用箭头号（->）。由于 center 是"变量"不是指针，由 center 访问 x、y 时，仍应使用点号（.）。例如：

```
struct circle *pc=&cc;
pc->center.x = 1;
pc->center.y = 2;
pc->r = 3;
```

【随讲随练 9.5】定义和语句如下所示：

```
struct workers
{   int num; char name[20]; char c;
    struct {int day; int month; int year;} s;
};
struct workers w, *pw;
pw=&w;
```

能给 w 中 year 成员赋值 1980 的语句是（   ）。

A．*pw.year=1980;   B．w.year=1980;

C．pw->year=1980;   D．w.s.year=1980;

E．pw->s.year=1980;

【答案】DE

【分析】struct workers 内嵌了一个结构体类型，内嵌的结构体类型无名，直接用它定义了 s 成员。要访问 year，应先访问 s，再访问 year，逐级进行。注意 pw 是指针，应使用->。

9.2 公路桥洞——共用体

公路上的车辆有大有小、有高有低。在为公路修桥洞时，不必为每种高度的车辆单独修一个桥洞，也更不是将桥洞高度修到所有车辆的高度之和，而使桥洞高度允许最高的车辆通过就可以了，如图 9-9 所示。也就是说桥洞的高度是各种高度的车辆所"共用的"，小型车辆通过时只用高度的一部分。

结构体是自定义数据类型的一种，C 语言中还有另外一种的自定义数据类型，就是共用体。结构体与共用体最大的区别在于结构体变量各成员占有独立的空间，互不干涉，结构体变量占总字节数是各成员占字节数之和。而共用体变量则类似于公路桥洞，各成

图 9-9　公路桥洞类似共用体

员使用共同的空间，共用体变量占总字节数为各成员中占字节数最大的那个成员所占的字节数。

共用体的定义及使用方法与结构体基本是相同的，只是定义共用体类型时使用关键字 union 而不是 struct。

例如，下面定义了共用体类型 un，并同时定义了一个共用体类型的变量 u1 和一个可以指向这种共用体类型变量的指针变量 pu1：

```
union un
{    int i;
     char c;
     double d;
} ul, *pul=&ul;
```

通过执行以上语句，变量 ul 和 pul 的空间如图 9-10 所示。变量 ul 的类型是共用体类型 union un，其中有 3 个成员 i、c 和 d，这 3 个成员共占同一块内存空间。其中 i 占用地址 1000～1003 的 4 个字节（在 VC6 环境下），c 占用地址 1000 的 1 个字节，d 占用地址 1000～1007 的 8 个字节。各成员 i、c 和 d 的地址相同，都是 1000；共用体变量 ul 的地址也是 1000。整个共用体变量 ul 占总字节数与 d 相同，为 1000～1007 的 8 个字节。指针变量 pul 仍然只占 4 字节。

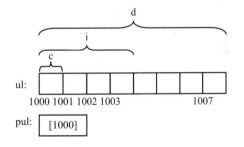

图 9-10　共用体变量 ul 和共用体指针 pul 的空间

【小试牛刀 9.2】试问 sizeof(union un)、sizeof(ul) 和 sizeof(pul) 的值分别为多少？（答案：分别为 8，8，4。）

公路桥洞的高度是共用的，但每次只能通过一辆车。共用体各成员在某一时刻，也只有其中一个成员的值有效，即最近被赋值的成员，而其他成员的值被覆盖。例如执行如下语句：

```
ul.i=2;
```

成员 i 有效，它的值是 2。如果再执行语句：

```
ul.d=1.2;
```

则成员 d 有效，它的值是 1.2。但此时成员 i 的值就不再为 2，i 已被 1.2 的一部分覆盖。

在定义共用体变量时赋初值，也要将初值包含在一对 { } 中，但 { } 中只能有一个值，且只能为共用体的第一个成员赋初值，初值的类型也要与第一个成员的类型一致（如果不一致，初值将被强制转换为第一个成员的类型）。例如：

```
union un x={2};      /* x.i 成员被赋初值 2 */
union un y={3.6};    /* 3.6 被转换为 int 为 3，y.i 成员被赋初值 3 */
```

高手进阶

共同体可用于在字节层次上转换数据类型。例如，下面程序用于查看 VC6 中某个占 4 字节的整数的各字节的内容：

```
union UNum
{ unsigned char b[4]; int num; };
main()
{ union UNum n;  n.num=274;
  printf("%d %d %d %d",n.b[0],n.b[1],n.b[2],n.b[3]);
}
```

程序输出结果为：18 1 0 0，表示 274 在内存中所占的 4 个字节，每字节所表示的整数。注意 b[0] 是最低的字节，如按字节由高到低排列依次是 0,0,1,18。也就是分别为 0000 0000，0000 0000，0000 0001，0001 0010。

9.3　给类型起个"绰号"——类型定义符 typedef

绰号，就是另一种称呼。如给熟悉的朋友起了绰号，则叫他的绰号和叫他的本名可起到相同效果。当然给人起绰号是件不好的事情，但在程序中，给类型起绰号会给编程带来方便。

在 C 语言中，可以用 typedef 由我们为某个数据类型起任意一个绰号，也就是别名。注意 typedef 是给数据类型起绰号的，而不是给变量起绰号。

例如，用 typedef 为整型 int 起别名为 INTEGER：

```
typedef int INTEGER;
```

注意最后的分号（;）必不可少。则之后定义整型变量时既可以用 int a, b;，也可以用 INTEGER a, b;，二者完全等效。

用 typedef 为普通数据类型（如 int）起别名似乎"多此一举"，但用 typedef 为结构体类型起别名就能为编程带来方便。例如：

```
typedef struct student  /* student 可省略 */
{   char name[10];
    int age;
    char sex;
    float score;
} STU;
```

则 STU 是 struct student 类型的别名，这样我们以后就可以用 STU 来直接定义结构变量：

```
STU boy1, boy2;
```

注意，不能写为 struct STU boy1, boy2; 因为 STU 已经代表了 struct student，不要再在 STU 前加 struct。而用"原类型名"定义变量时，必须写 struct，如下语句：

```
struct student boy1, boy2;
```

高手进阶

有时也可用宏定义来代替 typedef 的功能，但是宏定义是在编译前的预处理中完成的，而 typedef 则是在编译时完成的。例如：

```
#define STU struct student
STU
{   int num; char name[10]; char sex; float score;  };
STU boy1, boy2;
```

在编译预处理时，将所有的 STU 文本统统替换为 struct student，然后再编译。

高手进阶

在 typedef 的别名定义中，似乎"原类型名"与"别名"是用"空格隔开"的，甚至有的 C 语言教科书中说其一般形式为 "typedef　原类型名　新类型名;"，这是不确切的。对 typedef 的准确理解应该是：用与定义变量相同的方式来定义别名（前加 typedef），这里的"变量名"就是类型的别名。换句话说，这种"变量"是什么类型的，就是定义了什么类型的别名。例如 int INTEGER; 是定义 int 型的变量 INTEGER; typedef int INTEGER;就是定义 int 的别名（因为 INTEGER 的地位相当于是 "int 型"的变量）。也可为函数指针的类型定义"别名"。例如第 8 章程序例 8.11 中的 pmax 是"指针变量类型，用于指向函数，函数有两个参数、返回值是 int"。用 typedef 给这种类型起"绰号"，应写作：

```
typedef int (*PM)(int, int);
```

这里就不能以"空格"来分隔"本名"和"别名"了。这里的别名叫 PM（因为 PM 的地位相当于这种类型的指针变量）。之后可用这个别名 PM，来定义这种类型的函数指针变量。例如程序例 8.11 中的

```
int (*pmax)();   /* 或 int (*pmax)(int,int); */
```

也就可以写为：

```
PM pmax;         /* 定义函数的指针变量 */
```

实现的效果完全一样！显然后者用别名定义函数指针更简洁，* 和()都省略了。

9.4　内存空间的批发和零售——动态存储分配

在日常生活中，有时会遇到这样的尴尬，本来约了 10 位朋友去吃饭，结果却只来了 5 个人，预定的 10 个菜由于吃不完就浪费了，然而作为聚会组织者却必须以最多的可能人数来订餐，这样带来的问题就是来的人越少，浪费得就越多。如何解决这种问题呢？我们可以不预先定餐，待客人来了之后，再根据实到人数来点菜，即使在开席之后中途又有新客人到来，也可以随时加菜。这样按需实时点菜，来多少人点多少菜，就不会有浪费了。

在程序中，预先定义的变量或固定大小的数组就如同预订点好的菜，同样也会面临这样的尴尬。例如，计算平均分的程序需要由用户输入每位同学的分数，当预先不能确定有多少位同学时，需要事先定义一个足够大的数组，例如要定义包含 100 个元素的数组；又如输入字符串时，由于预先不能确定用户所输入字符串的长度，也要事先预定义一个足够大的 char 型数组如 char str[80];。而这些数组的空间很可能实际只用了其中的一部分，没有使用的空间就浪费了。能否在程序中也实现按需实时分配内存空间呢？

C 语言提供了一些内存管理库函数，常用的列于表 9-1。通过这些库函数可以由我们直接申请分配内存空间，而不必非要通过定义变量或数组才能够获得内存空间。在不需要这些空间时还可以随时将它们释放由系统回收，称为动态存储分配。

表 9-1　C 语言常用内存管理库函数

函数	功能	用法
malloc	分配 1 块长度为 size 字节的连续内存空间（不清零），函数返回该空间的首地址；如分配失败函数返回 0	(类型说明符*)malloc(size)
calloc	分配 n 块、每块长度为 size 字节的连续内存空间（共 size×n 字节），并将该空间中的内容全部清零，函数返回该空间的首地址；如分配失败函数返回 0	(类型说明符*)calloc(n,size)
free	释放 ptr 所指向的一块内存空间，ptr 是由 malloc 或 calloc 函数所分配空间的地址，即是这两个函数的返回值（或类型转换后的返回值）	free(ptr) （ptr 为任意基类型的指针）

使用表 9-1 所示的函数，应包含头文件 stdlib.h。要分配一些内存，可以调用 malloc 或 calloc 函数，只要在参数中给出要分配的字节数就可以了。malloc 一次只分配 1 块区域，而 calloc 一次可分配 n 块区域。用 malloc 时在参数中直接给出字节数，如 malloc(4)就会分配 4 个字节。用 calloc 时要给出两个参数，如 calloc(3，4)表示分配 3 块、每块有 4 字节的空间，共 12 个字节。

用 malloc 或 calloc 所分配的内存空间，都可以被当做变量的空间来用，但这些变量都是没有名字的，要使用这些"变量"，只能通过地址。分配空间的地址是多少呢？地址是作为 malloc 或 calloc 函数的返回值返回的。例如,调用 malloc(4)时若系统在地址为 1000～1003 处分配了 4 个字节的空间，则 malloc(4)的返回值就是 1000。应把这个返回的地址"妥善"保存到指针变量中，因为所分配的空间没有"变量"的名字，将来也只能通过地址访问。然而还不能将返回的地址直接保存到指针变量中，其中还有一些工作要做，例如下面程序是错误的：

```
int *p;
p=malloc(4);      /* 错误 */
```

因为 malloc(4)的返回值 1000 是个 void *类型的地址，而不是 int *类型，是不能直接被保存到 int *类型的指针变量 p 中的。如果把调用 malloc 和 calloc 比作向系统 "批发" 内存空间，则把这些内存空间的地址保存到指针变量中还有一个 "零售" 的过程。这种 "零售" 就是指针类型的强制类型转换。以上程序段的正确写法如下所示：

```
int *p;
p=(int *)malloc(sizeof(int));
```

(int *)就是强制类型转换，我们在第 2 章介绍的 "括起类型字，临时强转换"（参见 2.3.1.4 小节）在这里就派上用场了。注意要把返回值 1000 强制转换成 int *型，而不是转换成 int 型，写为下面的形式是不行的：

```
p=(int)malloc(sizeof(int)); /* 错误 */
```

因为地址是 int *型而不是 int 型（参见第 8 章 8.2.2 小节）。

其中参数 4 这里也不写作 4，而写作 sizeof(int)，因为在 Visual C++ 6.0 之外的其他系统中 int 型的变量不一定都占 4 字节。用 sizeof(int)让计算机自己去计算 int 型变量所占的字节数，比直接写作 4 更可靠，这使同一程序将来可在各种系统下都能正常工作。

分配好空间后，可通过 p 中保存的地址来将此空间当做一个整型变量的空间来用：

```
*p=12;                 /* 将 12 保存到此空间中 */
printf("%d", *p);      /* 输出 12 */
```

显然，要使用这个空间，通过 p 中所保存的地址是惟一途径。如果 p 中保存的地址不慎丢失，就再也找不到这个空间了。像下面连续分配的做法是错误的：

```
p=(int *)malloc(sizeof(int));
p=(int *)malloc(sizeof(int));
```

第 1 句分配了 4 字节的空间并将地址保存到 p 中，在执行第 2 句时，又重新分配了新的 4 字节空间并将新地址又保存到 p 中，这使 p 中第一次保存的地址丢失，再也找不到第一次的空间了。因此，应用一个指针变量保存一次分配空间的地址，如果一定要将此指针变量挪作他用，需先释放它目前所指向的空间（通过下面要介绍的 free 函数），然后再将指针变量挪作他用。

```
float *q, *r;
char *pc;
struct student *ps;
q=(float *)malloc(4);       /* 分配 4 字节的空间，用于保存 float 型数据 */
pc=(char *)malloc(100);     /* 分配 100 字节的空间，用于保存 char 型数组 */
r=(float *)calloc(5,4);     /* 分配 5 块每块 4 字节的空间，共 20 字节，
                               用于保存含 5 个元素的 float 型数组 */
ps=(struct student*)calloc(10, sizeof(struct student));
     /* 分配 10 块每块为一个 struct student 类型数据大小的
        空间，用于保存 10 个元素的 struct student 型数组
```

用 malloc 或 calloc 分配的内存空间，是我们向计算机 "借" 来的，在使用完后一定要

"还给"计算机。这和定义变量不同，通过定义变量分配的变量的空间会被系统自动回收，而通过 malloc 或 calloc 分配的空间系统不会自动回收，需要我们人工调用函数来回收。要回收一个用 malloc 或 calloc 分配的空间，调用 free 函数即可，例如：

```
free(p);
```

free 函数的参数是个地址，它可以是个任意基类型的地址，用于释放参数所指向的空间。注意以上语句不是释放 p 这个变量的空间，而是释放 p 所指向的空间。实际释放了 p 所指向的那个 int 型的 4 字节的空间，其中保存的 12 消失。而 p 这个指针变量的空间不变，其中所保存的地址（1000）也不受影响。但注意虽然现在 p 中保存的地址不变（还是 1000），然而这个地址所指向的数据已经无效，不能再使用这个地址了。

空间也不能重复被 free 函数释放，如下面的做法是错误的：

```
free(p);      /* 第一次调用正确：释放 p 所指向的空间 */
free(p);      /* 错误：p 所指向的空间已被释放，不能重复释放 */
```

然而允许在调用 free 函数时，参数为"空指针"（地址值为 0）。当参数为空指针时，调用 free 函数不做任何操作，即使重复多次调用，也不会发生错误。因此，当调用 free 函数后，就人为地将指针变量赋值为 0，是个很好的习惯。它避免了以后一不小心又误用了指针变量所指向的空间，或又用 free 函数重复释放了它所指向的空间，而导致错误。例如：

```
free(p);      /* 释放 p 所指向的空间 */
p=0;          /* 然后将 p 的地址值清 0 */
```

这样，即使以后再重复调用很多次 free(p);也不会发生错误了，使 p 值为 0 以后也无法通过 p 再次访问 p 原来所指向的、现已被释放消失了的数据。又如：

```
free(ps);ps=0;   /* 释放 ps 所指向的一个结构体数组的全部空间 */
free(r);r=0;     /* 释放 r 所指向的 float 型数组的 20 字节的空间 */
free(pc);pc=0;   /* 释放 pc 所指向的 char 型数组的 100 字节的空间 */
free(q);q=0;     /* 释放 q 所指向的一个 float 型数据的 4 字节的空间 */
```

　　　　不用 free 函数释放空间，虽没有语法错误，但会导致即使在程序结束后这块内存空间还将永远被占据。这种情况如果频繁发生，久而久之，系统资源就会逐渐减少，直至枯竭，计算机运行速度会越来越慢，直至最后整个系统崩溃！因此，"借东西要还"，用 malloc 或 calloc 申请内存后，一定要释放，虽然在语法上没有硬性规定，但却是优秀程序员的良好习惯，也应该是程序员要遵守的一种道德品质。

free 函数是与 malloc 或 calloc 函数配对使用的，不要用 free 函数释放普通变量的空间，例如下面做法是错误的：

```
int a; int *p1=&a;
free(p1);    /* 错误 */
```

普通变量 a 的空间不需要也不能用 free 函数释放，普通变量 a、指针变量 p1 包括上例指针变量 p 本身的空间，它们都会在函数运行结束后被系统自动释放，因为它们都是通过定义变量的方式获得的空间（而不是通过调用 malloc 或 calloc 函数获得的空间）。

高手进阶

malloc 和 calloc 都是在"堆"中分配内存的，"堆"是内存中的一个区域，它是相对于"栈"内存而言的。我们可以简单地认为，函数中的局部变量都在"栈"内存中，它们的特点是在函数结束后这些空间全被自动回收。而"堆"内存与"栈"内存是两个区域，"堆"内存中的内容在函数结束后并不会被自动回收。因此在通过 malloc 和 calloc 申请内存后，一定要记得用 free 函数人工释放这些内存。

一般来说，"堆"内存比"栈"内存拥有更大的空间，在函数中定义一些包含较多元素的"大数组"时可能会定义失败（因为"栈"比较小），而通过 malloc 和 calloc 在"堆"中申请大数组的空间则更可能会成功。

【程序例 9.5】计算一批数据的平均分，数据个数由键盘输入确定。

```c
#include <stdio.h>
#include <stdlib.h>
main()
{   int n, i; double sum=0, *p;
    printf("请输入要计算平均分的数据个数："); scanf("%d", &n);
    p=(double *)calloc(n, sizeof(double));
    if (p==0) {printf("分配内存失败！\n"); exit(1); }

    printf("请输入这%d个数据：\n", n);
    for (i=0; i<n; i++) scanf("%lf", &p[i]);

    for (i=0; i<n; i++) sum+=p[i];
    printf("这%d个数据的平均值是：%6.2f\n", n, sum/n);

    free(p); p=0;
}
```

程序的运行结果为：

```
请输入要计算平均分的数据个数：5↓
请输入这 5 个数据：
85↓
76↓
69↓
85↓
96↓
这 5 个数据的平均值是： 82.20
```

不能用变量 n 作为元素个数直接定义数组 double x[n]，因为定义数组时不能用变量表示元素个数（参见第 6 章 6.1.1.2 小节）。而用 calloc 函数分配内存，calloc 的参数就可以是变量了，如下所示：

```c
p=(double *)calloc(n, sizeof(double));
```

这样分配了 n 块，每块是一个 double 型数据大小的连续空间（n 值是由键盘输入的），可将此空间当做含 n 个元素的 double 型数组使用。这个数组没有名字，只有首地址 p，可用*(p+i)或 p[i]访问各数组元素（p[i]是*(p+i)的语法糖，参见第 8 章 8.3.2.2 小节）。

如果用定义数组的方式处理类似的问题，必须事先定义一个足够大的数组，如 double x[100];而实际程序运行时可能只使用其中的一部分。可以看到，通过动态申请内存的方式，可以"用多少、申多少"，避免了浪费。

程序中的 if 语句是在 calloc 内存分配失败时的处理，如果空间分配失败，calloc 函数将返回 0，这时 p 的值为 0。这样就无法继续后面的工作了，程序应报告出错并退出。exit 函数是 stdlib.h 中定义的库函数，它的作用是强行退出程序。exit 函数有一个参数，这个参数用于返回给操作系统（如 Windows），一般调用 exit 函数正常退出程序时参数值设为 0，异常退出程序时设为非 0 值。

【随讲随练 9.6】以下程序运行后的输出结果是（   ）。

```c
#include <stdio.h>
#include <string.h>
#include <stdlib.h>
main()
{   char *p; int i;
    p=(char *)malloc(sizeof(char)*20);
    strcpy(p,"welcome");
    for(i=6; i>=0; i--) putchar(*(p+i));
    printf("\n"); free(p);
}
```

【答案】emoclew

【分析】用 malloc 函数分配了 1*20 共 20 个字节的空间，将此空间当做 char 型数组来用，然后用 strcpy 函数将"welcome"字符串复制到此"数组"中，p[7]保存'\0'字符。后面的 for 循环将此字符串中的字符逐个逆序输出。

9.5   电影院里的座次问题——链表

某班级同学组织到影院观影，然而买到的电影票没有连号，更没有按学号分发给各位同学。这使本班同学在影院中必须比较散乱地分开就座了。如何能在观影期间，无一遗漏地找到本班的所有同学呢？班长想到这样一个对策：请每位同学都记录下自己下一学号同学的座次号。这样，如果找到了学号为 1 号的同学，就能从他那里问到 2 号同学的座次号，找到 2 号同学，再从 2 号同学那里问到学号为 3 号的同学的座次号，找到 3 号同学，再从 3 号同学问到 4 号同学的座次号，找到 4 号同学……直到找到最后一位同学，最后一位同学所记录的座次号为 0，表示不再有下一位。

上面这种对策，在程序中被称为链表，可表示为图 9-11。在图 9-11 中，每个结点（每位同学）实际上有他的学号和他所记录的下一位同学的座次号两部分组成。也就是说，链表的结点是由两部分组成的：（1）数据域，用于存储要处理的数据值。（2）指针域，用于指向下一个结点，如图 9-12 所示。

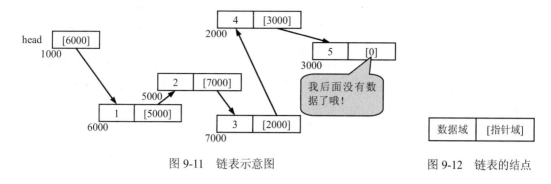

图 9-11　链表示意图　　　　　　　　　　图 9-12　链表的结点

从图 9-11 可以看出，5 位同学的学号依次是 1、2、…、5；然而按照座次顺序 2000、3000、…、7000 依次就座的是 4、5、2、1、3，说明在链表中地址（座位号）的顺序与学号的顺序可以并不相同，且就座的地址也可以不连续（图 9-11 中地址 4000 处还没有数据呢）。链表的关键是按照每个结点的"指针域"串联起来：在第 1 个结点的指针域内存入第 2 个结点的地址，在第 2 个结点的指针域内又存入第 3 个结点的地址等，最后一个结点无后续结点，其指针域为 0。整个链表再由一个指针 head 指向第 1 个结点。这样从 head 就能找到第 1 个结点，再由第 1 个结点的指针域找到第 2 个结点，直到某个结点的指针域为 0 时结束。

我们在第 6 章学习了通过数组可以保存一组数据，现在学习通过链表也能保存一组数据。要保存一组数据既可以采用数组，也可采用链表，这两种方式的优缺点如下所示：

（1）使用数组保存数据时，必须事先确定数组的大小；而链表则不必，在程序运行过程中要为链表增加新结点，可以随时用动态存储分配的方式，分配一个新结点的空间，然后再把新结点"链到"链表的末尾就可以了（修改原链表最后一个结点的指针域，让它指向新结点）。

（2）数组元素的内存空间连续，使数组元素的插入和删除都非常麻烦（需依次移动元素腾出位置或填补空缺）；但由于链表的各结点的存储空间可以不连续，链表结点在内存中的位置可以任意，这使链表结点的插入和删除都非常方便（后面将要介绍，只要调整 1～2 个结点的指针域，使它保存正确的地址就可以了）。

（3）通过数组名和下标可直接存取数组中间的任何一个元素，比较方便。然而链表就比较麻烦了，要访问链表中的一个结点，都必须从第一个结点开始，按照各结点的指针域，一个找一个地"顺"下来，直到到达所需要的结点为止。

（4）用数组保存一批数据时，只要保存数据本身就可以了，而用链表保存时，不但要保存数据本身，还要为每一数据另设指针域的存储空间保存下一数据的地址。因此保存同样多的数据，链表比数组要占用更多的存储空间。

9.5.1　链表的建立和遍历

如何在程序中建立一个链表呢？观察图 9-12 链表的一个结点可知，要保存这样的一个结点，显然要用一个自定义的、结构体类型的变量。因此应先定义这种结构体类型，以后再用此类型定义变量来保存结点。这种结构体类型的定义如下所示：

```
struct node
{   int data;
    struct node *next;
};
```

以上语句有两个成员组成，数据域成员名为 data，指针域成员名为 next。数据域 data 的类型类似于数组的类型，可根据需要选用，如每个结点将保存 int 型数据就定义为 int，如每结点将保存 double 型数据就定义为 double。而指针域 next 是一个指针（定义时要有*），它所指向的内容仍然是一个结构体类型的结点，所以它的基类型仍是 struct node。

定义好类型后，就可以用此类型定义变量作为链表的结点。为了体现链表不必事先确定结点个数的优势，每个结点应尽量用动态存储分配的方式来创建，而不通过事先定义变量的方式（毕竟也不知道事先要定义几个变量嘛）。例如，下面的程序段就是"制作"了链表中的一个结点：

```
struct node *p;
p=(struct node *)malloc(sizeof(struct node));
```

要在该结点中保存数据 1，应执行以下语句：

```
p->data = 1;
```

注意由于 p 是指针，应使用箭头号（->），而不要写为 p.data=1;。如要修改该结点所指向的下一结点的地址，例如下一结点的地址已保存在指针变量 q 中，应执行如下语句：

```
p->next = q;
```

通过这种方式逐个"制作"链表中的每一个结点，并正确设置它们的 next 域的地址值（均指向下一结点），则链表就建立起来了。

为了编程的方便，在实际编程时，链表第一个结点的组织方式与图 9-11 略有区别。在实际编程时一般在第一个结点之前再安排一个结点，这个结点不保存数据（不使用 data 域），只使用它的 next 域指向第一个结点，这个结点称为头结点，如图 9-13 所示。这种链表称带头结点的链表。在带头结点的链表中，指针变量 head 指向头结点，即 head 保存头结点的地址，注意 head 本身不是头结点。

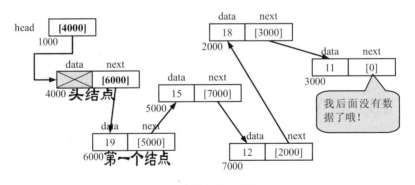

图 9-13　带头结点的链表

【小试牛刀 9.3】在带头结点的链表中，若指针变量 head 已指向头结点，如何得到第一个结点的地址呢？（答案：head->next。在图 9-13 中，head->next 得到的就是 hcad 所指结点的 next 域，即头结点的 next 域 6000，即第一个结点的地址。）

下面程序的 createlist 函数，通过将一个数组中的数据组织为链表的形式来建立链表。

【程序例 9.6】 链表的建立和遍历。

```
#include <stdio.h>
#define N 5
typedef struct node
{   int data;
    struct node *next;
} SNODE;

SNODE *createlist(int a[])     /* 用数组 a 建立链表，返回头结点地址 */
{   SNODE *h;                  /* h 指向头结点，即保存头结点的地址 */
    SNODE *p, *q;              /* p 指向现在的结点，q 指向上一结点 */
    int i;

    /* 开辟头结点的空间，头结点的 next 域稍后再设置 */
    q=(SNODE *)malloc(sizeof(SNODE));
    h=q;

    /* 建立链表中的结点，现在的"上一结点"为头结点（q 指向）*/
    for (i=0; i<N; i++)
    {   p=(SNODE *)malloc(sizeof(SNODE));  /* 开辟一个结点空间 */
        p->data=a[i];          /* 使用现在的结点保存数据 */
        q->next=p;             /* 修改上一结点的指针域，使其指向现在的结点 */
        q=p;                   /* "现在的结点"将在下次变为"上一结点" */
    }
    q->next=0;                 /* 设置最后一个结点的指针域为 0 */
    return h;                  /* 函数返回头结点的地址 */
}

void outlist(SNODE *h)         /* 依次输出链表中的数据，h 是头结点的地址 */
{   SNODE *p;
    p=h->next;
    while (p)                  /* 也可写为 while (p!=0) */
    {   printf("%d  ", p->data);
        p=p->next;
    }
}

void destroylist(SNODE *h)     /* 销毁链表，h 是头结点的地址 */
{   SNODE *p, *q;
    p=h->next;
    while (p)
    {   q = p->next;           /* 备份 p->next 到 q */
        free(p);               /* 释放 p 所指结点的空间 */
        p = q;                 /* 使 p 指向下一结点 */
    }
    free(h);                   /* 销毁头结点 */
}

main()
{   int a[N]={19,15,12,18,11};
    SNODE *head;               /* head 保存头结点的地址 */
```

```
    head = createlist(a);      /* 建立链表 */
    outlist(head);             /* 输出链表 */
    destroylist(head);         /* 销毁链表 */
}
```

程序的输出结果为：

```
19  15  12  18  11
```

首先用 typedef 为结构体类型起了别名 SNODE，这样以后就可用 SNODE 代替 struct node。

建立链表是由 createlist 函数完成的， createlist 函数的参数是一个 int 型的数组（本质为一个指针变量 int *a），返回值是一个结构体类型的指针，是返回链表头结点的地址。链表各结点的数据从数组 a 中获得，在建立的过程中，为每一个数组元素建立一个链表的结点，将结点的 data 域赋值为对应数组元素的值。而当下这个结点的 next 域暂不能被赋值，因为它是保存下一结点的地址的，而下一结点尚未建立，地址不确定。但是，上一结点的 next 域已经可以确定了，它就是当下这个结点的地址。因此，每建立一个结点，都是赋值当下这个结点的 data 域，和赋值上一结点的 next 域。跳出 for 循环后，再赋值最后一个结点的 next 域为 0。createlist 函数的返回值被赋值到 main 函数的指针变量 head 中保存。建立好的链表如图 9-13 所示。

outlist 函数用于输出这个链表，也就是从链表的第一个结点开始，依次输出每个结点的 data 域。从链表的第一个结点开始，依次访问每个结点，且每个结点只被访问一次，称为链表的遍历。访问可以是输出每个结点的数据，也可以是统计结点、检查结点、查找结点等。

显然要依次输出，开始要找到第一个结点。outlist 函数需要一个参数，这个参数就是链表头结点的地址（注意不是第一个结点的地址）。main 函数在调用 outlist 函数时，传递参数 head 就可以了。在 outlist 函数中的指针变量 p 用于依次指向链表中的每个结点，p 指向一个，就输出一个的 data 域。h 是头结点的地址，开始要让 p 指向第一个结点应执行语句：

```
p = h->next;
```

下面是输出 p 所指向结点的 data，再让 p 指向下一个结点，再输出 p 所指向的新结点的 data，再让 p 指向下一个结点……显然这是一个循环的过程，循环终止的条件不是当 p 指向最后一个结点，而是"过了"最后一个结点（因为最后一个结点的 data 也要输出）。也就是说循环终止的条件是：当 p 再指向下一个结点时，p 值为 0，因此 while 语句应写为 while(p)或 while(p!=0)。而 p 当下所指结点的 next 域中（p->next）就保存有下一结点的地址，让 p 指向下一结点只要把 p->next 赋值回 p 中就可以了，即执行语句 p=p->next。

窍门秘笈 带头结点链表遍历的编程套路是(设结点基类型的指针变量 h 已指向链表的头结点，即已保存了头结点的地址，并已定义结点基类型的指针变量 p)：

```
p = h->next;
while (p!=0)      /* 或写为 while(p) */
{
```

```
        处理一个结点，数据为 p->data;
        p = p->next;
    }
```

上面 outlist 函数就是此编程套路的一个实际应用。要输出各结点的 data，将套路中的"处理一个结点"部分写作 printf("%d   ", p->data);就可以了。本程序的输出结果都是在 outlist 函数中输出的内容。

　　　　　　我们在第 8 章学习过的字符串处理的编程套路(参见第 8 章 8.5.3.1 小节) 中也有类似的 while 语句，字符串处理的 while 语句应写为 while(*p)，这里链表遍历的 while 语句应写为 while(p)是没有*号的，二者不要搞混！
　　　　　　可以这样来区分：字符串处理时，终止条件是遇到'\0'，是 p 所指向的字符为'\0'而不是 p 本身保存的地址为'\0'，自然应写为 while(*p)。而链表遍历中 p 是指向结点的，终止条件是 p 本身为 0 时，因此应写为 while(p)。

本程序还有一个 destroylist 函数，用于销毁链表。即 free 掉每一个结点。实际这也是一个"遍历"的过程，依次访问每个结点，然后 free 掉每个结点，可按照套路编程。然而如将套路中的"处理一个结点"写作 free(p);就无法再执行套路中的下一条语句 p=p->next;因为 p 所指向的数据刚被 free 掉了，也就再得不到 p->next。如何解决这个问题呢？我们可以在 free(p);之前，提前将 p->next 的值备份到 q 里保存，这样 free(p);后，用 p=q; 来达到与套路中 p=p->next;相同的目的。这是按照套路编程的一点变化，最后也应销毁头结点，执行语句 free(h); 。

【随讲随练 9.7】请编写函数 sumlist，其原型如下：

```
int sumlist(SNODE *h)
```

函数的功能是求程序例 9.6 建立的链表中各结点数据域之和，并由函数返回，形参 h 指向链表的头结点。使 main 函数对此函数的调用为 printf("%d", sumlist(head)); 则能输出和。

【分析】对结点的处理是累加 s += p->data;。按照遍历的编程套路可以很容易地写出程序：

```
int sumlist(SNODE *h)
{   SNODE *p;    int s=0;
    p=h->next;
    while (p)
    {   s += p->data;
        p = p->next;
    }
    return s;
}
```

【随讲随练 9.8】请编写函数 maxlist，其原型如下：

```
int maxlist(SNODE *h)
```

函数的功能是求程序例 9.6 建立的链表中各结点数据域中的最大值（设链表中各结点数据均为非负），并由函数返回，形参 h 指向链表的头结点。使 main 函数对此函数的调用为 printf("%d", maxlist(head)); 则能输出最大值。

【分析】链表求最值的方法与数组的类似（参见第 6 章 6.1.3.3 小节），设变量 m 保存最大值，开始让 m 是第一个结点的值，也可以让 m 开始是链表中必定都不存在的极小值（任何值都比它大，如-1）。将结点逐一与 m 比较，结点值大则更新 m，仍按照遍历套路编程即可。

```
int maxlist(SNODE *h)
{   SNODE *p;    int m=-1;
    p=h->next;
    while (p)
    {   if( p->data > m) m = p->data;
        p = p->next;
    }
    return m;
}
```

【随讲随练 9.9】请编写函数 countlist，其原型如下：

```
void countlist(SNODE *h, int *n)
```

函数的功能是求程序例 9.6 建立的链表中的结点个数，并由形参 n 返回，形参 h 指向链表的头结点。使 main 函数对此函数的调用为 countlist(head, &ct); printf("%d",ct);则能输出结点个数（设 int ct;已定义）。

【分析】统计个数就是对各结点的处理为"见一个，计数一个"，而对结点本身不需要任何处理。注意计数时，不是 n++；n 是指针变量，应是 n 所指向的数据++。

```
void countlist(SNODE *h, int *n)
{   SNODE *p;
    *n=0;              /* 使n指向的数据清 0 */
    p=h->next;
    while (p)
    {   (*n)++;        /* 使n指向的数据+1 */
        p = p->next;
    }
}
```

【随讲随练 9.10】请编写函数 sortlist，其原型如下：

```
void sortlist(SNODE *h)
```

函数的功能是将程序例 9.6 建立的链表中的结点按数据域从小到大排序，形参 h 指向链表的头结点。使 main 函数对此函数的调用为 sortlist(head); 即可对链表进行排序，再调用 outlist(head);则能在屏幕上输出已排序链表的各结点的数据。

【分析】链表排序也可借用某些数组排序的方法，例如选择排序法（参见第 6 章 6.2.2.1 小节）。与数组的区别是，两层循环都要以链表遍历的方式进行，因此链表排序程序实际是两个遍历的嵌套（外层用指针变量 p，内层用指针变量 q），仍按照遍历套路编程即可。为了方便，外层不必遍历到倒数第二个结点，而也遍历到最后一个结点。因为当外层指针 p 指向最后一个结点时，q 从它的下一结点开始，q=p->next; q 会为 0，不做内层循环，直接执行 p = p->next;后 p 也为 0，跳出外层循环结束。

```
void sortlist(SNODE *h)
{   SNODE *p, *q;  int t;
    p=h->next;
```

```
    while (p)              /* 外层循环 */
    {   q=p->next;
        while (q)          /* 内层循环 */
        {   if (p->data > q->data)  /* "外大交换完毕" */
            {t=p->data; p->data=q->data; q->data=t;}
            q=q->next;     /* 内层循环套路 */
        }
        p = p->next;       /* 外层循环套路 */
    }
}
```

9.5.2　链表结点的插入和删除

链表结点的插入和删除，都不需要移动其他结点，是比较方便的，这是链表与数组相比的绝对优势！无论是插入和删除，只要维持链表链式关系的完整就可以了。

插入结点的过程如图 9-14 所示，只要删除虚线箭头，并建立两个斜向的实线箭头就可以了。如果指针变量 q 已指向插入位置的前一结点，s 已指向新结点，插入操作只需要执行以下语句：

```
s->next = q->next; /* 建立第二个斜向箭头 */
q->next = s;       /* 建立第一个斜向箭头，同时删除虚线箭头 */
```

注意一定要"先连后断"，如果上面两条语句交换顺序，先执行 q->next=s; 则 q 所指向结点的 next 域就被改变，原来 next 域的内容丢失，就无法为 s->next 赋值了！

删除结点的过程如图 9-15 所示，只要删除两个虚线箭头，并建立一个实线的弯箭头就可以了。而随着实线弯箭头的建立，第一个虚线箭头同时消失（因为改变了前一结点的 next 域），随着被删结点的删除，第二个虚线箭头也就跟随删除（因为第二个虚线箭头是被删结点的 next 域）。因此，删除结点对链表本身来说只需要一步就可以了，即修改前一结点的指针域，使它直接指向后一结点。设指针变量 q 已指向被删结点的前一结点，指针变量 p 已指向被删结点，则删除结点的操作为：

```
q->next = p->next; /* 建立实线弯箭头，同时删除第一个虚线箭头 */
free(p);           /* 释放被删结点的空间，同时删除第二个虚线箭头 */
```

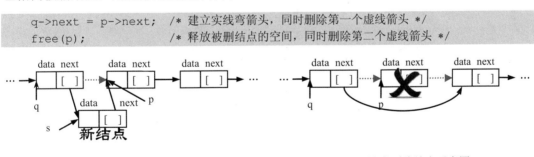

图 9-14　链表插入结点示意图　　　　　图 9-15　链表删除结点示意图

若链表结点是由动态存储分配建立的，还应用 free(p);释放被删结点的空间。显然，无论插入或删除，都只需调整要插入或删除结点的前面一个结点的指针域（插入结点时还需设置新结点的指针域），而与更前面和后面所有的结点都无关。

【程序例 9.7】在程序例 9.6 建立的链表中的结点 18 之前，插入新结点 17，输出插入后的链表，然后再删除链表中的结点 15，输出删除后的链表。

```
/*
说明：类型、常量定义以及 createlist、outlist、destroylist 函数均与程序例 9.6 完全相
同，这里不再重复给出；下面仅给出新增加的两个函数 insert 和 delete，以及 main 函数
*/

/* insert 函数：在链表（头结点地址为 h）的值为 a 的结点之前插入新结点，
    新结点值为 d；如链表中没有找到结点 a，则在链表的最后添加新结点 d */
void insert(SNODE *h, int a, int d)
{   SNODE *p, *q;              /* p 指向插入位置，q 指向插入位置的前一结点 */
    SNODE *s;                  /* s 指向新结点 */

    /* 制作新结点：设置新结点的 data 域，新结点的 next 域稍后再设置 */
    s = (SNODE *)malloc(sizeof(SNODE));
    s->data = d;

    /* 定位插入位置：使 p 指向插入位置，q 指向插入位置的前一结点 */
    q=h; p=h->next;            /* q 总指向 p 所指向结点的前一结点 */
    while (p)
    {   if (p->data == a) break;
        q=p; p=p->next;        /* q 总指向 p 所指向结点的前一结点 */
    }

    /* 插入新结点 */
    s->next = q->next;         /* 或 s->next = p; 建立第二个斜向箭头 */
    q->next = s;               /* 建立第一个斜向箭头，同时删除虚线箭头 */
}

/* delete 函数：在链表（头结点地址为 h）中删除值为 a 的一个结点，
    如链表中没有找到结点 a，则不删除 */
void delete(SNODE *h, int a)
{   SNODE *p, *q;              /* p 指向要删除的结点，q 指向其前一个结点 */

    /* 定位要删除的结点：使 p 指向要删除的结点，q 指向其前一个结点 */
    q=h; p=h->next;            /* q 总指向 p 所指向结点的前一结点 */
    while (p)
    {   if (p->data == a) break;
        q=p; p=p->next;        /* q 总指向 p 所指向结点的前一结点 */
    }

    /* 删除结点 */
    if (p)  /* 只有找到了值为 a 的结点才执行删除 */
    {   q->next = p->next;     /* 建立实线弯箭头，同时删除第一个虚线箭头 */
        free(p);               /* 释放被删结点的空间，同时删除第二个虚线箭头 */
    }
}

main()
{   int a[N]={19,15,12,18,11};
    SNODE *head;
    head = createlist(a);      /* 建立链表 */
    printf("原链表为：\n");
    outlist(head);             /* 输出链表 */

    insert(head, 18, 17);      /* 插入结点 */
```

```
        printf("\n 插入结点后的链表为：\n");
        outlist(head);        /* 输出链表 */

        delete(head, 15);     /* 删除结点 */
        printf("\n 删除结点后的链表为：\n");
        outlist(head);        /* 输出链表 */

        destroylist(head);  /* 销毁链表 */
}
```

程序的输出结果是：

```
原链表为：
19  15  12  18  11
插入结点后的链表为：
19  15  12  17  18  11
删除结点后的链表为：
19  12  17  18  11
```

　　插入和删除的操作分别由 insert 函数和 delete 函数完成。调用这两个函数时，都要向函数传递链表头结点的地址（注意不是第一个结点的地址）。插入结点时参数 a 表示在 data 域为 a 的结点之前插入，删除结点时参数 a 表示要删除 data 域为 a 的结点。因此无论插入和删除，都先要定位到 data 域为 a 的结点，这种定位实际就是链表的查找操作，其编程模式仍然是链表遍历的套路，只是在套路的基础上，增加了指针变量 q，使 q 总指向 a 结点的前一结点，方便后续的插入或删除时使用。插入和删除时各指针的指向，分别可参考图 9-14 和图 9-15。

　　【小试牛刀 9.4】试编写一个函数 find，用于按数据域查找链表中的一个结点，若找到函数返回该结点所在链表中的顺序号（第 1 个结点顺序号为 1），若未找到函数返回 0。

　　【分析】按照上例程序的插入、删除时的"定位"操作，就可以编写这个程序了。而且查找不需设指针变量指向前一结点，指针变量 q 可以省略。本质上编写这个程序仍可按照链表遍历的编程套路。

```
int find(SNODE *h, int a)              /* 查找 data 域为 a 的结点 */
{    SNODE *p;   int n=0;
     p=h->next;
     while (p)
     {    n++;                         /* 顺序号递增 */
          if (p->data == a) return n;  /* 找到后直接返回，退出函数 */
          p=p->next;
     }
     return 0;                         /* 程序运行到此说明没有找到 */
}
```

　　【随讲随练 9.11】请编写函数 reverselist，其原型如下：

```
void reverselist (SNODE *h)
```

　　函数的功能是将程序例 9.6 中建立的链表进行逆置。即原链表结点依次为 19,15,12,18,11，执行函数后，结点依次为 11,18,12,15,19。形参 h 指向链表的头结点，使 main 函数对此函数的调用为 reverselist(head); 再执行 outlist(head);即能输出逆置后的链表。

　　【分析】链表逆置就是（1）将每个结点的 next 域修改为指向它的前一结点。（2）将原来第一个结点的 next 域修改为 0。(3)将头结点的 next 域修改为指向原来的最后一个结点，如图 9-16 所示。其中（2）可合并到（1）中，只要认为第一个结点的"前一结点的地址"是 0。因此除（3）外，主体仍是一个链表的遍历：通过遍历依次修改每个结点的 next 域，仍可按照遍历套路编程。

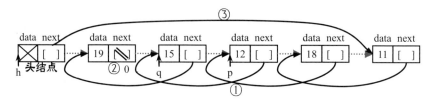

图 9-16   链表逆置的原理

遍历时对每个结点的处理为修改每个结点的 next 域为它前一结点的地址。由于要使用"前一结点的地址"，与插入、删除结点的"定位"操作类似，在遍历过程中，也要用一个指针变量 q 始终保存"前一结点的地址"。如果遍历的指针变量为 p，则对每个结点的处理为：p->next=q; 。

这样改变了 p->next 的值，因此在套路中的后一条语句 p=p->next; 就无法正常工作了，为了达到套路中的目的——把 p->next 的原值赋值给 p，在处理每个结点改变 p->next 之前，先把 p->next 的值备份到指针变量 r 中，之后通过执行 p=r;来达到套路中 p=p->next; 的目的。

```
void reverselist(SNODE *h)
{   SNODE *q, *p, *r;      /* q 总指向 p 所指结点的前一结点，r 是临时变量 */
    p = h->next;
    q=0;                   /* 设第一个结点的"前一结点"的地址为 0，
                              以在下面 while 循环中正确处理第一个结点 */

    while (p)
    {   r = p->next;       /* 备份 p->next 的值 */
        p->next = q;       /* 处理结点 p，改变其 next 域为指向前一结点 */
        q = p; p = r;      /* 准备下一结点：q 总指向 p 所指结点的前一结点；
                              通过 p=r; 达到遍历套路中 p=p->next;的目的 */
    }
    h->next = q;           /* 修改头结点为指向原来的最后一个结点 */
}
```

9.5.3   链表的高级兄弟——高级链表简介

以上介绍的链表称为单向链表，在实际应用中，链表还有循环链表、双向链表等。

循环链表最末端结点的指针域不保存 0，而是又指回第一个结点，如图 9-17 所示。循环链表类似于早期按键式手机的菜单，需要按"下箭头"向下移动菜单项，当已选到最后一个菜单项时，再按"下箭头"就又回到了第一个菜单项。循环链表使能从任意一个结点出发遍历整个链表，访问所有结点，而不需要必须从第一个结点出发。循环链表的结点插入、删除与单链表的基本相同，只是在第一个结点前或最后一个结点后插入新结点或者删除第一个结点或最后一个结点时，要改变相应结点指针域的指向。

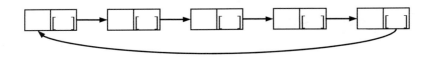

图 9-17　循环链表

双向链表的每个结点有 2 个指针域：左指针域指向它的前一结点，右指针域指向它的后一结点，如图 9-18 所示。这样可以很容易地获得任何一个结点的"前一结点"，链表遍历既可以顺向进行，也可以逆向进行。双向链表的结点插入、删除，与单链表类似，但要增加左指针的变化，要同时维护左、右两个指针链式关系的完整。

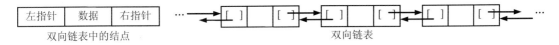

图 9-18　双向链表中的结点和双向链表

第 10 章　得文件者得天下——文件

使用计算机，必然每天都要接触文件。拍一张数码照片时，就产生了一个图片文件（.jpg）。下载一个电影时，就下载了一个视频文件（.avi）。听一首流行音乐时，播放器就读取了一个音乐文件（.mp3）。当需要打印一篇文章时，只要把保存好的 word 文件（.docx）用 U 盘复制给打印店老板就可以了。在计算机中的各种软件包括 Windows 系统本身，也是靠不断读、写系统中的各种文件来工作的。感染了计算机病毒，就是正常文件中被写入了一些特殊的内容。杀毒软件的杀毒，也就是从被感染的文件中再去除这些内容。文件才是计算机的"根"，如果我们自己拥有了处理文件的本领，能够按照我们的意愿来自由地读、写文件，还俨然不是把计算机的天下掌控在自己的手中吗？

在本章我们将学习如何通过 C 语言来读、写各种文件，包括创建自己的文件，把程序中的变量写到文件中，以及把文件中的内容再读入到程序中的变量，在程序中进一步处理。

10.1　一针 hold 住全文件——文件指针

在 C 语言程序中要对文件进行各种操作，都需要通过库函数完成。对文件或者读、或者写，只要调用相应的库函数就可以了（必须包含头文件 stdio.h）。

要处理文件必须说出文件名和它所在的文件夹那是肯定的，不然谁知道要处理哪个文件呢？文件名和它所在的文件夹是用 \ 隔开的字符串表示的，如 C:\folder1\file1.dat 表示 C 盘 folder1 文件夹下的 file1.dat 文件。但在 C 语言中表示为字符串时应写为 "C:\\folder1\\file1.dat"（由于\为转义字符，要用连续的两个\\表示一个普通的\，参见第 2 章 2.2.3.3 小节），又如"D:\\abc\\def\\g.txt"表示 D 盘 abc 文件夹下的 def 子文件夹下的 g.txt 文件。然而，如果对文件的每一个操作都要写一遍这么长的字符串，程序里那就满屏到处都是文件名了。因此应该用"代号"来代表一个文件，对文件进行各种操作时，只要喊出它的"代号"就可以了，而不必每次重复地都把这么长的文件名写出来。

用"代号"代表一个文件，是处理文件前要做的第一件事。首先应定义一个"代号"：

```
FILE *fp;    /* 注意*号必不可少 */
```

FILE 是系统定义好的一个结构体类型的"别名"，用于管理一个文件的各种信息。我们不必关心此结构体内部的细节，只要直接将这种类型拿过来用就可以了。上述语句实际是定义了一个指针变量，指针变量的名字是 fp，基类型是 FILE，它被称为文件指针。我们可以把文件指针简单地认为就是将来要代表某一个文件的"代号"。注意 FILE 必须大写。

10.1.1　与文件牵手——文件的打开

把以上定义的这个"代号"——文件指针和某个具体的文件关联起来以代表这个文件，

称为文件的打开。注意程序中的"打开文件"是指将文件指针与文件建立关联的意思，并不是我们通常认为的"用鼠标双击文件，打开一个窗口显示文件的内容"。

要将文件指针 fp 与某个具体的文件建立关联，需要调用库函数 fopen，它的用法如下所示：

```
文件指针变量名 = fopen(文件名, 文件打开方式);
```

例如，要将刚才定义好的文件指针 fp 与文件"C:\\folder1\\file1.dat"建立关联，需要执行以下语句：

```
fp = fopen("C:\\folder1\\file1.dat", "r");
```

fopen 函数的第一个参数就是文件名，将它的返回值赋值给变量 fp，就建立了关联。那么 fopen 函数的第二个参数"r"表示文件打开的方式。

在 C 语言中，读写文件有这么个规矩，读与写是严格区分的，是要读还是要写，必须提前说明，提前说明要读的文件坚决不能写，提前说明要写的文件坚决不能读（都能写了，还不能读一读？是的，坚决不能！）。当然也可以既读又写这个文件，那就要提前说明是既读又写。

文件还有不同的格式，必须以正确的格式打开，才能得到正确的内容。例如对一个图片文件（.jpg）必须用图片查看软件以图片的格式打开，如果用 MP3 播放器以音乐的格式打开，当然是不会听到声音的。用 C 语言处理的文件，没有图片、声音等那么多种格式，而仅有两种格式，文本文件和二进制文件，但道理是类似的。在打开文件时也必须用正确的格式，文本文件必须以文本文件的格式打开，二进制文件必须以二进制的格式打开。如果格式不对，我们得到的就会是乱码，不能得到正确的文件内容。

高手进阶

　　文本文件也称为 ASCII 码文件，它以每个字符占一个字节的格式存储，每字节保存对应字符的 ASCII 码。文本文件的内容可以用文本编辑器如记事本查看，txt 文件、C 源程序文件(.c)、配置文件(.ini)等都属于文本文件。二进制文件的保存格式与文本文件不同，它将数据的二进制编码直接保存到文件中，与数据在内存中的状态基本一致。可执行文件(.exe)、压缩文件(.rar)、图片文件(.jpg)等都属于二进制文件。是文本文件还是二进制文件，是由文件内部的存储格式决定的，也就是由当时保存这个文件时的保存方式决定的，而与文件后缀名无关。例如同是.dat 后缀的文件，既可以是文本文件，也可以是二进制文件。

　　特定后缀的文件必须具有正确的格式才能被正常使用，例如后缀为.exe 的文件必须是二进制的才能被执行。当然创建一个文本文件格式的.exe 文件也是可以创建的，文件可以存在，但是它无法被执行不能正常使用。

因此，在 fopen 函数的第二个参数中，就要说明以上这两件事：（1）是读还是写。（2）是文本格式，还是二进制格式。这是通过一些字符来表示的，这些字符及它们的含义如下所示：

❑ r：允许读文件（read）：文件必须存在，否则会出错。

❑ w：允许覆盖写文件(write)：文件必须被新建（如文件已存在则会删除原文件后新建）。

- a：允许追加写文件（append）：文件不存在时才新建，否则只在原文件末尾添加数据。
- +：既允许读也允许写文件。
- b：以二进制格式打开文件（binary）。
- t：以文本格式打开文件（text）。

这 6 种字符一般是对应英文单词的首字母，并不难记。其中前四个字符 r、w、a、+ 说明是读还是写。后两个字符 b、t 说明是文本格式，还是二进制格式，不说明 t 或 b 默认为 t 文本格式。在 fopen 的第二个参数中，应用上述 6 个字符的组合来说明这两件事。其各种组合方式和含义列于表 10-1。

表 10-1 文件打开方式

文件打开方式	含义
"r" 或 "rt"	文本格式，只允许读文件不允许写；文件必须已存在否则出错
"w" 或 "wt"	文本格式，只允许写文件不允许读；若文件已存在，则删除该文件并重建一个空白文件准备写入；若文件不存在，则新建文件
"a" 或 "at"	文本格式，只允许写文件不允许读，但新内容只能写到文件末尾；文件已存在时不会删除文件；文件不存在时，则新建文件
"r+" 或 "rt+"	文本格式，既允许读又允许写文件；文件必须已存在否则出错
"w+" 或 "wt+"	文本格式，既允许读又允许写文件；若文件已存在，则删除该文件并重建一个空白文件准备写入；若文件不存在，则新建文件
"a+" 或 "at+"	文本格式，既允许读又允许写文件，但新内容只能写到文件末尾；文件已存在时不会删除文件；文件不存在时，则新建文件
"rb"	二进制格式，只允许读文件不允许写；文件必须已存在否则出错
"wb"	二进制格式，只允许写文件不允许读；若文件已存在，则删除该文件并重建一个空白文件准备写入；若文件不存在，则新建文件
"ab"	二进制格式，只允许写文件不允许读，但新内容只能写到文件末尾；文件已存在时不会删除文件；文件不存在时，则新建文件
"rb+"	二进制格式，既允许读又允许写文件；文件必须已存在否则出错
"wb+"	二进制格式，既允许读又允许写文件；若文件已存在，则删除该文件并重建一个空白文件准备写入；若文件不存在，则新建文件
"ab+"	二进制格式，既允许读又允许写文件，但新内容只能写到文件末尾；文件已存在时不会删除文件；文件不存在时，则新建文件

从表 10-1 中可知，上例

```
fp = fopen("C:\\folder1\\file1.dat","r");
```

是指将 fp 与文件"C:\\folder1\\file1.dat"关联起来，以 fp 代表这个文件，并说明要以文本格式、只读地打开文件（不允许写）。

```
FILE *fphzk;
fphzk = fopen("hzk16.dat","rb");
```

以上语句定义了文件指针 fphzk，并使它与文件"hzk16.dat"建立关联，fphzk 将代表此文件；并以二进制只读的方式（不允许写）打开。文件"hzk16.dat"未说明文件夹，表示位于程序运行的当前文件夹中，一般与源程序文件（.c）同一文件夹。

【随讲随练 10.1】设 fp 已定义，执行语句 fp=fopen("file","w");后，以下针对文本文件 file 操作叙述的选项中正确的是（   ）。

A．写操作结束后可以从头开始读　　　B．只能写不能读

C．可以在原有内容后追加写　　　　　D．可以随意读和写

【答案】B

高手进阶

fopen 的两个字符串参数，实际是两个地址（char *型），即 fopen 的原型是：

FILE *fopen(char *filename, char *mode);

" "引起的字符串常量是表达式的特例，值就为字符串首地址，因此调用 fopen 函数可直接将实参写为" "引起的字符串的形式。除此之外，将实参写为 char 型数组名、指向字符串的 char *型指针变量也都是可以的，只要是字符串的首地址。

fopen 的返回值是一个 FILE *类型的地址，fp 与文件关联，实际就是将 fopen 返回的这个地址保存到指针变量 fp 中。

对文件打开成功与否进行判断，是很有必要的。只有文件打开成功才能进行后续的读写操作，若打开失败应给出一些提示，不能再读写文件。为什么文件还会打开失败呢？原因有很多，例如磁盘已满、文件损坏、文件夹不存在、访问 U 盘上的文件时 U 盘被拔出等。

如文件打开失败，fopen 的返回值是 0 或 NULL（即返回空指针），如文件打开成功，fopen 的返回值必非 0。我们可根据 fopen 的返回值来判别是否成功地打开了文件。如果将 fopen 的返回值赋值到了 fp 中（如执行了语句 fp=fopen(...);），也可以直接判断 fp 中的值。例如：

```
FILE *fp;
fp = fopen("C:\\folder1\\file1.dat","r");
if (fp==NULL)     /* 或写为 if (fp==0) */
    printf("文件打开失败！");
else
    /* 读写文件 */
```

【随讲随练 10.2】以下程序用来判断指定文件是否能正常打开，请填空。

```
#include <stdio.h>
main( )
{   FILE *fp;
    if ( (fp=fopen("test.txt","r"))==_____ )
        printf("未能打开文件！\n");
    else
        printf("文件打开成功！\n");
}
```

【答案】0 或 NULL

【分析】在 if 语句( )内的表达式中将 fopen 的返回值赋值给 fp，同时判断此值是否为 0。"fp=fopen(...)"是个赋值表达式，表达式的值就是 fopen 的返回值。

　　再次强调程序中"文件打开"的含义：把一个文件指针如 fp 这个代号和某个具体的文件关联起来，称为"文件的打开"，它不涉及任何文件中的内容或读取文件。程序中的"打开文件"决不是用鼠标双击文件，在计算机上打开一个窗口显示文件的内容！

10.1.2　与文件分手——文件的关闭

　　文件指针与文件关联，是为了代表文件，以便后续的读写操作，这种"牵手"是要占用系统资源的，决不能"白头到老"。在程序运行结束之前，必须让它们"分手"，解除关联以释放系统资源。这种解除关联称为文件的关闭。关闭文件需要调用的库函数是 fclose，它的用法很简单，只有一个文件指针的参数。把要解除关联的文件指针（如 fp）传给它就可以了，如下所示：

```
fclose(fp);
```

　　解除关联后，文件指针 fp 不再代表原来的那个文件，不能再通过 fp 读写该文件。
　　在程序运行过程中，随时可以用 fclose 解除文件指针与文件的关联。当解除后，同一文件指针还可被"回收"，用它再关联其他的文件。如果又关联了其他的文件，则在程序结束前，还要再用 fclose 解除它与第二个文件的关联。

10.1.3　文件操作流程

　　谈论文件指针，目的是以文件指针代表文件，便于后续的读写操作。文件指针是一个指针变量，首先要定义它。文件的打开就是使文件指针关联一个文件，有联就有断，使用结束后还要将它们的关联断开。这就是 C 语言中对文件操作的流程。
　　（1）　定义文件指针：FILE *fp;。
　　（2）　打开文件（使文件指针关联文件）：fp=fopen(文件名, 打开方式);。
　　（3）　读写文件：通过调用系统库函数读写文件，函数中都需要一个文件指针参数 fp。
　　（4）　关闭文件（断开文件指针与文件的关联）：fclose(fp);。
　　C 语言中处理文件的流程仅此 4 个步骤而已，且其中（1）（2）（4）步的编程模式是固定的。
　　【程序例 10.1】向文件中写入一个字符串。

```
#include <stdio.h>
main()
{    FILE *fp;
     fp=fopen("filea.txt","w");
     fprintf(fp, "abc");
     fclose(fp);
}
```

　　main 函数的 4 条语句刚好对应上述流程的 4 个步骤。第 1 句定义文件指针。第 2 句打开文件，使 fp 与程序运行目录下的"filea.txt"文件建立关联。"w"表示只允许写，且以文本

文件的格式(未说明 b 或 t 表示 t)。第 3 句 fprintf
函数是下面要介绍的文件读写函数之一,用于向
文件中写入字符串"abc",第一个参数 fp 说明要
向 fp 所代表的文件中写入内容。第 4 句关闭文
件,解除 fp 与文件的关联。

如以上源程序文件保存在 E:\MYC\ex101\目
录下的 ex101.c 文件中,则程序运行后在此目录
下将生成一个 filea.txt 文件,文件中的内容如图
10-1 所示。由于调用 fopen 函数时指定的打开方
式是"w",如果此文件事先已经存在,则会被删
除重建。如果不存在,则直接重建,总之必然是

图 10-1　程序例 10.1 的程序运行结果

重建新文件。以上程序的"abc"是写到文件中的,程序运行后在屏幕上不会有任何内容输出。

【小试牛刀 10.1】在程序例 10.1 中,若文件 filea.txt 已经存在,且原有内容为 good,
则运行程序后,文件 filea.txt 中的内容是什么?

(答案:abc,"w"的方式是删除重建,原有内容全部被删除,重建空白文件写入 abc。)

若将程序第二行改为:fp=fopen("filea.txt","a");,则文件 f1.txt 中的内容是什么?

(答案:goodabc,"a"的方式是追加写,原有内容不删除,在 good 后面接着写入 abc。)

若将程序第二行改为:fp=fopen("filea.txt","w+");,则文件 f1.txt 中的内容是什么?

(答案:abc,"w+"只是除了允许写外还允许读,而写的方式与"w"相同,仍是删除
重写。)

下面我们将详细介绍文件读写函数,也就是对应于上述操作流程的第(3)步。

10.2　搬运流水线——文件的读写

10.2.1　手指和笔尖——文件位置指针

如图 10-2 所示,"眼神儿"不是很好的老人在读报纸时,往往
喜欢用手指指着报纸上的字来读,指一个字读一个字,并且随着读,
手指随着向后移动。文件是由一个个字节组成的,程序在读文件时,
也有一种类似老人手指的指针,这个指针称为文件位置指针。文件
位置指针总指向下次要从文件中读取的位置,或者当向文件中写内
容时,总指向文件中即将要写入的位置,且随着读写文件指针自动
后移。在读文件时,它类似老人的手指,在写文件时,它更像写字
的笔尖。

当打开一个文件时,位置指针就自动指向文件的第一个字节(以
追加方式"a"打开的文件除外,它自动指向文件最后一个字节的下一
个字节,准备追加写)。

图 10-2　读报纸老人的
手指相当于文件位置
指针

脚下留心

文件指针和文件位置指针是两个完全不同的概念。文件指针是一个指针变量（如 FILE *fp; 中的 fp），它是用于关联整个文件的，只要不用 fclose 解除它的关联或重新为它赋值，它的值是不变的。而文件位置指针是位于文件内部的，用于指向文件中的当前读写位置，它不需要我们定义变量，而由系统自动设置，且随着文件读写，该指针会自动向后移动。

10.2.2　文本文件的读写

C 语言的常用读写文本文件的库函数有 3 对 6 个函数，它们列于表 10-2。

表 10-2　C 语言常用文本文件读写函数（设 fp 为文件指针，已定义并已与文件关联）

函数	功能	用法
fgetc 或 getc	从当前位置指针处读取文件中的一个字符（1 个字符占 1 个字节），所读取的字符由函数返回值返回，若出错或已读过文件末尾函数返回-1（也是 EOF，EOF 是系统定义的符号常量，等效于-1），读取后，位置指针自动后移 1 个字节	字符变量=fgetc(fp);
fputc 或 putc	在当前位置指针处向文件中写入一个字符（1 个字符占 1 个字节）。写入后，位置指针自动后移 1 个字节。成功函数返回写入的字符，失败返回 EOF(-1)	fputc(字符, fp);
fgets	读取文件中的一个字符串，字符串起始于当前位置指针处，结束条件有 3：（1）读到换行符（包含换行符）；（2）读到文件结束。（3）读满 n-1 个字符（n 由参数给出）。3 个条件满足一个即读取结束。将所读字符串存入参数指定的字符数组中（并在字符串最后自动添加'\0'）。读取后，位置指针自动后移所读字符串长度的字节。成功函数返回字符串的地址，失败返回 EOF(-1)。注意 fgets 与键盘输入字符串的 gets 函数的区别是：fgets 从文件读入的字符串最后可能会包含换行符，而 gets 读入由键盘输入的字符串不包含换行符	fgets(字符数组名, n, fp);
fputs	在当前位置指针处向文件中写入一个字符串（不写入'\0'字符，最后也不自动加'\n'）。写入后，位置指针自动后移该字符串长度的字节。成功函数返回一个正数，失败返回 EOF(-1)。注意 fputs 与向屏幕输出字符串的 puts 函数的区别是：fputs 向文件写入字符串后不自动写入'\n'，而 puts 向屏幕输出字符串后会自动输出'\n'。	fputs(字符串首地址, fp);
fscanf	从当前位置指针处按格式读取文件中的多个数据，类似于 scanf，只不过不是从键盘输入，而是从文件中读取；读取后，位置指针自动后移所读取数据的总字节数。成功返回已读入且被成功赋值到变量中的数据项数（>=0），失败返回 EOF(-1)	fscanf(fp, "格式控制字符串", 变量 1 的地址, 变量 2 的地址, ...);
fprintf	在当前位置指针处按格式向文件中写入多个数据，类似于 printf，只不过不是显示到屏幕上，而是写入到文件中；写入后，位置指针自动后移所写入数据的总字节数。成功返回写入的字符数，失败返回负数	fprintf(fp, "格式控制字符串", 数据 1, 数据 2, ...);

使用表 10-2 函数，应包含头文件 stdio.h。

fscanf、fprintf 函数与我们熟知的 scanf、printf 函数的功能和用法都很相似，只不过 fscanf 和 fprintf 针对的不是键盘和显示器，而是文件。因此 fscanf、fprintf 函数都多了一个"文件指针"的参数（第一个参数），其他参数和用法都与 scanf、printf 函数是一样的。注意无论如何 fscanf 函数都不会要求用户从键盘输入，fprintf 函数也不会在屏幕上显示任何内容。

　　　　文件操作的库函数一般都以 f 打头，而且除 fopen 外，都无一例外地有一个参数——文件指针。因为无论如何都要"告诉"函数要读写哪个文件！"告诉"的方式，就是告诉函数文件的"代号"——文件指针，而不必用一长串的文件名。

　　【程序例 10.2】 将自然数 1～5 及它们的自然对数写到文件 myfile.dat 中，每行写入一个自然数+空格+它的对数。然后从文件中读出 ln1～ln5 的值，并计算它们的和，将和显示到屏幕上。

```
#include <stdio.h>
#include <math.h>
main()
{   FILE *fp;  int i, n;  double a, sum=0;
    fp=fopen("myfile.dat", "w");    /* 以"w"打开文件，写入数据 */
    for (i=1; i<=5; i++)
        fprintf(fp, "%d %lf\n", i, log(i) );     /* 写入一行 */
    fclose(fp); /* 写入结束，关闭文件 */

    fp=fopen("myfile.dat", "r");    /* 以"r"重新打开文件，读取数据 */
    for (i=1; i<=5; i++)
    {   fscanf(fp,"%d %lf",&n,&a);  /* 读取一行 */
        sum+=a;
    }
    fclose(fp);       /* 读取结束，关闭文件 */

    printf("sum=%lf\n", sum);    /* 输出总和到屏幕 */
}
```

程序运行后，在屏幕上的输出结果如下所示：

```
sum=4.787491
```

　　系统库函数 log(x)可求 x 的自然对数（要包含 math.h 头文件）。用 fprintf 函数向文件中写入内容，与用 printf 函数向屏幕上输出内容的方法非常相似。程序运行后文件 myfile.dat 中的内容如图 10-3 所示。注意这些内容是写入到文件中的，至此在屏幕上还没有任何内容显示。

　　程序中途将文件关闭 fclose(fp); 这时 fp 已与 myfile.dat 文件无关，可"回收"再用于指向其他文件。程序随后再次将文件打开，并仍使 fp 与这个文件建立关联。

```
fp=fopen("myfile.dat", "r");
```

　　因为本次的打开方式不同，第一次是"w"，本次是"r"。现在要"读文件"，而第一次以"w"方式打开的文件只能写不能读，因此需要改变打开方式。改变打开方式可通过先关闭文件，再用同一文件指针再次打开文件的方式实现。fopen 和 fclose 是一对，有一个 fopen，就要有一个对应的 fclose。因此程序最后还要再执行一次 fclose，对应第二次的 fopen。

　　从文件中读取数据用 fscanf 函数，它的用法与 scanf 函数也非常相似。文件中的内容

（图 10-3）如同事先有人已经"输入"好的内容，由 fscanf 函数来读。

```
fscanf(fp, "%d %lf", &n, &a);
```

図 10-3　程序例 10.2 的 myfile.dat 的文件内容

当然本例也可以在第一次打开文件时指定为"w+"的方式，使文件既可读又可写，这样不必中途关闭再重新打开文件。不同的是，写入之后、读取之前，还需要移动位置指针到文件首（用 rewind(fp);函数，下一小节介绍）。因为写入之后，位置指针位于文件末尾指向下次要写入的位置，而我们要从文件头开始读。

本例用中途关闭再重新打开文件的方法，由于在刚刚打开文件后位置指针就会自动位于文件首，所以不必再移动它，打开文件后可直接读取数据。

将读取文件中一行的内容。当 i=1 时读取第一行，n 得到 1，a 得到 0.000000。读取后，文件位置指针自动后移。当 i=2 再次运行这条语句时，将读取文件的第二行，n 得到 2，a 得到 0.693147。每读一行，都将 a 的值累加到 sum（而 n 的值未用），最后输出 sum 的值到屏幕上。注意输出语句是 printf 而不是 fprintf，sum 的值将被输出到屏幕上，而不是写到文件中。

【程序例 10.3】编写函数 fun，用于向某个文件逐个字符写入 A～Z 的 26 个英文字母，然后再从文件中把它们读出来显示到屏幕上，文件名可由参数给出。

```
#include <stdio.h>
int fun(char *fname)
{   FILE *fp;  char ch, ss[80];

    if ((fp=fopen(fname, "w"))==0) return 0;   /* 打开失败返回 0 */
    for (ch='A';ch<='Z';ch++) fputc(ch, fp);   /* 逐个写入字符 */
    fclose (fp);

    if ((fp=fopen(fname, "r"))==0) return 0;   /* 打开失败返回 0 */
    fgets(ss, 80, fp);  /* 从文件中读取一个字符串，不超过 79 个字符 */
    printf("%s\n", ss); /* 将 ss 数组中保存的字符串输出到屏幕 */
    fclose(fp);

    return 1;   /* 执行成功返回 1 */
}
main()
{   if (fun("C:\\alphabet.txt")) printf("成功! \n");
    else printf("失败! \n");
```

```
}
```

程序运行后，在屏幕上的输出结果为：

```
ABCDEFGHIJKLMNOPQRSTUVWXYZ
成功!
```

本例通过 fun 函数处理文件，成功函数返回 1，失败函数返回 0。形参 fname 可指向一个字符串，这里是用于指向文件名的字符串，本例将在 C 盘根目录下生成 alphabet.txt 文件。在 fun 函数中也先后两次打开了文件，目的是由"只允许写"切换为"只允许读"的方式。在两次打开文件时，将 fopen 的返回值赋值到 fp 的同时，判断 fopen 的返回值是否为 0，如为 0 表示打开失败，用 return 0;使函数返回 0 并退出函数，不再继续后面的读写工作。

ch 是字符变量，若其中保存了字符'A'，执行 ch++其中的内容就变成了字符'B'（参见第 2 章 2.2.3.2 小节）。通过 for 循环用 fputc 逐一向文件中写入'A'、'B'、…、'Z'，每次写一个。每写一个，位置指针都自动向后移动一个字符的位置，因此连续多次调用 fputc，就写进了从 A～Z 的一串字符，文件内容如图 10-4 所示。注意这些内容只是写到文件，不会输出到屏幕上；程序运行到此，在屏幕上还没有任何内容显示。

图 10-4　程序例 10.3 的 alphabet.txt 的文件内容

重新打开文件后，位置指针自动位于文件首，即 A 的位置。用 fgets 读取一个字符串：

```
fgets(ss, 80, fp);  /* 从文件中读取一个字符串，不超过 79 个字符 */
```

所读取的字符串存入数组 ss，且最多读取 79 个字符（80 个空间中为'\0'预留一个空间）。由于文件中总共也没有 79 个字符，因此只读到文件结束为止，ss 中保存的字符串为" ABCDEFGHIJKLMNOPQRSTUVWXYZ"，只使用了数组 ss 的 80 个空间的一部分（最后自动添加'\0'）。最后用 printf 将字符串输出，注意最后的 printf 是输出到屏幕，而不是写到文件。

回到 main 函数后，如果 fun 函数返回值为非 0，if 条件就为真，输出"成功!"。

【随讲随练 10.3】以下程序打开文件 f.txt，并将 a 数组中的字符写入其中，请填空。

```
#include <stdio.h>
main ( )
{    __(1)__ *fp;
    char a[5]={ '1', '2', '3', '4', '5' }, i;
    fp=fopen("f.txt", "w" );
    for(i=0; i<5; i++)  fputc(a[i], __(2)__);
    fclose(fp);
```

```
    }
```

10.2.3　二进制文件的读写

文件是由一个个字节组成的（8个二进制位组成一个字节），不论什么类型的文件内容，它们的本质都是一个个的字节。计算机中的文件之所以有不同的格式、不同的用途，是转换这些字节的方式所不同的结果，如图10-5所示。如将字节转换为文字，将得到文字；将字节转换为声音，将得到声音。而从字节的本质来看，一个文本文件和一个mp3文件并没有什么分别，它们都是0101…。

将同一批的0101…字节按不同的方式转换，是不是分别会得到不同的内容呢？理论上可以。然而如果用错误的转换方式转换，所得到的内容可能会不成样子！例如硬要将mp3歌曲文件的0101…字节，强制以文字的转换方式转换，得到的将是乱码。如图10-6所示的就是将一首mp3歌曲文件强制用"记事本"打开所得到的结果。反过来说，如果将一个文本文件强制用播放器听音，也会被系统报告说"无法播放"！

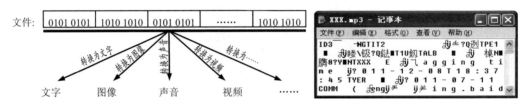

图10-5　文件的本质是由一个个字节组成的　图10-6　强制将一个mp3文件的字节转换为文字将得到乱码

在C语言中以二进制方式读写文件，就是直接读写文件中的这些0101…的字节，因而通过这种方式可以读写任何类型的文件，而不仅限于文本文件。以二进制方式读写文件，可以直接改变组成文件的那些字节，因此原则上讲这种二进制的读写方式可以对文件内容完全进行控制，可以从"根本"上任意改变文件的内容。

C语言中常用读写二进制文件的库函数有1对2个函数，列于表10-3。

表10-3　C语言常用二进制文件读写函数（设fp为文件指针，已定义并已与文件关联）

函数	功能	用法
fread	从当前位置指针处读取文件中的一批字节，这批字节由count个数据块、每数据块长size个字节组成，共size*count个字节。所读取的字节存入参数buffer地址开始的一段内存空间。读取后，文件位置指针跟随后移实际读取的字节数。函数返回实际读取的数据块数（如读到文件尾或出错，实际读取的数据块数可能小于count）	fread(buffer, size, count, fp);
fwrite	在当前位置指针处向文件中写入一批字节，这批字节位于内存中参数buffer地址开始的一段内存空间，由count个数据块、每数据块长size个字节组成，共size*count个字节。写入后，文件位置指针跟随后移实际写入的字节数。函数返回实际写入的数据块数（如写入出错，实际写入的数据块数可能小于count）	fwrite(buffer, size, count, fp);

使用表10-3中的这些函数，应包含头文件stdio.h。

要用fread和fwrite以二进制方式读写文件，用fopen打开文件时要指定为"二进制方式"，即第二个参数的字符串中要含有 b，如"wb"、"rb"、"wb+"等。

【**程序例 10.4**】用 fread 和 fwtrite 函数读写文件。

```
#include <stdio.h>
main()
{   FILE *fp;
    int a[3]={1,2,3}, b[6], i;
    fp=fopen("mydata.dat","wb");       /* 以"wb"打开文件，写入数据 */
    fwrite(a,sizeof(int),3,fp);        /* 写入 a 数组的 4*3 字节 */
    fwrite(a,sizeof(int),3,fp);        /* 再写一遍 a 数组的 4*3 字节 */
    fclose(fp);                        /* 写入结束，关闭文件 */

    fp=fopen("mydata.dat","rb");       /* 以"r"重新打开文件，读取数据 */
    fread(b,sizeof(int),6,fp);         /* 读 4*6 个字节，存入 b 数组 */
    fclose(fp);                        /* 读取结束，关闭文件 */
    for(i=0;i<6;i++) printf("%d ",b[i]);   /* 输出 b 数组到屏幕 */
}
```

程序运行后，在屏幕上的输出结果为：

```
1 2 3 1 2 3
```

数组 a 是 int 型的数组，由 3 个元素组成，在 VC6 中每元素占 4 字节。执行以下语句：

```
fwrite(a,sizeof(int),3,fp);
```

a 为数组名，是数组首地址，语句是把从此地址开始的 3 个数据块、每数据块 4 字节（sizeof(int)）的这批字节写到文件，共写了 12 个字节，如图 10-7 所示。随着写入文件位置指针跟随后移，然后再执行一次这条语句，则在现在的位置指针处，再次写入了同样内容的 12 个字节。于是总共向文件中写入了 24 个字节。这 24 个字节具体的 0101…我们不必写出来了，然而它们每 4 个一组，分别表示的是 1、2、3、1、2、3 这 6 个整数。也就是说这 24 个字节如果按照"每 4 个一组，每组转换为整数"的转换方式转换，则可得到这 6 个整数（如按照其他方式转换，那就不知道会成什么样子的乱码了）。

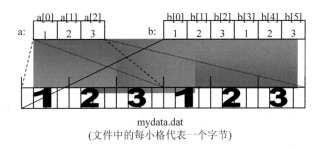

mydata.dat
(文件中的每小格代表一个字节)

图 10-7　程序例 10.4 的原理和 mydata.dat 的文件内容

再关闭文件，又重新打开文件后，文件位置指针自动位于文件首部。从此位置用以下语句表示：

```
fread(b,sizeof(int),6,fp);
```

读取了 6 个数据块，每数据块 4 字节（sizeof(int)），共 24 个字节。将这些字节存入地址为 b 的一段内存中。则数组 b 各元素的字节刚好被这 24 个字节替换掉，自然数组 b 各元素的值也就被替换了。数组 b 各元素的值刚好就是 24 个字节中每 4 个一组所转换为的整数，例如 b[0]的值就是前 4 个字节转换为的整数 1，因此数组 b 各元素的值分别为 1、2、3、1、2、3。

小游戏　猜猜你将得到什么？请上机运行下面的程序，将分别用文本文件格式和二进制文件格式保存同样的 15678 这个内容。用文本文件格式保存的文件为 C 盘根目录下的 test.txt，用二进制格式保存的文件为 C 盘根目录下的 test.dat。这两个文件有什么不同？如把二进制文件 test.dat 中的字节转换为文字（如用记事本打开），会是什么样子的呢？

```c
#include <stdio.h>
main()
{   FILE *fptxt, *fpbin;
    char s[ ]="15678";  int n=15678;
    fptxt=fopen("C:\\test.txt", "w");
    fputs(s, fptxt);
    fclose(fptxt);

    fpbin=fopen("C:\\test.dat", "wb");
    fwrite(&n, sizeof(int), 1, fpbin);
    fclose(fpbin);
}
```

运行程序后，分别用"记事本"打开这两个文件，得到的内容如图 10-8 所示（单击记事本的【文件】|【打开】后，如果在窗口中找不到 test.dat 文件，必须在下面的【文件类型】框中选择【所有文件】，就能看到 test.dat 并打开它了）。

图 10-8　用记事本查看保存同样 15678 内容的两个不同格式的文件内容

test.txt 中的内容正是 15678，而在 test.dat 中丝毫见不到 15678 的踪迹，见到的却是">="，后面还有两个空格似的字符，这就是"乱码"。因为记事本总以文本文件的格式打开文件（也就是"t"的方式）。对文本格式保存的 test.txt，记事本的打开方式与其格式匹配，因此能得到正确的 15678。而对二进制格式保存的 test.dat，记事本的打开方式与之不匹配，因而得到了乱码。因此要在 C 语言程序中读取这两个文件的内容，也一定要以正确的格式对 test.txt 在 fopen 时要以"t"打开（或不写"t"或"b"），用文本文件读取函数读取文件。对 test.dat 在 fopen 时要以"b"打开，用二进制读取函数读取文件（即 fread）。这样才都能得到正确的内容。程序如下所示：

```
/* 读取上述生成的 test.txt 和 test.dat 两个文件,
   须先运行上述程序生成这两个文件后才能运行本程序 */
#include <stdio.h>
main()
{  FILE *fptxt, *fpbin;
   char s[20];  int n;
   fptxt=fopen("C:\\test.txt", "r");   /* 以文本方式打开文件 */
   fgets(s, 20, fptxt);
   fclose(fptxt);
   printf("从文本文件中读入的内容：%s\n", s);

   fpbin=fopen("C:\\test.dat", "rb"); /* 以二进制方式打开文件 */
   fread(&n, sizeof(int), 1, fpbin);
   fclose(fpbin);
   printf("从二进制文件中读入的内容：%d\n", n);
}
```

程序运行后，在屏幕上的输出结果为：

```
从文本文件中读入的内容：15678
从二进制文件中读入的内容：15678
```

高手进阶

　　在文本格式的文件 test.txt 中，15678 是被当做 5 个字符来保存的，占 5 个字节，每个字节分别保存一个字符的 ASCII 码。这 5 个字节依次是 49、53、54、55、56 的二进制，转换为 ASCII 码对应的字符分别是字符'1'、'5'、'6'、'7'、'8'。

　　在二进制格式的文件 test.dat 中，是将 15678 整体看做一个整数保存的（占 4 字节）。将整数 15678 转换为二进制的 4 个字节依次是：

| 00000000 | 00000000 | 00111101 | 00111110 |

　　但在文件中存作：

| 00111110 | 00111101 | 00000000 | 00000000 |

　　即将顺序"倒过来"，因为文件中的第一个字节是低位字节，00111110 也是低位字节应先被保存。用记事本打开 test.dat，就是以"文本"的方式转换这 4 个字节。只好把这 4 个字节转换为 4 个字符，这 4 个字节对应的十进制分别是 62、61、0、0，将它们看做 ASCII 码，对应的字符就是'>'、'='、'\0'、'\0'。

　　从这个例子中我们也可以发现，test.txt 占 5 个字节，test.dat 占 4 个字节，这说明保存同样的内容，二进制格式的文件一般比文本格式的文件体积更小、更节省存储空间。

　　【程序例 10.5】编写程序创建一个图片文件（.bmp），内容为图 10-9 所示的类似棋盘的图案，图片大小为 32×32 像素。

　　【分析】文件都是由一个个字节组成的,位图格式的图片文件(.bmp) 也不例外。要创建这样的一个图片文件，只要用 C 语言的二进制格式写文件的方法，把文件中应该有的字节逐个写进去，这个文件就创建完成了。

图 10-9　类似棋盘的位图

```
#include <stdio.h>
main()
{   FILE *fp;   int i;
    char ht[]="BM";  long head[]={190, 0, 62};  /* 文件头 */
    long inf[10]={40, 32, 32, 65537, 0, 128};   /* 位图信息头 */
```

```
char pal0[4]={0,0,0}, pal1[4]={255,255,255};      /* 颜色 */
char data0[]={255,0,255,0},data1[]={0,255,0,255}; /* 数据 */

fp=fopen("mybmp.bmp", "wb");

/* 写入文件头 14 字节 */
fwrite(ht, 2, 1, fp);    /* 位图文件以"BM"开头 */
fwrite(head, 4, 3, fp);

/* 写入位图信息头 40 字节 */
fwrite(inf, 4, 10, fp);

/* 写入调色板 8 字节 */
fwrite(pal0, 1, 4, fp); /* 二进制位为 0 的颜色 */
fwrite(pal1, 1, 4, fp); /* 二进制位为 1 的颜色 */

/* 写入像素数据 128 字节 */
for (i=0; i<8; i++) fwrite(data0,1,4,fp);
for (i=0; i<8; i++) fwrite(data1,1,4,fp);
for (i=0; i<8; i++) fwrite(data0,1,4,fp);
for (i=0; i<8; i++) fwrite(data1,1,4,fp);

fclose(fp);
printf("位图文件生成成功! \n");
}
```

程序运行后，在屏幕上的输出结果为：

位图文件生成成功!

程序运行后，在与这个 C 源程序文件相同的目录下，会生成一个图片文件 mybmp.bmp，其内容就是图 10-9 所示的类似棋盘的图案（如以上程序保存在 E:\MYC\ex105\ex.c，则生成的图片文件在 E:\MYC\ex105\mybmp.bmp）。该文件就是一个普通的图片文件，可以被各种图像处理软件如 Windows 画图板、Photoshop 等打开。

这样的一个图片文件应有的字节在程序中分别被存储在几个数组中，将这些数据用 fwrite 函数以二进制方式依次写入文件，图片就做好了。注意除 ht 外的其他 char 型数组并不是要保存字符或字符串，而是借此保存每个元素占 1 字节的内容，因为只有 char 型数组才是每元素占 1 字节的数组。char 型数组中每个元素实际保存的还是整数，因为一个 char 型变量也可以保存一个 0～255 范围的整数。程序需要以"wb"的方式打开文件，如文件已存在会删除重建，如文件不存在则直接新建文件，并且要以二进制的格式打开。

这是一张黑白的图片，有兴趣的读者可修改 pal0 和 pal1 数组的初值，例如将它改为如下语句：

```
char pal0[4]={255,0,0}, pal1[4]={0,255,255};      /* 颜色 */
```

执行修改后的程序可得到蓝色、黄色相间的"彩色"棋盘图案。这两个数组中的 3 个初值实际分别表示图案中两种颜色的蓝（B）、绿（G）、红（R）三原色的值（由于字节对齐的缘故，每种颜色都要占 4 字节，因此数组都含 4 个元素，但实际只用前 3 个元素）。原来的 pal0（0,0,0）代表黑色、pal1（255,255,255）代表白色，所以为黑白图案。修改后 pal0（255,0,0）代表蓝色，pal1（0,255,255）代表黄色，所以就变成蓝、黄的"彩色"图案了。

读者可试着修改这两个数组为其他的初值，看看还能得到一些什么颜色的图片呢？

高手进阶

对位图文件格式，本书不准备详细介绍，但针对本程序可以简介如下：

位图文件的那些字节由文件头、位图信息头、调色板和位图像素数据组成。

数组 ht 和 head 保存文件头数据，文件头必须以字符串 BM 开头，后为本文件的长度(190)、系统保留的空间(0)、像素数据在文件中的字节位置(62，也是像素数据之前所有内容的字节数之和：14+40+8，因为文件中第一个字节位置为 0)。

inf 数组保存位图信息头数据，包含信息头长度(40 字节)、位图宽度(32)、位图高度(32)、色平面和颜色深度(均为 1，但是两个短整数的 1，合并为 4 字节长整数后为 65537)、压缩方式(0)、像素数据共包含的字节数(128)等，共 40字节。

一般 256 色以下的位图都需要有调色板，调色板指定了各种像素数据的实际颜色。本例为 2 色位图，pal0 和 pal1 分别为这两种颜色的颜色值。

32×32 像素的位图由 32×32 个点组成。2 色位图可用 1 个二进制位表示一个点，0 或 1 分别代表以上调色板中的两种颜色。1 个字节有 8 个二进制位可表示 8 个点，一行 32 个点就用 4 字节表示。各行数据分别保存在 data0 和 data1 数组中。程序用 4 个 for 循环，依次写入这 32 行。注意先写入的不是图像的第一行，而是图像的最后一行，应从图像最后一行开始，由下向上写入每一行的像素到文件。

10.3 这是手工活儿——文件的随机读写

前面介绍的对文件的读写方式都属于顺序读写，即读写文件只能从头开始，随着读写位置指针的自动向后移动，来一个接着一个地依次读写文件中的每个数据。但是在实际问题中常要求只读写文件中某一指定部分的内容。因此，C 语言还有一些库函数可用于直接移动文件位置指针到我们希望的任何位置，然后再进行读写，这种读写称随机读写。相关的库函数列于表 10-4。

表 10-4 C 语言常用文件位置指针定位库函数（设 fp 为文件指针，已定义并已与文件关联）

函数	功能	用法
rewind	把文件位置指针移到文件开头，本函数无返回值	rewind(fp);
fseek	把文件位置指针从 ori 开始的位置，向文件尾部(n>0 时)或文件首部(n<0 时)移动 n 个字节。ori 可有 3 种取值：0、1、2 分别表示从文件首、当前位置和文件尾开始移动，0、1、2 也可分别写为符号常量 SEEK_SET、SEEK_CUR、SEEK_END。成功函数返回 0，失败函数返回非 0 值	fseek(fp, n, ori); 一般 n 为 long 型，常量加字母后缀 L(l)
ftell	若执行成功，函数返回当前文件位置指针的位置（文件中第一个字节的位置为 0）；若执行失败，函数返回-1	n = ftell(fp);
feof	判断读文件是否已越过了文件末尾。注意该函数并不是判断文件位置指针是否指向了文件的最后一个数据，也不是判断位置指针是否指向了文件末尾之后(最后一个数据之后)；而是判断在位置指针指向了文件末尾之后(最后一个数据之后)时，是否仍做过读文件的操作。如果在位置指针指向了文件末尾之后还做过读文件的操作，函数返回非 0 值；否则函数返回 0	if (feof(fp)) ...

使用表 10-4 中的这些函数，应包含头文件 stdio.h。

下面给出 fseek 函数的几个例子：

```
FILE *fp=fopen("c:\\d1.dat","rb");
fseek(fp, 100L, SEEK_SET);
```

以上语句表示把位置指针移到离文件首 100 个字节处。

```
fseek(fp,-100L, SEEK_END);
```

以上语句表示把位置指针移到文件尾的前 100 个字节处，即文件的倒数第 100 个字节处。

```
fseek(fp, 100L, SEEK_CUR);
```

以上语句表示把位置指针移到当前所在位置之后的 100 个字节处。

```
fseek(fp, 0L, SEEK_END);
```

以上语句表示把位置指针移到文件末尾。

```
fseek(fp, 0L, SEEK_SET);
```

以上语句表示把位置指针移到文件开头（指向第一个字节），它与 rewind(fp);作用相同。

如果把位置指针移到文件中的已有内容上，再向文件中写入新内容时，新内容将覆盖文件中对应位置的原有内容。在覆盖时，写入多少字节就覆盖多少字节。

【程序例 10.6】文件的随机读写。

```
#include <stdio.h>
main()
{   FILE *fp;
    int i, a[4]={1,2,3,4}, b;
    fp=fopen("d1.dat","wb+");
    fwrite(a,sizeof(int),4,fp);
    printf("写入数组后，位置指针位于: %d\n", ftell(fp));
    fseek(fp,2L*sizeof(int),SEEK_SET); /* 移到距文件首 8 个字节处 */
    printf("移到首 8 字节，位置指针位于: %d\n", ftell(fp));
    fwrite(&a[1],sizeof(int),2,fp);

    fseek(fp,-2L*sizeof(int),SEEK_END); /* 移到倒数第 8 个字节处 */
    printf("移到尾 8 字节，位置指针位于: %d\n", ftell(fp));
    fread(&b, sizeof(int), 1, fp);
    printf("为 b 读取数据后，位置指针位于: %d\n", ftell(fp));
    fclose(fp);

    printf("b=%d\n",b);
}
```

程序运行后，在屏幕上的输出结果为：

```
写入数组后，位置指针位于: 16
移到首 8 字节，位置指针位于: 8
移到尾 8 字节，位置指针位于: 8
为 b 读取数据后，位置指针位于: 12
b=2
```

程序以"wb+"的方式打开文件 d1.dat，指定文件可读可写，但若文件已经存在则删除重写，并是以二进制方式读写的。程序的整个操作过程如图 10-10 所示。

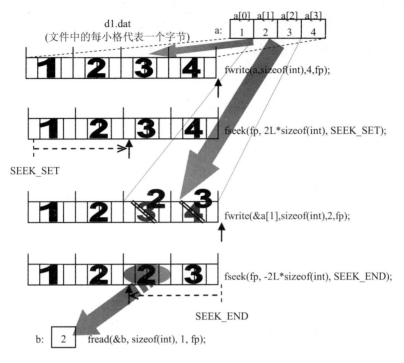

图 10-10　程序例 10.6 的文件操作过程

　　先用 fwrite 将数组 a 中的 4 个元素 16 个字节写入文件。写入后，位置指针自动移到第 17 个字节处。这时用 ftell 获得的位置是 16，这是因为在 C 语言中文件第一个字节的编号是 0（与数组下标类似），第 17 个字节的编号是 16。

　　接下来移动位置指针到文件首 8 个字节处，也就是整数 3 的首字节处。在此处用 fwrite 写入 a[1] 的地址（&a[1]）开始的 8 个字节，也就是 a[1]、a[2] 两元素的那 8 个字节，它们将覆盖文件中原来表示整数 3、4 的 8 个字节，使文件中这 8 个字节被修改为表示整数 2、3。

　　再用 fseek 将位置指针移到倒数第 8 个字节处，也是文件中第三个整数（现为 2）的首字节处。在此处用 fread 读取 4 字节存入变量 b 的地址（&b）的 4 字节的内存空间中，就是把 b 的 4 个字节改为从文件中读到的这 4 个字节，因此 b 的值被改为文件中第三个整数的值 2。

　　【随讲随练 10.4】以下函数不能用于向文件写入数据的是（　　　　）。
　　A．ftell　　　　B．fwrite　　　　C．fputc　　　　D．fprintf

【答案】A

　　【随讲随练 10.5】程序如下所示：

```
#include <stdio.h>
main()
{   FILE *pf;
    char *s1="China", *s2="Beijing";
    pf=fopen("abc.dat", "wb+");
```

```
    fwrite(s2, 7, 1, pf);
    rewind(pf);
    fwrite(s1, 5,1, pf);
    fclose(pf);
}
```

程序执行后 abc.dat 文件的内容是（　　　）。

A．China　　　　B．Chinang　　　　C．ChinaBeijing　　　　D．BeijingChina

【答案】B

【分析】s1 和 s2 是两个指针变量，分别保存两个字符串的首地址。从 s2 开始写 7 个字节到文件，就是将 Beijing 这 7 个字符写入文件，且位置指针自动位于 g 之后。执行 rewind 使位置指针位于文件开头即指向 B。再执行 fwrite，在文件的这个位置再写入地址 s1 开始的 5 个字节即 China，这 5 个字节将覆盖文件中原来的 5 个字节 Beiji，最终文件的内容是Chinang。

【随讲随练 10.6】以下程序运行后的输出结果是（　　　）。

```
#include <stdio.h>
main( )
{   FILE *fp; char str[10];
    fp=fopen("myfile.dat", "w");
    fputs("abc", fp);  fclose(fp);
    fp=fopen("myfile.dat","a+");
    fprintf(fp, "%d", 28);
    rewind(fp);
    fscanf(fp,"%s",str);  puts(str);
    fclose(fp);
}
```

A．abc　　　　B．28c　　　　C．abc28　　　　D．因类型不一致而出错

【答案】C

【分析】第一次以"w"打开文件，若文件已存在则删除重写。向文件写入字符串 abc。第二次以"a+"打开文件，此时文件必然已经存在（刚刚建立的并已写入了 abc），"a"的方式不会删除文件，并且在打开文件后，位置指针就自动位于文件尾。在这个位置再写入 28，文件中的内容为 abc28。执行 rewind(fp); 使位置指针移到文件开头，再用 fscanf 读取一个字符串，读到的就是"abc28"存入数组 str。最后的 puts(str);是向屏幕上输出 str 字符串，而不是写入文件中。

【随讲随练 10.7】通过定义学生结构体数组，存储了一批学生的学号、姓名和 3 门课的成绩。以下程序将结构体数组中的所有学生数据以二进制方式输出到文件 student.dat 中，再将最后一名学生的信息读出到变量 n，并将最后一名学生的学号和姓名显示到屏幕上。

```
#include <stdio.h>
#define N 5
typedef struct student {
```

```
    long sno;   char name[10];   float score[3];
} STU;
main()
{   STU s[N]={ {10001,"MaChao", 91,92,77}, {10002,"CaoKai",75,60,88},
               {10003,"LiSi",85,70,78}, {10004,"FangFang",90,82,87},
               {10005,"ZhangSan",95,80,88} }, n;
    FILE *fp;
    fp=fopen("student.dat", "wb");
    ____(1)____ (s, sizeof(STU), N, fp);   /* 二进制输出 */
    fclose(fp);

    fp=fopen("student.dat", ____(2)____ );
    fseek(fp, -1L*____(3)____, SEEK_END);/* 定位位置指针 */
    fread(____(4)____, sizeof(STU), 1, fp);   /* 将数据读入变量 n */
    printf("%d, %s\n", n.sno, n.name);
    fclose(fp);
}
```

【答案】（1）　fwrite　　（2）　"rb"或"rb+"　　（3）　sizeof(STU)　　（4）　&n

【程序例 10.7】编写函数 fun，将文本文件 myfile1.txt 的内容复制到文件 myfile2.txt 中。

```
#include <stdio.h>
int fun(char *source, char *target)
{   FILE *fs, *ft;   char ch;
    if ( (fs=fopen(source,"r")) == NULL ) return 0;
    if ( (ft=fopen(target, "w")) == NULL ) return 0;

    ch=fgetc(fs);        /* 先从 fs 中读取一个字符 */
    while (! feof(fs))   /* 如果 feof(fs)为假即返回 0，则循环 */
    {   fputc(ch,ft);    /* 向 ft 中写入一个字符 */
        ch=fgetc(fs);    /* 再从 fs 中读取下一个字符 */
    }

    fclose(ft); fclose(fs);
    return 1;    /* 返回成功 */
}
main()
{   FILE *myf;
    myf=fopen("myfile1.txt", "w");
    fprintf(myf, "This is test\n12345");
    fclose(myf);
    if (fun("myfile1.txt", "myfile2.txt"))
        printf("文件复制成功! \n");
    else
        printf("文件复制失败! \n");
}
```

程序运行后，在屏幕上的输出结果为：

文件复制成功！

　　程序运行后，可以在与源程序文件（.c 文件）相同的目录下找到 myfile1.txt、myfile2.txt 两个文件。这两个文件中的内容相同，都是两行文字：This is test 和 12345。myfile1.txt 中的内容是由 main 函数的 fprintf 直接写入的，myfile2.txt 是通过调用 fun 函数由 fun 函数复制的。

　　fun 函数用于复制文本文件，source 为要复制文件的文件名，target 为复制后新文件的文件名。复制成功函数返回 1，失败返回 0。main 函数在调用 fun 函数时，直接将函数调用写在了 if 语句( )内的表达式中，函数返回值就是表达式的值，若返回非 0 值就在屏幕上输出"成功"，若返回 0 就输出"失败"。

　　在函数 fun 中，是通过逐个读取 myfile1.txt 中的字符，并将字符一个个地写入 myfile2.txt 中完成复制的。从 myfile1.txt 中读取一个字符，就向 myfile2.txt 中写入一个字符，一直到读完 myfile1.txt 文件为止。

　　"读完"文件是通过 feof 函数判断的。注意当最后在读完 myfile1.txt 的字符 5 之后，位置指针会再次自动后移指向文件尾，但此时 feof 并不返回非 0 值（真）。只有再执行一次 fgetc 试图再读一个字符后，feof 才会返回非 0（真），如图 10-11 所示。然而这次执行的 fgetc 实际是"失败"的（fgetc 返回-1），因为 5 之后再无内容，并且这次读取之后位置指针也并未再向后移动。然而有了这次"失败"的读取，却可以让 feof 返回真。因此在 fun 函数中，无论如何最后一次调用 fgetc 必然是"失败"的（fgetc 返回-1），是利用这次"失败"的调用，使 feof 返回真，以便退出 while 循环。因为 feof 规定，它是在越过文件尾的位置再次读取文件时，才返回真。

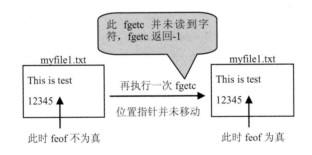

图 10-11　在读取 myfile1.txt 时，feof 为真的情况

　　很多 C 语言教科书或资料中显示，feof 检测"位置指针是否指向文件末尾"，是不确切的。要注意，"位置指针指向文件末尾"，feof 不一定返回"真"；只有在"位置指针指向文件末尾"时，试图再次读取文件之后，feof 才返回"真"。

　　当位置指针指向文件的最后一个字符之后时，再用 fgetc 读取字符 fgetc 就会返回-1（也是符号常量 EOF）。可不可以用 fgetc 的返回值是否为-1 来判断是否读完文件了呢？最好也不要那样做，因为 fgetc 返回-1 代表两种情况，读完文件或读取出错。如果读取出错，fgetc 也会返回-1 的，并不代表读完文件。

因此在 while 循环之前，语句 ch=fgetc(fs);就是很有必要的了。如果 myfile1.txt 为空文件，当用 fs=fopen(source,"r"); 打开它后，位置指针就指向了文件末尾，但此时 feof 并不为"真"。如果在 while 循环之前，没有语句 ch=fgetc(fs);，feof(fs)为假，循环条件"! feof(fs)"就为真，程序会直接进入 while 循环内部，从而使 myfile2.txt 多出一个字节的内容（内容为 ch 的初值为随机数）。而如果提前有语句 ch=fgetc(fs);，虽然语句中的 fgetc 返回-1 并没有读到任何字符，但之后 feof(fs)会为真，"! feof(fs)"为假，程序会直接跳过 while 循环，myfile2.txt 也会为空。

【程序例 10.8】从键盘输入若干行文本（每行不超过 80 个字符），将它们依次写到文件 mytext.txt 中。要输入的行数不一定，直到用户输入一行文本为#为止。

```
#include <stdio.h>
#include <string.h>
#include <stdlib.h>
main()
{   FILE *fp;   char str[81];
    if( (fp=fopen("mytext.txt","w")) == NULL )
        {printf("打开文件失败!!\n"); exit(1);}

    /* 通过键盘输入若干行文本并写到文件中 */
    printf("请连续输入若干行文本，输入的一行文本为#时结束: \n");
    gets(str);                 /* 从键盘输入字符串，不是读文件 */
    while(strcmp(str,"#")!=0)
    {   fputs(str, fp);        /* 向文件写入字符串 */
        fputs("\n", fp);       /* 向文件写入\n 换行(因 fputs 不自动换行)*/
        gets(str);             /* 从键盘输入下一个字符串 */
    }
    fclose(fp);
    printf("文件输出成功! ");

    /* 按行读取文件显示到屏幕上 */
    if( (fp=fopen("mytext.txt","r")) == NULL )
        {printf("\n 打开文件失败!!\n"); exit(1);}
    printf("文件中的内容是: \n");
    fgets(str, 81, fp);
    while( !feof(fp) )
    {   printf("%s", str);   /* 输出字符串到屏幕，不是写到文件中 */
        fgets(str,81,fp);    /* 从文件中读取下一个字符串 */
    }
    fclose(fp);
}
```

程序运行后，在屏幕上的输出结果为：

```
请连续输入若干行文本，输入的一行文本为#时结束:
China↓
France↓
America↓
Japan↓
Britain↓
#↓
文件输出成功! 文件中的内容是:
```

```
China
France
America
Japan
Britain
```

在将字符串显示到屏幕上时，printf("%s", str);中不要加\n，也不要用 puts(str); 否则屏幕上输出每个字符串后将有两个换行。这是因为用 fgets 函数从文件中读到的字符串会包含每行字符串后面的"换行符"，这是与从键盘输入字符串的 gets 函数所不同的。

exit 函数是 stdlib.h 中定义的库函数，它的作用是强行退出程序。exit 函数有一个参数，这个参数用于返回给操作系统（如 Windows），一般调用 exit 函数正常退出程序时参数值设为 0，异常退出程序时设为非 0 值。

第11章 编程的经验财富——算法与数据结构基础

小到叠一个纸鹤，大到生产一辆汽车，都必须遵照一定的方法，编写程序也不例外。程序设计是一门学问，解决同样的问题，不同的人写出来的程序不会完全一样。有人写出来的程序，执行效率很高，很快就能算出结果，而有人却用了最复杂的方法，算得"头上冒了汗"还是没有算出来。因此，虽然 C 语言的知识已经学习完毕，但如何编写高效的程序，在程序设计乃至软件开发的方法上还有一些功课要做。

本章将概要性地介绍一些程序设计和软件开发的基本知识。这些知识不完全属于 C 语言的组成部分，但对于深入学习程序设计会很有帮助。

11.1 "一招鲜"——算法

11.1.1 何谓算法

算法，顾名思义就是计算的方法。现代计算机除了能计算外，还能帮助人类完成很多复杂的工作，比如查找、排序、绘图、机械控制等。因此算法的概念广义地讲应为计算机解决问题的方法，实际就是解决问题的步骤。学习编程，不能不学习算法，因为算法是编程的精髓所在，一般在算法上有功力的人才能称为"大牛"。一个算法应该具有下面的基本特征：

（1）确定性：算法中的每一步都是明确的，不能模棱两可。

做菜时烹调方法中的"少许盐"、"少许味精"就不能作为算法的步骤。"少许"是多少？恐怕要靠经验来传达。而作为算法其步骤必须明确是 3 克还是 3.5 克，这称为算法的确定性。

（2）有穷性：算法在有限的步骤内一定会结束。

算法不能等同于程序，算法和程序的主要区别是有穷性。一个陷入"死循环"的程序也可以称之为程序但不能称之为算法，因为算法必须要能够结束。

（3）可行性：算法的每一步在现有条件下必须都能够做得到，即使用纸和笔也能完成。

（4）输入和输出：算法可以有多个输入数据也可没有输入数据，但必须有一个或一个以上的结果输出。如果任何人都看不到其输出结果，那么这个算法也就没有作用了。

【随讲随练 11.1】算法的有穷性是指（　　　）。

A．算法程序的运行时间是有限的　　　B．算法程序所处理的数据量是有限的
C．算法程序的长度是有限的　　　D．算法只能被有限的用户使用

　　算法可以用自然语言、程序流程图、伪码等形式表示出来。伪码是一种介于自然语言和计算机语言之间的一种语言，没有严格的语法要求，便于描述解决问题的步骤，同时便于向计算机语言过渡。例如，求 3 个数中最大值的算法，可以用伪码表示以下语句：

```
将 a 存入 max
如果 b>max 则 将 b 存入 max
如果 c>max 则 将 c 存入 max
输出 max 的值
```

　　一旦算法确定，就可以用任何一种计算机语言（当然包括 C 语言）编写对应的程序，再由计算机执行完成功能。算法与相应的程序是对应的，按照一个算法可以写出相应的程序，而一个程序的思路也可以用算法描述出来。但人们在讨论解决问题的方法时，更倾向于用"算法"来讨论，而不是基于某种计算机语言所编写的程序，因为这样可以更关注于描述解决问题的步骤，而不必在此过程中受某种语言语法规则的束缚。我们在第 6 章讨论过的查找、排序等的方法也都属于算法，并且曾用 C 语言写出了对应的程序（参见 6.2 节）。

11.1.2　算法的控制结构

　　可以将算法的控制结构简单地理解为算法中各个操作步骤之间的执行顺序，算法一般是由顺序结构、选择结构（或称分支结构）、循环结构三种基本结构组合而成的，也是我们在 C 语言中学习过的 3 种程序结构（第 3～5 章）。

11.1.3　算法复杂度

　　如何衡量算法的优劣呢？自然越不复杂的算法越优，因而人们引入了算法复杂度的概念。算法复杂度包括时间复杂度和空间复杂度，即从时间、空间两个角度来衡量。

1. 算法的时间复杂度

　　时间复杂度是指执行算法所需要的计算工作量，是算法执行过程中所需要的基本运算次数。而基本运算次数与对应程序长短、语句多少是没有关系的，例如：

```
for(i=1;i<=5000;i++)
    for(j=1;j<=10000;j++)
        x++;
```

　　以上这段程序很短（仅有 3 行），却够让计算机忙活一阵的了，因为这是一个嵌套循环的程序，x++;这条语句要被执行 5000×10 000=5 千万次之多！因此这种算法的时间复杂度是很高的。

脚下留心

　　算法的时间复杂度也不是指算法的程序具体运行了多长时间（几分几秒），计算机的配置不同，相互比较运行时间没有意义。一个在"老爷机"上需要 1 个小时才能完成的算法，一定比一个在 8 核机上 59 分钟完成的算法要差吗？

算法的时间复杂度一般用"O(n 的表达式)"的形式表示，n 为问题的规模。例如 O(n)、O(n^2)、O($\log_2 n$)等，它表示的是当问题的规模 n 充分大时，该算法要进行基本运算次数的一个数量级。例如上例嵌套的双层循环的算法，时间复杂度应表示为 O(n^2)。

2. 算法的空间复杂度

空间复杂度指执行这个算法所需要的存储空间。一般在算法对应的程序中所定义数组的元素个数是增加空间复杂度的主要因素。空间复杂度一般也用"O(n 的表达式)"的形式表示。

在实际问题中，降低时间复杂度和降低空间复杂度有时是"鱼与熊掌，不能兼得"，某些情况下要牺牲时间赢得空间，在另一些情况下要牺牲空间赢得时间，一般取二者的折中即可。

【随讲随练 11.2】算法的时间复杂度是指（　　　）。

A．算法的执行时间　　　　　　　B．算法所处理的数据量

C．算法程序中的语句或指令条数　D．算法在执行过程中所需要的基本运算次数

【答案】D

【随讲随练 11.3】算法的空间复杂度是指（　　　）。

A．算法在执行过程中所需要的计算机存储空间

B．算法所处理的数据量

C．算法程序中的语句或指令条数

D．算法在执行过程中所需要的临时工作单元数

【答案】A

【分析】D 选项的说法不完全，除临时工作单元外，输入数据、中间数据、结果数据等的所需存储空间都应包含在内。

11.2 数据结构概述

11.2.1 何谓数据结构

在探索问题和大量编程实践中，总结出了许多解决数据处理问题的高效方法，形成了一门学科，就是数据结构。在实际问题中，要处理的数据往往会有很多，这些都要被存放到计算机中。众多的数据在计算机中如果随意乱放，就是在"自讨苦吃"。如何存储这些数据，才能把它们规范地组织起来，便于插入、删除、修改、查找等，以提高数据处理的效率，并占用较少的存储空间呢？这就是数据结构要解决的问题。

那么什么是数据结构呢？大体上说，数据结构就是考察数据在计算机中如何表示、存储、管理，各数据元素之间具有怎样的关系、怎样相互运算等的一门学科。在长期的编程实践中，人们创造出了许多行之有效的数据结构，例如我们所熟知的数组，就是一种数据结构，链表是另外的一种数据结构。除数组和链表外，数据结构还有很多种，如堆栈、队列、树、图等。

研究数据结构，一般要研究数据的逻辑结构和存储结构两个方面。

　　什么是逻辑结构和存储结构呢？比方说，一个班级的每位同学都有学号，学号的顺序是逻辑结构：1 号同学排在 2 号同学之前，2 号同学排在 3 号同学之前，依次类推。但在教室上课时，就不一定按学号次序就座了，如 1 号同学可能坐在最后一排，2 号同学可能坐在第一排，这种座位顺序称存储结构（或物理结构）。显然存储结构与逻辑结构不同，上课时，尽管 2 号同学坐在 1 号之前，但他学号为 2，学号排在 1 号之后这个"逻辑"是不会改变的，如图 11-1 所示。

图 11-1　上课时的座次（物理结构）与学号次序（逻辑结构）不 一定相同

　　在计算机中，数据之间的逻辑结构就是各数据元素之间所固有的前后逻辑关系；而存储结构是指数据在计算机中的实际存储方式，或称为逻辑结构的存储方式，与存储位置有关。

　　例如在我们熟知的数组中，从逻辑上讲元素 a[0]在元素 a[1]之前（0 号在 1 号之前），也称 a[0]是 a[1]的前件（前驱），a[1]是 a[0]的后件（后继）。从存储上讲，数组各元素连续存储，a[0]的存储位置也必在 a[1]之前。因此对于数组来说，各元素在存储空间中是按逻辑顺序依次存放的，逻辑关系相邻的元素，存储的物理位置也相邻。数组各元素的逻辑结构与存储结构是一致的。这类似于学生在参加考试时，在考场中必须按照学号依次就座而不能随便就座。

　　而链表则不同，链表类似于学生上课时的就座，逻辑上学号小的同学可能坐在学号大的同学之后。链表中各元素逻辑上的前后件关系，是由各元素所保存的下一元素的地址（指针域）决定的，而不由它们所在内存位置决定。如图 11-2 所示，数据 1 的指针域指向数据 2，说明逻辑上数据 1 位于数据 2 之前，但在存储上数据 1（地址 4000）被存储在数据 2（地址 1000）之后。因此链表中各元素的逻辑结构与存储结构可以是不一致的，各个元素的存储空间也不一定连续。

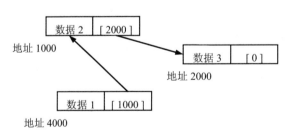

图 11-2　链表中各数据的逻辑顺序与它们的存储位置的顺序一般是不一致的

11.2.2　数据结构的类型

　　按照数据之间逻辑上的关系，可以将数据结构分为线性结构和非线性结构，如表 11-1

所示。

表 11-1 数据结构的逻辑线性结构和非线性结构

	数据元素之间关系	数据元素之间关系说明*	数据结构
线性结构	一对一	除开始和末尾元素外，每个数据元素只有一个前件（前驱）、一个后件（后继）	数组、链表、堆栈、队列
非线性结构	一对多	除开始和末尾元素外，每个数据元素只有一个前件（前驱），但有多个后件（后继）	树（二叉树是树的一种）
	多对多	除开始和末尾元素外，每个数据元素可有多个前件（前驱），也可有多个后件（后继）	图（本书不涉及）

* 这里前件(前驱)、后件(后继)都指直接前件(前驱)、直接后件(后继)，即相邻的前、后一个元素。

【随讲随练 11.4】下列数据结构中，属于非线性结构的是（   ）。

A．循环队列　　　B．带链队列　　　C．二叉树　　　D．带链栈

【答案】C

【分析】A、B 都属队列。D 属堆栈，都是线性结构。C 是树的一种，是非线性结构。

线性结构的数据结构，也称线性表。线性表如同列队时的一排，除排头和排尾外，中间每个人都前后各有一个相邻的人（一对一）。如图 11-3 所示，首元素 11 无前件（前驱），尾元素 5 无后件（后继），其他元素都只有一个前件、一个后件，例如元素 13 的前件为 20 后件为 22。线性表所包含的元素个数称线性表的长度。当包含的元素个数为 0 时，称为空表。在前面章节中介绍过的数组和链表，以及即将要介绍的堆栈和队列都属线性表。

11	20	13	22	5

图 11-3 线性表

11.3 早出晚归的勤快人——栈（堆栈）

11.3.1 何谓栈（堆栈）

栈也称堆栈，顾名思义，它就是类似于草堆、土堆、木头堆等堆得高高的一种数据结构。堆栈有两端，顶端和底端，顶端称栈顶（top），底端称栈底（bottom）。

在堆放物品时必须先放置最下面接触地面的物品，然后再一层层堆起来。但在取走物品时，最下面的物品被紧紧压住动弹不得，只有首先取走最顶端的物品，才能逐层向下取走下面的物品。显然最先取走的物品是最后放的，最后取走的物品是最先放的。如图 11-4，古老的干电池手电筒也是堆栈的例子，手电筒内的干电池是线性排列的。装入电池时，第一节电池在最里面，第二节压在第一节之上，第三节再压在第二节之上，第三节为栈顶。当取出电池时，只能先取出第三节，然后再依次取出第二节、第一节（第一

图 11-4 书堆、干电池手电筒都是生活中堆栈的例子

节是最先被放进去的，但最后才能被拿出来）。

堆栈的特点是先进后出（FILO，First In Last Out）或后进先出（LIFO，Last In First Out），即第一个进去的，最后一个才能出来，最后一个进去的首先可以出来。

11.3.2　堆栈的基本运算

插入，也称为数据入栈或压入（Push）：向堆栈中添加新元素，称为插入（尽管不是从中间插而只能从顶端添加，数据结构中的"插入"是添加的意思而不是"夹个"的意思）。插入后，新元素成为新的栈顶，原来的栈顶就不再是栈顶了。

删除，也称为数据出栈或弹出（Pop）：取走堆栈中的一个元素，称为删除。删除只能删除栈顶的一个元素，删除之后，它的下一个元素成为新的栈顶，可以被下次删除。

查看（Peek）：只是看一看现在栈顶的数据是什么，而不把它取走删除，称为查看。这有一点"偷窥"栈顶数据的味道。查看之后栈顶不变，下次查看或删除的还是这个栈顶的数据。

显然无论插入、删除还是查看，都只能在堆栈的一端——栈顶进行，而不是栈底，更不能是中间的某个元素。这与数组是不同的，数组可以根据下标随意访问其中的任何一个元素，而堆栈不行，它在某一时刻只能访问栈顶这一个元素，当栈顶被取走，下一个元素成为新的栈顶时才能被下次访问。当堆栈中没有元素时称为空栈。

11.3.3　堆栈的逻辑结构和存储结构

堆栈的逻辑结构是线性结构。

堆栈在计算机中如何存储呢？关于数据结构的存储方式比较复杂，初学者可以简单地认为，任何一种数据结构（无论堆栈、队列等线性结构、还是树等非线性结构）一般来说都既可以用数组存储，也可以用链表存储。其中用数组存储的称为顺序存储，用链表存储的称为链式存储。当然这是指除了数组和链表这两种数据结构本身之外的其他数据结构，都可以这样来存储。

数组和链表作为两种类型的数据结构本身是线性结构，这是毋庸置疑的。但这两种数据结构还可以行使另一种特殊身份即用于存储其他类型的数据结构。当行使这种特殊身份时，所要存储的结构就不一定是线性结构了。例如可以用数组或链表存储树，而树是非线性结构。因此我们说，数组和链表是线性结构，但当它们用于存储其他数据结构时，既可以存储（表示）其他类型的线性结构（如堆栈、队列），也可以存储（表示）非线性结构（如树）。

回到堆栈的存储问题，堆栈既可以用数组存储（顺序存储），也可以用链表存储（链式存储）。用链表存储时，又称带链的栈。

这里只介绍顺序存储。顺序存储时，定义一个数组 s[M]存储堆栈的各数据元素，M 为堆栈能容纳的最多元素个数，一般设置为足够大。M 个空间不一定全部用满，再定义一个整型变量 top 表示目前栈顶元素所在数组元素的下标。top 称为栈顶指针（这里指针不是指针变量的意思，也没有地址的含义，它仅指数组的下标）。如图 11-5 所示，当有新数据入栈（插入）或栈中有数据出栈（删除）时，top 跟随变化；top==-1 时表示栈空，top==M-1 时表示栈满。

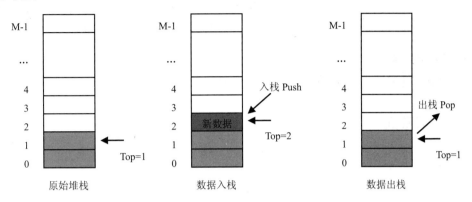

图 11-5　用数组存储堆栈，以及数据入栈、出栈时栈顶指针 top 的变化

有兴趣的读者可用 C 语言编程实现堆栈，这里给出大致的编程思路：

```
#define M 100        /* 堆栈最多元素个数 */
int s[M];            /* 定义数组存储堆栈 */
入栈(push):  if (top<M-1) {top++; s[top]=newValue;}      /* 入时先判满 */
出栈(pop):   if (top>=0) {printf("%d", s[top]); top--;}    /* 出时先判空 */
查看栈顶元素:  if (top>=0) printf("%d", s[top]);            /* top 不变 */
清空堆栈:  top=-1;  /* 数据不必删除，将来随新数据入栈旧数据将被覆盖*/
```

11.3.4　堆栈的应用

堆栈这种数据结构在计算机中非常重要。调用函数、调用子程序、转换与计算表达式、实现某些排序算法等都要用到堆栈。例如在第 7 章曾介绍过的我们（main 函数）调用餐厅的点菜函数，餐厅又调用打车去买葱，返回时逐级返回，打车函数先返回餐厅，餐厅再做好菜返回给我们（main 函数）。这个过程就是通过堆栈记录的，函数调用就是入栈的过程，函数返回就是出栈的过程，如图 11-6 所示。堆栈的"后进先出"规则使函数调用层次绝不会搞错，餐厅的买葱打车绝不会找我们（main 函数）要打车费。

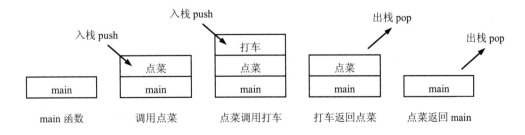

图 11-6　函数的调用和返回层次是通过堆栈记录的

A．栈顶元素最先能被删除　　　　B．栈顶元素最后才能被删除

C．栈底元素永远不能被删除　　　　D．以上三种说法都不对

【答案】A

11.4　先来后到——队列

11.4.1　何谓队列

堆栈的特点是先进后出或后进先出，但在实际生活中"按序排队"、"先来后到"才是行为的规范。在计算机中，有没有"先来后到"的数据结构呢？有的，这就是队列。与排队的准则一致，数据结构中的队列是先进先出（FIFO, First In First Out）或后进后出（LILO, Last In Last Out）的线性表。

数据结构中的队列也有两端：队头和队尾。按照先来后到的规则，显然新数据应在队尾插入（数据结构中的"插入"是添加新数据的意思，不是"夹个"的意思），也称入队。删除数据在队头进行，也称出队。只能访问和删除队头元素，中间元素和队尾元素都不能随意访问。只有队头元素被删除后，后面的数据成为新的队头，才能被访问。

　　　　　　堆栈与队列都是线性表。堆栈是在同一端（栈顶）既插入又删除，而队列是在一端插入，而在另一端删除。

11.4.2　队列的逻辑结构和存储结构

队列的逻辑结构是线性结构。队列的存储结构既可以用数组存储（顺序存储），也可用链表存储（链式存储）。用链表存储时，又称带链的队列。

这里只介绍顺序存储。顺序存储时，定义一个数组 s[M]存储队列的各数据元素，M 为队列能容纳的最多元素个数，一般设置为足够大。再定义两个整型变量 rear 和 front，rear 表示目前队尾元素的数组元素下标，front 表示目前队头元素的前一个元素的数组元素下标（不是队头元素）。rear 和 front 分别称为队尾指针和队头指针（这里指针不是指针变量的意思，也没有地址的含义，它仅指数组的下标）。初始状态时，队列中没有元素，rear 和 front 都为-1。如图 11-7 所示，当有新数据入队（插入）或队列中有数据出队（删除）时，rear 和 front 分别跟随变化。

如果仅仅依靠 rear 和 front 分别+1 的变化来执行入队和出队，就会带来一个问题：队列不断有新数据在队尾加进来，同时又有数据从队头出队离开。队头元素离开后，已用的数组空间不能被再次利用就浪费了，而队尾又在不断延伸，不断需要新空间，过不了多久

M 个空间就会用完。能否回收队头已用过的空间，让队列"绿色"一点儿呢？人们常采用循环队列（环状队列）的方式，当新数据在队尾用完下标为 M-1 的空间后，还允许反过头来使用下标为 0 的空间（如果原来下标为 0 的空间的数据已经离队的话），也就是将图 11-7 中的数组空间弯折，上端和下端重合，形成一个环状，如图 11-8 所示。

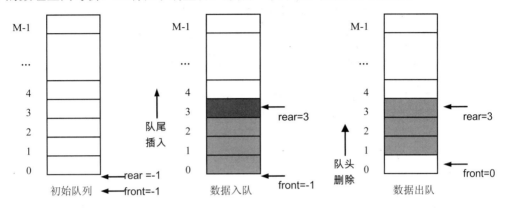

图 11-7　用数组存储队列，及数据入队、出队时队头和队尾指针 front 和 rear 的变化

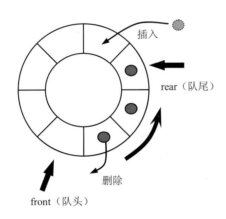

图 11-8　循环队列示意图

11.4.3　循环队列的基本运算

在循环队列中仍然需要通过 rear 和 front 两个变量来反映目前队列的状态（队列中是空、还是满，以及目前队列中有几个元素）。显然，在循环队列"转起来"以后，rear 和 front 孰大孰小就不一定了。循环队列目前的元素个数可以简单地用 rear-front 求得，如果所得为负数，再 + 数组总容量（M）即可（若 rear-front 不为负数，则不加容量）。

【随讲随练 11.6】假设循环队列的存储空间为 Q(1:30)，初始状态为 front=rear=30，现经过一系列入队与退队运算后，front=16，rear=15，则循环队列中有（　　　）个元素。

【答案】29

【分析】Q(1:30)表示有 30 个空间（1～30）。rear-front 得-1 为负，再加容量 30 得 29。

高手进阶

为了便于反映目前队列的状态，循环队列一般需要浪费其中一个数组空间，即最多允许占满 M-1 个空间而不允许占满全部的 M 个空间。

初始化：　front=rear=0；

判空：　　若 front==rear 表示是空队列

判满：　　若 (rear+1) % M==front 表示队列已满

入队：

```
rear=(rear+1) % M;
if (front!=rear) s[rear]=newValue;  /* 入时先判满 */
```

出队：

```
front=(front+1) % M;
if(front!=rear) printf("%d",s[front]);/*出时先判空*/
```

为了总能使用下标+1 的方法获得下一个空间的下标，但又使下标范围在 0～M-1 之内，可以用 % M（除以 M 取余数）的技巧。例如，下标 M-1 再+1 之后为 M，M % M 为 0，于是得到下标为 M-1 的元素的下一元素下标为 0。

11.5　倒置的树——树与二叉树

11.5.1　树和树的基本概念

数据结构中的树类似于把生活中的树倒置（树根朝上，叶子在最下面），如图 11-9 所示。我们在磁盘根目录下建立文件夹，在一个文件夹下再建立多个子文件夹，每个子文件夹下还可以再建立子文件夹，这就是一种"树"的结构。树是非线性结构，其所有元素之间具有明显的层次特性。像我们生活中对树的称呼一样，数据结构中树的结点也可以分别称为根结点、分支结点（非终端结点）、叶子结点（终端结点），要注意的是根在上、叶子在下。

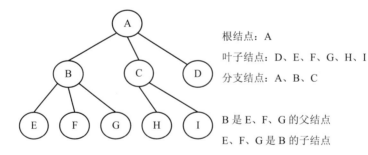

图 11-9　树和树的结点

除根结点和叶子结点外，每个结点的前驱（前件）只有一个，而后继（后件）有多个，这类似于一个文件夹的上一级文件夹只有一个，而在它下面可以建立多个子文件夹。树的根结点是唯一没有前驱（前件）的结点，叶子结点都没有后继（后件）。

可把树想象为一个家族的"家谱"，上面为祖先，下面为子孙，下一层就是下一代子孙。

这样每个结点的唯一前驱（前件）结点也称为这个结点的父结点，多个后继（后件）结点也称为这个结点的子结点（孩子结点），父结点相同的各结点互称兄弟结点，如图 11-9 所示。

一个结点所拥有的子结点个数称为该结点的度（分支度），也就是它的孩子数。所有结点中最大的度称为树的度。树的最大层次称为树的深度。图 11-9 中，结点 C 的度为 2，A 的度为 3，D 的度为 0，E 的度为 0，树的度为 3；树有 3 层，树的深度为 3。

插枝可成林，一棵树除根结点外的其余结点又组成若干棵树，称为子树。如图 11-10 所示，移去树根 A 后成为三棵树，其中第三棵树是仅有一个根结点 D 的树。

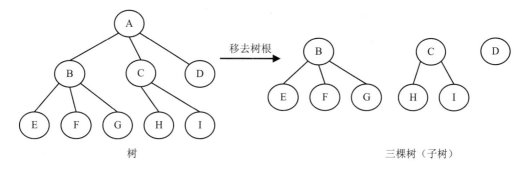

图 11-10　树和子树

11.5.2　二叉树的基本概念

二叉树是树的一种特殊情况，每个结点至多有两个分支（也可以有一个分支或没有分支），如图 11-11 所示。那么二叉树就只有 3 类结点，其分支度分别为 0、1、2（其中分支度为 1 的结点包括向左分支的结点和向右分支的结点，都算作分支度为 1 的一类中）。根结点的左边部分称左子树，右边部分称右子树，左右子树不能互换。

二叉树有一个重要的性质：度为 0 的结点（叶子结点）总是比度为 2 的结点多一个。如图 11-11 的二叉树中，叶子结点有 4 个（F、G、H、I），度为 2 的结点有 3 个（A、C、E），叶子结点比度为 2 的结点多 1 个。

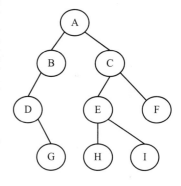

图 11-11　二叉树的例子

 窍门秘笈　这个性质可这样来记，从生活经验来

说一棵树数量"最多"的结点应是叶子，二叉树的"典型"结点是"分两个叉儿"的结点（度为 2），数量最多的叶子结点比"典型"结点要多，多多少呢？有意思的是，只多 1 个！

【随讲随练 11.7】一棵二叉树中共有 70 个叶子结点与 80 个度为 1 的结点，则该二叉树中的总结点数为（　　）。

　　A．219　　　　　B．221　　　　　C．229　　　　　D．231

【答案】A

【分析】叶子结点为 70 个，所以度为 2 的结点为 70−1=69 个。总结点数为二叉树的 3 类结点（分支度分别为 0、1、2）的数量之和：70+80+69=219。

每一层上的所有结点数都达到最大的二叉树,称为满二叉树。除了最后一层外,每一层上的结点数都达到最大,只允许最后一层上缺少右边的若干结点的二叉树称为完全二叉树,如图 11-12 所示。显然,满二叉树也是完全二叉树,但完全二叉树不一定是满二叉树。在满二叉树中,不存在度为 1 的结点。在完全二叉树中,度为 1 的结点或者有 0 个或者有1 个。

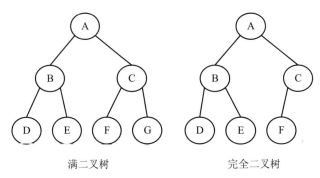

图 11-12   满二叉树与完全二叉树的例子

11.5.3   二叉树的存储结构

二叉树既可以顺序存储,又可以链式存储。顺序存储一般用于满二叉树或完全二叉树,按层序存储。在链式存储中,每个结点有两个指针域,一个指向左子结点,一个指向右子结点,如图 11-13 是图 11-12 右图二叉树的链式存储结构。二叉树的链式存储结构也称为二叉树链表(二叉链表)。注意二叉链表是采用链式存储方式的二叉树,它的本质是树,因此是非线性结构。

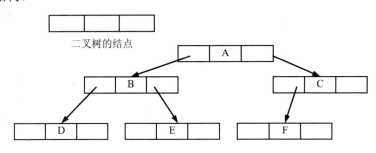

图 11-13   二叉树的链式存储结构

11.5.4   二叉树的遍历

二叉树的遍历,就是对二叉树中的各个结点进行访问,使每个结点仅被访问一次。如图 11-11 所示的二叉树,可按层次从上到下依次访问 ABCDEFGHI,这就是一种遍历。当然也可以从下到上依次访问 IHGFEDCBA,这又是一种遍历。显然遍历方式不同,遍历序列就不同。按层次遍历是最简单的遍历方式,此外二叉树还有许多其他的遍历方式,比较重要的有以下三种。

（1）前序遍历（DLR）：首先访问根结点，然后遍历左子树，最后遍历右子树。

（2）中序遍历（LDR）：首先遍历左子树，然后访问根结点，最后遍历右子树。

（3）后序遍历（LRD）：首先遍历左子树，然后遍历右子树，最后访问根结点。

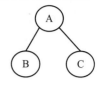

图 11-14　简单的二叉树

上述遍历名称中的"前"、"中"、"后"实际代表的是遍历时"根结点"在前、中、后，前序是先访问根，中序是中间访问根，后序是最后访问根。而左、右均是依"从左到右"的顺序。如图 11-14 所示的二叉树，其前序遍历序列是 ABC（根、左、右），中序遍历序列是 BAC（左、根、右），后序遍历序列是 BCA（左、右、根）。

那么对于图 11-11 所示的二叉树，左、右不是一个结点，该如何遍历呢？在遍历到其左、右时，需将左、右单独提出，将提出后的部分单独考虑则又是一棵二叉树，即左子树、右子树。单独考虑子树的二叉树，将子树的二叉树按同样方式遍历。如果子树的左、右还不是一个结点，再将子树的左、右单独提出遍历，直到左、右都仅剩一个结点为止。

例如对图 11-11 所示的二叉树求前序遍历序列，分析过程是：按照"根、左、右"的顺序可以先写出根 A，然后应依次写"左、右"，而左、右都不是一个结点。单独提出"左"部分是 B、D、G 组成的二叉树（左子树），单独提出"右"部分是 C、E、F、H、I 组成的二叉树（右子树），下面分别确定这两棵子二叉树的前序遍历序列，再将之依次写在 A 的后面就可以了。

（1）左子树（B、D、G 组成的二叉树）：根为 B，将此二叉树前序遍历，先写根 B，再写左（为 D、G 组成的二叉树）的前序遍历序列，其序列稍后确定，无右不写右。

确定 D、G 组成的二叉树的前序遍历序列，将此二叉树单独提出，先写根 D，无左不写左，再写右 G，此二叉树前序遍历序列为 DG。

将结果 DG 带回到上一层，则确定左子树（B、D、G 组成的二叉树）的遍历序列为 BDG。

（2）同样方法，将右子树（C、E、F、H、I 组成的二叉树）单独提出，根为 C，将此二叉树前序遍历，先写根 C，再写左（为 E、H、I 组成的二叉树）的前序遍历序列，其序列稍后确定，再写右直接写 F。

将 E、H、I 组成的二叉树单独提出，此二叉树前序遍历序列为 EHI。

将 EHI 带回到上一层，确定右子树（C、E、F、H、I 组成的二叉树）的遍历序列为 CEHIF。

综上所述，原树前序遍历序列为：ABDGCEHIF。整个过程可以表示为图 11-15。

类似地，可以得到图 11-11 的二叉树的中序遍历序列为 DGBAHEICF，后序遍历序列为 GDBHIEFCA。在中序（后序）遍历时，提出子树和带回子树结果到上一层的方式与求前序遍历序列的都相同，只不过任何一个层次的子树都要按照中序（后序）的方式遍历：即左根右（左右根）的顺序。总之二叉树遍历的关键是按照"子树"的思想，将问题逐一缩小，而每一个小问题又都是同样的"遍历"问题。

【随讲随练 11.8】已知一棵二叉树前序遍历序列为 ABDGCFK，中序遍历序列为 DGBAFCK，则它的后序遍历序列是（　　　　）。

【答案】GDBFKCA

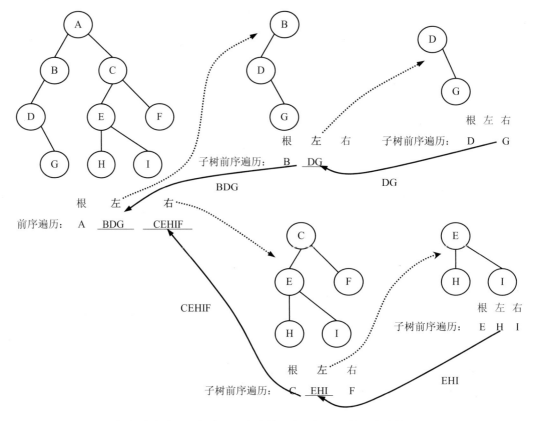

图 11-15　二叉树的前序遍历分析过程（虚线箭头表示提出子树，实线箭头表示将子树的遍历
结果带回到上一层）

【分析】应先画出此二叉树，然后再求其后序遍历序列。

由于前序序列由 A 打头，<u>根必为 A</u>。孰为 A 的左，孰为 A 的右呢？需要在中序序列中找到 A，在中序序列中位于 A 左边的结点都是左子树的结点，位于 A 右边的结点都是右子树的结点。由 <u>DGB</u> A <u>FCK</u>，得 <u>D、G、B 为组成左子树的结点，F、C、K 为组成右子树的结点</u>。

下面确定左子树，方法类似，只不过问题被缩小一层。左子树由 D、G、B 组成，无论是前序还是中序序列都只看 D、G、B 的那一部分。先找左子树的根，在前序序列中找到 D、G、B 的部分是...BDG...，B 在 BDG 的开头，因此 <u>B 是 D、G、B 的根，B 应与 A 直接相连</u>。再确定 B 的左、右。在中序中找到 D、G、B 的部分是 DGB...，D、G 均在 B 的左边，因此 <u>D、G 都是 B 的左子树中的结点，B 无右</u>。再确定下一层次，问题进一步缩小为 D、G。DG 在已知的前序序列中 D 打头，故 <u>D 是 DG 的根，D 当与 B 直接相连</u>；在已知的中序序列中 G 在 D 后，<u>G 是 D 的右结点</u>。

至此原树左部分已画出，再确定右部分。它由 F、C、K 组成，在已知条件中，无论是前序还是中序序列都只看 F、C、K 的那一部分。前序为...CFK，<u>C 是 F、C、K 的根，C 当与 A 直接相连</u>；中序 F、K 分别在 C 的一左一右，因此 <u>F、K 分别是 C 的左、右结点</u>。

画出这棵二叉树为图 11-16 所示的样子，再求出此二叉树的后序遍历序列。

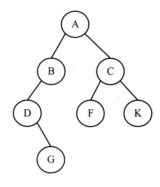

图 11-16 随讲随练 11.8 的二叉树

如果已知后序序列和中序序列，求前序序列，方法是类似的，只不过在后序中找根要找后序序列的最后一个结点，而不是第一个结点了。如果已知前序和后序序列，求中序，是无法画出二叉树的，问题无解。因此这类问题必已知中序序列，分析方法可以归纳为：前序或后序找根，中序找左右，一层一层地画出二叉树。

本章介绍的几种数据结构总结如图 11-17 所示。

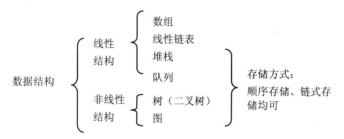

图 11-17 几种数据结构小结

【随讲随练 11.9】支持子程序调用的数据结构是（　　）。

A. 栈　　　　B. 树　　　　C. 队列　　　　D. 二叉树

【答案】A

【随讲随练 11.10】下列叙述中正确的是（　　）。

A. 顺序存储结构的存储空间一定是连续的，链式存储结构的存储空间不一定是连续的

B. 顺序存储结构只针对线性结构，链式存储结构只针对非线性结构

C. 顺序存储结构能存储有序表，链式存储结构不能存储有序表

D. 链式存储结构比顺序存储结构节省存储空间

【答案】A

【分析】无论线性、非线性结构，既可以顺序存储，也可以链式存储（图 11-17）。顺序、链式存储都可存储有序表（即排序后的数据）。顺序存储更节省存储空间，因为它只存数据就可以了，不必存地址。链式存储每个结点包含数据域和指针域两个部分，除存数据外还要占更多的存储空间存地址（如下一数据的地址）。

第 12 章　程林高手武功秘籍——软件开发基础

没有资质的包工队用盖平房的模式去建设几十层的摩天大楼，是很难如期完工的。编写一个程序，甚至制作一个软件与盖楼的道理一样，都要遵循一定的规范，正所谓"没有规矩不成方圆"。比如，我们要做个类似 QQ 的聊天软件，就需要好好地规划一下，在编程之前做到心中有数，有的放矢。否则随着开发的进行，出现的问题会越来越多，甚至整个项目崩溃。

人们在总结大量软件开发经验教训的基础上，提出了保证程序和软件质量的许多良好规范，总结了一整套比较完善的软件开发方法。本章就对这些规范和方法做一个概要介绍，目的是抛砖引玉，为读者进一步深入学习打好基础。

12.1　编程之道——程序设计方法

12.1.1　编程 Style——程序设计风格

在编写程序时，要遵循良好的程序设计风格，这是掌握编程语言语法规则之外的另一方面的问题。这方面问题讨论的是：如何编写程序能增强程序的可读性、稳定性，如何使程序便于维护和今后的修改，如何减少编程工作量，如何使程序运行效率提高等。

程序设计在编写代码之前和之后还有许多工作要做。程序设计应包括下面的步骤：（1）确定数据结构；（2）确定算法；（3）编写代码；（4）上机调试程序，消除错误，使运行结果正确；（5）整理并撰写文档资料。

【随讲随练 12.1】 针对简单程序设计，以下叙述的实施步骤顺序正确的是（　　　）。

A．确定算法和数据结构、编码、调试、整理文档

B．编码、确定算法和数据结构、调试、整理文档

C．整理文档、确定算法和数据结构、编码、调试

D．确定算法和数据结构、调试、编码、整理文档

【答案】A

"清晰第一、效率第二"是当今主导的程序设计风格，即首先应该保证程序的清晰易读，其次再考虑提高程序的执行速度、节省系统资源。说得更明确一点：为了保证程序清晰易读，即使牺牲其执行速度和浪费系统资源也在所不惜。

良好的编程习惯和风格有很多，例如：符号命名应见名知意；应写必要的注释；一行只写一条语句；利用空格、空行、缩进等使程序层次清晰、可读性强；变量定义时变量名按字母顺序排序；尽可能使用库函数；避免大量使用临时变量；避免使用复杂的条件嵌套

语句；尽量减少使用"否定"条件的条件语句；尽量避免使用无条件转向语句（goto 语句）；尽量做到模块功能单一化；输入数据越少越好，操作越简单越好；在输入数据时，要给出明确的提示信息，并检验输入的数据是否合法；应适当输出程序运行的状态信息；应设计输出报表格式。

【随讲随练 12.2】下列叙述中，不符合良好程序设计风格要求的是（　　）。

A．程序的效率第一，清晰第二　　B．程序的可读性好

C．程序中有必要的注释　　　　　D．输入数据前要有提示信息

【答案】A

程序设计方法的发展主要经过了两个阶段：结构化程序设计和面向对象的程序设计，以下对这两种程序设计方法分别做简要介绍。

12.1.2　组装零件——结构化程序设计

对于软件开发，现如今已经进入组件化时代。对于一个实际问题，如何设计程序呢？结构化程序设计方法要求首先考虑全局总体目标，然后再考虑细节；把总目标分解为小目标，再进一步分解为更小、更具体的目标，这里把每个小目标称为一个模块。比如生产一架飞机，就要首先了解飞机是由哪些零件组成的，然后将这些零件分别包给不同的厂商来加工，最后再将这些零件组装成一架飞机。这被称为"自顶向下、逐步求精、模块化"的原则。另外结构化程序设计还有一个原则，就是应限制使用 goto 语句。在结构化程序中，程序结构应由顺序结构、选择结构（分支结构）和循环结构三种基本结构组成，这恰是我们学习 C 语言时学习的三种基本结构。复杂的程序也仅能用这三种基本结构衔接、嵌套实现，而不得滥用 goto 语句。

【随讲随练 12.3】结构化程序设计的基本原则不包括（　　）。

A．多态性　　　B．自顶向下　　　C．模块化　　　D．逐步求精

【答案】A

【随讲随练 12.4】符合结构化原则的 3 种基本控制结构是：选择结构、循环结构和（　　）。

【答案】顺序结构

【随讲随练 12.5】结构化程序所要求的基本结构不包括（　　）。

A．顺序结构　　B．GOTO 跳转　　　C．选择（分支）结构　D．重复（循环）结构

【答案】B

12.1.3　这个 feel，爽！——面向对象程序设计

面向对象，不是面向男/女朋友，"对象"在这里是"事物"的意思。现实世界中的任何一个事物都可以被看成是一个对象，如一辆汽车、一栋房屋、一只狗熊、一片树叶、一部手机、一杯咖啡、一个学生、一支军队、一篇论文、一台电脑、电脑游戏中的一个人物等都是对象，如图 12-1 所示。

图 12-1　现实世界中的任何一个事物都可被看做是一个对象

　　我们的多彩世界就是由这样一个个对象组成的,我们是从一个个对象的角度来看待我们的世界的。如果在编写程序时也能从对象的角度来思考问题和解决问题,那编程的这个 feel 就爽了! 由此,面向对象的程序设计(Object Oriented Programming,OOP)方法应运而生,这个概念的首次提出是以 60 年代末挪威计算机中心研制出的 SIMULA 语言为标志的。相对于结构化程序设计,面向对象程序设计更接近于人类的思维习惯,是现代程序设计方法的主流。

　　什么是面向对象的程序设计呢? 面向对象,顾名思义,是以"对象"为核心的。在面向对象的程序设计中,不再将解决问题的方法分解为一步步的过程,而是分解为一个个的事物。如图 12-2 所示,在程序中将任何一个对象都看做由两部分组成:(1) 数据,也称属性,即对象所包含的信息,表示对象的状态,这类似于 C 语言结构体类型变量中的数据成员。(2) 方法,也称操作,即对象所能执行的功能以及所能具有的行为,类似于 C 语言中的函数(结构体类型变量中没有"方法")。

对象 { 数据(属性、状态)　操作(方法、行为)

图 12-2　对象的组成

　　例如,一个人是一个对象,他具有姓名、年龄、身高、肤色、胖瘦等属性;而会跑会跳,会玩会闹,会哭会笑这些都是他具有的方法。一部手机是一个对象,其品牌、型号、大小、颜色、价格,是它的属性。接打电话、收发短信、乃至拍照、录像、玩游戏都是它的方法。计算机游戏中的一个小兵也是一个对象,它的等级、生命值、攻击值、防御值、魅力值都是它的属性,而能在画面中移动、会进攻、被攻击后生命值会减少,生命值为 0 后会爆炸等都是方法。

1. 类和实例

　　类,就是类型的类,"物以类聚,人以群分",我们将同类事物归为一类。例如,张三、李四、王五同属人类。你的手机、我的手机、商场柜台上卖的手机同属于手机这一类。计算机游戏中不断出现的一个个"小兵"同属小兵这一类。

　　"类(class)"只是一个抽象的概念,它并不代表某一个具体的事物。例如"人类"是个抽象的概念,但不指任何一个具体的人,而张三、李四、王五才是具体的人。"手机"也是个抽象的概念,它既不能打电话,也不能接电话。只有具体落实到某一部看得见摸得着的、实实在在的手机,才能使用。尽管"类"不代表具体事物,但"类"代表了同种事物的共性信息,只要提及"手机"这个概念,我们头脑中都会想象出一部手机的样子,而绝不会出现一幅长着两条腿可以走路的"人"的形象。也可以将"类"看作一张设计图纸,它可用于制造具体的事物。例如"汽车"类是一张设计图纸，它是不能跑起来的，但按照"汽车"这个类的图纸制造出许多具体的汽车我们就能坐上去"兜风"了。

一般来说，由"类"这张设计图制造出的一个个具体的事物才能称之为"对象"或"类的实例（instance）"，而不应把一个"类"叫做对象。但在不引起混淆的情况下，有人也把"类"叫做对象，即"对象"这个术语既可指具体的事物，也可泛指类，而"实例"这个术语，必然指具体的事物。所以把一个个具体的事物称之为"类的实例"更确切一些。

2. 面向对象方法的基本特点

为什么要采用面向对象的方法呢？面向对象方法的特点，如下所示：

（1）封装性

用手机发短信的时候，我们只要按下"发送"按钮就可以了，不必关心手机内部电路是如何工作的，更不必了解它具体选择哪个波段和哪个频率的信号，这些内部细节实际上全被包装在手机壳内部，称为"封装"。在面向对象程序设计中的"对象"也具有"封装性"，即不需要用户关心的信息被隐藏在对象内部，使对象对外界仅提供一个简单的操作（例如仅有一个发送操作）。在程序设计中，这有利于代码的安全，让用户无法看到不必看到的信息，也就避免了用户随意修改不应该修改的程序代码。封装性使对象的内部细节与外界隔离，使模块具有较强的独立性。

（2）继承

继承，就是"子承父业"、"继承祖先优良传统"。在面向对象程序设计中，类与类之间也可以继承，它是指使用已有的类作为基础建立新的类，新类能够直接获得已有类的特性和功能，而不必重复实现它们。"青出于蓝胜于蓝"，继承后子类还应具有比父类更多的特性和功能。

例如，"图形"类是"矩形"类的父类，"矩形"类继承自"图形"类。"图形"有大小、位置等属性，也有移动、旋转等操作；"矩形"也有这些属性和操作，对于这些属性和操作，"矩形"只要把它们从"图形"中拿来直接用就可以了而不必重新实现。但"矩形"还有它自己特有的属性如"顶点坐标"、"长"、"宽"，以及特有的方法如"求周长"、"求面积"；继承后，在"矩形"类中仅编程增加这些特有的内容就可以了，这使编程工作量大大减小。

假设已经编程实现了游戏中小兵的生命值、攻击值、防御值等属性，以及开火、爆炸等方法，在为大 boss 编写程序时就不必重新再做了。大 boss 具有与小兵相似的生命值、攻击值、防御值等属性，以及开火、爆炸等方法，这些直接可以继承自小兵的类。在此基础上在大 boss 类中仅编程增加一些特技就可以了。注意这种继承中小兵是父类，大 boss 是子类。

通过继承，可大大提高编程效率，因为程序都不必重头编写，而至少有一部分（与父类相似的内容）可直接使用先前编写好的代码，仅对新特性编写少量代码即可大功告成！

需要注意的是，类与类之间的继承应根据需要来做，并不是任何类都要继承。

（3）多态性

不同类型的对象间可以有同名的"方法"，这些类一般要继承自同一父类。例如汽车、火车、飞机三类都继承自"交通工具"类，它们都有"驾驶"的方法。对这三类的对象都可以执行"驾驶"，但三类交通工具的驾驶方式不同，实际的执行效果也不同。又如"矩形"类和"圆"类都继承自"图形"类，它们都有"绘制"的方法，对这两类的对象都可以执行"绘制"，但具体绘制出的图形不同。对"矩形"类的对象执行"绘制"时绘出矩形，而同样的执行发生在"圆"类的对象时则绘出圆形，被称为多态性。

（4）消息

人与人之间的联系，古时候可以通过烽火台传递消息，现代社会可以通过电话、短信、QQ、微信等传递消息。在面向对象程序设计中，一个对象与另一个对象间的联系也是靠传递消息。对象之间传递消息，实质是执行了对象中的一个方法（调用了对象中的一个函数）。

【随讲随练 12.6】在面向对象方法中，实现信息隐蔽是依靠（　　）。

A．对象的继承　　B．对象的多态　　C．对象的封装　　D．对象的分类

【答案】C

【随讲随练 12.7】常见的软件工程方法有结构化方法和面向对象方法，类、继承以及多态性等概念属于（　　）。

【答案】面向对象方法

12.2　不懂门道看热闹，看完咱也吊一吊——软件工程基础

计算机的软件开发过程总不如想象的那么顺利，开发效率跟不上要求，开发成本却是越来越贵，开发周期也大大超过预定，而且常会出现中途夭折、项目失败的情况。软件即使被开发出来，质量往往也没有可靠保证，常令人不满意。这些在我们日常使用计算机的过程中也能感受到。很多软件使用起来并不十分得心应手，某些软件有时还会出错甚至导致死机。这些在软件开发和维护过程中遇到的一系列严重问题统称为软件危机。为了应对软件危机，人们认真研究解决各种软件开发问题的方法来规范软件开发的过程、保证软件的质量，从而形成了一门学科——软件工程。

说得更直白一些，软件工程可以看做是对软件开发人员制定的"行为规范"，希望软件开发人员在开发软件的过程中遵照执行，以保证软件开发过程的顺利进行、保证软件质量可靠、尽量减少或避免出现软件危机中的各种问题。

12.2.1　何谓软件

开发软件，首先必须明确什么是软件。计算机软件不等同于程序，它要高于程序。软件不仅包含可运行的、正确的程序，还需要包含数据、文档（如使用说明书、开发技术文档）等。

软件按功能可以分为三大类：系统软件、应用软件、支撑软件（或工具软件）。

（1）系统软件

属于系统软件的软件很少，主要仅包括以下四种：操作系统（OS）、数据库管理系统（DBMS）、编译程序、汇编程序。如 Windows XP、Windows 7、Windows 8 就是系统软件，

因为它属于操作系统。操作系统除 Windows 系列外，还有 Unix、Linux、Macintosh 等，这都属系统软件。数据库管理系统是操纵和管理数据库的软件，可用于建立、使用和维护数据库。

（2）应用软件

我们日常使用电脑的绝大多数软件，都属于应用软件，如 Word、QQ、Photoshop、网页浏览器、暴风影音、迅雷、杀毒软件、学生管理系统、人事管理系统等。

（3）支撑软件（工具软件）

支撑软件（工具软件）介于系统软件和应用软件之间，是协助我们开发软件的软件，也就是软件开发环境。如辅助软件设计、编码、测试的软件，以及管理开发进程的软件等。

【随讲随练 12.8】软件按功能可以分为：应用软件、系统软件和支撑软件（或工具软件）。以下属于应用软件的是（　　　）。

A．编译软件　　　B．操作系统　　　　C．教务管理系统　　　D．汇编程序

【答案】C

12.2.2　软件生命周期

做好每件事，必须在事前做好详细的准备工作，软件开发也不例外。软件工程所倡导的重要思想之一就是万不可将软件开发粗暴地等同于编程、在软件开发过程中只重视编程。软件开发绝不单单只是编程，在编程之前，要做好详尽的准备和制定周密的计划，这部分工作要占到很大的比重。软件工程提出：软件开发应遵循一个软件的生命周期，一个完整的软件生命周期应包括软件从提出问题、制定开发计划、编程和制作出软件产品、测试、投入使用、维护升级一直到软件过时以及淘汰的全过程，而其中"编程"部分实际只占到很小的份额。

一个完整的软件生命周期可以分为三个大阶段：软件定义阶段、软件开发阶段、运行维护阶段。其中每个大阶段又再包含若干个小阶段，如下所示：

定义阶段
{
（1）可行性研究与计划制定：不是具体解决问题，而是研究问题。
（2）需求分析：确定目标系统的功能。
}

开发阶段
{
（3）总体设计（概要设计）："概括地说，应该怎样实现目标系统？"。
（4）详细设计：详细设计每个模块，确定算法和数据结构。
（5）软件实现：编写源程序，编写用户操作手册等文档，编写单元测试计划。
（6）软件测试：检验软件的各个组成部分。
}

运行维护阶段 { （7）运行和维护：投入运行，并在运行中不断维护，根据需求扩充和修改。

【随讲随练 12.9】软件生命周期中的活动不包括（　　　）。

A．软件维护　　　B．市场调研　　　C．软件测试　　　D．需求分析

【答案】B

方法、工具和过程是软件工程包含的 3 个要素。抽象、信息隐蔽、模块化、局部化、

确定性、一致性、完备性和可验证性是软件工程倡导的软件开发原则。

12.2.3　需求分析及其方法

在软件开发之前，必须要做的准备工作之一就是需求分析，需求就是用户对软件的期望。软件开发者要把用户的需求做到心中有数，才能有的放矢。在需求分析过程中，有很多方法和工具可以使用，数据流图（DFD图，Data Flow Diagram）就是需求分析的一种常用方法。

数据流图表达数据在软件中的流动和处理，反映软件的功能。图12-3就是一个数据流图的例子。在数据流图中：

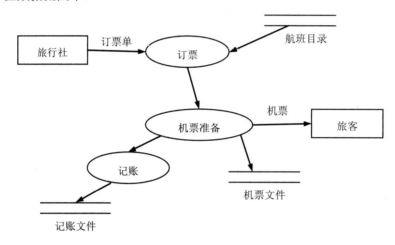

图 12-3　飞机机票预订系统的数据流程图

（1） ——→（箭头）：表示数据流，沿箭头方向传递数据。
（2） ◯（圆或椭圆）：表示数据处理，又称为加工（转换）。
（3） ═══（双杠）：表示数据存储，又称为文件。
（4） ▭（方框）：表示源、池（潭），即数据起源的地方和数据最终的目的地。
数据流图上的每个元素都必须命名。除数据流图外，需求分析的常用工具还有：数据字典、判定树、判定表等。

【随讲随练12.10】数据流图中带有箭头的线段表示的是（　　　）。
A．控制流　　B．事件驱动　　C．模块调用　　D．数据流

【答案】D

做实验要写实验报告，做调查要写调查报告，做需求分析也不例外。软件需求规格说明书（SRS，Software Requirement Specification）是需求分析之后要写出的最主要的文档，该文档应用自然语言书写而不是用C语言或其他程序设计语言书写。因为现在是准备工作，还没有进入到编程那一步。对软件需求规格说明书要求：（1）正确性；（2）无歧义性；（3）完整性；（4）可验证性；（5）一致性；（6）可理解性；（7）可修改性；（8）可追踪性。其中最重要的是正确性。

整个需求分析阶段的工作概括起来应包括4个方面：（1）需求获取；（2）需求分析；

（3）编写需求规格说明书；（4）需求评审。

【随讲随练 12.11】软件开发过程主要分为需求分析、设计、编码与测试四个阶段。其中（　　　）阶段产生"软件需求规格说明书"。

【答案】需求分析

12.2.4　软件设计及其方法

进入软件开发阶段的首要工作是软件设计。软件设计包括总体设计（又称概要设计、初步设计）和详细设计两个步骤。顾名思义，要设计软件，应先大体上设计一番（总体设计），然后再设计每一个局部的细节（详细设计）。

什么是软件设计呢？要围绕上一步的需求分析的结果进行，针对用户需要什么来设计软件，使软件体现和满足用户的需要。软件设计就是将软件需求转化为软件表示的过程。需要注意的是，软件设计只是抽象的"设计"，并不编写程序代码。

1. 总体设计

将软件按功能分解为组成模块，是总体设计的主要任务。划分模块要遵循的原则与我们社会主义国家的政策有些类似：我们国家有 56 个民族，各民族要团结一心，相互扶持帮助，共同为国家发展做贡献，这在软件工程中称为"内聚性"要强。不过国家内部自己的事要自己解决，绝不允许外国干涉我们的内政，这在软件工程中称为"耦合性"要弱。划分模块的原则就是提高内聚性，降低耦合性，总之目的是增强模块的独立性。

内聚性即一个模块内部各个元素之间彼此结合的紧密程度。人们依据模块间内聚性的不同，将内聚分为多种类型的内聚，按内聚性由高到低排列为：功能内聚、顺序内聚、通信内聚、过程内聚、时间内聚、逻辑内聚、偶然内聚。我们倡导内聚性越高越好，因此划分模块时应尽量让模块做到功能内聚。而偶然内聚是内聚度最低的内聚，最不应该出现。

耦合性是不同模块之间相互连接的紧密程度。人们也总结了不同类型的耦合，按耦合性由低到高排列为：非直接耦合、数据耦合、标记耦合、控制耦合、外部耦合、公共耦合、内容耦合（注意没有"直接耦合"）。我们倡导的耦合性越低越好，划分模块时应尽量让模块间的联系做到非直接耦合，而绝不应该是内容耦合。

【随讲随练 12.12】耦合性和内聚性是对模块独立性度量的两个标准，下列叙述正确的是（　　　）。

 A. 提高耦合性降低内聚性有利于提高模块的独立性

 B. 降低耦合性提高内聚性有利于提高模块的独立性

 C. 耦合性是指一个模块内部各个元素间彼此结合的紧密程度

 D. 内聚性是指模块间互相连接的紧密程度

【答案】B

在总体设计中，常用结构图（SC，Structure Chart，也称为程序结构图）反映整个系统的模块划分及模块之间的联系，如图 12-4 是一个结构图的例子，其中模块用矩形表示，箭头表示模块间的调用关系。结构图还有以下一些术语：

 ❑ 深度：结构图的层数。

❑ 宽度：结构图的整体跨度（拥有最多模块的层的模块数）。

❑ 扇入：调用某个模块的模块个数（模块头顶上的连线数）。

❑ 扇出：一个模块直接调用其他模块的模块数（模块下部的连线数）。

软件设计应该做到顶层高扇出，中间扇出较少，底层高扇入。即顶层模块大量调用其他模块。底层模块大多被调用，而很少调用别人。每个模块应尽量仅有一个入口一个出口。

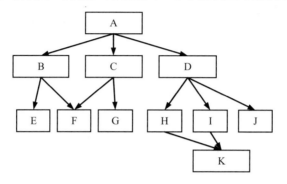

图 12-4   程序结构图的例子

【随讲随练 12.13】在图 12-4 的软件系统结构图中，深度为（   ），宽度为（   ），模块 D 的扇出数为（   ），模块 F 的扇入数为（   ）。

【答案】4，6，3，2

总体设计（概要设计）完成之后，要编写概要设计文档。

2. 详细设计

详细设计阶段不是具体地编写程序，而是要得出对软件系统的精确描述。要为总体设计时设计出的结构图中的每一个模块确定实现算法和局部数据结构，要表示出算法和数据结构的细节。程序流程图（PFD）、N-S 图、问题分析图（PAD 图）都是详细设计阶段的表达工具。

我们在讲解 C 语言的基本知识时，曾使用程序流程图，如讲解 if、while、for 等语句的执行过程时。注意在程序流程图中表示逻辑条件要用菱形框，普通步骤用矩形框，起始或结束步骤用圆角矩形框，如图 12-5 所示。图 12-6 再给出一个程序流程图的例子，其中Y、N 分别表示条件成立（Yes）和不成立（No）。

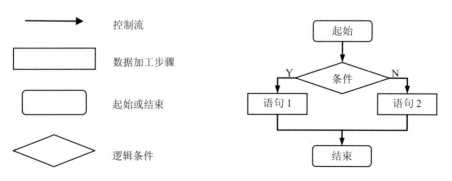

图 12-5   程序流程图的基本图符   图 12-6   程序流程图的例子

除程序流程图外，还可以用 N-S 图、问题分析图（PAD 图）、过程设计语言（PDL）等表达详细设计，N-S 图是个类似表格的方框图，如图 12-7 所示。问题分析图的例子如图 12-8 所示。

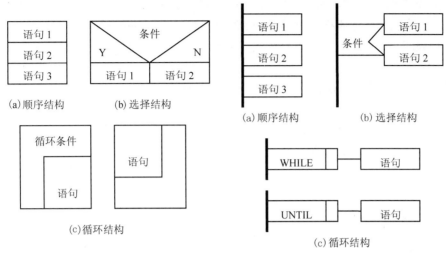

图 12-7　N-S 图的例子　　　　　　　图 12-8　PAD 图的例子

【随讲随练 12.14】在软件设计中不使用的工具是（　　）。

A．系统结构图　　　　　　　　　B．程序流程图

C．PAD 图　　　　　　　　　　　D．数据流图（DFD 图）

【答案】D

【分析】软件设计包括总体设计和详细设计：A 是总体设计的工具；B、C 是详细设计的工具。D 是需求分析的工具。

【随讲随练 12.15】在软件开发中，需求分析阶段可以使用的工具是（　　）。

A．N-S 图　　B．DFD 图　　C．PAD 图　　D．程序流程图

【答案】B

12.2.5　我是来找茬的——软件测试

1. 软件测试的思想

软件在投入实际运行之前，还要经过测试。证明一个软件是绝对正确的，那是一件不可能的事，就连微软的 Windows 也需要频繁地打补丁修正漏洞。因此软件测试并不是为了证明软件正确，而是要尽可能多地发现软件中的错误。软件工程倡导的思想是如果测试了软件，没有发现错误，则不能证明软件没有错误，而只能说明没有找到错误。软件测试的目的就是为了发现错误，发现了错误就是测试成功，没有发现错误就是测试失败。在《软件工程》中有这样一些"官话"：

❑ 好的测试方案是发现"迄今为止尚未发现的"错误的测试方案。

❑ 成功的测试是发现了"迄今为止尚未发现的"错误的测试。

❑ 没有发现错误的测试不是成功的测试。

❑ 测试只能证明程序中有错误，不能证明程序中没有错误。

为什么不能通过测试证明软件绝对正确呢？因为只有把程序中所有可能的执行路径都进行检查，才能彻底证明程序正确，这称为穷举测试。而实际进行穷举测试是不可能的，即使对于规模较小的程序，其执行路径的排列组合数也是大得惊人的，不可能做到穷尽每一种组合。

软件测试应遵循的准则是：（1）所有测试都应追溯到需求。（2）严格执行测试计划，排除测试的随意性；（3）充分注意测试中的群集现象，即在已发现错误的地方很有可能还会存在其他错误；（4）程序员应避免检查自己的程序；（5）穷举测试不可能；（6）妥善保存测试计划、测试用例、出错统计和最终分析报告，为维护提供方便。

2. 软件测试的方法

软件测试可以人工测试，也可以通过计算机自动测试，即设计一批测试用例，实际运行一下软件看看结果是否正确。前者称为静态测试，后者称为动态测试，这是根据是否需要运行被测软件的角度来划分的。

如果从是否考虑软件内部逻辑结构的角度，软件测试还可以分为白盒测试和黑盒测试。"黑盒"顾名思义，就是"黑匣子"，是看不到程序内部逻辑和内部结构的。"白盒"与之相反，是把"黑匣子"打开，软件内部原理包括数据结构、程序流程、逻辑结构、程序执行路径等都暴露无疑。生活中我们也常见白盒和黑盒测试。如何测试你的手机是否能正常发送短信呢？实际发送一条，看看能否发得出去，而对内部电路不必关心，这就是黑盒测试。如果把手机拿到维修部，请专业人员打开后盖，直接测试内部电路上的元器件，就是白盒测试。

黑盒测试方法有等价类划分法、边界值分析法、错误推测法等，均不考虑软件内部逻辑，只依据软件外部功能进行测试。白盒测试方法有逻辑覆盖测试、基本路径测试等，要在明确软件内部原理的基础上测试软件的内部逻辑。

【随讲随练 12.16】在黑盒测试方法中，设计测试用例的主要根据是（   ）。

A．程序外部功能　　B．程序内部逻辑　　C．程序数据结构　　D．程序流程图

【答案】A

【随讲随练 12.17】软件测试可分为白盒测试和黑盒测试。基本路径测试属于（   ）测试。

【答案】白盒

3. 软件测试的实施

软件测试也应该制定详细的测试计划并严格执行。软件测试的过程一般按以下 4 个步骤依次进行：（1）单元测试；（2）集成测试；（3）验收测试（确认测试）；（4）系统测试。

单元测试是对软件的最小单位模块（程序单元）进行，目的是发现模块内部的错误。集成测试是把各模块组装起来的同时进行测试，目的是发现与组装接口有关的错误。可以

把所有单元模块一次组装在一起进行整体测试，也可将模块逐个添加逐步测试。确认测试是验证软件各项功能是否满足了需求分析中的需求以及软件配置是否正确。系统测试是针对整个软件产品系统进行的测试，应在软件实际运行环境下测试。

【随讲随练 12.18】按照软件测试的一般步骤，集成测试应在（　　）测试之后进行。

【答案】单元

软件测试是很重要的，软件测试的工作量往往要占软件开发总工作量的 40%以上。

12.2.6　谁来改正——程序的调试

软件测试是尽可能多地发现软件中的错误，而不一定负责改正。调试（也称 Debug）是先要发现软件的错误，然后改正错误，其重点在于改正。如果不改正错误，不能称为调试。测试与调试的另一个区别是：软件测试贯穿软件整个生命期，而调试主要在开发阶段。

【随讲随练 12.19】软件（程序）调试的任务是（　　）。
A．诊断和改正程序中的错误　　　　B．尽可能多地发现程序中的错误
C．发现并改正程序中的所有错误　　D．确定程序中错误的性质

【答案】A

修改错误的原则如下所示：

（1）在出现错误的地方，很可能还有别的错误。经验表明，错误有群集现象。

（2）注意不要只修改了这个错误的征兆或表现，而没有修改错误本身。如果提出的修改不能解释与这个错误有关的全部现象，那就表明了只修改了错误的一部分。

（3）注意在修正一个错误的同时，有可能会引入新的错误。

（4）修改错误将迫使人们回到程序设计阶段，修改错误也是程序设计的一种形式。

（5）要修改源程序代码，不要修改目标程序。

12.3　信息时代是怎样炼成的——数据库和数据库设计初步

现如今是一个信息高度发达的时代，足不出户就可以在网上商城查询各种商品的价格，人事管理部门轻点鼠标就能调出一个人的详细档案，从就医的病历记录到我们身边的百度搜索，从银行存款到网上婚恋交友，我们被充斥在各种信息的环境中，可以随时随地查询、获取我们所需要的信息。这些信息在计算机内部是怎样管理的，是怎样供我们查询使用的，为什么在一家银行把钱存进去却能在另一家联网银行把钱取出来，为什么查询序列号便能立即得知商品的真伪，为什么鼠标的轻轻单击就能在百度上想要什么查出什么，这些都要归功于数据库。数据库不仅使人们管理数据的工作量大大减轻，它也是信息时代的基础。现在很少有专业级的软件没有数据库的功能了，即使一个简单的网站在后台也配有数据库至少管理着浏览日志、登录账户、网站单击次数等信息。

那么什么是数据库呢？数据库（database，简称 DB），顾名思义就是数据的仓库，是计算机中保存和管理数据的所在。数据库有很多种类型，目前最常见的是关系型的数据库。

12.3.1　关系型数据库及相关概念

1. 关系型数据库

关系型数据库是由二维表组成的，最简单的关系型数据库就是一张二维表。二维表我们都不陌生，如图12-9就是一张常见的二维表，这张表就可被认为是一个最简单的数据库。

2. 关系型数据库的相关概念

数据库的概念比较多，有些名词还比较"拗口"，但基本含义都很简单，以下列举几个比较重要的概念。这里仅给出它们的基本含义，更深层的含义读者可参考其他书籍再深入学习。

二维表中的每一行，称为一条记录，也称为一个元组。

二维表中的每一列，称一个字段，也称 个属性。

一张二维表在关系数据库中称一个关系，即"关系 = 二维表"。

对一张二维表的行定义，称关系模式（Relation Schema）。我们可以简单地认为，关系模式就是一张二维表的"表头"部分。如图12-9的二维表，表头"学号、姓名、性别、……、系名"就是它的关系模式。关系模式一般表示为"表名(列头1，列头2，列头3……)"的形式。如图12-9所示的二维表，它的关系模式就是"学生信息表（学号，姓名，性别，年龄，分数，系名）"。用数据库的官方语言表述，关系模式就是"关系名（属性1，属性2，…，属性n）"。

图 12-9　一张二维表就是一个最简单的关系型数据库

对于一张二维表，有些列内容可以唯一标识一行，即如果该列的内容确定了，就能找到唯一的一行。如图12-9的二维表，"学号"列可唯一标识一行，学号确定则唯一的一行就可以确定；如不考虑同名同姓，"姓名"列也可唯一标识一行，姓名确定则唯一的一行也可以确定。但"性别"、"系"就不行了，如性别为男的同学可不止一个。能唯一标识一行的列称候选码（候选键、候选关键字、Canidate Key）。我们需要从候选码中选出一个用于实际真正唯一标识一行，例如我们选"学号"列用于实际唯一标识一行，则"学号"列被称为主码（主键、主关键字、Primary Key）。就是说从候选码中选出主码，类似于从候选人中选出一个优胜者。有时，一张表需要选定多列共同唯一标识一行，也就是主码可能同时由多列组成而不是仅有一列。极端情况下，可能表中的所有列都要上来，共同组成主码，称全码。也就是说，表必有主码；因为表中不能有完全相同的行，大不了所有的列一起上，共同组成主码。

【随讲随练 12.20】在满足实体完整性约束的条件下（　　）。

A．一个关系中可以没有候选关键字　　B．一个关系中只能有一个候选关键字

C．一个关系中必须有多个候选关键字　D．一个关系中应该有一个或多个候选关键字

【答案】D

图 12-9 的表中还没有"系"的详细信息，如系主任、教学楼、联系电话等，如何保存系的详细信息呢？这些信息比较多，且不同学生可能有相同的系信息，它们不应该在图 12-9 的学生表中。一般应再设另外一个表保存系信息，如图 12-10 所示。

系名	系主任	教学楼	电话
数学	赵学	理科教学楼	12345
物理	钱理	理科教学楼	67890
中文	孙文	文科楼	24680
…	…	…	…

图 12-10　系信息表

在图 12-10 中，何为候选码，何为主码呢？"系名"、"系主任"、"电话"理论上都可以惟一标识一行，它们都是候选码。我们从中选出主码是"系名"。

这个数据库现由两张表（两个关系）构成："学生信息表"和"系信息表"。我们观察这两张表发现，"学生信息表"中有"系名"这一列，"系信息表"中也有"系名"这一列，两张表的这一列应该是对应的。"系名"在"学生信息表"中不是主码，但在"系信息表"中是主码。在这种情况下，"系名"在"学生信息表"中还有另外一个称呼，它是"学生信息表"的外码（外键、外关键字、Foreign Key）。归纳一下，什么是外码呢？一个属性（即一列），在某张表中不是主码，但在其他表中是主码，则它就是第一张表的外码。注意不要说错，它不是其他表的外码——它是其他表的主码。

【随讲随练 12.21】在关系 A(S,SN,D)和关系 B(D,CN,NM)中，A 的主关键字是 S，B 的主关键字是 D，则称为（　　）是关系 A 的外码。

【答案】D

【分析】A(S,SN,D)和 B(D,CN,NM)分别表示两张表的关系模式，即第一张表的表名为 A，列头为 S、SN、D；第二张表表名为 B，列头为 D、CN、NM。两者都有 D 列，D 在表 A 中不是主码，但在表 B 中是主码，故称 D 是表 A 的外码（注意 D 不是 B 的外码它是 B 的主码）。

【随讲随练 12.22】设有表示学生选课的三张表，学生 S(学号，姓名，性别，年龄，身份证号)，课程 C(课号，课名)，选课 SC(学号，课号，成绩)，则表 SC 的键或码为（　　）。

A．学号，成绩　　　　　　B．学号，姓名，成绩

C．学号，课号　　　　　　D．课号，成绩

【答案】D

【分析】选课 SC 表中的一行存储一位学生选一门课的信息。一位学生可选多门课，由选课 SC 表中多行记录，这些行都有相同的学号；一门课也可同时被多位学生选，这使选

课 SC 表中的多行也都具有相同的课号。例如，选课 SC 表的行如下所示：

学号	课号	成绩
101	课程 1	85.0
101	课程 2	92.0
102	课程 1	93.0
102	课程 3	88.0
…	…	…

因此，单独用学号、课号和成绩一列都不能惟一标识一行，需要用学号、课号两列共同组成键或码。学号、课号确定了，成绩自然也就确定了。

在数据库中的二维表（也就是关系）比生活中的二维表还有一些更严格的规定：

❑ 同一列是同质的，即同一类型的数据。

❑ 列的顺序无所谓，行的顺序也无所谓。

❑ 任意两个元组不能完全相同（至少有一个属性值不同）。

❑ 分量（元组的一个属性值，即一个单元格）必须取原子值，也就是是不可再分的内容。例如若设一个"个人信息"列，把姓名、性别、年龄统统填到一个格里去，在数据库中是不允许的。

3. 关系中的数据约束

这里也涉及几个比较"拗口"的概念，我们结合实例来说明以下语句：

（1）实体完整性约束：主键中属性值不能为空值（NULL）。

例如在图 12-9 的"学生信息表"中，新增一行学号为空的记录，这是不允许的。既然学号为主码，唯一标识一行，则任何一行的学号都必须是确定的，不能为空。这个规则被称为实体完整性约束。

（2）参照完全性约束：不允许在外键中引用其他关系中不存在的元组，即在本关系的外键中，要么是引用其他关系中存在的元组，要么是空值 NULL；

这个概念比较拗口，仍以图 12-9 的"学生信息表"为例，如新增一行记录：

学号	姓名	性别	年龄	分数	系名
104	赵六	女	21	89.0	月球

读者看了这条新记录恐怕会"笑出声来"吧，怎么能有"月球"系呢？这显然是不允许的。也就是说我们在填写"系名"这一列时，一定要填写本校存在的系，也就是要"参照""系信息表"来填。如果填一个"系信息表"中不存在的系，恐怕要闹出笑话了。这一规则被称为参照完全性约束。

（3）用户定义的完整性约束：针对某一具体情况的约束条件，由用户定义。

该约束最好理解，例如限制性别必须取两个内容"男"、"女"，限制年龄在 0～150，限制分数在 0～100 等，这些都是用户也就是我们自己定义的限制，被称为用户定义的完整性约束。

12.3.2 关系代数

数据库表与表之间的运算，用官话说就是关系与关系之间的运算，称关系代数。在关系代数中，进行运算的对象都是关系，运算结果也是关系。

1. 关系代数的传统集合运算

在数学上有"集合"的概念，例如图 12-11 就表示了 A、B 两个集合，以及它们的交集、并集以及 A-B 的含义。其中 A-B 表示 A 中减去 A、B 的公共部分。

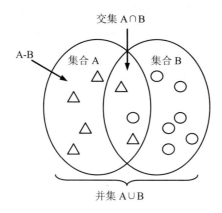

图 12-11　数学上的集合和集合运算

在数据库中，把一个关系（一张二维表）也可看做集合，集合中的元素就是元组（表中的行）。关系之间也可以有类似集合的运算（设有两个关系为 R、S）：

（1）差（difference）

记为：R-S。结果是属于 R，但不属于 S 的那些行组成的集合，要求 R 与 S 的列数相同。

（2）并（union）

记为：R∪S。结果是属于 R 或者属于 S 的那些行组成的集合，并且除去结果中重复的行。R 和 S 应具有相同的列数，各列的数据类型也应该一致。

（3）交（intersection）

记为：R∩S。结果是既属于 R 又属于 S 的那些行组成的集合。R∩S=R - (R - S)。

（4）笛卡尔积（cartesian product）

记为：R×S。R×S 的结果仍是一个关系（二维表），它是 R 中的每一行分别与 S 中的每一行两两组合的结果。结果表的列数为 R、S 列数之和，行数为 R、S 行数的乘积，结果表的每一行前、后部分分别来自 R 的一行和 S 的一行。

这几种运算的例子如图 12-12，注意在求 R 与 S 的并集 R∪S 时，消除了一条共同元素 d a f，因为数据库表中不允许有完全相同的行存在。

2. 关系代数的特有运算

数据库表与表之间还可以进行特有的运算，如下所示：

（1）投影（projection）

这个概念比较拗口，但含义很简单，就是"筛选列"。一个数据库表，如仅希望得到其一部分的列的内容（但全部行），就是投影。

例如，从图 12-9 的"学生信息表"中只取姓名和分数两列，即是投影。如对图 12-12

的关系 R 只取 A 列、C 列，是对关系 R 的投影，投影操作记为 π，后者这一投影可记为 π $_{A,C}$(R)。

（2）选择（selection）

投影是对表的垂直筛选（筛选列）。如果水平筛选（筛选行）就是"选择"操作，选择一般要对一张表选择符合条件的行（包含所有列）。例如对图 12-9 的"学生信息表"只选取分数大于等于 90 的行，即是选择操作。对图 12-12 的关系 R 只取 B 列值为'b'的行，即是对关系 R 的选择，选择操作记为 σ，后者这个选择可记为 σ $_{B='b'}$(R)。

关系 R

A	B	C
a	b	c
d	a	f
c	b	d

关系 S

D	E	F
b	g	a
d	a	f

R∩S

A	B	C
d	a	f

R∪S

A	B	C
a	b	c
d	a	f
c	b	d
b	g	a

R-S

A	B	C
a	b	c
c	b	d

投影 π $_{A,c}$(R)

A	C
a	c
d	f
c	d

R×S

A	B	C	D	E	F
a	b	c	b	g	a
a	b	c	d	a	f
d	a	f	b	g	a
d	a	f	d	a	f
c	b	d	b	g	a
c	b	d	d	a	f

选择 σ $_{B='b'}$(R)

A	B	C
a	b	c
c	b	d

图 12-12　关系代数运算的例子

（3）除法（division）

记为 R÷S，它是笛卡尔积的逆运算。设关系 R 和 S 分别有 r 列和 s 列（r>s，且 s≠0），那么 R÷S 的结果有（r-s）个列，并且是满足下列条件的最大的表，其中每行与 S 中的每行组合成的新行都在 R 中。

关系之间的除法不易理解，可以通过对除法做逆运算（笛卡尔积）来验证除法的结果。如果 R÷S=T，可做 S×T，如果 S×T 的结果为 R，则说明 R÷S=T。注意有时关系之间的除法也有"余数"，可能 S×T 的结果为 R 的一部分（最大的一部分），R 中的多余部分为"余数"。

【随讲随练 12.23】有三个关系 R、S 和 T，如下所示：

R

A	B	C
a	1	2
b	2	1
c	3	1

S

A	B
c	3

T

C
1

则由关系 R 和 S 得到关系 T 的操作是（　　）。

A．自然连接　　　　B．交　　　C．除　　　D．并

【答案】C

【分析】S×T 为 c 3 1，为 R 的一部分。R÷S 为 T；两行 a 1 2、b 2 1 为余数。

（4）连接（join）

两表笛卡尔积的结果比较庞大，实际应用中一般仅选取其中一部分的行，如选取两表列之间满足一定条件的行，这是关系之间的连接运算。如图 12-12 的 R×S 的结果中有 6 行，从中选取"B 列=D 列"的行（2 行）就是连接，连接的结果如图 12-13。关系的连接实际就是对关系的结合，即两张表结合组成新的表。

A	B	C	D	E	F
a	b	c	b	g	a
c	b	d	b	g	a

图 12-13　对图 12-12 的关系 R、S 进行"B=D"等值连接的结果

这个连接的条件是"B 列=D 列"。根据连接条件的种类不同，关系之间的连接分为等值连接、大于连接、小于连接、自然连接。如果条件是类似于"B 列=D 列"的"某列=某列"的条件就是等值连接；如果条件是"某列>某列"的，就是大于连接；条件是"某列<某列"的，就是小于连接。自然连接是不提出明确的连接条件，但"暗含"着一个条件，就是"列名相同的值也相同"；在自然连接的结果表中，往往还要合并相同列名的列。

这里再举一个等值连接的例子，如图 12-14 是对关系 R、S 按条件"R 表的 B 列=S 表的 B 列"进行连接。R 与 S 的连接记作：R⋈S，并在⋈的下面写上连接条件：R ⋈ S（R.B=S.B）

关系 R

A	B	C
a1	b1	5
a1	b2	6
a2	b3	8
a2	b4	12

关系 S

B	E
b1	3
b2	7
b3	10
b3	2
b5	2

R.B=S.B 的等值连接　R ⋈ S (R.B=S.B)

A	R.B	C	S.B	E
a1	b1	5	b1	3
a1	b2	6	b2	7
a2	b3	8	b3	10
a2	b3	8	b3	2

图 12-14　等值连接的例子

图 12-15 和图 12-16 分别是小于连接和自然连接的例子，图 12-16 的自然连接暗含的条件是 R.B=S.B 且 R.C=S.C，因为 R、S 中有同名的 2 列 B、C。

关系 R

A	B	C
1	2	3
4	5	6
7	8	9

关系 S

D	E
3	1
6	2

B<D 的小于连接　R ⋈ S (B<D)

A	B	C	D	E
1	2	3	3	1
1	2	3	6	2
4	5	6	6	2

图 12-15　小于连接的例子

关系 R

A	B	C
a	b	c
b	b	c
b	b	f
c	a	d

关系 S

B	C	D
b	c	d
b	c	e
a	d	b

自然连接　R ⋈ S

A	B	C	D
a	b	c	d
a	b	c	e
b	b	c	d
b	b	c	e
c	a	d	b

图 12-16　自然连接的例子

12.3.3　数据库系统

1. 数据管理的发展

数据库并不是一开始就存在的，数据管理也是经历从"原始社会"到"共产主义"一步步发展的。数据管理发展经历了三个阶段：人工管理阶段，文件系统阶段，数据库系统阶段。

在早期的人工管理阶段，管理数据的方法非常原始，人们只有依靠磁带、卡片、纸带等记录、管理数据。后来诞生了计算机，有了磁盘等存储设备，但数据库技术尚不成熟，计算机的功能还比较少，人们主要是借助计算机的文件系统来管理数据的，只能进行文件的打开、关闭、读、写等。这是文件系统阶段，依然比较落后。这一点我们平时也有体会，自己电脑上保存很多的文件夹和文件，时间长了、积累多了就显得很乱。随着计算机的进一步发展，才出现了数据库，在这个阶段人们依靠专门的软件——数据库管理系统（DBMS）来管理数据。数据库管理系统凭借强大的功能，使数据库技术已经渗入到现代工作生活的方方面面，我们早已感受到了它的方便和快捷。数据库系统阶段当然是这三个阶段中最发达的阶段，其数据管理最有效、数据共享性最强、数据独立性最高。

【随讲随练 12.24】在数据管理技术发展的三个阶段中，数据共享最好的是（　　）。
A．人工管理阶段　　B．文件系统阶段　　C．数据库系统阶段　　D．三个阶段相同

【答案】C

2. 数据库系统的发展

饭是一口一口吃的，技术是一步一步加深的。数据库技术从诞生至今也一直在不断发展、不断完善。到目前为止，数据库系统已经发展了 3 个阶段。

（1）第一代的网状、层次型数据库系统。

（2）第二代的关系型数据库系统。

（3）第三代的面向对象的数据库系统。

层次模型的数据库系统类似于树的结构，是一对多的。网状模型的数据库类似于图的结构，是多对多的，这些都是早期的数据库系统，现在已很少使用。目前大多数据库系统都是关系型数据库系统。第三代面向对象的数据库是近些年才出现的，技术上不十分成熟，但代表着未来的发展方向。

3. 数据库管理系统

使用计算机的任何功能都离不开软件：比如我们上网聊天就要用 QQ 软件，写一篇文章要用 Word 软件，看一个电影要用播放器软件，编写一个 C 语言程序要用 Visual C++软件等。那么如果要创建、操纵或维护一个数据库呢？这时要使用的软件就是数据库管理系统（Database Management System，DBMS），它是一个系统软件。目前流行的均为关系型数据库管理系统，例如 Oracle、SQL Server、Access 等，这些软件都是数据库管理系统。

数据库管理系统需提供以下的数据语言：

（1）数据定义语言（DDL）：负责数据的模式定义与数据的物理存取构建。

（2）数据操纵语言（DML）：负责数据的操纵，如查询、增、删、改等。

（3）数据控制语言（DCL）：负责数据完整性、安全性定义、检查及并发控制、故障恢复等。

我们日常使用数据库接触最多的是数据操纵语言，信息查询、信息更新（增、删、改）都是由这种语言提供的功能实现的。

【随讲随练 12.25】数据库管理系统中负责数据模式定义的语言是（　　）。

A．数据定义语言　　　B．数据管理语言　　　C．数据操纵语言　　　D.数据控制语言

【答案】A

我们在百度搜索、网上购物、个人信息查询时，为什么都没有觉察到还有一个"数据库管理系统"的存在呢？这是因为通常在数据库管理系统之上，还会开发应用程序。应用程序一般界面都非常友好，提供非常简便甚至是"傻瓜式的"操作方式，对不同权限的用户开放不同的功能。通常我们对数据库的所有操作实际都是直接与应用程序打交道，由应用程序再与数据库管理系统打交道，最终由数据库管理系统操作数据，如图 12-17。

数据库系统（DataBase System，DBS）是由数据库、数据库管理系统、硬件平台、软件平台和数据库管理员等构成的完整系统，其中核心是数据库管理系统。

4．数据库系统的内部结构体系

数据库系统在其内部有三个层次，如图 12-18。最内层直接与磁盘文件存储打交道，反映物理存储形式，称为内模式（internal schema），又称物理模式（physical schema）。最外层直接与用户打交道，反映用户的要求，称为外模式（external schema），也称子模式（subschema）或用户模式（user's schema）。在内、外之间还有一个层次，称概念模式（conceptual schema），它是全局数据的逻辑结构，反映设计者的全局逻辑要求。一个数据库可以有多个外模式（因为用户可有多个），但概念模式和内模式都只能有一个。

如果把这三级模式比作三个端点，之间自然可以连出两条线段，如图 12-18。这两条线段称为二级映射：外模式-概念模式映射、概念模式-内模式映射。映射可以给出两种模式间的对应关系。由于只有一个概念模式和一个内模式，所以"概念模式-内模式映射"是惟一的。

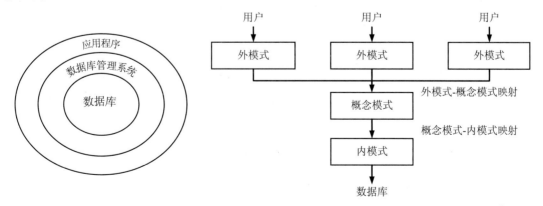

图 12-17　数据库、数据库管理系统与应用程序的关系　图 12-18　数据库系统的三级模式和二级映射

【随讲随练 12.26】 在下列模式中，能够给出数据库物理存储结构与物理存取方法的是（　　）。

　　A．内模式　　　B．外模式　　　C．概念模式　　　D．逻辑模式

【答案】A

12.3.4　数据库设计者眼里的世界——E-R 模型

　　要将各种数据存入数据库由计算机管理，需将之转换为数据库的形式。要实现这种转换，必须以数据库的眼光来看待。在数据库设计者的眼里，现实世界是由各种事物和各种事物之间的联系组成的。

　　（1）现实世界中的各种事物，都被看做实体，它既可以是具体的人、事、物，也可以是抽象的概念。例如：一个学生、一门课程、一部手机、学生的一次选课、一笔购物消费等都是实体。实体都具有一些属性，例如学生有学号、姓名、性别、年龄、系别等属性，手机有品牌、价格、颜色、大小等属性，一笔购物消费有购物者账号、商品条形码、消费时间等属性。

　　同类实体具有相同属性，用实体名及它的各属性名，可以刻画出全部同类实体的共同特征，称为实体型。例如"学生（学号，姓名，性别，年龄，系别）"是一个实体型。而"101，张三，男，19，数学系"不是一个实体型，因为它是用属性值而不是属性名刻画的；后者实际是一个元组（即表中的一行）。

　　同类型实体的集合称为实体集，例如，一个学生是一个实体，全体学生就是一个实体集。

　　（2）现实世界中的实体不是孤立存在的，实体与实体之间还有着这样或那样的联系。两个实体间的联系有三类：一对一（1:1）、一对多（1:n）、多对多（m:n）。

　　例如，一个班级只有一个班长，而一个班长只在一个班级中，则班级与班长这两个实体之间具有一对一的联系。一个班级有多名学生，而每个学生只在一个班级中，则班级与学生之间具有一对多的联系，反过来称学生与班级之间具有多对一的联系。一个老师给多个班级上课，而一个班级有多个老师上课，则老师与班级之间具有多对多的联系。

　　窍门秘笈　在判断两个实体之间联系的种类时，需正反各说一次，如果正反都说"一"则是"一对一"的联系；如果一方说"多"，另一方说"一"，则是"一对多"或"多对一"的联系；如果两次均说"多"就是"多对多"的联系。

　　【随讲随练 12.27】 一间宿舍可住多个学生，则实体宿舍和学生之间的联系是（　　）。

　　A．一对一　　B．一对多　　C．多对一　　D．多对多

【答案】B

　　【分析】 一间宿舍可住多个学生（多），一个学生只住一间宿舍（一），因此二者是"一对多"的联系。注意分清孰一孰多，宿舍和学生之间是"一对多"，学生和宿舍之间是"多对一"。

　　将现实世界都看做是由实体及它们之间的联系组成的，以这种眼光看待世界，称为实体-联系模型，或称 E-R 模型（entity-relationship model）。

E-R 模型一般可用一种直观的图的形式表示出来，这种图被称为 E-R 图（entity-relationship diagram）。例如在网上商城数据库中，有客户、商品这样两种实体，客户实体有账户名、密码、等级等属性，商品有条形码、品牌、价格等属性。客户、商品这两种实体之间具有"购买"的联系，一个客户可以购买多种商品，同种商品也可以被多个客户购买，因此客户、商品之间的联系是多对多的联系。可用 E-R 图表示为图 12-19。

（1）实体：用矩形表示，矩形框内写实体名。

（2）属性：用椭圆形表示，并用无向边将其与相应的"实体"或"联系"连接起来。

（3）联系：用菱形表示，菱形框内写明联系名，并用无向边将其与有关实体连接起来，在无向边旁标上联系的类型（1∶1、1∶n 或 m∶n）。

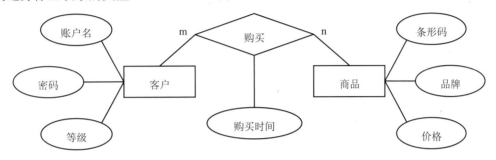

图 12-19　网上商城数据库的 E-R 图简单实例

【随讲随练 12.28】 在 E-R 图中，图形包括矩形框、菱形框、椭圆框。其中表示实体联系的是（　　　）框。

【答案】菱形

E-R 模型是数据库设计最重要的数据模型之一，此外还有许多其他的数据模型，如层次模型、网状模型、谓词模型、面向对象模型等，它们都以特有的"眼光"来看待现实世界，抽象现实世界中的数据，其目的都是为了将现实世界的数据转换为数据库的形式，以便设计、创建数据库，利用数据库这个强大工具来管理数据。

12.3.5　数据库设计

小到一部手机，大到一座摩天大楼，设计师的设计功不可没。数据库也不例外，只有先设计好数据库，才能建好并能正常投入使用。数据库设计也不是一蹴而就的事，要依照阶段一步步保质保量地进行。有人讲数据库设计是数据库应用的核心，就是这个道理。数据库设计分为 6 个阶段：需求分析阶段、概念设计阶段、逻辑设计阶段、物理设计阶段、数据库实施、运行维护，如图 12-20。狭义地讲只包含前 4 个阶段。

在设计数据库之前，需求分析必不可少，只有明确要干什么，才能有的放矢，这是后续工作成功开展的前提。在数据库的需求分析中，也常用数据流图、数据字典等方法。

在明确需求之后，也不能直接在计算机上打开软件创建数据库，这之前还有许多工作要做。首先必须进行数据库的概念设计，概念设计不涉及具体的数据库管理系统，更不涉及具体的数据库文件。我们可以简单地认为概念设计就是把要管理的现实世界中的数据抽象为 E-R 模型，并画出 E-R 图。然后基于 E-R 图进行逻辑设计。关系数据库是由一张或多张"表"组成的,画出了 E-R 图,但还没有设计数据库的"表"。简单地说,逻辑设计就是按照 E-R 图来设计数据库的"表"。一般 E-R 图中的每个"实体"都要设计为一张表,每个"联系"也要单独地设计为一张表,用官话讲就是 E-R 图中的每个实体、联系都要转化为关系。最后进行数据库的物理设计,在这一阶段,要考虑数据库在磁盘上的具体存储方式,考虑如何存取数据和提高存取效率。

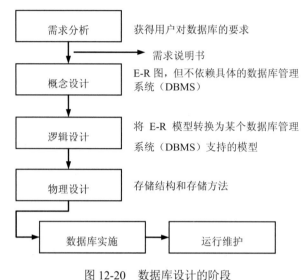

图 12-20　数据库设计的阶段

【随讲随练 12.29】在将 E-R 图转换到关系模式时,实体和联系都可以表示成(　　)。

【答案】关系

【随讲随练 12.30】在数据库设计中,用 E-R 图来描述信息结构但不涉及信息在计算机中的表示,它属于数据库设计的(　　)。

A.需求分析阶段　　　B.逻辑设计阶段　C.概念设计阶段　D.物理设计阶段

【答案】C

附录一　常用字符 ASCII 码对照表

八进制	十六进制	十进制	字符	八进制	十六进制	十进制	字符	八进制	十六进制	十进制	字符	八进制	十六进制	十进制	字符
0	0	0	NULL	40	20	32	空格	100	40	64	@	140	60	96	`
1	1	1	SOH	41	21	33	!	101	41	65	A	141	61	97	a
2	2	2	STX	42	22	34	"	102	42	66	B	142	62	98	b
3	3	3	ETX	43	23	35	#	103	43	67	C	143	63	99	c
4	4	4	EOT	44	24	36	$	104	44	68	D	144	64	100	d
5	5	5	EDQ	45	25	37	%	105	45	69	E	145	65	101	e
6	6	6	ACK	46	26	38	&	106	46	70	F	146	66	102	f
7	7	7	BEL	47	27	39	'	107	47	71	G	147	67	103	g
10	8	8	BS	50	28	40	(	110	48	72	H	150	68	104	h
11	9	9	HT	51	29	41	)	111	49	73	I	151	69	105	i
12	0a	10	LF	52	2a	42	*	112	4a	74	J	152	6a	106	j
13	0b	11	VT	53	2b	43	+	113	4b	75	K	153	6b	107	k
14	0c	12	FF	54	2c	44	,	114	4c	76	L	154	6c	108	l
15	0d	13	CR	55	2d	45	-	115	4d	77	M	155	6d	109	m
16	0e	14	SO	56	2e	46	.	116	4e	78	N	156	6e	110	n
17	0f	15	SI	57	2f	47	/	117	4f	79	O	157	6f	111	o
20	10	16	DLE	60	30	48	0	120	50	80	P	160	70	112	p
21	11	17	DC1	61	31	49	1	121	51	81	Q	161	71	113	q
22	12	18	DC2	62	32	50	2	122	52	82	R	162	72	114	r
23	13	19	DC3	63	33	51	3	123	53	83	S	163	73	115	s
24	14	20	DC4	64	34	52	4	124	54	84	T	164	74	116	t
25	15	21	NAK	65	35	53	5	125	55	85	U	165	75	117	u
26	16	22	SYN	66	36	54	6	126	56	86	V	166	76	118	v
27	17	23	ETB	67	37	55	7	127	57	87	W	167	77	119	w
30	18	24	CAN	70	38	56	8	130	58	88	X	170	78	120	x
31	19	25	EM	71	39	57	9	131	59	89	Y	171	79	121	y
32	1a	26	SUB	72	3a	58	:	132	5a	90	Z	172	7a	122	z
33	1b	27	ESC	73	3b	59	;	133	5b	91	[	173	7b	123	{
34	1c	28	FS	74	3c	60	<	134	5c	92	\	174	7c	124		
35	1d	29	GS	75	3d	61	=	135	5d	93	]	175	7d	125	}
36	1e	30	RS	76	3e	62	>	136	5e	94	^	176	7e	126	~
37	1f	31	US	77	3f	63	?	137	5f	95	_	177	7f	127	del

128~255 为扩展字符，可作为非英语国家本国语言字符的代码。

附录二 C 语言中的关键字

auto	break	case	char	const
continue	default	do	double	else
enum	extern	float	for	goto
if	int	long	register	return
short	signed	sizeof	static	struct
switch	typedef	union	unsigned	void
volatile	while			

const 可定义常量，enum 用于定义枚举类型（也是自定义数据类型的一种），volatile 表示变量的值可被隐含地修改。这些内容留作深入学习 C 语言时再学习的内容。

附录三　C 语言运算符的优先级和结合性

优先级	运算符	名称或含义	使用形式	结合方向	说明
1 (最高)	[ ]	数组下标	数组名[常量表达式]	左到右	
	( )	圆括号	(表达式)　或　(函数形参表)		
	.	成员选择(对象)	对象.成员名		
	->	成员选择(指针)	对象指针->成员名		
2	-	负号运算符	-表达式	右到左	单目运算符
	(类型)	强制类型转换	(数据类型)表达式		
	++	自增运算符	++变量　或　变量++		单目运算符
	--	自减运算符	--变量　或　变量--		单目运算符
	*	指针运算符	*指针变量		单目运算符
	&	取地址运算符	&变量名		单目运算符
	!	逻辑非运算符	!表达式		单目运算符
	~	按位取反运算符	~表达式		单目运算符
	sizeof	长度运算符	sizeof(表达式)		
3	/	除	表达式 / 表达式	左到右	双目运算符
	*	乘	表达式 * 表达式		双目运算符
	%	余数(取模)	整型表达式 % 整型表达式		双目运算符
4	+	加	表达式 + 表达式	左到右	双目运算符
	-	减	表达式 - 表达式		双目运算符
5	<<	按位左移	变量 << 表达式	左到右	双目运算符
	>>	按位右移	变量 >> 表达式		双目运算符
6	>	大于	表达式 > 表达式	左到右	双目运算符
	>=	大于等于	表达式 >= 表达式		双目运算符
	<	小于	表达式 < 表达式		双目运算符
	<=	小于等于	表达式 <= 表达式		双目运算符
7	==	等于	表达式 == 表达式	左到右	双目运算符
	!=	不等于	表达式 != 表达式		双目运算符
8	&	按位与	表达式 & 表达式	左到右	双目运算符
9	^	按位异或	表达式 ^ 表达式	左到右	双目运算符
10	|	按位或	表达式 | 表达式	左到右	双目运算符
11	&&	逻辑与	表达式 && 表达式	左到右	双目运算符
12	||	逻辑或	表达式 || 表达式	左到右	双目运算符
13	?:	条件运算符	表达式 1? 表达式 2: 表达式 3	右到左	三目运算符
14	=	赋值运算符	变量 = 表达式	右到左	
	/=	除后赋值	变量 /= 表达式		
	*=	乘后赋值	变量 *= 表达式		
	%=	取余数(模)后赋值	变量 %= 表达式		
	+=	加后赋值	变量 += 表达式		
	-=	减后赋值	变量 -= 表达式		
	<<=	左移后赋值	变量 <<= 表达式		
	>>=	右移后赋值	变量 >>= 表达式		
	&=	按位与后赋值	变量&=表达式		
	^=	按位异或后赋值	变量 ^= 表达式		
	|=	按位或后赋值	变量 |= 表达式		
15	,	逗号运算符	表达式, 表达式,...	左到右	从左向右顺序运算

索　引

参 考 文 献

[1] 谭浩强. C 程序设计（第二版）[M]. 北京：清华大学出版社，1999.
[2] 谭浩强. C++程序设计[M]. 北京：清华大学出版社，2004.
[3] 前桥和弥. 征服 C 指针[M].吴雅明，译. 北京：人民邮电出版社，2013.
[4] 蔡明志. 指针的艺术[M]. 北京：中国水利水电出版社，2009.
[5] 黄国瑜，叶乃菁. 数据结构（C 语言版）[M]. 北京：清华大学出版社，2001.
[6] 袁方，王亮. C++程序设计[M]. 北京：清华大学出版社，2013.
[7] 沈美明，温冬婵. IBM PC 汇编语言程序设计[M]. 北京：清华大学出版社，1991.
[8] 管皓，高永丽. 别样诠释——一个 Visual C++老鸟 10 年学习与开发心得[M]. 北京：
    北京航空航天大学出版社，2012.
[9] 刘丽，朱俊东，张航. C 语言程序设计基础与应用[M]. 北京：清华大学出版社，2012.
[10] 刘冰，张林，蒋贵全. C++程序设计教程——基于 Visual Studio 2008[M]. 北京：
    机械工业出版社，2009.
[11] 潘嘉杰. 易学 C++[M]. 北京：人民邮电出版社，2008.
[12] Greg Perry. 写给大家看的 C 语言书（第二版）[M]. 谢晓钢，刘艳娟，译.北京：
    人民邮电出版社，2010.
[13] Brian Overland.好学的 C++（第 2 版）[M].杨晓云，王建桥，杨涛 等译.北京：人
    民邮电出版社，2012.
[14] 左飞，李召恒. 轻松学通 C 语言[M]. 北京：中国铁道出版社，2013.
[15] 陈锐，田建新. 跟我学 C 语言[M]. 北京：清华大学出版社，2013.
[16] 教育部考试中心. 全国计算机等级考试二级教程——C 语言程序设计（2013 年版）
    [M]. 北京：高等教育出版社，2013.
[17] 教育部考试中心. 全国计算机等级考试二级教程——公共基础知识（2013 年版）
    [M]. 北京：高等教育出版社，2013.
[18] 罗云彬. 琢石成器：Windows 环境下 32 位汇编语言程序设计（第三版）[M]. 北
    京：电子工业出版社，2009.
[19] 张宁. 老兵新传：Visual Basic 核心编程及通用模块开发[M]. 北京：清华大学出
    版社，2012.
[20] MSDN Library. http://msdn.microsoft.com.
[21] 部分插图素材来自互联网.